高等职业教育“十三五”规划教材
高职国家精品资源共享课程配套教材

应用数学与计算

主　编　张　耘
副主编　陈玉花

北京邮电大学出版社
www.buptpress.com

内容简介

本书适用于高职高专院校理工类、经济管理类等各专业，是专为国家精品资源共享课程“应用数学与计算”编写的一本配套教材。本教材结合了多年来从事高等职业教育中高等数学、线性代数、概率论及数理统计课程的教学经验和课程改革成果编写而成。全书共分九章，内容主要包括函数、极限与连续；导数、微分及应用；不定积分；定积分及应用；常微分方程；矩阵；线性方程组；概率论与数理统计初步；拓展知识（数学实验、数学建模）。全书的每小节均配备有习题，且每章都配备一套综合练习题和一套提高题。书后附录给出了初等数学基本公式、常见分布数值表、常用 Mathematica 命令分类检索以及各章习题、综合练习题与提高题的答案。

本书在高职高专学生的接受能力和理解程度的基础上，在符合教学大纲和满足教学最基本要求的前提下讲授“一元微积分、线性代数、概率论与数理统计初步”的基本内容，并进行一定的“数学实验、数学建模”等方面的拓展教学。力图在叙述上通俗易懂、例题选取贴切、注重渗透数学思想。注重“知识、能力和素养”的三方面培养，强调基础知识的训练和综合能力的拓展。

本书可作为高等职业教育、高职院校工科类、经济类或其他各非数学专业选用的教材，也可作为专升本、自学考试、成人教育等的辅导用书。

图书在版编目(CIP)数据

应用数学与计算/张耘主编. --北京：北京邮电大学出版社，2016.5(2023.7 重印)

ISBN 978-7-5635-4629-9

Ⅰ.①应…　Ⅱ.①张…　Ⅲ.①应用数学　Ⅳ.①O29

中国版本图书馆 CIP 数据核字(2015)第 316996 号

书　　名：应用数学与计算
著作责任者：张　耘　主编
责 任 编 辑：马晓仟
出 版 发 行：北京邮电大学出版社
社　　址：北京市海淀区西土城路 10 号(邮编：100876)
发 行 部：电话：010-62282185　传真：010-62283578
E-mail：publish@bupt.edu.cn
经　　销：各地新华书店
印　　刷：北京虎彩文化传播有限公司
开　　本：787 mm×1 092 mm　1/16
印　　张：17
字　　数：443 千字
版　　次：2016 年 5 月第 1 版　2023 年 7 月第 3 次印刷

ISBN 978-7-5635-4629-9　　定　价：35.00 元

前　言

《应用数学与计算》是高等职业教育"十三五"规划教材，本教材的编写是依托校级课题"高等职业教育课程建设—高级应用数学"的建设成果，是为国家精品资源共享课程"应用数学与计算"专门编写的一本配套教材。

本教材的编写旨在以贴近生活实际的案例引入高等数学的**基本概念**，以清晰、简洁的语言阐述高等数学的**基本思想**，以经典直观的方式探究高等数学的**基本方法**。突出数学的核心能力培养功能，体现数学思想的本质，淡化数学的严密性和系统性。

本教材的编写思路及主要特点如下。

1. 打破传统数学教材中对教学内容的描述方式，用"通俗、直观、易懂"的叙述代替"严谨、缜密、推导"的套路，避免理论的抽象性，增强了理论的实用性。

2. 贯彻"理解概念、强化应用"的教学原则，注重"从实际中来，到实际中去"，以问题为引线，进行数学概念的介绍、数学思想的挖掘，并在数学应用中逐步引入数学建模的思想。

3. 凸显数学"工具性"的作用。并不主张一味删减理论知识，在把握知识的系统性和连贯性的同时注重揭示和体现数学本身固有的文化内涵和思想方法，培养学生的数学素养。

4. 在内容阐述上，把握"简明扼要、条理清楚、深入浅出、通俗易懂"的总体方针。在习题编排上，本着"难易适度、贴近实际、与例题呼应、容易上手"的原则，着力满足高职数学课程的教学要求。

5. 本教材在各章习题、综合练习题、拓展提高题的选取中，注意结合各专业特点以及专为高职高专学生提升能力、备战数学竞赛和专升本而精心选取。

本教材内容精简实用、叙述通俗易懂、知识覆盖面广、习题资源丰富、数学试验例题选取均由实际教学经验总结而来，本教材的编写是对高职生的"知识、能力、素质"三方面培养需求进行的一次有益尝试。

本教材符合当前高等职业教育中"高素质技术技能型"人才培养的要求，非常适用于各类高职高专院校数学课程教学的选用。

本教材由张耘任主编，陈玉花任副主编。参加本书编写工作的还有付春茹、王新苹、玲玲、陈艳燕、徐坚。

本教材的编写和出版，得到了北京邮电大学出版社有关领导和编辑的大力支持，并得到了同行专家提出的宝贵意见，编者在此一并表示感谢！

本教材在编写过程中虽经过反复推敲与修改，但受编者水平与时间仓促所限，难免会出现纰漏和错误，不足之处恳请同行教师不吝赐教。

编　者

2016年1月

目　录

第1章　函数、极限与连续

【导学】　函数是微积分学的主要研究对象，极限是微积分学的理论基础，连续则是函数的一个重要性态. 本章在总结中学已有函数的基础上，进一步阐述函数的概念及性质，理解初等函数和分段函数的概念. 介绍极限的概念及运算，讨论函数的连续性及连续函数的性质，为后续知识的学习奠定坚实的基础.

1.1　函　数

【教学要求】　函数是描述事物变化过程中变量相依关系的数学模型，是数学的基本概念之一. 本节要求掌握函数的基本概念，基本初等函数的图像和性质，理解初等函数的概念，会建立简单的函数关系.

1.1.1　函数的概念及性质

在研究自然的、社会的以及工程技术领域中的某些现象时，人们经常会遇到各种不同的量，比如，时间、速度、质量、温度、成本和利润等，这些量一般可以分为两类，其中一类在所研究的过程中保持不变，这样的量我们称之为**常量**，而另一类在所研究的过程中是变化的，这样的量我们称之为**变量**.

在同一过程中，往往会有几个变量同时变化，但是它们之间的变化不是孤立的，而是按照一定的规律相互联系、相互制约着，也即它们之间存在着相互依赖关系，举例如下.

例1　自由落体规律

$$h=\frac{1}{2}gt^2,$$

式中 h 表示下降的距离，t 表示下落的时间，g 表示重力加速度(视为常量).

此公式给出了一个物体在自由降落的过程中，距离 h 与时间 t 之间的相互依赖关系，它描绘的是自然现象中的某种变化规律.

例2　某手机品牌产量与成本之间的规律

$$C=7\,000+100x,$$

式中 C 表示总成本，x 表示产量，其中固定成本为 7 000(常量).

此公式给出了一个手机品牌在生产经营活动中，其总成本 C 与产量 x 之间的相互依赖关系，它描绘的是生产经营活动中的某种变化规律.

上述两例中这种变量与变量之间的相依关系，用数学的语言描述出来就得到函数的定义.

1. 函数的概念

定义 1 设 x,y 是两个变量,若对非空数集 D 中每一个值 x,按照一定的对应法则 f,总有**唯一**确定的数值 y 与之对应,则称变量 y 是 x 的**函数**,记作:

$$y=f(x),\ x\in D.$$

其中:x 为**自变量**,y 为**因变量**,数集 D 为**定义域**,f 是**函数符号**,它表示 y 与 x 的**对应法则**. 函数符号也可由其他字母来表示,如 g,h,F,G 等.

当自变量取定 $x_0\in D$ 时,与 x_0 对应的数值称为函数在点 x_0 处的**函数值**,记作 $f(x_0)$ 或 $y|_{x=x_0}$. 当 x 取遍 D 中的每一个值时,对应的函数值组成的集合称为**函数的值域**,通常用 Z 表示.

由函数的定义可知,定义域和对应法则是函数的两个要素,如果两个函数具有相同的定义域和对应法则,那么它们就是同一个函数.

例 3 求下列函数的定义域.

(1) $y=\dfrac{x-4}{x^2-3x-4}$;　　(2) $y=\sqrt{2-x}+\ln(x+2)$.

解 (1) 要使 $y=\dfrac{x-4}{x^2-3x-4}$ 有意义,则分母

$$x^2-3x-4\neq 0,$$

解得 $x\neq -1$ 且 $x\neq 4$,所以函数的定义域为 $(-\infty,-1)\cup(-1,4)\cup(4,+\infty)$.

(2) 要使 $y=\sqrt{2-x}+\ln(x+2)$ 有意义,则有

$$\begin{cases}2-x\geqslant 0\\ x+2>0\end{cases},$$

解得 $-2<x\leqslant 2$,所以函数的定义域为 $(-2,2]$.

例 4 已知函数 $f(x)=\dfrac{x-1}{x+1}$,求 $f(0),f(1),f(-x),f(x^2+1)$.

解 这是已知函数的表达式,求函数在指定点的函数值. $f(0)$ 是当自变量 x 取 1 时函数 $f(x)$ 的函数值,需将 $f(x)$ 表达式中的 x 换为数值 1,即 $f(0)=\dfrac{0-1}{0+1}=-1$.

同理可得

$$f(1)=\frac{1-1}{1+1}=0;$$

$$f(-x)=\frac{-x-1}{-x+1}=\frac{x+1}{x-1};$$

$$f(x^2+1)=\frac{x^2+1-1}{x^2+1+1}=\frac{x^2}{x^2+2}.$$

例 5 研究下列各对函数是否相同? 为什么?

(1) $f(x)=\dfrac{x^2-4}{x-2}$, $g(x)=x+2$;

(2) $f(x)=\sqrt{1-\cos^2 x}$, $g(x)=\sin x$.

解 (1) 因为 $f(x)$ 的定义域为 $D_f=(-\infty,2)\cup(2,+\infty)$,而 $g(x)$ 的定义域为 $D_g=\mathbf{R}$,显然两个函数的定义域不同,所以 $f(x)$ 与 $g(x)$ 不相同.

(2) 虽然两个函数的定义域都是 $(-\infty,+\infty)$,但 $f(x)=|\sin x|$,对应法则不同. 所以 $f(x)$ 与 $g(x)$ 不相同.

2. 函数的表示法

函数的表示法有三种：解析法、列表法、图像法.

(1) **解析法**：函数的对应法则用数学表达式表示. 这在高等数学中是最常见的函数表示法，它便于我们进行理论研究.

例如，函数 $y=\sin\left(x+\frac{\pi}{3}\right)$就是用解析法表示的函数，当 x 在其定义域$(-\infty,+\infty)$内取任意值时，可由该式计算出相应的 y 值.

(2) **列表法**：将一系列自变量 x 的值与对应的函数值 y 列成表格的形式.

例如，某超市前三个季度每月某洗衣机的零售量 s(单位：台)如表 1-1 所示.

表 1-1

月份 t	1	2	3	4	5	6	7	8	9
零售量 s	60	78	64	88	95	66	49	53	55

表 1-1 给出了该超市洗衣机零售量 s 随月份 t 变化而变化的函数关系，这个函数关系是用表格表示的，它的定义域 $D=\{1,2,3,4,5,6,7,8,9\}$.

当月份 t 在其定义域 D 内取任意值时，从表格中都可查到零售量 s 的一个对应值.

(3) **图像法**：函数的对应法则用建立在平面直角坐标系上的几何图形来表示.

例如，气象台每天用自动记录仪把一天中的气温变化情况自动描绘在记录纸上(如图 1-1 所示). 这是用图形表示的函数，气温 y 与时间 x 的函数关系由曲线给出.

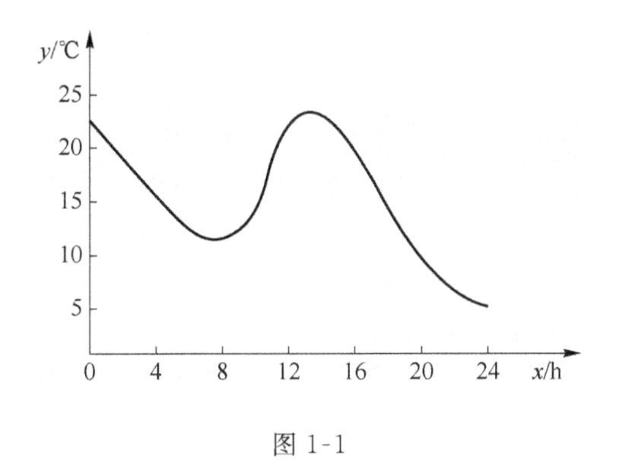

图 1-1

它的定义域为 $D=[0,24]$. 当时间 x 在其定义域 D 内取任意值时，在曲线上都可以找到一个与之对应的气温值 y.

3. 函数的性质

(1) 函数的奇偶性

定义 2　设函数 $y=f(x)$在关于原点对称的区间 I 内有定义，若对于任意的 $x\in I$，如果恒有$f(-x)=f(x)$，则称 $y=f(x)$为**偶函数**；若 $f(-x)=-f(x)$，则称 $y=f(x)$为**奇函数**.

从几何特征来看，偶函数的图像关于 y 轴对称，奇函数的图像关于原点对称，如图 1-2 所示.

例如，$y=x^2$，$y=x^4$，$y=\cos x$ 都是偶函数；而 $y=x^3$，$y=\sin x$ 都是奇函数.

(2) 函数的单调性

定义 3　设函数 $y=f(x)$在区间 I 内有定义，对于区间 I 内的任意两点 x_1，x_2，若当 $x_1<$

x_2时，有 $f(x_1)<f(x_2)$，则称函数 $f(x)$在区间 I 内是**单调增加**的；对于区间 I 内的任意两点 x_1,x_2，当 $x_1<x_2$ 时，有 $f(x_1)>f(x_2)$，则称函数 $f(x)$在区间 I 内是**单调减少**的.

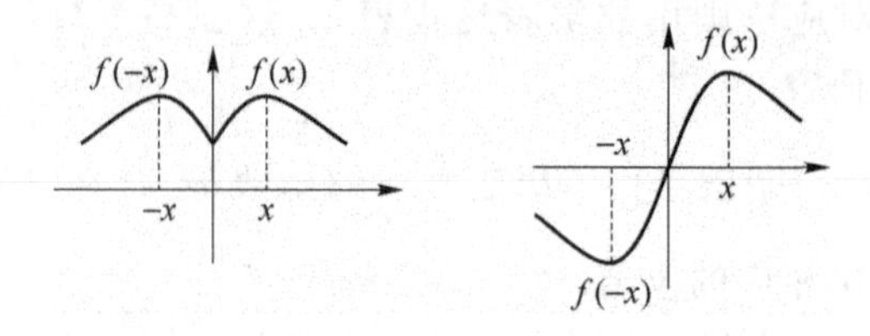

图 1-2

在几何上，单调增加(减少)函数的图形是沿 x 轴的正向渐升的(或渐降的)，如图 1-3 所示.

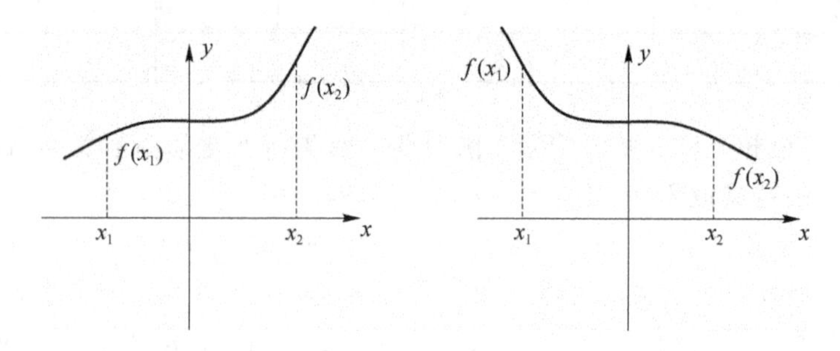

图 1-3

例如，函数 $y=x^2$ 在区间$[0,+\infty)$内是单调增加的，在区间$(-\infty,0]$内是单调减少的，而函数 $y=x^2$ 在整个定义域区间$(-\infty,+\infty)$内无单调性可言.

(3) 函数的周期性

定义 4 设函数 $y=f(x)$在区间 I 内有定义，如果存在一个不为零的实数 T，对于任意的 $x\in I$，有$(x+T)\in I$，且恒有 $f(x+T)=f(x)$，则称 $y=f(x)$是**周期函数**，实数 T 称为**周期**. 通常所说的周期函数的周期指的是函数的最小正周期.

例如，$\pm 2\pi,\pm 4\pi,\cdots$都是函数 $y=\sin x$ 的周期，而 2π 是它的最小正周期，故 $y=\sin x$ 的周期是 2π. 函数 $y=\sin x$，$y=\cos x$ 都是以 2π 为周期的周期函数；$y=\tan x$，$y=\cot x$ 都是以 π 为周期的周期函数.

(4) 函数的有界性

定义 5 设函数 $y=f(x)$在区间 I 内有定义，如果存在一个正数 M，对于任意的 $x\in I$，恒有$|f(x)|\leqslant M$，则称 $f(x)$在 I 上**有界**；否则称为**无界**.

例如，函数 $y=\sin x$ 的图像介于两条直线 $y=-1$ 和 $y=1$ 之间，即有$|\sin x|\leqslant 1$，这时称 $y=\sin x$ 在$(-\infty,+\infty)$内是有界函数.

4. 分段函数

定义 6 函数定义不是用一个表达式完成的，而是把整个定义域分成若干个区间段，每一个区间段内的 x 对应的函数值 y 用一个表达式给出，这种函数称为**分段函数**.

分段函数的特点是，函数的定义域被分成几个部分，每一部分，函数有不同的表达式，如下面两个重要的分段函数.

例 6 绝对值函数

$$y=|x|=\begin{cases} x, & x\geqslant 0 \\ -x, & x<0 \end{cases}$$

称为绝对值函数，是一个分段函数．它的定义域为 **R**，值域为 $[0,+\infty)$，其图像如图 1-4(a) 所示．

例 7　符号函数

$$y=\operatorname{sgn} x=\begin{cases} 1, & x>0 \\ 0, & x=0 \\ -1, & x<0 \end{cases}$$

称为符号函数，这也是分段函数，记为 $\operatorname{sgn} x$，它的定义域为 **R**，值域为 $\{-1,0,1\}$，图形如图 1-4(b) 所示．对任何实数 x 都有下列关系式：$x=\operatorname{sgn} x\cdot|x|$ 成立，所以它起着一个符号的作用．

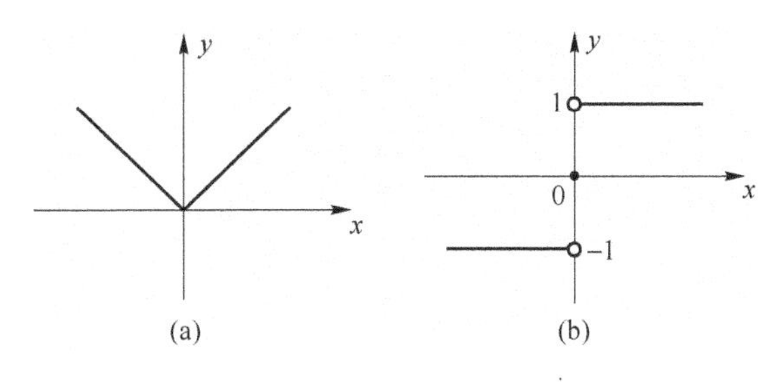

图 1-4

1.1.2　反函数

函数反映的是因变量随着自变量的变化而变化的规律，用另一种语言来说就是：**有两个变量，一个是主动变量（自变量 x），另一个是被动变量（因变量 y），主动变量一旦取定了，被动变量也相继唯一确定**．但是变量之间的制约是相互的，在研究的不同领域里，经常需要更换这两个变量的主次关系，当这种主次关系对换后，仍然成为函数关系，这就是我们所要介绍的反函数．

定义 7　设函数 $y=f(x)$ 的定义域是 D，值域是 Z，若对每一个 $y\in Z$，都有唯一的一个 $x\in D$，使得

$$f(x)=y,$$

这就定义了 Z 上的一个函数，此函数称为 $y=f(x)$ 的反函数，记为

$$x=f^{-1}(y),y\in Z,$$

这时 $y=f(x)$ 称为**直接函数**．

由反函数的定义不难发现，$y=f(x)$ 存在反函数当且仅当 f 是 D 到 Z 的一一对应关系，并且反函数的定义域是直接函数的值域，反函数的值域是直接函数的定义域．

在数学上，总习惯用 x 表示自变量，用 y 表示因变量，为了满足习惯记法的需要，最后会把反函数 $x=f^{-1}(y)$ 记为 $y=f^{-1}(x)$．$f(x)$ 与 $f^{-1}(x)$ 互为反函数，它们在同一直角坐标系下是关于直线 $y=x$ 对称的．

例如，函数 $y=f(x)=x^2,x\in[0,+\infty)$ 与 $y=f^{-1}(x)=\sqrt{x},x\in[0,+\infty)$ 互为反函数，如图 1-5 所示，它们的图像关于 $y=x$ 对称．

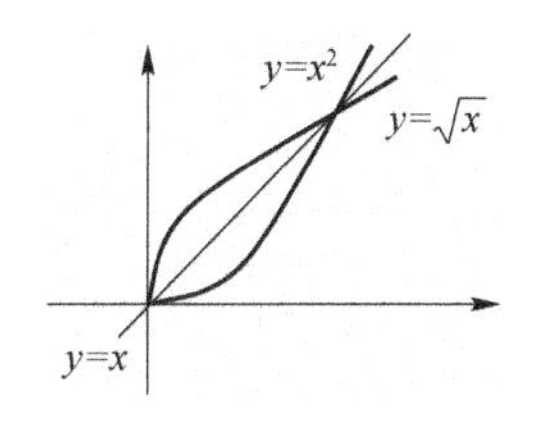

图 1-5

1.1.3 基本初等函数

基本初等函数是中学已经学过的函数，在此仅对它们及它们的图像、性质作以简要复习．基本初等函数分为以下六类．

1. 常量函数

$$y=C\quad (C\text{ 为常数})$$

常量函数的定义域为$(-\infty,+\infty)$，值域为$\{C\}$；其图像如图1-6所示，是一条平行于x轴的直线．

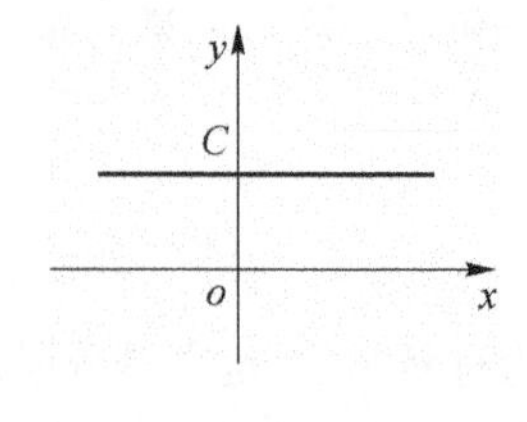

图 1-6

2. 幂函数

$$y=x^a\quad (a\text{ 为实数})$$

幂函数的定义域与常数a有关，但无论a取何值，它在区间$(0,+\infty)$内总有定义．常见的幂函数有(图1-7)：

$y=x$，在其定义域$(-\infty,+\infty)$上，它是奇函数，在其定义域上为增函数．

$y=x^2$，在其定义域$(-\infty,+\infty)$上，它是偶函数，单调减区间为$(-\infty,0)$，单调增区间为$(0,+\infty)$．

$y=\sqrt{x}$，在其定义域$[0,+\infty)$上是增函数．

$y=\dfrac{1}{x}$，在其定义域$(-\infty,0)\cup(0,+\infty)$上，它是奇函数，$(-\infty,0)$与$(0,+\infty)$都是它的单调减区间．

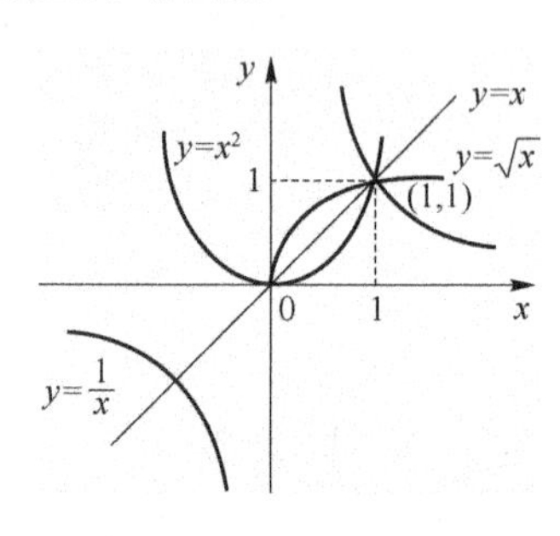

图 1-7

容易从图1-7得到幂函数的如下特征：

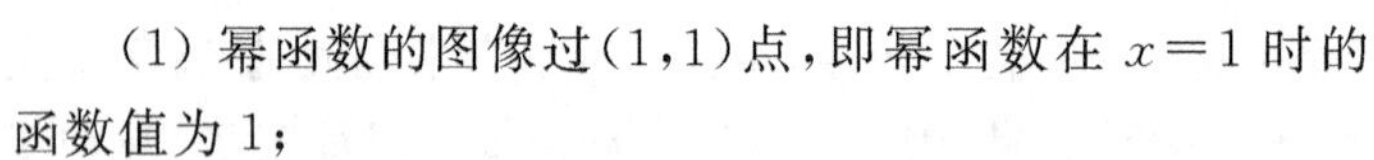

(1) 幂函数的图像过(1,1)点，即幂函数在$x=1$时的函数值为1；

(2) 幂函数$y=x^a$的图像与$y=x^{\frac{1}{a}}$的图像关于直线$y=x$对称．

3. 指数函数

$$y=a^x\,(a>0\text{ 且 }a\neq 1)$$

指数函数的定义域为$(-\infty,+\infty)$，其函数性质与常数a有关，图像如图1-8所示．

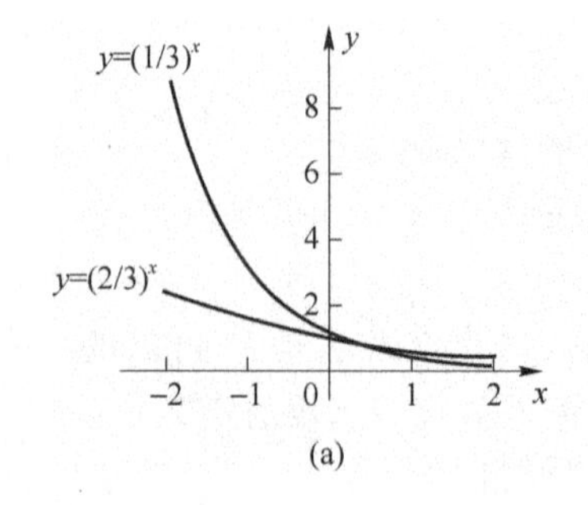

(a)

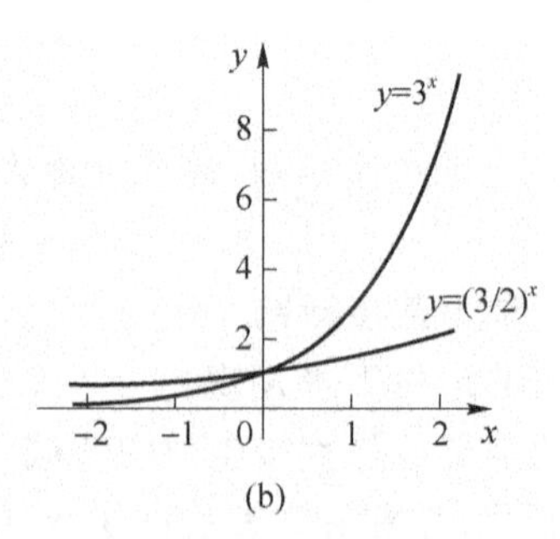

(b)

图 1-8

当$0<a<1$时，它是单调减函数，如图1-8(a)所示；

当$a>1$时，它是单调增函数，如图1-8(b)所示．

指数函数$y=a^x$的函数值恒大于0，无论a为何值，指数函数$y=a^x$恒过点(0,1)．

常用的指数函数是$y=\mathrm{e}^x$，其中$\mathrm{e}=2.718\,28\cdots$．

4. 对数函数

$$y=\log_a x \quad (a>0 \text{ 且 } a\neq 1)$$

对数函数的定义域为$(0,+\infty)$，其图像如图 1-9 所示. 从图 1-9 中可以看到，当 $0<a<1$ 时，对数函数 $y=\log_a x$ 为单调减函数，当 $a>1$ 时，其为单调增函数. 无论 a 为何值，对数函数 $y=\log_a x$ 恒过点$(1,0)$.

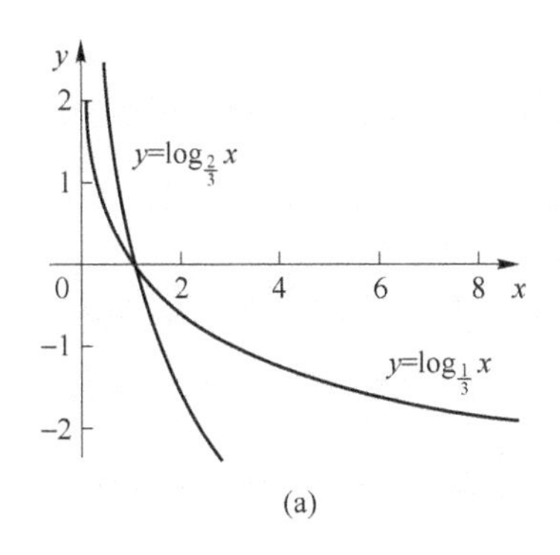

(a)

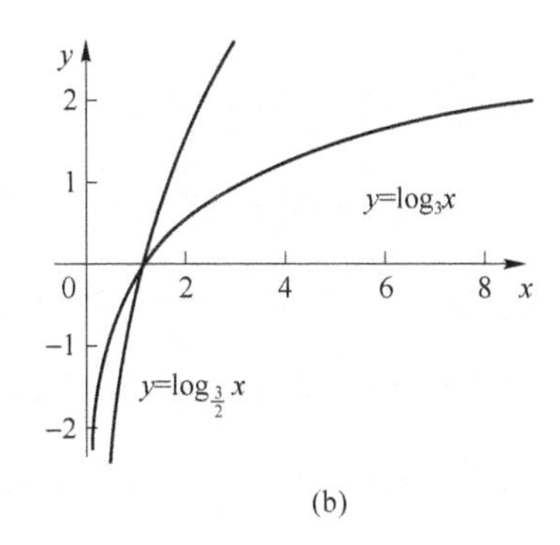

(b)

图 1-9

对数函数 $y=\log_a x$ 与指数函数 $y=a^x$ 的图形关于直线 $y=x$ 对称，因此它们互为反函数.

常用的对数函数有 $f(x)=\lg x$ 和 $f(x)=\ln x$. 前者是以 10 为底的对数函数，称为**常用对数函数**，后者是以 e 为底的对数函数，称为**自然对数函数**. 自然对数函数将是本课程中更为常见的对数函数.

5. 三角函数

三角函数包括六种：正弦函数、余弦函数、正切函数、余切函数、正割函数、余割函数.

正弦函数：$y=\sin x$（如图 1-10 所示），定义域为$(-\infty,+\infty)$，值域为$[-1,1]$.

它的特性是：有界、奇函数、周期函数(周期为 2π).

余弦函数：$y=\cos x$（如图 1-11 所示），定义域为$(-\infty,+\infty)$，值域为$[-1,1]$.

它的特性是：有界、偶函数、周期函数(周期为 2π).

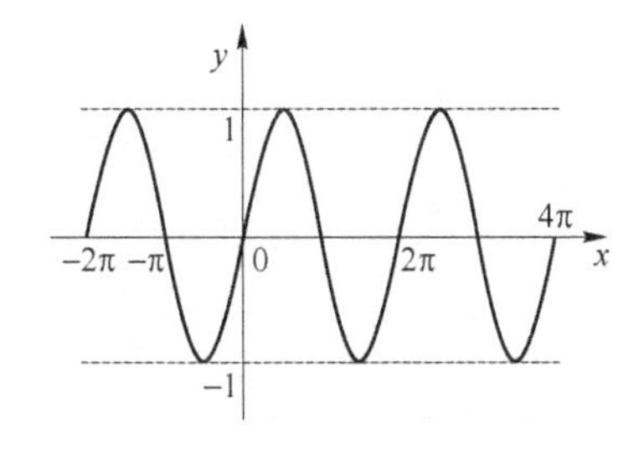

图 1-10

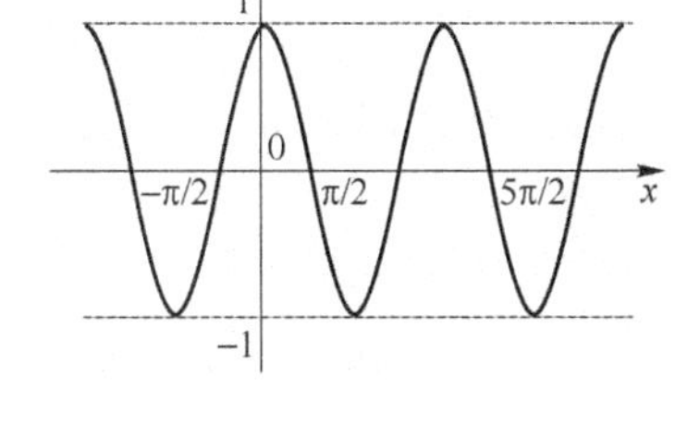

图 1-11

正切函数：$y=\tan x=\dfrac{\sin x}{\cos x}$（如图 1-12 所示），定义域为 $x\neq k\pi+\dfrac{\pi}{2}(k\in\mathbf{Z})$，值域为$(-\infty,+\infty)$.

它的特性是：无界、奇函数、周期函数(周期为 π).

余切函数：$y=\cot x=\dfrac{\cos x}{\sin x}$（如图 1-13 所示），定义域为 $x\neq k\pi(k\in\mathbf{Z})$，值域为$(-\infty,+\infty)$.

它的特性是：无界、奇函数、周期函数（周期为 π）.

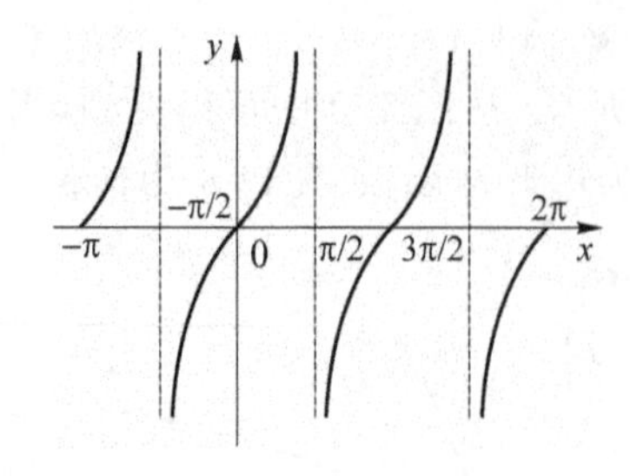

图 1-12

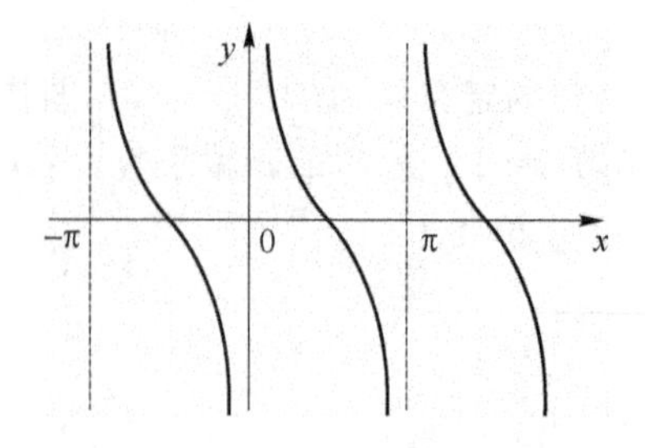

图 1-13

正割函数：$y=\sec x=\dfrac{1}{\cos x}$（如图 1-14 所示），定义域为 $x\neq k\pi+\dfrac{\pi}{2}(k\in\mathbf{Z})$，值域为 $|y|\geqslant 1$.

它的特性是：无界、偶函数、周期函数（周期为 2π）.

余割函数：$y=\csc x=\dfrac{1}{\sin x}$（如图 1-15 所示），定义域为 $x\neq k\pi(k\in\mathbf{Z})$，值域为 $|y|\geqslant 1$.

它的特性是：无界、奇函数、周期函数（周期为 2π）.

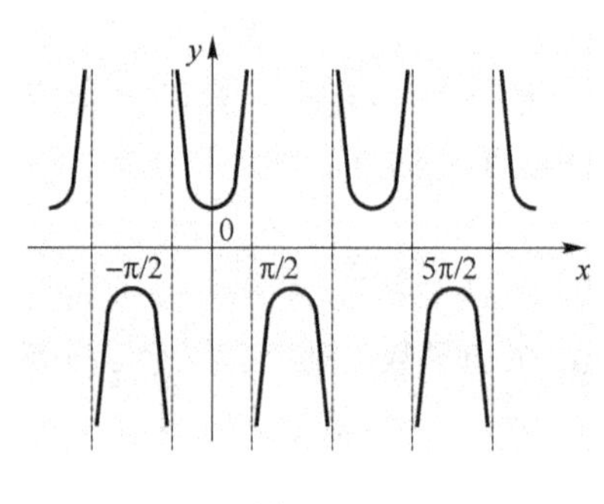

图 1-14

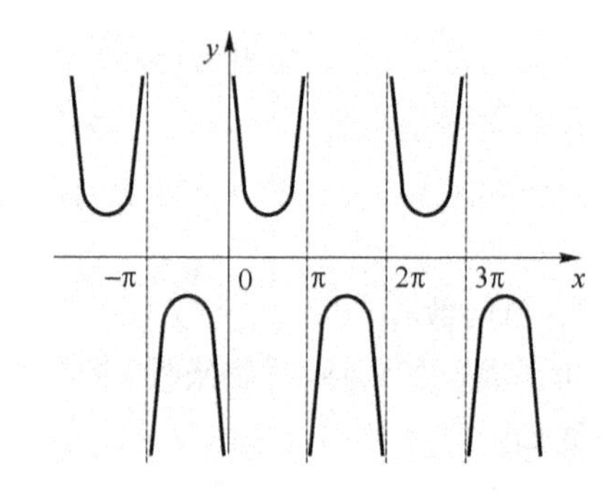

图 1-15

6. 反三角函数

常用的反三角函数包括四种：反正弦函数、反余弦函数、反正切函数、反余切函数.

反正弦函数：$y=\arcsin x$（如图 1-16 所示），定义域为 $[-1,1]$，值域为 $\left[-\dfrac{\pi}{2},\dfrac{\pi}{2}\right]$.

它的特性是：有界、奇函数、增函数.

反余弦函数：$y=\arccos x$（如图 1-17 所示），定义域为 $[-1,1]$，值域为 $[0,\pi]$.

它的特性是：有界、减函数.

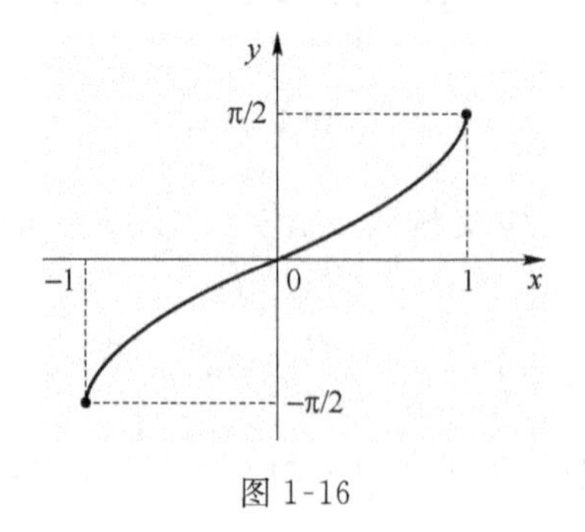

图 1-16

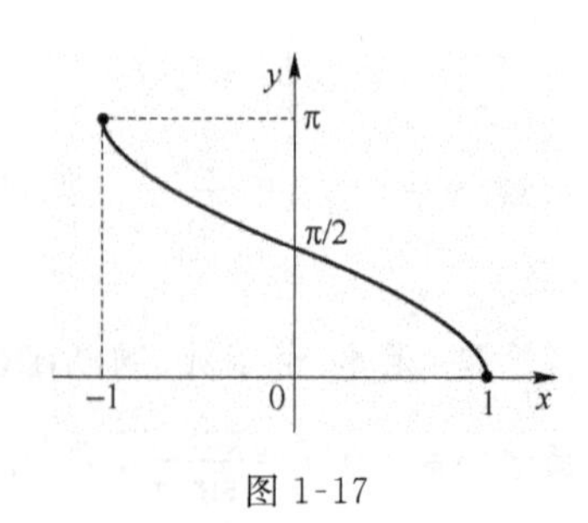

图 1-17

反正切函数：$y=\arctan x$（如图 1-18 所示），定义域为$(-\infty,+\infty)$，值域为$\left(-\frac{\pi}{2},\frac{\pi}{2}\right)$.

它的特性是：有界、奇函数、增函数.

反余切函数：$y=\operatorname{arccot} x$（如图 1-19 所示），定义域为$(-\infty,+\infty)$，值域为$(0,\pi)$.

它的特性是：有界、减函数.

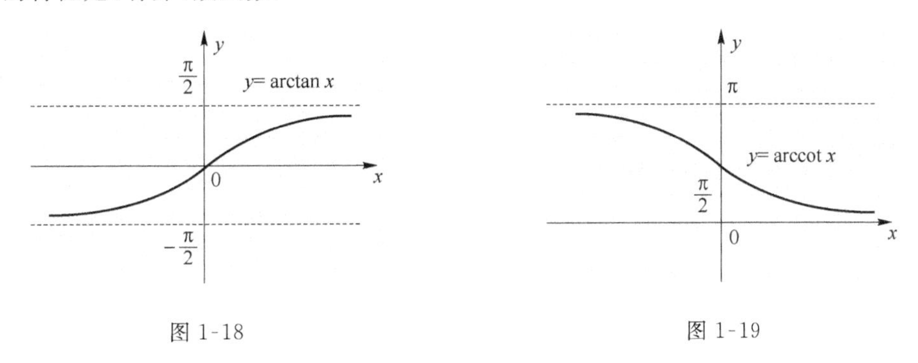

图 1-18　　　　图 1-19

1.1.4　复合函数

在日常生活或生产实践中，事物之间的关系往往是错综复杂的，因此用数学表示自然规律、生产规律的函数结构也是复杂的. 通常情况下，我们遇到的函数往往不是基本初等函数，而是由这些基本初等函数所构造的较为复杂的函数，即需要把两个或两个以上的函数组合成另一个新的函数.

例如，设 $y=\sqrt{u}$，$u=1-x^2$，用 $1-x^2$ 代替 $y=\sqrt{u}$中的 u，得到 $y=\sqrt{1-x^2}$. 这就是说函数 $y=\sqrt{1-x^2}$是由 $y=\sqrt{u}$经过中间变量 $u=1-x^2$ 复合而成的.

定义 8　设 y 是 u 的函数 $y=f(u)$，u 是 x 的函数 $u=g(x)$，若 $u=g(x)$的值域的全部或部分能使 $y=f(u)$有意义，则称 y 是通过中间变量 u 构成 x 的函数，即 y 是 x 的**复合函数**.

记作 $y=f[g(x)]$. 其中 x 是自变量，u 是中间变量.

注意　并不是任何两个函数都可以构成一个复合函数. 例如，$y=\ln u$，$u=-x^2$ 就不能构成复合函数，因为 $u=-x^2$ 的值域是 $u\leqslant 0$，而 $y=\ln u$ 的定义域是 $u>0$.

例 8　设 $f(x)=\frac{2}{2-x}$，求 $f[f(x)]$.

解
$$f[f(x)]=\frac{2}{2-f(x)}=\frac{2}{2-\frac{2}{2-x}}=\frac{2-x}{1-x},$$
它的定义域是$(-\infty,1)\cup(1,2)\cup(2,+\infty)$.

例 9　写出下列函数的复合过程.

(1) $y=\tan(3^x)$；　　(2) $y=\mathrm{e}^{\sin x}$；

(3) $y=\sqrt{4-x^2}$；　　(4) $y=\sqrt{\lg(x^2-3)}$.

解　(1) $y=\tan(3^x)$是由 $y=\tan u$，$u=3^x$ 复合而成的；

(2) $y=\mathrm{e}^{\sin x}$是由 $y=\mathrm{e}^u$，$u=\sin x$ 复合而成的；

(3) $y=\sqrt{4-x^2}$是由 $y=\sqrt{u}$，$u=4-x^2$ 复合而成的；

(4) $y=\sqrt{\lg(x^2-3)}$是由 $y=\sqrt{u}$，$u=\lg v$，$v=x^2-3$ 复合而成的.

注：复合函数只是函数的一种表达方式，不是一类新型的函数；如果要把一个复合函数分

解时，必须按照以下两个原则：

① 必须从外层函数往里层函数进行层层分解；

② 分解得到的每一层必须是基本初等函数或是基本初等函数四则运算的形式.

若不按照上述两个原则进行分解，则会给以后的复合函数的求导、微分、积分运算带来许多麻烦，这一点读者会逐步理解的.

1.1.5 初等函数

定义 9 由基本初等函数经过有限次的四则运算和有限次的复合运算而成，且只能用一个式子表达的函数称为**初等函数**.

例如，$y=2x^2-1$，$y=\sin\frac{1}{x}$，$y=e^{\sin^2(2x+1)}$等都是初等函数. 许多情况下，分段函数不是初等函数，因为分段函数通常在定义域上不能用一个式子表示.

例如，符号函数 $y=\operatorname{sgn} x=\begin{cases}-1 & x<0\\ 0 & x=0\\ 1 & x>0\end{cases}$ 和取整数函数 $y=[x]$，$x\in\mathbf{R}$，它们都不是初等函数. 但是 $y=|x|=\begin{cases}x & x\geqslant 0\\ -x & x<0\end{cases}$ 却是初等函数，因为 $y=|x|=\sqrt{x^2}$ 可看作由 $y=\sqrt{u}$ 和 $u=x^2$ 复合而成.

1.1.6 函数关系的建立

运用数学工具解决实际问题时，往往需要先把变量之间的函数关系表示出来，才方便进行计算和分析.

例 10 （**蓄水池造价问题**）要建造一个容积为 V 的无盖长方体蓄水池，它的底为正方形，若池底的单位面积造价为侧面积造价的 3 倍，试建立蓄水池总造价与底面边长之间的函数关系.

解 设底面边长为 x，总造价为 y，侧面单位面积造价为 a.

由已知可得水池深为$\frac{V}{x^2}$，侧面积为 $4x\frac{V}{x^2}=\frac{4V}{x}$，从而得出

$$y=3ax^2+4a\frac{V}{x}(0<x<+\infty).$$

例 11 （**出租车计价问题**）某市出租车收费标准：在 3 千米以内，起步价为 13 元；超过 3 千米时，超过部分为每千米 2 元. 求运价 y 和里程 x 之间的函数关系.

解 根据题意可列出函数关系如下：

$$y=\begin{cases}13, & 0<x\leqslant 3\\ 13+2(x-3), & x>3\end{cases}.$$

建立实际问题的函数关系，首先应理解题意，找出问题中的常量与变量，选定自变量，再根据问题所给的几何特性、物理规律或其他知识建立变量间的等量关系，整理化简得函数式. 有时还要根据题意，写出函数的定义域.

例 12 （**银行复利问题**）设银行将数量为 A_0 的款贷出，每期利率为 r. 若一期结算一次，则 t 期后连本带利可收回

$$A_0(1+r)^t.$$

若每期结算 m 次，则 t 期后连本带利可收回

$$A_0\left[\left(1+\frac{r}{m}\right)^m\right]^t=A_0\left(1+\frac{r}{m}\right)^{mt}.$$

此函数既可看成期数 t 的函数，也可看成结算次数 m 的函数. 现实生活中一些事物的生长($r>0$)和衰减($r<0$)就遵从这种规律，而且是立即产生立即结算，例如细胞的繁殖、树木生长、物体冷却、放射性元素的衰减等.

在经济学中还经常遇到几个简单经济函数，如总成本函数、总收益函数、需求函数、供给函数，等等，所谓总成本是指生产一定数量的产品所需要的全部经济资源投入(劳力、原料、设备等)的费用总额. 它由固定成本与可变成本组成；所谓总收益是生产者出售一定量产品所得到的全部收入；所谓需求是指在一定价格条件下，消费者愿意购买并且有支付能力购买的商品量；所谓供给是指在一定价格条件下，生产者愿意出售并且有可供出售的商品量.

例 13　(经济函数问题)　设某公司生产一种产品，其固定成本为 15 000 元，每个单位的可变成本为 $140+0.04x$，其中 x 是产品的总数，产品的价格 P 与销售量(注意产品总数与销售量相等)的关系为 $P=300-0.06x$. 试给出总成本函数 $C(x)$、总收益函数 $P(x)$ 及利润函数 $L(x)$.

解　因为

总成本函数：描述企业总成本和产量之间的关系，

$$总成本=固定成本+可变成本.$$

总收益函数：销售者出售一定数量商品所得的全部收入.

利润函数=总收入－总成本.

设 x 为总产量，所以

$$C(x)=15\,000+(140+0.04x)x=0.04x^2+140x+15\,000,$$

$$P(x)=Px=(300-0.06x)x=-0.06x^2+300x,$$

$$L(x)=P(x)-C(x)=-0.1x^2+160x-15\,000.$$

习题 1.1

1. 求下列函数的定义域.

(1) $y=\dfrac{\sqrt{x^2-9}}{1+x^2}$；　(2) $y=\dfrac{x+3}{x^2-3x-4}$；　(3) $y=\ln\dfrac{1}{1+x}$.

2. 下列各对函数是否相同，并说明理由.

(1) $f(x)=\cos x$ 与 $g(x)=\sqrt{1-\sin^2 x}$；　(2) $f(x)=x+1$ 与 $g(x)=\dfrac{x^2-1}{x-1}$；

(3) $f(x)=1$ 与 $g(x)=\sin^2 x+\cos^2 x$.

3. 求下列函数值.

(1) 已知 $f(x)=x\cdot 4^{x-2}$，求 $f(2)$，$f(-2)$，$f(x^2)$，$f\left(\dfrac{1}{x}\right)$；

(2) 已知 $f(x)=x^2+3x+1$，求 $f(0)$，$f(1)$，$f(-1)$，$f(-x)$，$f\left(\dfrac{1}{x}\right)$.

4. 设函数 $f(x+3)=\dfrac{x+1}{x+2}$，求 $f(x)$.

5. 设函数 $y=\frac{|x|}{x}$,用分段函数形式表示该函数,确定其定义域,并求 $f(1)$,$f(-1)$.

6. 确定下列函数的奇偶性.

(1) $f(x)=x^2+\sin x$; (2) $f(x)=xe^{-1/x^2}+\arctan x$;

(3) $f(x)=\frac{x\sin x}{1+x^2}$; (4) $f(x)=\frac{e^x-1}{e^x+1}$.

7. 求下列函数的值域.

(1) $y=\frac{x+2}{x-1}$; (2) $y=\frac{3}{x^2-x+1}$.

8. 将 y 表示成关于 x 的函数.

(1) $y=\ln u, u=e^v+1, v=\tan x$; (2) $y=\sqrt{u}, u=v^2-1, v=\sin x$.

9. 设 $f(x)=e^x, g(x)=\ln x$,求 $f(f(x)), f(g(x)), g(f(x))$.

10. 下列函数由哪些基本初等函数复合而成?

(1) $y=\cos\frac{1}{x^2}$; (2) $y=3^{x^{-1/2}}$;

(3) $y=\ln\sin x^3$; (4) $y=(\arctan 2^x)^2$.

11. 将下列函数按基本初等函数复合和四则运算形式分解.

(1) $y=e^{\sin x-\cos x}$; (2) $y=\ln(1-x^2)$;

(3) $y=\left(\arctan\frac{1+x^2}{1-x^2}\right)^3$; (4) $y=\cos e^{x^2-2x+2}$.

12. 一块边长为 a 的正方形金属薄片,从四角各截去一个小方块,然后折成一个无盖的盒子.求它的容积与截去小方块的边长之间的函数关系式.

13. 用铁皮制作一个容积为 V 的圆柱形罐头筒,试将其全面积 A 表示成底半径 r 的函数,并确定此函数的定义域.

14. 某运输公司规定货物的吨千米运价为:在 a 千米以内,每千米 k 元,超过部分每千米为 $\frac{4}{5}k$ 元.求运价 m 和里程 s 之间的函数关系.

1.2 极 限

【教学要求】 本节要求理解极限的概念,掌握极限的运算法则,会利用两个重要极限求解极限问题;理解无穷大、无穷小的概念和运算.

1.2.1 数列的极限

在介绍极限概念之前,首先看几个引例.

例 1 **(数字游戏)** 用计算器对 2 连续开平方时,经过一定次数的开方后得到 1.是否对于任何实数经过一定次数的开方运算都得 1? 通过自己做几个例子后,你会确定这一点,但究竟是什么原因呢?

究其数学表达式,有:对实数 2 开平方一次有 $\sqrt{2}=2^{\frac{1}{2}}$,开平方两次有 $\sqrt{\sqrt{2}}=2^{\frac{1}{2^2}}$,开平方 n

次有$\sqrt{\sqrt{\cdots\sqrt{2}}}=2^{\frac{1}{2^n}}$……可见开平方次数越来越大时，所得结果的指数$\frac{1}{2^n}$就越来越接近于零，从而结果就越来越接近于 $2^0=1$. 由此不难想到，对任何正整数 a，开平方次数越来越大时，其结果就越来越接近于 $a^0=1$.

例 2　**(割圆术)** 中国古代数学家刘徽在《九章算术注》方田章圆田术中创造了割圆术计算圆周率 π 的方法. 刘徽注意到圆内接正多边形的面积小于圆面积，且将边数屡次加倍时，正多边形的面积增大，边数越大则正多边形面积越近于圆的面积. **"割之弥细，所失弥少. 割之又割以至于不可割则与圆合体而无所失矣.**"这几句话明确地表明了刘徽的这一思想.

如图 1-20 所示，当内接正多边形的边数越多，多边形的边就越贴近圆周.

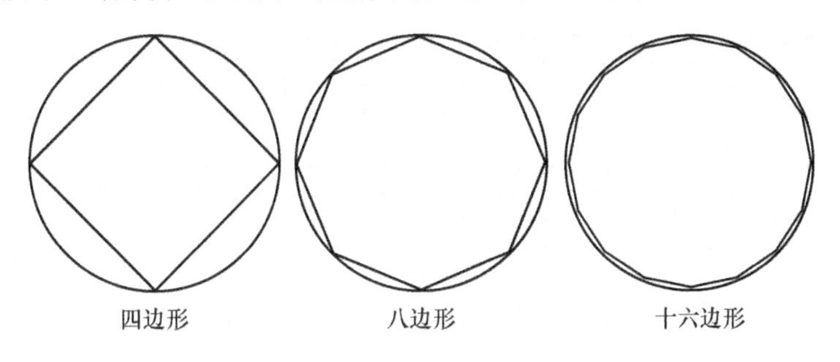

图 1-20

用现代数学的思想来说，刘徽割圆术中所述的不可再割的情况是不存在的，无论怎么一种割法，都不可能"与圆合体而无所失"，但是，它体现出来的终极思想是无可非议的.

下面来求解引例 1 中提出的 2 连续开平方问题. 根据例 1 的分析得知 2 连续开平方问题可形式化地描述成当 n 无限增大(记为 $n\to+\infty$)时，函数 $f(n)=2^{\frac{1}{2^n}}$ 的变化问题.

大家已经注意到，这个函数与前面讲述的函数有些不同，其自变量只能取正整数，因此其函数图形不是线，而是一系列点，这样的函数称为**数列**，记为$\{a_n\}$，a_n 称为数列的**一般项**，我们所要研究的就是当 n 无限增大时，数列$\{a_n\}$的变化趋势.

上述 $f(n)$的图形如图 1-21 所示. 从图中可以看到，当 $n\to+\infty$时，数列$\{f(n)\}$所对应的点列与直线 $y=1$ 逐渐靠拢，即 $n\to+\infty$时，$f(n)\to1$. 此时，称数列$\{f(n)\}$的极限为 1，并记为 $\lim\limits_{n\to+\infty}f(n)=1$.

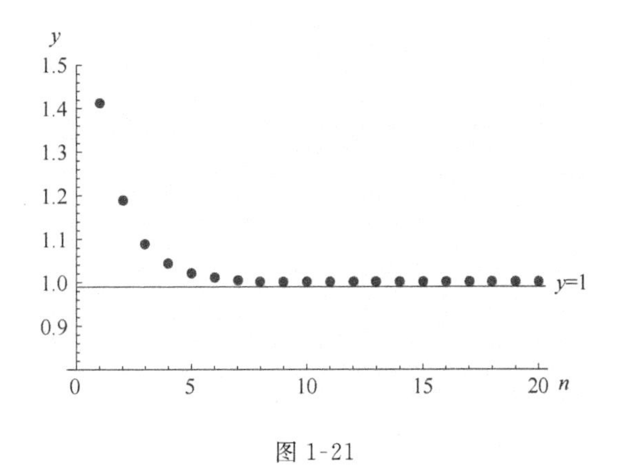

图 1-21

定义 1　对于数列$\{a_n\}$，当 $n\to+\infty$时，若数列 a_n 能无限趋近于唯一确定的常数 A，则称

常数 A 为数列 $\{a_n\}$ 当 $n\to+\infty$ 时的**极限**，并记为

$$\lim_{n\to+\infty} a_n=A.$$

例 3　求数列 $y_n=1-\frac{1}{n^2}$ 的极限.

解　由图 1-22 可看出，当 $n\to+\infty$，$y_n=1-\frac{1}{n^2}$ 无限趋近于 1，即 $\lim\limits_{n\to+\infty}\left(1-\frac{1}{n^2}\right)=1$.

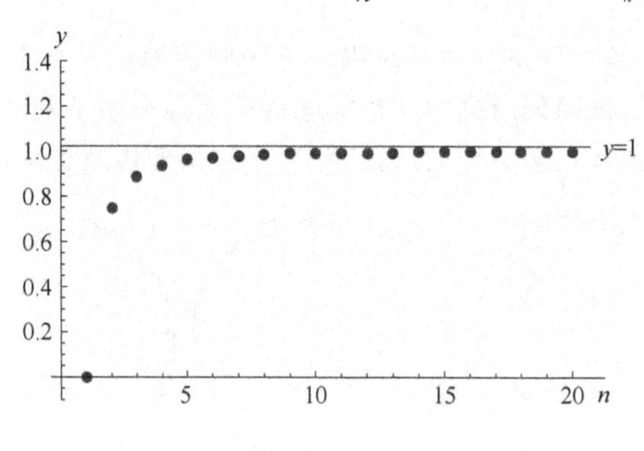

图 1-22

注：并不是任何数列都有极限. 例如，数列 $y_n=3^n$，当 n 无限增大时，它也无限增大，不能无限趋近于一个确定的常数，所以数列 $y_n=3^n$ 没有极限；又如，数列 $y_n=(-1)^n$，当 n 无限增大时，y_n 在 -1 和 1 这两个点上来回跳动，不能无限趋近于一个确定的常数，所以数列 $y_n=(-1)^n$ 没有极限.

1.2.2　函数的极限

1. 当 $x\to\infty$ 时，函数 $f(x)$ 的极限

$x\to\infty$ 表示自变量 x 的绝对值无限增大，为区别起见，把 $x>0$ 且无限增大记为 $x\to+\infty$；把 $x<0$ 且其绝对值无限增大记为 $x\to-\infty$.

先考察反比例函数 $y=\frac{1}{x}$，图像如图 1-23 所示. x 轴是曲线的一条水平渐近线，也就是说当自变量 x 的绝对值无限增大时，相应的函数值 y 无限趋近常数 0.

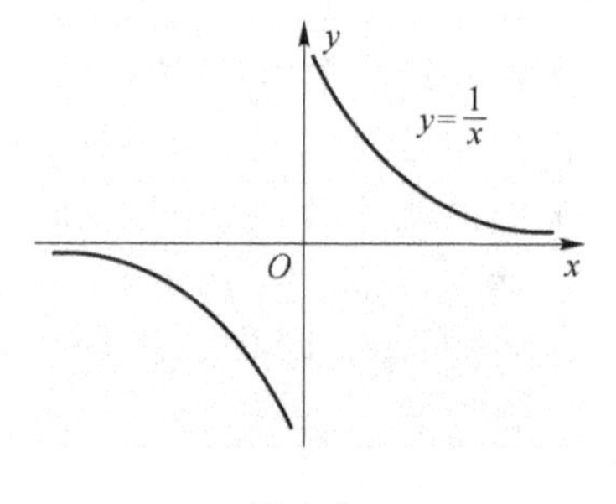

图 1-23

像这种当 $x\to\infty$ 时，函数 $f(x)$ 的变化趋势，有如下定义：

定义 2　设函数 $f(x)$ 当 $|x|$ 充分大时有定义，当 $x\to\infty$ 时，若函数 $f(x)$ 能无限趋近于唯一一个确定的常数 A，那么称 A 为函数 $f(x)$ 当 $x\to\infty$ 时的**极限**，记为 $\lim\limits_{x\to\infty}f(x)=A$.

如果当 $x\to+\infty(x\to-\infty)$ 时，函数 $f(x)$ 无限趋近于一个常数 A，则称 A 为函数 $f(x)$ 当 $x\to+\infty(x\to-\infty)$ 时的**极限**，记为 $\lim\limits_{x\to+\infty}f(x)=A(\lim\limits_{x\to-\infty}f(x)=A)$.

根据定义，由图 1-23 我们可以得到 $\lim\limits_{x\to\infty}\frac{1}{x}=0$，$\lim\limits_{x\to+\infty}\frac{1}{x}=0$，$\lim\limits_{x\to-\infty}\frac{1}{x}=0$.

由此不难得出如下结论：

结论　$\lim\limits_{x\to\infty}f(x)=A$ 成立的充分必要条件是

$$\lim_{x\to+\infty}f(x)=\lim_{x\to-\infty}f(x)=A.$$

例4　求$\lim\limits_{x\to\infty}\arctan x$.

解　$y=\arctan x$的图像如图1-18所示，因为$\lim\limits_{x\to+\infty}\arctan x=\frac{\pi}{2}$，$\lim\limits_{x\to-\infty}\arctan x=-\frac{\pi}{2}$，所以$\lim\limits_{x\to\infty}\arctan x$不存在.

2. 当$x\to x_0$时，函数$f(x)$的极限

考察当$x\to1$时，函数$f(x)=\frac{x^2-1}{x-1}$的变化趋势.

注意到当$x\neq1$时，函数$f(x)=\frac{x^2-1}{x-1}=x+1$，所以当$x\to1$时，$f(x)$的值无限接近于常数2(图1-24).

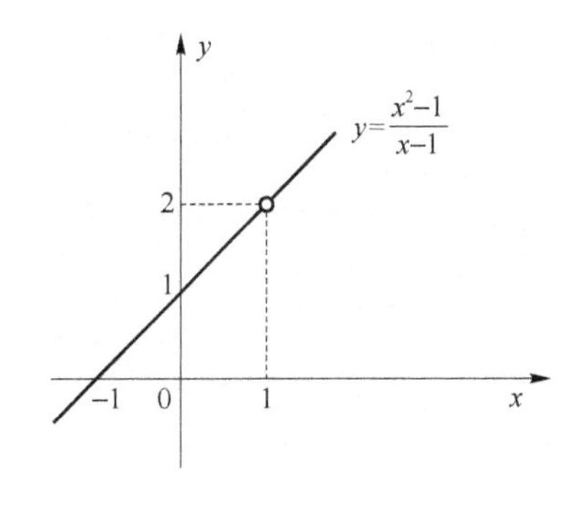

图1-24

像这种当$x\to x_0$时，函数$f(x)$的变化趋势，有如下定义：

定义3　设函数$f(x)$在点x_0的附近有定义，当$x\to x_0$时，若函数$f(x)$能无限趋近于一个确定的常数A，则称A为函数$f(x)$当$x\to x_0$时的**极限**，记为

$$\lim_{x\to x_0}f(x)=A.$$

由定义可知，当$x\to1$时，函数$f(x)=\frac{x^2-1}{x-1}$的极限为2，即$\lim\limits_{x\to1}\frac{x^2-1}{x-1}=2$. 从上面的例子还可以看出，虽然$f(x)=\frac{x^2-1}{x-1}$在$x=1$处没有定义，但当$x\to1$时函数$f(x)$的极限却是存在的，所以当$x\to x_0$时函数$f(x)$的极限与函数在$x=x_0$处是否有定义无关.

$x\to x_0$表示x无限趋近于x_0，它包含以下两种情况：

(1) x是从大于x_0的方向趋近于x_0，记作$x\to x_0^+$(或$x\to x_0+0$)；

(2) x是从小于x_0的方向趋近于x_0，记作$x\to x_0^-$(或$x\to x_0-0$).

显然$x\to x_0$是指以上两种情况同时存在.

与$x\to x_0$时函数$f(x)$的极限的定义类似，如果当$x\to x_0^+$(或$x\to x_0^-$)时，函数$f(x)$的值无限趋近于一个确定的常数A，则称A为函数$f(x)$当$x\to x_0^+$(或$x\to x_0^-$)时的右(左)极限，记作

$$\lim_{x\to x_0^+}f(x)=A\text{(或}\lim_{x\to x_0^-}f(x)=A\text{)}.$$

左极限和右极限统称为**单侧极限**.

显然，函数的极限与左右极限有如下关系：

结论　$\lim\limits_{x\to x_0}f(x)=A$成立的充分必要条件是$\lim\limits_{x\to x_0^+}f(x)=\lim\limits_{x\to x_0^-}f(x)=A$.

这个结论常用来判断函数的极限是否存在.

例5　讨论函数$f(x)=\begin{cases}x+1 & x<0\\ x^2 & 0\leqslant x<1\\ 1 & x\geqslant1\end{cases}$，当$x\to0$和$x\to1$时的极限(图1-25).

解　$\lim\limits_{x\to0^-}f(x)=\lim\limits_{x\to0^-}(x+1)=1$，$\lim\limits_{x\to0^+}f(x)=\lim\limits_{x\to0^+}x^2=0$，则$\lim\limits_{x\to0^+}f(x)\neq\lim\limits_{x\to0^-}f(x)$，因此$\lim\limits_{x\to0}f(x)$不存在；

又因为$\lim\limits_{x\to1^-}f(x)=\lim\limits_{x\to1^-}x^2=1$，$\lim\limits_{x\to1^+}f(x)=\lim\limits_{x\to1^+}1=1$，则$\lim\limits_{x\to1^+}f(x)=\lim\limits_{x\to1^-}f(x)=1$，因此$\lim\limits_{x\to1}f(x)=1$.

此例表明,求分段函数在分界点的极限通常要分别考察其左右极限.若左极限和右极限存在并且相等,则函数 $f(x)$ 在分段点的极限存在并且等于左右极限,否则函数 $f(x)$ 在分段点的极限不存在.

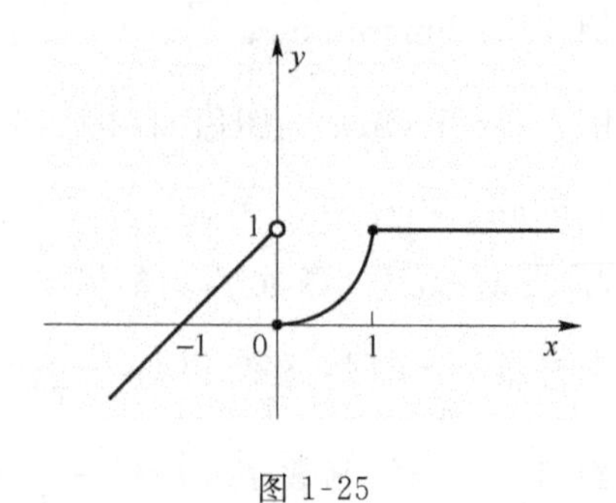

图 1-25

1.2.3 极限运算法则

定理 1 若在同一变化过程中,$\lim\limits_{\cdots} f(x)=A$,$\lim\limits_{\cdots} g(x)=B$,则

(1) $\lim\limits_{\cdots}[f(x)\pm g(x)]=A\pm B$;

(2) $\lim\limits_{\cdots}[f(x)g(x)]=A\times B$;

特别地:$\lim\limits_{\cdots}[kf(x)]=k\lim\limits_{\cdots}f(x)$($k$ 为常数);

$\lim\limits_{\cdots}[f(x)]^n=[\lim\limits_{\cdots}f(x)]^n$($n$ 为正整数).

(3) 当 $B\neq 0$ 时,$\lim\limits_{\cdots}\dfrac{f(x)}{g(x)}=\dfrac{A}{B}$.

例 6 计算 $\lim\limits_{x\to 1}(x^2-5x+1)$.

解 根据极限运算法则可得

$$\begin{aligned}\lim_{x\to 1}(x^2-5x+1)&=\lim_{x\to 1}(x^2)-\lim_{x\to 1}(5x)+\lim_{x\to 1}1\\&=(\lim_{x\to 1}x)^2-5\lim_{x\to 1}x+\lim_{x\to 1}1=1^2-5\times 1+1=-3.\end{aligned}$$

例 7 计算 $\lim\limits_{x\to 2}\dfrac{5x^3+4}{x-3}$.

解 根据极限运算法则及其推论可得

$$\lim_{x\to 2}\frac{5x^3+4}{x-3}=\frac{\lim\limits_{x\to 2}(5x^3+4)}{\lim\limits_{x\to 2}(x-3)}=\frac{5\times 2^3+4}{2-3}=-44.$$

例 8 计算 $\lim\limits_{x\to 2}\dfrac{x^2-2x+1}{x-2}$.

解 由于 $\lim\limits_{x\to 2}(x-2)=0$,而 $\lim\limits_{x\to 2}(x^2-2x+1)=1\neq 0$,所以 $\lim\limits_{x\to 2}\dfrac{x^2-2x+1}{x-2}=\infty$(不存在).

注意 "极限为∞"说明这个极限不存在,只是借用记号"∞"来表示函数无限增大的这种趋势,虽然用等式表示,但并不是"真正的"相等.

例 9 计算 $\lim\limits_{x\to 2}\dfrac{x^2+x-6}{x-2}$.

解 $\lim\limits_{x\to 2}\dfrac{x^2+x-6}{x-2}=\lim\limits_{x\to 2}\dfrac{(x+3)(x-2)}{x-2}=\lim\limits_{x\to 2}(x+3)=5$.

注意 上面的变形只能是在求极限的过程中进行,不要误认为函数 $\dfrac{x^2+x-6}{x-2}$ 与函数 $x+3$ 是同一函数.

例 10 计算 $\lim\limits_{x\to 0}\dfrac{\sqrt{x+1}-1}{x}$.

解　$\lim\limits_{x\to 0}\dfrac{\sqrt{x+1}-1}{x}=\lim\limits_{x\to 0}\dfrac{(\sqrt{x+1}-1)(\sqrt{x+1}+1)}{x(\sqrt{x+1}+1)}=\lim\limits_{x\to 0}\dfrac{x}{x(\sqrt{x+1}+1)}$

$$=\lim_{x\to 0}\frac{1}{\sqrt{x+1}+1}=\frac{1}{2}.$$

例 11　计算$\lim\limits_{x\to 1}\left(\dfrac{2}{x^2-1}-\dfrac{1}{x-1}\right)$.

解　$\lim\limits_{x\to 1}\left(\dfrac{2}{x^2-1}-\dfrac{1}{x-1}\right)=\lim\limits_{x\to 1}\dfrac{2-(x+1)}{x^2-1}=\lim\limits_{x\to 1}\dfrac{-(x-1)}{(x-1)(x+1)}=\lim\limits_{x\to 1}\dfrac{-1}{x+1}=-\dfrac{1}{2}$.

例 12　计算(1) $\lim\limits_{x\to +\infty}\dfrac{3x^2+5}{6x-8}$；　(2) $\lim\limits_{x\to -\infty}\dfrac{x^2-2x}{2x^2-3}$；　(3) $\lim\limits_{x\to +\infty}\dfrac{6-2x}{x^4+3}$.

解　(1) $\lim\limits_{x\to +\infty}\dfrac{3x^2+5}{6x-8}=\lim\limits_{x\to +\infty}\dfrac{3+\dfrac{5}{x^2}}{\dfrac{6}{x}-\dfrac{8}{x^2}}=\infty$；

(2) $\lim\limits_{x\to -\infty}\dfrac{x^2-2x}{2x^2-3}=\lim\limits_{x\to -\infty}\dfrac{1-\dfrac{2}{x}}{2-\dfrac{3}{x^2}}=\dfrac{1}{2}$；

(3) $\lim\limits_{x\to +\infty}\dfrac{6-2x}{x^4+3}=\lim\limits_{x\to +\infty}\dfrac{\dfrac{6}{x^4}-\dfrac{2}{x^3}}{1+\dfrac{3}{x^4}}=\dfrac{0}{1}=0$.

一般地，当 $x\to\infty$时，有理分式函数的极限有以下结果：

$$\lim_{x\to\infty}\frac{a_0x^n+a_1x^{n-1}+\cdots+a_n}{b_0x^m+b_1x^{m-1}+\cdots+b_m}=\begin{cases}0, & n<m\\ \dfrac{a_0}{b_0}, & n=m,\\ \infty, & n>m\end{cases}$$

利用上面的结果求有理分式当 $x\to\infty$时的极限非常方便.

1.2.4　两个重要极限

1. 第一重要极限$\lim\limits_{x\to 0}\dfrac{\sin x}{x}=1$

当 x 趋近于 0 时函数$\dfrac{\sin x}{x}$的值如表 1-2 所示(由于 $x\to 0$ 时，$\sin x$ 与 x 保持同号，因此只需列出 x 取正值趋于 0 的部分)，并作出函数的图像，如图 1-26 所示.

表 1-2

x(弧度)	$\sin x$	$\dfrac{\sin x}{x}$
1.000	0.841 470 98	0.841 470 98
0.100 0	0.099 833 417	0.998 334 17
0.010 0	0.099 993 34	0.999 933 4
0.001 0	0.000 999 999 84	0.999 999 84

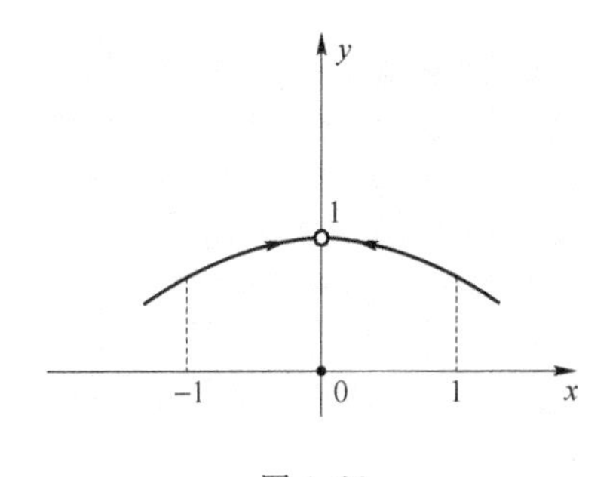

图 1-26

从表 1-2 和图 1-26 可以看出，当 $x\to 0$ 时，函数$\frac{\sin x}{x}$的值无限趋近于 1，即

$$\lim_{x\to 0}\frac{\sin x}{x}=1.$$

第一重要极限在形式上的特点

（1）它是“$\frac{0}{0}$”型；

（2）自变量 x 应与函数$\frac{\sin x}{x}$中的 x 一致，即这个极限的一般形式为

$$\lim_{\nabla\to 0}\frac{\sin\nabla}{\nabla}=1.$$

例 13 求$\lim\limits_{x\to 0}\frac{\sin 3x}{x}$.

解 令 $u=3x$，则 $x=\frac{u}{3}$，当 $x\to 0$ 时，$u\to 0$ 有

$$\lim_{x\to 0}\frac{\sin 3x}{x}=\lim_{u\to 0}\frac{\sin u}{\frac{u}{3}}=3\lim_{u\to 0}\frac{\sin u}{u}=3.$$

例 14 求$\lim\limits_{x\to\pi}\frac{\sin x}{\pi-x}$.

解 虽然这是“$\frac{0}{0}$”型的，但不是 $x\to 0$，因此不能直接运用这个重要极限，令 $t=\pi-x$，则 $x=\pi-t$，而 $x\to\pi\Leftrightarrow t\to 0$，因此，

$$\lim_{x\to\pi}\frac{\sin x}{\pi-x}=\lim_{t\to 0}\frac{\sin(\pi-t)}{t}=\lim_{t\to 0}\frac{\sin t}{t}=1.$$

例 15 求$\lim\limits_{x\to 0}\frac{\tan x}{x}$.

解 $\lim\limits_{x\to 0}\frac{\tan x}{x}=\lim\limits_{x\to 0}\frac{\sin x}{x}\cdot\frac{1}{\cos x}=\lim\limits_{x\to 0}\frac{\sin x}{x}\cdot\lim\limits_{x\to 0}\frac{1}{\cos x}=1.$

例 16 $\lim\limits_{x\to 0}\frac{1-\cos x}{x^2}$.

解
$$\lim_{x\to 0}\frac{1-\cos x}{x^2}=\lim_{x\to 0}\frac{(1-\cos x)(1+\cos x)}{x^2(1+\cos x)}=\lim_{x\to 0}\frac{\sin^2 x}{x^2(1+\cos x)}$$
$$=\lim_{x\to 0}\left(\frac{\sin x}{x}\right)^2\cdot\frac{1}{1+\cos x}=\frac{1}{2}.$$

2. 第二重要极限$\lim\limits_{x\to\infty}\left(1+\frac{1}{x}\right)^x=\mathrm{e}$

当$|x|$逐渐增大时函数 $f(x)=\left(1+\frac{1}{x}\right)^x$ 的值如表 1-3 所示.

表 1-3

x	−10 000	−1 000	−100	−10	1	10	100	1 000	10 000
$\left(1+\frac{1}{x}\right)^x$	2.718	2.720	2.732	2.880	2.000	2.590	2.705	2.717	2.718

并作出函数图像，如图 1-27 所示. 可以看出，$\lim\limits_{x\to\infty}\left(1+\frac{1}{x}\right)^x$ 存在，其值是一个无理数，记作

e=2.718 281 828 45……，这个值就是自然对数的底数，即

$$\lim_{x\to\infty}\left(1+\frac{1}{x}\right)^{x}=\mathrm{e}.$$

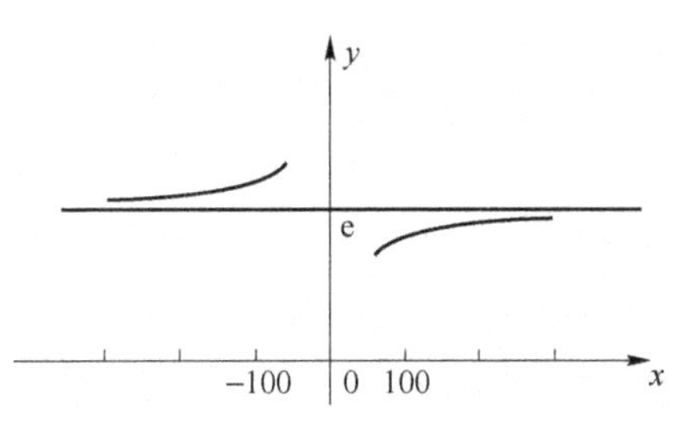

图 1-27

此极限还有另一种形式：$\lim\limits_{x\to 0}(1+x)^{\frac{1}{x}}=\mathrm{e}$.

第二重要极限在形式上的特点

(1) 它是“1^{∞}”型；

(2) 这个极限的一般形式为

$$\lim_{\nabla\to 0}(1+\nabla)^{\frac{1}{\nabla}}=\mathrm{e}\text{ 或 }\lim_{\nabla\to\infty}\left(1+\frac{1}{\nabla}\right)^{\nabla}=\mathrm{e}.$$

例 17　求 $\lim\limits_{x\to\infty}\left(1+\dfrac{2}{x}\right)^{x}$.

解　$\lim\limits_{x\to\infty}\left(1+\dfrac{2}{x}\right)^{x}=\lim\limits_{x\to\infty}\left[\left(1+\dfrac{2}{x}\right)^{\frac{x}{2}}\right]^{2}=\mathrm{e}^{2}$.

例 18　求 $\lim\limits_{x\to\infty}\left(\dfrac{x-1}{x+1}\right)^{x}$.

解
$$\lim_{x\to\infty}\left(\frac{x-1}{x+1}\right)^{x}=\lim_{x\to\infty}\left(\frac{x+1-2}{x+1}\right)^{x}=\lim_{x\to\infty}\left(1+\frac{-2}{x+1}\right)^{x}$$
$$=\lim_{x\to\infty}\left(1+\frac{-2}{x+1}\right)^{\frac{x+1}{-2}(-2)-1}=\lim_{x\to\infty}\left(1+\frac{-2}{x+1}\right)^{\frac{x+1}{-2}(-2)}\cdot\lim_{x\to\infty}\left(1+\frac{-2}{x+1}\right)^{-1}$$
$$=\mathrm{e}^{-2}.$$

例 19　求 $\lim\limits_{x\to 0}(1+2x)^{\frac{1}{4x}}$.

解　$\lim\limits_{x\to 0}(1+2x)^{\frac{1}{4x}}=\lim\limits_{x\to 0}(1+2x)^{\frac{1}{2x}\cdot\frac{1}{2}}=\sqrt{\mathrm{e}}$.

数 e 是一个十分重要的常数，无论在生命科学中，还是在金融界都有许多应用，数学中研究的指数函数 e^{x} 和对数函数 $\ln x$ 都是以 e 为底的，后面将看到，以 e 为底的指数函数和对数函数具有良好的性质.

1.2.5　无穷大与无穷小

1. 无穷小量

在实际问题中，我们经常遇到极限为零的变量，例如，单摆离开垂直位置摆动时，由于受到空气阻力和机械摩擦力的作用，它的振幅随着时间的增加而逐渐减少并逐渐趋于零；又例如，电容器放电时，其电压随着时间的增加而逐渐减少并趋于零. 对于这类变量有如下定义：

定义 4　若 $\lim\limits_{x\to x_0}f(x)=0$，则称 $f(x)$ 当 $x\to x_0$ 时是无穷小量，简称为无穷小.

注意　(1) 同一个函数，在不同的趋向下，可能是无穷小量，也可能不是无穷小量.

例如，对于 $f(x)=x-1$，在 $x\to 1$ 时 $f(x)$ 的极限为 0，所以在 $x\to 1$ 时 $f(x)$ 是一个无穷小量；当 $x\to 0$ 时 $f(x)$ 的极限为 −1，因而当 $x\to 0$ 时 $f(x)$ 不是一个无穷小量. 所以称一个函数为无穷小量，一定要明确指出其自变量的变化趋势.

(2) 无穷小不是“很小很小”的常量，常量中只有“0”是无穷小.

(3) 此定义中可以将自变量的趋向换成其他任何一种情形（$x\to x_0^-$，$x\to x_0^+$，$x\to x_0$，$x\to\infty$，$x\to-\infty$ 或 $x\to+\infty$），结论同样成立，以后不再说明.

例 20 指出自变量 x 在怎样的趋向下，下列函数为无穷小量.

(1) $y=\frac{1}{x+1}$； (2) $y=x^2-1$.

解 (1) 因为$\lim\limits_{x\to\infty}\frac{1}{x+1}=0$，所以当 $x\to\infty$时，函数 $y=\frac{1}{x+1}$是一个无穷小量；

(2) 因为$\lim\limits_{x\to1}(x^2-1)=0$ 与 $\lim\limits_{x\to-1}(x^2-1)=0$，所以当 $x\to1$ 或 $x\to-1$ 时函数 $y=x^2-1$ 都是无穷小量.

由无穷小的定义，容易理解下述无穷小的性质.

性质 1：有限个无穷小的代数和是无穷小；

性质 2：有限个无穷小的乘积是无穷小；

性质 3：有界函数与无穷小的乘积为无穷小；

性质 4：常数与无穷小的乘积为无穷小.

例 21 计算$\lim\limits_{x\to\infty}\frac{\sin x}{x}$.

解 由于$\lim\limits_{x\to\infty}\frac{1}{x}=0$，即$\frac{1}{x}$当 $x\to\infty$时是无穷小量；又因为$|\sin x|\leqslant1$，所以 $\sin x$ 为有界函数，由性质 3 得$\lim\limits_{x\to\infty}\frac{\sin x}{x}=0$.

注意 本题形式上与第一重要极限相像，故容易得出错误答案 1，需注意第一重要极限是 $x\to0$ 时的极限.

2. 无穷大量

与无穷小量相对应的是无穷大量.

定义 5 如果当 $x\to x_0$ 时，函数 $f(x)$的绝对值无限增大，则称 $f(x)$为当 $x\to x_0$ 时的**无穷大量**，简称**无穷大**，记为$\lim\limits_{x\to x_0}f(x)=\infty$.

注意 (1) 说一个函数是无穷大时，必须要指明自变量变化趋向.

例如，对函数 $f(x)=\frac{1}{x}$，当 $x\to0$ 时，它为无穷大量；当 $x\to1$ 时，$\lim\limits_{x\to1}\frac{1}{x}=1$，因此它不是无穷大量.

(2) 任何一个无论多大的常数，都不是无穷大.

根据定义，可以得到**无穷小与无穷大的关系**：在同一变化过程中，

(1) 若$\lim\limits_{x\to x_0}f(x)=0$，且 $f(x)\neq0$，则$\lim\limits_{x\to x_0}\frac{1}{f(x)}=\infty$；

(2) 若$\lim\limits_{x\to x_0}f(x)=\infty$，则$\lim\limits_{x\to x_0}\frac{1}{f(x)}=0$.

可见，同一变化过程中的无穷小与无穷大是互为倒数的关系，本章 1.2.3 节例 8 即可用这种关系求解，因为$\lim\limits_{x\to2}\frac{x-2}{x^2-2x+1}=\frac{0}{1}=0$，则$\lim\limits_{x\to2}\frac{x^2-2x+1}{x-2}=\infty$.

例 22 指出自变量 x 在怎样的趋向下，下列函数为无穷大量.

(1) $y=\frac{1}{x-2}$； (2) $y=\log_a x\,(a>0,a\neq1)$.

解 (1) 因为$\lim\limits_{x\to2}(x-2)=0$，根据无穷小量与无穷大量之间的关系有$\lim\limits_{x\to2}\frac{1}{x-2}=\infty$；

(2) 若 $0<a<1$，因为当 $x\to 0^+$ 时，$\log_a x\to +\infty$；当 $x\to +\infty$ 时，$\log_a x\to -\infty$，所以当 $x\to 0^+$ 时，函数 $\log_a x$ 为正无穷大量，当 $x\to +\infty$ 时，函数 $\log_a x$ 为负无穷大量. 若 $a>1$，因为当 $x\to 0^+$ 时，$\log_a x\to -\infty$；当 $x\to +\infty$ 时，$\log_a x\to +\infty$，所以当 $x\to 0^+$ 时，函数 $\log_a x$ 为负无穷大量，当 $x\to +\infty$ 时，函数 $\log_a x$ 为正无穷大量.

1.2.6　无穷小的比较

无穷小虽然都是以零为极限的量，但不同的无穷小趋近于零的"速度"却不一定相同，有时可能差别很大. 例如，当 $x\to 0$ 时，x、$2x$、x^2 都是无穷小，但它们趋向于零的速度不一样.

列表如表 1-4 所示.

表 1-4

x	1	0.5	0.1	0.01	0.001	…
$2x$	2	1	0.2	0.02	0.002	…
x^2	1	0.25	0.01	0.000 1	0.000 001	…

从表中可以看出 x^2 比 x、$2x$ 趋于零的速度都快得多，x 和 $2x$ 趋于零的速度大致相仿.

定理 2　设 α 和 β 都是同一变化过程中的无穷小：

(1) 如果 $\lim \dfrac{\beta}{\alpha}=0$，则称 β 是比 α **高阶的无穷小**，记为 $\beta=o(\alpha)$；

(2) 如果 $\lim \dfrac{\beta}{\alpha}=\infty$，则称 β 是比 α **低阶的无穷小**；

(3) 如果 $\lim \dfrac{\beta}{\alpha}=c$（$c$ 为非零常数），则称 α 与 β 为**同阶无穷小**；特别当 $c=1$ 时，则称 α 与 β 为**等价无穷小**，记为 $\alpha\sim\beta$.

由于 $\lim\limits_{x\to 0}\dfrac{x^2}{2x}=0$，$\lim\limits_{x\to 0}\dfrac{x}{x^2}=\infty$，$\lim\limits_{x\to 0}\dfrac{x}{2x}=\dfrac{1}{2}$，因此，当 $x\to 0$ 时，x^2 是比 $2x$ 高阶的无穷小，x 是比 x^2 低阶的无穷小，x 和 $2x$ 是同阶的无穷小.

例 23　试证：当 $x\to 0$ 时，$(\sqrt{1+x}-\sqrt{1-x})\sim x$.

解　由于 $\lim\limits_{x\to 0}\dfrac{\sqrt{1+x}-\sqrt{1-x}}{x}=\lim\limits_{x\to 0}\dfrac{2x}{x(\sqrt{1+x}+\sqrt{1-x})}=1$，即当 $x\to 0$ 时，$(\sqrt{1+x}-\sqrt{1-x})\sim x$.

例 24　当 $x\to 0$ 时，试比较 $1-\cos x$ 与 x^2.

解　由于 $\lim\limits_{x\to 0}\dfrac{1-\cos x}{x^2}=\lim\limits_{x\to 0}\dfrac{2\sin^2\dfrac{x}{2}}{x^2\left(\dfrac{x}{2}\right)^2}\cdot\left(\dfrac{x}{2}\right)^2=\lim\limits_{x\to 0}\dfrac{\sin^2\dfrac{x}{2}}{\left(\dfrac{x}{2}\right)^2}\cdot\dfrac{1}{2}=\dfrac{1}{2}$，即当 $x\to 0$ 时，$1-\cos x$ 是与 x^2 同阶的无穷小.

用同样的方法可以证明：当 $x\to 0$ 时，有

$$\sin x\sim x;\ \tan x\sim x;\ \ln(1+x)\sim x;\ 1-\cos x\sim\frac{1}{2}x^2.$$

求两个无穷小之比的极限时，若使用等价无穷小替换能使计算简化.

例 25　求 $\lim\limits_{x\to 0}\dfrac{\sin 3x}{\sin 2x}$.

解 当 $x\to 0$ 时，$\sin 3x\sim 3x$，$\sin 2x\sim 2x$，所以

$$\lim_{x\to 0}\frac{\sin 3x}{\sin 2x}=\lim_{x\to 0}\frac{3x}{2x}=\frac{3}{2}.$$

习题 1.2

1. 已知数列的通项，试写出数列，并观察判定数列是否收敛.

(1) $y_n=\dfrac{n}{2n+1}$；　(2) $y_n=\dfrac{1}{3^n}$；

(3) $y_n=(-1)^{n+1}\cdot\dfrac{1}{n}$；　(4) $y_n=(-1)^n\cdot 3$.

2. 画出函数 $f(x)=\operatorname{arccot} x$ 的图形，并直观判定极限 $\lim\limits_{x\to-\infty}f(x)$，$\lim\limits_{x\to+\infty}f(x)$，$\lim\limits_{x\to\infty}f(x)$是否存在.

3. 讨论下列极限是否存在.

(1) $\lim\limits_{x\to 0}\dfrac{|\sin x|}{x}$；　(2) $\lim\limits_{x\to\infty}\dfrac{2e^{3x}-3e^{-2x}}{4e^{3x}+e^{-2x}}$

4. 求下列极限.

(1) $\lim\limits_{x\to 2}(2x^2-3x+4)$；　(2) $\lim\limits_{x\to 2}\dfrac{x^2+1}{x-3}$；

(3) $\lim\limits_{x\to -1}\dfrac{x^2+1}{x+1}$；　(4) $\lim\limits_{x\to 1}\dfrac{x^2-1}{x^3-1}$；

(5) $\lim\limits_{x\to 4}\dfrac{x^2-6x+8}{x^2-5x+4}$；　(6) $\lim\limits_{x\to 4}\dfrac{\sqrt{x}-2}{x-4}$；

(7) $\lim\limits_{x\to\infty}\dfrac{3x^2+1}{2x^2+x-1}$；　(8) $\lim\limits_{n\to\infty}\dfrac{5n+6}{2n^2-3n-1}$；

(9) $\lim\limits_{x\to\infty}\dfrac{(2x-3)^{20}(3x-4)^{40}}{(3x+2)^{60}}$；　(10) $\lim\limits_{x\to\infty}\dfrac{1+x^3}{1+2x}$；

(11) $\lim\limits_{x\to\infty}\dfrac{\sin x}{x}$；　(12) $\lim\limits_{x\to 0}(3x^2+x)\sin\dfrac{1}{x}$.

5. 求下列极限.

(1) $\lim\limits_{x\to 0}\dfrac{\sin 4x+\tan x}{x}$；　(2) $\lim\limits_{x\to 0}\dfrac{\sin ax}{\sin bx}$；

(3) $\lim\limits_{x\to 0}\dfrac{3x-\tan x}{2x+\sin x}$；　(4) $\lim\limits_{x\to 0}\dfrac{\sin(\sin x)}{x}$；

(5) $\lim\limits_{x\to 1}\dfrac{\sin(x^2-1)}{x-1}$；　(6) $\lim\limits_{x\to 0}\dfrac{\sin x}{\sqrt{1+x}-1}$；

(7) $\lim\limits_{n\to\infty}\left(1+\dfrac{2}{n}\right)^{n+2}$；　(8) $\lim\limits_{x\to\infty}\left(1-\dfrac{1}{x}\right)^{x}$；

(9) $\lim\limits_{x\to\infty}\left(\dfrac{x}{1+x}\right)^{x}$；　(10) $\lim\limits_{x\to 0}\left(\dfrac{2-x}{2}\right)^{\frac{2}{x}-1}$；

(11) $\lim\limits_{x\to\infty}\left(\dfrac{3x+1}{3x-2}\right)^{x}$；　(12) $\lim\limits_{x\to 1}(1+\ln x)^{\frac{2}{\ln x}}$.

6. 当 x 趋于何值时，下列变量是无穷小？

(1) $\dfrac{x^2-3x+2}{x-1}$；　　(2) $\sin x+\arcsin x$；

(3) e^{x+2}；　　(4) $(x-3)\ln(x-1)$.

7. 当 x 趋于何值时，下列变量是无穷大？

(1) $\ln(2-x)$；　　(2) $\dfrac{1}{\dfrac{\pi}{2}+\arctan x}$.

8. 当 $x\to0$ 时，试将下列无穷小与 x 进行比较.

(1) $\sqrt[3]{x}+x$；　　(2) $x^2+\sin 2x$；

(3) $1-\cos x$；　　(4) $\sin(\tan x)$.

1.3　函数的连续性

【教学要求】　本节要求理解函数连续性的概念，掌握判断函数在某一点连续或间断的方法；掌握初等函数的连续性，理解闭区间上连续函数的性质.

1.3.1　函数连续性的概念

1. 函数在一点处的连续性

观察图 1-28 中的四个函数曲线，可以看到，这四条函数曲线在 $x=c$ 处都断开了. 分别考察这些函数在 $x\to c$ 时的极限不难发现，这些函数曲线断开的原因有：

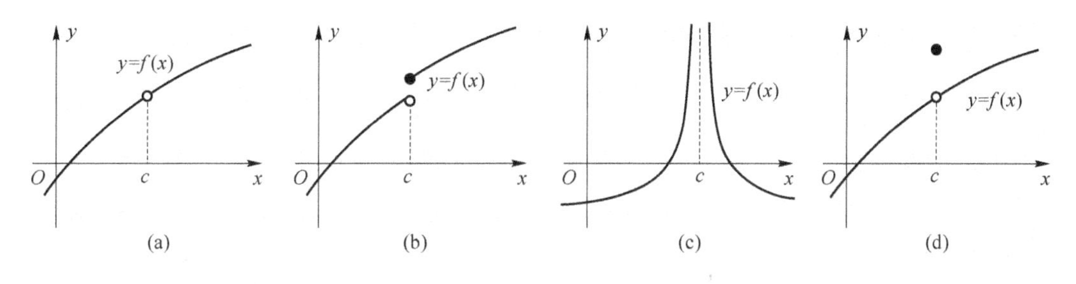

图 1-28

(1) 函数在 $x=c$ 点无定义，如图 1-28(a)和(c)所示；

(2) 函数在 $x\to c$ 时极限不存在，如图 1-28(b)和(c)所示；

(3) $\lim\limits_{x\to c}f(x)\neq f(c)$，如图 1-28(d)所示.

可见，要使函数的曲线在 $x=c$ 点不断开，应保证上述三种情况均不出现.

定义 1　若函数 $f(x)$满足：

(1) 在 $x=x_0$ 点有定义；

(2) $\lim\limits_{x\to x_0}f(x)$存在；

(3) $\lim\limits_{x\to x_0}f(x)=f(x_0)$；

则称函数 $f(x)$在 $x=x_0$ 点**连续**；否则称函数 $f(x)$在 $x=x_0$ 点**间断**.

从定义易知当函数 $f(x)$ 在 $x=x_0$ 点连续时，有 $\lim\limits_{x\to x_0}[f(x)-f(x_0)]=0$，即 $\lim\limits_{\Delta x\to 0}\Delta y=0$，其中 $\Delta x=x-x_0$，$\Delta y=f(x)-f(x_0)$，意识到这一点，能更好地理解后边导数的概念.

例 1 试判断函数 $f(x)=\begin{cases}x+2, & x\geqslant 0\\ \dfrac{\sin x}{x}, & x<0\end{cases}$ 在 $x=0$ 点的连续性.

解 因为 $\lim\limits_{x\to 0^+}f(x)=\lim\limits_{x\to 0^+}(x+2)=2$；$\lim\limits_{x\to 0^-}f(x)=\lim\limits_{x\to 0^-}\dfrac{\sin x}{x}=1$，所以 $\lim\limits_{x\to 0^+}f(x)\neq\lim\limits_{x\to 0^-}f(x)$，即函数 $f(x)$ 在点 $x=0$ 处极限不存在，则函数在点 $x=0$ 处不连续.

2. 函数在区间上的连续性

若函数 $f(x)$ 在开区间 (a,b) 内的任意一点连续，则称函数 $f(x)$ 在**开区间 (a,b) 内连续**.

若函数 $f(x)$ 在 $x=x_0$ 点有定义且 $\lim\limits_{x\to x_0^+}f(x)=f(x_0)$，则称 $f(x)$ 在 $x=x_0$ 点**右连续**；若函数 $f(x)$ 在 $x=x_0$ 点有定义且 $\lim\limits_{x\to x_0^-}f(x)=f(x_0)$，则称 $f(x)$ 在 $x=x_0$ 点**左连续**.

若函数 $f(x)$ 在闭区间 $[a,b]$ 上有定义，在开区间 (a,b) 内连续，且在区间左端点 $x=a$ 处右连续，在区间右端点 $x=b$ 处左连续，则称函数 $f(x)$ 在**闭区间 $[a,b]$ 上连续**.

例如，函数 $y=\dfrac{1}{x}$ 在开区间 $(0,1)$ 内连续，$y=x^2$ 在闭区间 $[0,1]$ 上连续.

1.3.2 函数的间断点

若函数 $y=f(x)$ 在 $x=x_0$ 点处不连续，即

(1) 在 $x=x_0$ 点无定义；(2) $\lim\limits_{x\to x_0}f(x)$ 不存在；(3) $\lim\limits_{x\to x_0}f(x)\neq f(x_0)$ 有一条成立，则 $x=x_0$ 为函数 $y=f(x)$ 的**间断点**.

例 2 求下列函数的间断点.

(1) $f(x)=\dfrac{\sin x}{x}$；　　　(2) $\operatorname{sgn}(x)=\begin{cases}1, & x>0\\ 0, & x=0.\\ -1, & x<0\end{cases}$

解 (1) 因为函数 $f(x)=\dfrac{\sin x}{x}$ 在 $x=0$ 处无定义，所以 $x=0$ 是函数 $f(x)=\dfrac{\sin x}{x}$ 的间断点. 如图 1-29 所示.

(2) $\operatorname{sgn}(x)$ 虽然在 $x=0$ 处有定义，但 $\lim\limits_{x\to 0^+}\operatorname{sgn}(x)=1$，$\lim\limits_{x\to 0^-}\operatorname{sgn}(x)=-1$，即 $\lim\limits_{x\to 0}\operatorname{sgn}(x)$ 不存在，所以这里的 $x=0$ 为间断点. 如图 1-30 所示.

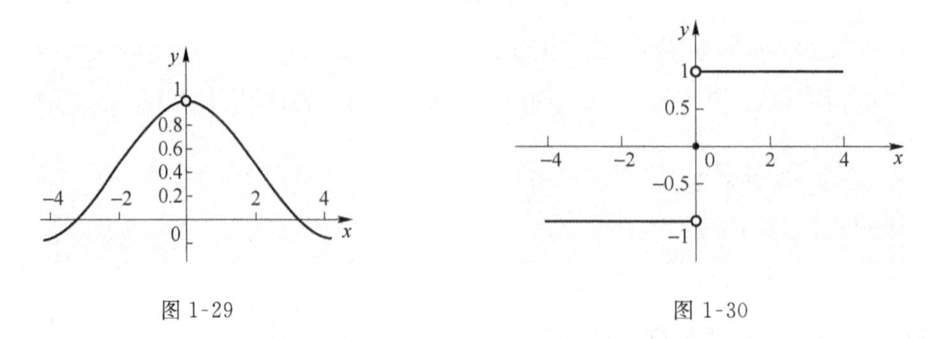

图 1-29　　　　图 1-30

1.3.3　初等函数的连续性

根据极限运算法则，容易得知

定理 1　(1) 若函数 $f(x)$ 和 $g(x)$ 在 $x=x_0$ 点均连续，则函数 $f(x)+g(x)$、$f(x)-g(x)$ 和 $f(x)g(x)$ 在 $x=x_0$ 点也连续；若 $g(x_0)\neq 0$，则函数 $\dfrac{f(x)}{g(x)}$ 在 $x=x_0$ 点也连续；

(2) 若函数 $g(x)$ 在 $x=x_0$ 处连续，函数 $f(u)$ 在 $u=g(x_0)$ 处连续，则复合函数 $f(g(x))$ 在 $x=x_0$ 处连续，并可得到如下结论：

$$\lim_{x\to x_0} f[g(x)]=f[g(x_0)]=f[\lim_{x\to x_0} g(x)],$$

这表示对连续函数极限符号与函数符号可以交换次序.

例 3　求极限 $\lim\limits_{x\to 0}(1+\tan x)^{\frac{1}{x}+3}$.

解　$\lim\limits_{x\to 0}(1+\tan x)^{\frac{1}{x}+3}=\lim\limits_{x\to 0}(1+\tan x)^{\frac{1}{\tan x}\cdot\frac{\tan x}{x}}\cdot\lim\limits_{x\to 0}(1+\tan x)^3$

$$=[\lim_{x\to 0}(1+\tan x)^{\frac{1}{\tan x}}]^{\lim\limits_{x\to 0}\frac{\tan x}{x}}=\mathrm{e}.$$

例 4　求极限 $\lim\limits_{x\to 0}\dfrac{\ln(1+x)}{x}$.

解　$\lim\limits_{x\to 0}\dfrac{\ln(1+x)}{x}=\lim\limits_{x\to 0}\ln(1+x)^{\frac{1}{x}}=\ln\lim\limits_{x\to 0}(1+x)^{\frac{1}{x}}=\ln \mathrm{e}=1.$

由基本初等函数的图像可知，一切基本初等函数在其定义域内连续. 定理 1 表明连续函数经四则运算和复合后仍为连续函数，因此根据初等函数的定义可知：**一切初等函数在其定义区间内是连续的**. 这里所谓的定义区间是指包含在定义域内的区间.

函数的连续性提供了一种求极限的方法：如果已知函数连续，则可运用函数在某连续点的函数值计算自变量趋近该点的极限值.

例 5　计算 $\lim\limits_{x\to\frac{\pi}{2}}\dfrac{\ln(1+\cos x)}{\sin x}$.

解　因为 $f(x)=\dfrac{\ln(1+\cos x)}{\sin x}$ 是初等函数，$x=\dfrac{\pi}{2}$ 属于其定义区间，所以

$$\lim_{x\to\frac{\pi}{2}}\frac{\ln(1+\cos x)}{\sin x}=\frac{\ln\left(1+\cos\frac{\pi}{2}\right)}{\sin\frac{\pi}{2}}=0.$$

1.3.4　闭区间上连续函数的性质

下面介绍闭区间上连续函数的两个重要性质，由于证明时用到实数理论，我们仅从几何直观上加以说明.

定理 2（最值定理）　若函数 $f(x)$ 在闭区间 $[a,b]$ 上连续，则它在这个闭区间上一定有最大值与最小值. 例如，在图 1-31 中，$f(x)$ 在闭区间 $[a,b]$ 上连续，在点 x_1 处取得最小值 m，在点 x_2 处取得最大值 M.

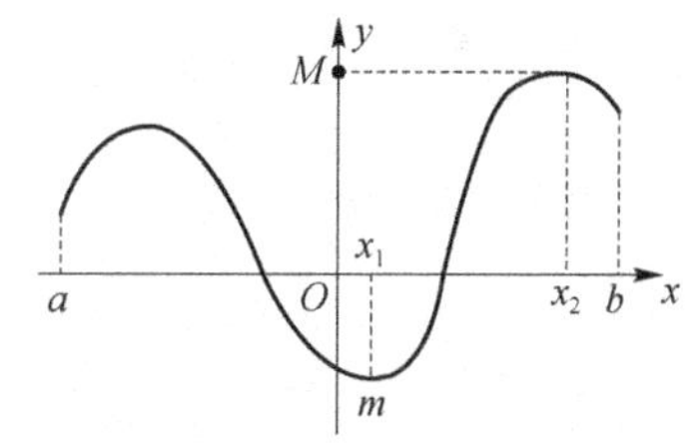

图 1-31

定理 3（介值定理）　若函数 $f(x)$ 在闭区间 $[a,b]$ 上连续，x_1 与 x_2 是 $[a,b]$ 上的点，函数在点 x_1 与 x_2 满足

$f(x_1)\neq f(x_2)$，则对于 $f(x_1)$ 与 $f(x_2)$ 之间的任意数 C，在区间$[a,b]$内至少存在一点 x_0，使得 $f(x_0)=C$.

例如，在图 1-32 中函数 $f(x)$ 在$[a,b]$上连续，过 y 轴上 $f(a)$ 与 $f(b)$ 之间的任何一点$(0,C)$，画一条与 x 轴平行的直线 $y=C$，该直线与函数 $f(x)$ 的图像至少交于一点(ξ,C)，其中 $a<\xi<b$.

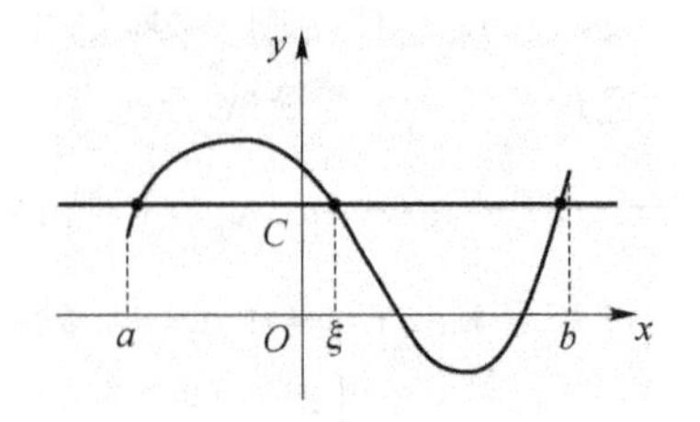

图 1-32

推论(零点定理) 若函数 $y=f(x)$ 在区间$[a,b]$上连续，且 $f(a)f(b)<0$，则其在(a,b)区间上至少存在一个 ξ，使 $f(\xi)=0$.

如图 1-33 所示，满足定理条件的函数 $f(x)$ 的图形是一条连续的曲线，且曲线的两端点分别位于 x 轴的两侧，因此，它至少要和 x 轴相交一次，若记交点的横坐标为 ξ，则 $f(\xi)=0$.

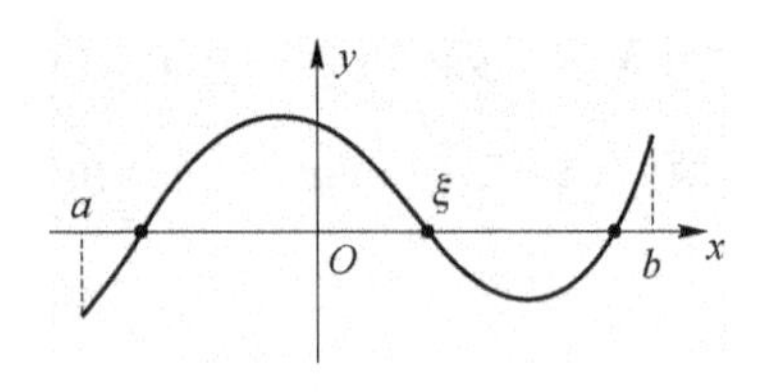

图 1-33

利用零点定理可以判断一元方程 $f(x)=0$ 在区间$[a,b]$上是否有根.

例 6 证明方程 $x^3-5x+1=0$ 在区间$(0,1)$内至少有一个实根.

解 设 $f(x)=x^3-5x+1$，显然 $f(x)$ 在闭区间$[0,1]$上连续，又 $f(0)=1>0$，$f(1)=-3<0$，所以由零点定理可知，在区间$(0,1)$内至少存在一点 ξ，使得 $f(\xi)=0$. 即

$$\xi^3-5\xi+1=0.$$

所以方程 $x^3-5x+1=0$ 在区间$(0,1)$内至少有一个实根.

习题 1.3

1. 讨论下列函数在指定点处的连续性.

(1) $f(x)=\begin{cases}\dfrac{|x-1|}{x-1} & x\neq 1\\ 1 & x=1\end{cases}$ 在 $x=1$ 处；

(2) $f(x)=\begin{cases}e^{x-2} & x\geqslant 2\\ \sqrt{3-x} & x<2\end{cases}$ 在 $x=2$ 处.

2. 确定常数 k 的值，使下列函数在指定点处连续.

(1) $f(x)=\begin{cases}\dfrac{\sin(x-1)}{x-1} & x\neq 1\\ k & x=1\end{cases}$ 在 $x=1$ 处；

(2) $f(x)=\begin{cases}(1+x)^{\frac{2}{x}} & x<0\\ k+x & x\geqslant 0\end{cases}$ 在 $x=0$ 处.

3. 确定下列函数的间断点.

(1) $f(x)=\sin x\cos\dfrac{1}{x}$；

(2) $f(x)=\begin{cases}-1 & x<0 \\ 0 & x=0. \\ 1 & x>0\end{cases}$

4. 确定下列函数的连续区间，并求极限.

(1) $f(x)=\ln(2+x)$，求$\lim\limits_{x\to 0}f(x)$；

(2) $f(x)=\sqrt{1+\sin x}$，求$\lim\limits_{x\to \frac{\pi}{2}}f(x)$.

5. 证明方程 $e^x-2=x$ 在区间$(0,2)$内至少有一个根.

综合练习一

一、填空题

1. 已知 $f(x)=x^2-3x+7$，则 $f(x+\Delta x)-f(x)=$________________；

2. $f(x)=\sqrt{x^2-1}$的复合过程是________________；

3. 设 $f(x)=\ln x$，$g(x)=\sin x$，则 $f[g(x)]=$__________；$g[f(x)]=$______________；

4. 当 x________________时，$f(x)=\dfrac{1}{x-1}$是无穷大；

5. $f(x)=\dfrac{1}{\ln(x-1)}$的连续区间为________________；

6. $f(x)=\sin\dfrac{1}{x}$的间断点为________________.

二、单选题

1. 下列各对函数中表示同一函数的是(　　).

A. $f(x)=x$，$g(x)=\dfrac{x^2}{x}$　　B. $f(x)=1$，$g(x)=\sin^2x+\cos^2x$

C. $f(x)=1$，$g(x)=\dfrac{x}{x}$　　D. $f(x)=\sqrt{\dfrac{x-1}{x+1}}$，$g(x)=\dfrac{\sqrt{x-1}}{\sqrt{x+1}}$

2. $f(x)=\dfrac{\ln(x+1)}{\sqrt{x-1}}$的定义域为(　　).

A. $\{x|x>-1\}$　　B. $\{x|x>1\}$

C. $\{x|x\geqslant-1\}$　　D. $\{x|x\geqslant1\}$

3. $\lim\limits_{x\to\infty}x\sin\dfrac{\pi}{x}=$(　　).

A. 0　　B. 1　　C. π　　D. 不存在

4. $f(x)=\begin{cases}0 & x\leqslant0 \\ \dfrac{1}{x} & x>0\end{cases}$ 在点 $x=0$ 不连续是因为(　　).

A. $\lim\limits_{x\to0^+}f(x)\neq f(0)$　　B. $\lim\limits_{x\to0^-}f(x)\neq f(0)$

C. $\lim\limits_{x\to0^+}f(x)$不存在　　D. $\lim\limits_{x\to0^-}f(x)$不存在

5. 下列函数中极限存在的是(　　).

A. $1,2,3,\cdots,n,\cdots$

B. $2,\frac{5}{2},\frac{10}{3},\cdots,\frac{n^2+1}{n},\cdots$

C. $1,-1,1,\cdots,(-1)^{n+1},\cdots$

D. $2,\frac{3}{2},\frac{4}{3},\cdots,\frac{n+1}{n},\cdots$

6. $f(x)=\cos\frac{1}{x}$为无穷小的条件是(　　).

A. $x\to\infty$　　B. $x\to 0$　　C. $x\to\frac{\pi}{2}$　　D. $x\to\frac{2}{\pi}$

7. 下列各式中极限为 1 的是(　　).

A. $\lim\limits_{x\to\infty}\frac{\sin x}{x}$　　B. $\lim\limits_{x\to 0}\frac{\sin x}{x}$　　C. $\lim\limits_{x\to\infty}\frac{\sin\frac{1}{x}}{x}$　　D. $\lim\limits_{x\to 0}x\sin\frac{1}{x}$

8. 下列函数中(　　)为偶函数.

A. $f(x)=\frac{a^x+a^{-x}}{2}$

B. $f(x)=\frac{a^x-a^{-x}}{2}$

C. $f(x)=\frac{x(1+x)}{1-x}$

D. $f(x)=\frac{|x|}{2}\sin x$

三、计算题

(1) $\lim\limits_{x\to 2}\frac{x^2+x+1}{x+2}$;

(2) $\lim\limits_{x\to -2}\frac{x^2+x+2}{x^2+5x+6}$;

(3) $\lim\limits_{\Delta x\to 0}\frac{\sqrt{x+\Delta x}-\sqrt{x}}{\Delta x}$;

(4) $\lim\limits_{x\to\infty}\frac{2x^3-6x+5}{3x-4x^3}$;

(5) $\lim\limits_{x\to 0}\frac{\sin 5x}{\sin 3x}$;

(6) $\lim\limits_{x\to 0}\frac{\ln(1+x)}{x}$;

(7) $\lim\limits_{x\to\infty}\left(1-\frac{3}{x}\right)^{2x}$;

(8) $\lim\limits_{x\to 1}\left(\frac{1}{1-x}-\frac{1}{1-x^3}\right)$;

(9) $\lim\limits_{x\to 0}x\sqrt{\sin\frac{1}{x^2}}$;

(10) $\lim\limits_{x\to 0}\frac{\tan x}{1-\sqrt{\tan x+1}}$.

四、解答题

1. 确定常数 a 的值,使函数 $f(x)=\begin{cases}e^x(\sin x+2\cos^2 x-1) & x\leqslant 0\\ 2x+a & x>0\end{cases}$ 在 $(-\infty,+\infty)$ 内连续.

2. 找出函数 $y=e^{x+\frac{1}{x}}$ 的间断点,并判断其类型.

3. 证明方程 $5x-4^x=-0.8$ 在 $(0,0.5)$ 内至少有一个实根.

4. 证明方程 $1-x-\tan x=0$ 在 $(0,1)$ 内有解.

提高题一

一、填空题(本题共 30 分,每小题 3 分)

1. 函数 $f(x)=\ln(\sin\frac{\pi}{x})$ 的定义域是________.

2. 设 $f(x)=\frac{6x}{x+1}$,求 $f^{-1}(2)=$________.

3. $\lim\limits_{x\to 1}\left(\frac{1}{\ln x}-\frac{x}{\ln x}\right)=$________.

4. $\lim\limits_{x\to\infty}\frac{1}{x^2}\arctan x=$________.

5. 设函数 $f(x)=\begin{cases}(1-x)^{\frac{1}{x}}, & x\neq 0\\ a, & x=0\end{cases}$ 在 $x=0$ 处连续,则 $a=$________.

6. 函数 $y=\frac{1}{1-x^2}$ 的间断点是________.

7. 若函数 $f\left(x+\frac{1}{x}\right)=x^2+\frac{1}{x^2}$,则 $f(x)=$________.

8. 已知 $\lim\limits_{x\to 2}\frac{x^2+ax+b}{x^2-x-2}=2$,则 $a=$________,$b=$________.

9. $\lim\limits_{x\to\infty}\left(\frac{3-x}{1-x}\right)^x=$________.

10. $\lim\limits_{x\to 0}\frac{\ln(1+2x)}{\arcsin 3x}=$________.

二、选择题(本题共 10 分,每小题 2 分)

1. 函数 $f(x)$ 在点 x_0 处有定义是它在该点处连续的(　　).

A. 必要但非充分条件　　B. 充分但非必要条件

C. 充分必要条件　　D. 无关条件

2. 下列极限正确的是(　　).

A. $\lim\limits_{x\to 0^+}2^{\frac{1}{x}}=0$　　B. $\lim\limits_{x\to 0^-}2^{\frac{1}{x}}=0$

C. $\lim\limits_{x\to\infty}\left(1-\frac{1}{x}\right)^x=-e$　　D. $\lim\limits_{x\to 0^+}\left(1+\frac{1}{x}\right)^x=1$

3. 下列结论正确的是(　　).

A. 无穷小是很小的正数　　B. 无限变小的变量为无穷小

C. 无穷小是 0　　D. 0 是无穷小

4. 下列函数中单调增加的是(　　).

A. $\left(\frac{1}{e}\right)^x$　　B. $|\ln x|$

C. $\arccos x$　　D. $\arcsin x$

5. 若 $\lim\limits_{x\to 2}\frac{3-\sqrt{x+a}}{x^2-4}=b$,则(　　).

A. $a=2,b=-\frac{1}{24}$　　B. $a=7,b=-\frac{1}{24}$

C. $a=7,b=\frac{1}{24}$　　D. $a=7,b=-24$

三、计算题(本题共 40 分,每小题 8 分)

1. 设 $x_n=\frac{1^2+2^2+\cdots+n^2}{n^2}-\frac{n}{6}$,求$\lim\limits_{n\to\infty}x_n$.

2. 求极限$\lim\limits_{x\to 0}(1+3\tan^2 x)^{\cos x}$.

3. 求极限$\lim\limits_{x\to 0}\frac{\tan x-\sin x}{\sin^3 x}$.

4. 求 $f(x)=\frac{x^3+3x^2-x-3}{x^2+x-6}$的连续区间,并求$\lim\limits_{x\to 0}f(x)$,$\lim\limits_{x\to -3}f(x)$.

5. 证明:当 $x\to 0$ 时,有 $\sec x-1\sim\frac{x^2}{2}$.

四、解答题(本题共 20 分,每小题 10 分)

1. 设函数 $f(x)=\begin{cases}\frac{\sin x}{2x}, & x<0\\(1+ax)^{\frac{1}{x}}, & x>0\end{cases}$,试确定常数 a,使得$\lim\limits_{x\to 0}f(x)$存在.

2. 设函数 $f(x)=\begin{cases}\frac{\sqrt{2-2\cos x}}{x}, & x>0\\ae^x, & x\leqslant 0\end{cases}$,试问 a 取何值时,$f(x)$在 $x=0$ 处连续.

第2章　导数、微分及应用

【导学】 研究导数理论，求函数的导数与微分的方法及其应用的科学称为微分学．其中，导数是反映函数相对于自变量变化快慢程度的概念，即一种变化率；微分反映当自变量有微小变化时，函数大约有多少变化．本章主要讨论导数与微分的概念，微分法及其应用．

2.1　导数的概念

【教学要求】 本节要求理解导数的概念、性质和几何意义．

2.1.1　两个实例——认识导数

在实际问题中，经常需要讨论自变量 x 的增量 Δx 与相应的函数 $y=f(x)$ 的增量 Δy 之间的关系．例如，它们的比$\frac{\Delta y}{\Delta x}$以及当 $\Delta x\to 0$ 时，$\frac{\Delta y}{\Delta x}$的极限．下面先讨论：变速直线运动的瞬时速度问题．这个问题在历史上与导数概念的形成有着十分密切的关系．

1. 变速直线运动的瞬时速度

17 世纪微积分创立之前，一个物理学问题一直困扰着人们，这就是已知物体移动的距离随时间 t 的变化规律 $s(t)$，如何由 $s(t)$求出物体在任一时刻的速度与加速度？

显然，这一问题不能像计算匀速运动那样用运动的时间去除移动的距离来计算．

为了求解上述问题，我们先看一个特例．考虑自由落体运动在任一时刻的速度．实验结果表明：$s=\frac{1}{2}gt^2$，其中 $g=9.8\ \mathrm{m/s^2}$，如何求任一时刻物体下落的速度 v？

由平均速度的概念，在$[t,t+h]$时间段内的平均速度为

$$\bar{v}=\frac{s(t+h)-s(t)}{h},$$

又

$$s(t+h)-s(t)=\frac{1}{2}g(t+h)^2-\frac{1}{2}gt^2=gth+\frac{1}{2}gh^2,$$

所以

$$\bar{v}=gt+\frac{1}{2}gh,$$

但$\bar{v}$毕竟不是所要求的在 t 时刻的速度，它与我们所取的时间间隔 h 有关．

怎样才能算是一个时刻的速度呢？我们取一个点来考查一下：比如 $t=1$，并将 h 分别取成 0.1，0.01，0.001，0.000 1，…，则可以算出：

$[1,1.1]$ $\quad \bar{v}=9.8+\frac{1}{2}\times 9.8\times 0.1=10.29$;

$[1,1.01]$ $\quad \bar{v}=9.8+\frac{1}{2}\times 9.8\times 0.01=9.849$;

$[1,1.001]$ $\quad \bar{v}=9.8+\frac{1}{2}\times 9.8\times 0.001=9.8049$;

$[1,1.0001]$ $\quad \bar{v}=9.8+\frac{1}{2}\times 9.8\times 0.0001=9.80049$.

可以看出,各时间段内的平均速度趋于一个常数.也就是说,当时间段间隔非常小时,在此时间段内的各时间点上的速度可近似看成是无差别的,因此这个时间段内的平均速度近似等于此区间内各点的速度,且当区间长度越来越小时,这种近似的误差将越来越小,这就是说:

$$v|_{t=1}=\lim_{h\to 0}\frac{s(1+h)-s(1)}{h}.$$

从上述过程可以发现,上面的讨论对任一时刻都正确.即

$$v|_{t=t_0}=\lim_{h\to 0}\frac{s(t_0+h)-s(t_0)}{h}.$$

物体在一点处的速度称为该物体在此点处的**瞬时速度**,从而此问题中的瞬时速度为

$$v(t_0)=\lim_{h\to 0}\frac{s(t_0+h)-s(t_0)}{h}=\lim_{h\to 0}\left(gt_0+\frac{1}{2}gh\right)=gt_0.$$

因此最初提出的问题,事实上就是要求一个函数随其自变量变化的瞬时变化率.

2. 平面曲线的切线斜率

在中学里已经学了圆的切线的概念,它是以“与圆只有一个公共点的直线”来定义的,但是对于某些曲线,再以“与曲线只有一个公共点的直线”来作为切线的定义就不行了.例如,如图2-1所示,直线虽然与曲线只有一个交点,但是从直观上就认为该直线不是曲线的切线.下面来讨论一般曲线的切线及切线斜率的求法.

设曲线C是连续函数$y=f(x)$的图像,如图2-2所示.该曲线在点$P(x_0,f(x_0))$处的切线可定义如下:过点P及曲线上另一点$Q(x_0+\Delta x,f(x_0+\Delta x))$的割线$PQ$,当点$Q$沿曲线无限趋近于点$P$时,割线$PQ$的极限位置上的直线$PT$定义为曲线在点$P(x_0,f(x_0))$处的切线.由此可得该切线的斜率为

$$\tan\alpha=\lim_{\Delta x\to 0}\frac{\Delta y}{\Delta x}=\lim_{\Delta x\to 0}\frac{f(x_0+\Delta x)-f(x_0)}{\Delta x},$$

若这个极限不存在,也不是无穷大,则表示曲线在点$P(x_0,f(x_0))$处没有切线.若这个极限是无穷大,则表示曲线在该点有垂直于x轴的切线.

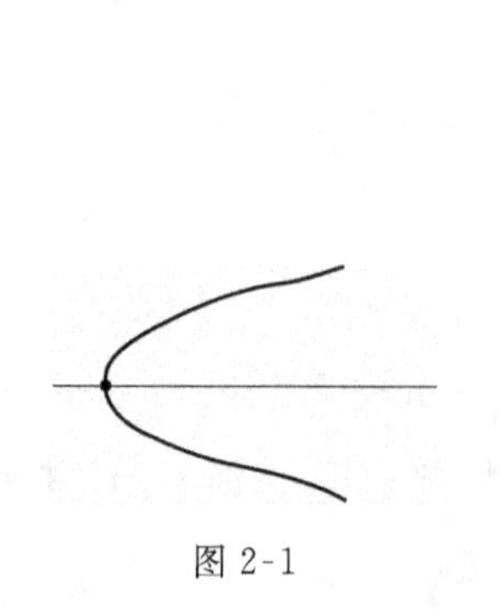

图 2-1

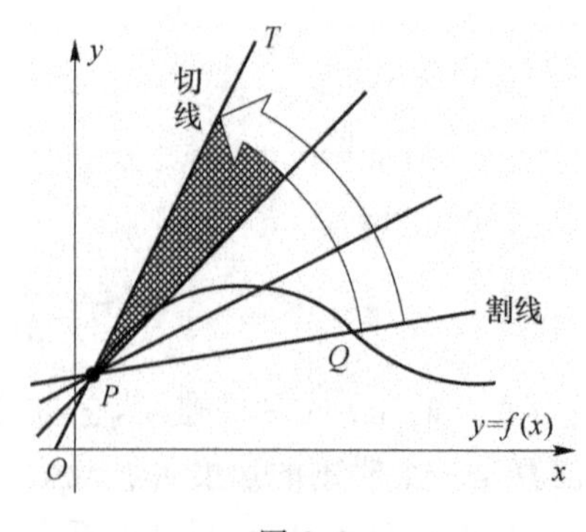

图 2-2

类似的问题还有很多.这类问题都可归结为给定一个函数,求此函数相对于其自变量的瞬时变化率问题.就实际问题而言,尽管我们暂时无法求出瞬时变化率,但可以求出任一时间段内的平均变化率,如取时间段为$[t,t+\Delta t]$(或取$[x,x+\Delta x]$),则上述两个问题的平均变化率分别为

$$\frac{s(t+\Delta t)-s(t)}{\Delta t}\text{与}\frac{f(x+\Delta x)-f(x)}{\Delta x},$$

这些式子所代表的是函数的差与自变量相应差的比值,数学上称为**差商**,这就是函数在时间段$[t,t+\Delta t]$(或$[x,x+\Delta x]$)内的平均变化率.平均变化率与所取的时间间隔 Δt 有关.由此可以看出,当 $\Delta t\to 0$(或 $\Delta x\to 0$)时,平均变化率的极限就是瞬时变化率.

2.1.2　导数的概念

在自然科学和工程技术领域中,甚至在经济领域和社会科学的研究中,还有许多有关变化率的概念都可以归结为上述形式.正是由于这些问题求解的需要,促使人们去研究这种极限,从而导致微分学的诞生.我们抛开这些量的具体的物理意义和几何意义等,抓住它们在数量关系上的共性,得出函数导数的概念.

定义 1　设函数 $y=f(x)$在点 x_0 及其附近有定义,当自变量 x 在 x_0 处取得增量 Δx 时,相应的函数 y 的增量为 $\Delta y=f(x_0+\Delta x)-f(x_0)$,若 Δy 与 Δx 之比,当 $\Delta x\to 0$ 时的极限存在,则称函数 $y=f(x)$在点 x_0 处可导,称此极限值为函数 $y=f(x)$在点 x_0 处的**导数**,记为 $y'|_{x=x_0}$,$f'(x_0)$,$\frac{\mathrm{d}y}{\mathrm{d}x}|_{x=x_0}$或$\frac{\mathrm{d}f}{\mathrm{d}x}|_{x=x_0}$.即

$$y'|_{x=x_0}=\lim_{\Delta x\to 0}\frac{f(x_0+\Delta x)-f(x_0)}{\Delta x}.$$

注意　导数的定义式也可取其他的不同形式,常见的有

$$f'(x_0)=\lim_{h\to 0}\frac{f(x_0+h)-f(x_0)}{h},$$

或

$$f'(x_0)=\lim_{x\to x_0}\frac{f(x)-f(x_0)}{x-x_0}.$$

由导数定义可得:

变速直线运动的瞬时速度 $v(t_0)=s'(t_0)$;

平面曲线的切线斜率 $k=f'(x_0)$.

若函数 $f(x)$在区间上每一点都可导,将区间上的点与函数在此点的导数对应起来,则可得到定义在这个区间上的一个函数,称该函数为原来函数在此区间上的**导函数**,记作 y',$f'(x)$,$\frac{\mathrm{d}y}{\mathrm{d}x}$或$\frac{\mathrm{d}f(x)}{\mathrm{d}x}$.

在不会引起混淆的情况下,导函数也往往简称为**导数**.

显然对于可导函数 $f(x)$而言,有

$$f'(x_0)=f'(x)|_{x=x_0}.$$

根据导数定义,求函数 $y=f(x)$的导数可分为以下三个步骤:

(1) 求函数的增量:$\Delta y=f(x+\Delta x)-f(x)$;

(2) 计算比值:$\frac{\Delta y}{\Delta x}=\frac{f(x+\Delta x)-f(x)}{\Delta x}$;

(3) 求极限：$f'(x)=\lim\limits_{\Delta x\to 0}\dfrac{\Delta y}{\Delta x}=\lim\limits_{\Delta x\to 0}\dfrac{f(x+\Delta x)-f(x)}{\Delta x}$.

下面根据这三个步骤来求较简单函数的导数.

例 1 求常值函数 $y=C$ 的导数.

解 (1) 求函数的增量：因为 $y=C$，不论 x 取什么值，y 的值总是 C，所以 $\Delta y=0$；

(2) 计算比值：$\dfrac{\Delta y}{\Delta x}=0$；

(3) 求极限：$\lim\limits_{\Delta x\to 0}\dfrac{\Delta y}{\Delta x}=\lim\limits_{\Delta x\to 0}0=0$.

因此，$(C)'=0$.

例 2 求函数 $y=x^2$ 的导数.

解 (1) 求函数的增量：$\Delta y=f(x+\Delta x)-f(x)=(x+\Delta x)^2-x^2=2x\Delta x+(\Delta x)^2$；

(2) 计算比值：$\dfrac{\Delta y}{\Delta x}=\dfrac{2x\Delta x+(\Delta x)^2}{\Delta x}=2x+\Delta x$；

(3) 求极限：$\lim\limits_{\Delta x\to 0}\dfrac{\Delta y}{\Delta x}=\lim\limits_{\Delta x\to 0}(2x+\Delta x)=2x$.

因此，$(x^2)'=2x$.

事实上，可以证明：$(x^\alpha)'=\alpha x^{\alpha-1}$（其中 α 为任意实数）.

例如，当 $\alpha=\dfrac{1}{2}$ 时，$y=x^{\frac{1}{2}}=\sqrt{x}\,(x>0)$ 的导数为

$$(x^{\frac{1}{2}})'=\frac{1}{2}x^{\frac{1}{2}-1}=\frac{1}{2}x^{-\frac{1}{2}}=\frac{1}{2\sqrt{x}},$$

即

$$(\sqrt{x})'=\frac{1}{2\sqrt{x}};$$

当 $\alpha=-1$ 时，$y=x^{-1}=\dfrac{1}{x}\,(x\neq 0)$ 的导数为

$$(x^{-1})'=(-1)x^{-1-1}=-x^{-2}=-\frac{1}{x^2},$$

即

$$\left(\frac{1}{x}\right)'=-\frac{1}{x^2}.$$

例 3 求函数 $y=\sin x$ 的导数.

解 因为

$$\frac{\Delta y}{\Delta x}=\frac{\sin(x+\Delta x)-\sin x}{\Delta x}=\frac{2\sin\frac{\Delta x}{2}\cos\left(\frac{2x+\Delta x}{2}\right)}{\Delta x},$$

所以

$$\lim_{\Delta x\to 0}\frac{\Delta y}{\Delta x}=\lim_{\Delta x\to 0}\frac{2\sin\frac{\Delta x}{2}\cos\left(\frac{2x+\Delta x}{2}\right)}{\Delta x}=\lim_{\Delta x\to 0}\frac{\sin\frac{\Delta x}{2}}{\frac{\Delta x}{2}}\cdot\lim_{\Delta x\to 0}\cos\left(\frac{2x+\Delta x}{2}\right)=\cos x.$$

因此

$$(\sin x)'=\cos x.$$

用同样的方法可以求得余弦函数 $y=\cos x$ 的导数

$$(\cos x)'=-\sin x.$$

类似地，可以得到部分基本初等函数的求导公式：

(1) $(c)'=0$；

(2) $(x^{\alpha})'=\alpha x^{\alpha-1}$；

(3) $(a^{x})'=a^{x}\ln a$；或 $(\mathrm{e}^{x})'=\mathrm{e}^{x}$；

(4) $(\log_{a}x)'=\dfrac{1}{x\ln a}$；或 $(\ln x)'=\dfrac{1}{x}$；

(5) $(\sin x)'=\cos x$；

(6) $(\cos x)'=-\sin x$.

2.1.3　可导数与连续

定理 1　如果函数 $y=f(x)$ 在点 x_0 处可导，则它在 x_0 处连续.

注： 函数在某点处连续是函数在该点处可导的必要条件，但不是充分条件. 由定理 1 还知，若函数在某点处不连续，则它在该点处一定不可导.

在微积分理论尚不完善的时候，人们普遍认为连续函数除个别点外都是可导的. 1872 年德国数学家魏尔斯特拉构造出一个处处连续但处处不可导的例子，这与人们基于直观的普遍认识大相径庭，从而震惊了数学界和思想界. 这就促使人们在微积分研究中从依赖于直观转向理性思维，大大促进了微积分逻辑基础的创建工作.

2.1.4　导数的几何意义

前面已经指出，曲线 $y=f(x)$ 在点 $P(x_0,y_0)$ 处切线的斜率为 $f'(x_0)$. 因此导数 $f'(x_0)$ 的几何意义是曲线 $y=f(x)$ 在点 $P(x_0,y_0)$ 处切线的斜率.

由导数的几何意义，曲线 $y=f(x)$ 在点 $P(x_0,y_0)$ 处的切线方程为

$$y-y_0=f'(x_0)(x-x_0).$$

例 4　求曲线 $y=\dfrac{1}{x}$ 在点 $\left(\dfrac{1}{2},2\right)$ 的切线方程.

解　由导数的几何意义可得，所求切线的斜率

$$k=y'\big|_{x=\frac{1}{2}}=-\frac{1}{x^2}\bigg|_{x=\frac{1}{2}}=-4,$$

所以切线方程为

$$y-2=-4\left(x-\frac{1}{2}\right),$$

即

$$4x+y-4=0.$$

习题 2.1

1. 将一个物体垂直上抛，设经过时间 t 秒后，物体上升的高度为 $s=10t-\dfrac{1}{2}gt^2$，求下列

各值：

(1) 物体在 1 秒到 $1+\Delta t$ 秒这段时间内的平均速度；

(2) 物体在 1 秒时的瞬时速度；

(3) 物体在 t_0 秒到 $t_0+\Delta t$ 秒这段时间内的平均速度；

(4) 物体在 t_0 秒时的瞬时速度.

2. 一块凉的甘薯被放进热烤箱，其温度 T(℃)由函数 $T=f(t)$ 给出，其中 t(单位：min)从甘薯放进烤箱开始计时.

(1) $f'(t)$的符号是什么？为什么？

(2) $f'(20)$的单位是什么？$f'(20)=2$ 有什么实际意义？

3. 用函数 $f(x)$ 在 x_0 的导数 $f'(x_0)$ 表示下列极限.

(1) $\lim\limits_{\Delta x\to 0}\dfrac{f(x_0+2\Delta x)-f(x_0)}{\Delta x}$；　(2) $\lim\limits_{\Delta x\to 0}\dfrac{f(x_0-\Delta x)-f(x_0)}{2\Delta x}$.

4. 用导数定义求函数 $y=\cos x$ 在点 $x=0$ 处的导数.

5. 用导数定义求函数 $y=x^3$ 的导数.

6. 求下列曲线在点 $x=1$ 处的切线方程.

(1) $y=\dfrac{1}{x}$；　(2) $y=x^2$.

7. 函数 $f(x)=\begin{cases} x+2, & 0\leqslant x<1 \\ 3x-1, & x\geqslant 1 \end{cases}$ 在点 $x=1$ 处是否可导？为什么？

2.2 导数公式与运算法则

【教学要求】 本节要求掌握基本初等函数的导数的公式及导数运算的加减乘除运算法则.

2.2.1 基本初等函数的导数公式

将基本初等函数的求导公式归纳如下：

(1) $(c)'=0$；	(2) $(x^\alpha)'=\alpha x^{\alpha-1}$；
(3) $(a^x)'=a^x\ln a$；	(4) $(\mathrm{e}^x)'=\mathrm{e}^x$；
(5) $(\log_a x)'=\dfrac{1}{x\ln a}$；	(6) $(\ln x)'=\dfrac{1}{x}$；
(7) $(\sin x)'=\cos x$；	(8) $(\cos x)'=-\sin x$；
(9) $(\tan x)'=\sec^2 x$；	(10) $(\cot x)'=-\csc^2 x$；
(11) $(\sec x)'=\sec x\cdot\tan x$；	(12) $(\csc x)'=-\csc x\cdot\cot x$；
(13) $(\arcsin x)'=\dfrac{1}{\sqrt{1-x^2}}$；	(14) $(\arccos x)'=-\dfrac{1}{\sqrt{1-x^2}}$；
(15) $(\arctan x)'=\dfrac{1}{1+x^2}$；	(16) $(\text{arccot}\, x)'=-\dfrac{1}{1+x^2}$.

2.2.2　导数的运算法则

法则 1　设 $f(x)$、$g(x)$均可导，则

(1) $[f(x)\pm g(x)]'=f'(x)\pm g'(x)$，可以推广到任意有限个函数的情况；

(2) $[f(x)g(x)]'=f'(x)g(x)+f(x)g'(x)$，特别地$(af(x))'=af'(x)$　(a 为常数)；

(3) $\left[\dfrac{f(x)}{g(x)}\right]'=\dfrac{f'(x)\cdot g(x)-f(x)\cdot g'(x)}{[g(x)]^2}$　$(g(x)\neq 0)$，

特别地 $\left[\dfrac{1}{f(x)}\right]'=-\dfrac{f'(x)}{[f(x)]^2}$.

例 1　求函数 $y=\sin x+x+\cos\dfrac{\pi}{3}$的导数.

解　$y'=\left(\sin x+x+\cos\dfrac{\pi}{3}\right)'=(\sin x)'+(x)'+\left(\cos\dfrac{\pi}{3}\right)'=\cos x+1.$

例 2　求函数 $y=\dfrac{x^2+x\sqrt{x}-1}{\sqrt{x}}$的导数.

解　$y'=\left(\dfrac{x^2+x\sqrt{x}-1}{\sqrt{x}}\right)'=(x^{\frac{3}{2}}+x-x^{-\frac{1}{2}})'=(x^{\frac{3}{2}})'+(x)'-(x^{-\frac{1}{2}})'$

$$=\frac{3}{2}x^{\frac{3}{2}-1}+1-\left(-\frac{1}{2}\right)x^{-\frac{1}{2}-1}=\frac{3x^2+2x\sqrt{x}+1}{2x\sqrt{x}}.$$

例 3　已知 $y=e^x\cos x+\dfrac{3}{x}$，求 y'.

解　$y'=\left(e^x\cos x+\dfrac{3}{x}\right)'=(e^x\cos x)'+\left(\dfrac{3}{x}\right)'=e^x(\cos x-\sin x)-\dfrac{3}{x^2}.$

例 4　已知 $y=x^2\ln x$，求函数在 $x=1$ 时的导数$y'|_{x=1}$.

解　由于 $y'=2x\ln x+x^2\cdot\dfrac{1}{x}=2x\ln x+x$，所以 $y'|_{x=1}=2\times 1\times\ln 1+1=1.$

例 5　已知 $y=\dfrac{x^2-x}{\sin x}$，求 y'.

解　$y'=\dfrac{(x^2-x)'\sin x-(x^2-x)\cdot(\sin x)'}{(\sin x)^2}=\dfrac{(2x-1)\sin x-(x^2-x)\cdot\cos x}{\sin^2 x}.$

例 6　求正切函数 $y=\tan x$ 的导数.

解　由于 $\tan x=\dfrac{\sin x}{\cos x}$，因此由商的求导法则得

$$\left(\frac{\sin x}{\cos x}\right)'=\frac{(\sin x)'\cos x-(\cos x)'\sin x}{(\cos x)^2}=\frac{\sin^2 x+\cos^2 x}{\cos^2 x}=\sec^2 x,$$

即

$$(\tan x)'=\sec^2 x.$$

同理可得

$$(\cot x)'=-\csc^2 x,$$

$$(\sec x)'=\sec x\cdot\tan x,$$

$$(\csc x)'=-\csc x\cdot\cot x.$$

习题 2.2

1. 求下列函数的导数(其中 a,b 为常数).

(1) $y=5x^4-3x^2+x-2$;

(2) $y=x^{a+b}$;

(3) $y=\sqrt{x}-\frac{1}{x}+4\sqrt{2}$;

(4) $y=\frac{1-x^2}{\sqrt{x}}$;

(5) $y=(\sqrt{x}-1)\left(\frac{1}{\sqrt{x}}-1\right)$;

(6) $y=\frac{x^2}{2}+\frac{2}{x^2}$;

(7) $y=x^2\ln x$;

(8) $y=\frac{x+1}{x-1}$;

(9) $y=\cos x+x^2\sin x$;

(10) $y=3^x e^x$;

(11) $y=\frac{\sec x}{x}+\frac{x}{\tan x}$;

(12) $y=\sqrt{x}\cot x$;

(13) $y=10^x\sin x-\lg x$;

(14) $y=x^5+5^x+5^5$;

(15) $y=4\sin x-\ln x+2\sqrt{x}-e^2$;

(16) $y=\frac{1}{1+x+x^2}$;

(17) $y=x^2 e^x+\frac{x\sin x}{1+\tan x}$;

(18) $y=x\cot x-2\csc x$.

2. 求下列函数在指定点的导数.

(1) $y=x^2 e^x, y'|_{x=1}$;

(2) $y=\frac{x}{2^x}, y'|_{x=1}$.

2.3 复合函数的求导法则

【教学要求】 本节要求理解复合函数的求导运算法则,能够运用法则求解简单的复合函数的导数.

法则 1 若函数 $u=g(x)$在点 x 处可导,而函数 $y=f(u)$在相应的点 $u=g(x)$处也可导,则复合函数 $y=f[g(x)]$在点 x 处也可导,且有

$$\frac{dy}{dx}=\frac{dy}{du}\cdot\frac{du}{dx}=f'(u)\big|_{u=g(x)}\cdot g'(x).$$

上述法则可以推广到有限个可导函数所合成的复合函数.例如,若 $v=h(x)$,$u=g(v)$,$y=f(u)$分别在点 x 及其相应的点 v 及 u 处可导,则复合函数 $y=f\{g[h(x)]\}$在点 x 也可导,并且有

$$\frac{dy}{dx}=\frac{dy}{du}\cdot\frac{du}{dv}\cdot\frac{dv}{dx}=f'(u)\big|_{u=g[h(x)]}\cdot g'(v)\big|_{v=h(x)}\cdot h'(x).$$

例 1 已知 $y=\sin 2x$,求$\frac{dy}{dx}$.

解 设 $u=2x$,则 $y=\sin u$.所以

$$\frac{dy}{dx}=\frac{dy}{du}\cdot\frac{du}{dx}=(\sin u)'\cdot(2x)'=2\cos u=2\cos 2x.$$

例 2　设 $y=\sqrt[3]{1-x^2}$，求 $\dfrac{dy}{dx}$.

解　设 $u=1-x^2$，则 $y=\sqrt[3]{u}$. 所以

$$\frac{dy}{dx}=\frac{dy}{du}\cdot\frac{du}{dx}=\frac{1}{3}u^{-\frac{2}{3}}(-2x)=\frac{-2x}{3\sqrt[3]{(1-x^2)^2}}.$$

在复合函数求导法则熟练之后，中间变量可以在求导过程中不写出来，而直接写出函数对中间变量求导的结果，重要的是每一步对哪个变量求导必须清楚.

例 3　已知函数 $y=\sin^2(2-3x)$，求 y'.

解　$y'=2\sin(2-3x)\cdot(\sin(2-3x))'=2\sin(2-3x)\cdot[\cos(2-3x)\cdot(2-3x)']$

$=2\sin(2-3x)\cos(2-3x)\cdot(-3)=-3\sin(4-6x)$.

例 4　求函数 $y=\dfrac{x}{2}\sqrt{1-x^2}$ 的导数 y'.

解　$y'=\left(\dfrac{x}{2}\right)'\sqrt{1-x^2}+\dfrac{x}{2}(\sqrt{1-x^2})'$

$=\dfrac{1}{2}\sqrt{1-x^2}+\dfrac{x}{2}\cdot\dfrac{1}{2}(1-x^2)^{-\frac{1}{2}}(1-x^2)'$

$=\dfrac{1}{2}\sqrt{1-x^2}+\dfrac{x}{4}\dfrac{1}{\sqrt{1-x^2}}\cdot(-2x)=\dfrac{1-2x^2}{2\sqrt{1-x^2}}$.

例 5　求函数 $y=x^x$ 的导数.

解　因为 $y=x^x=e^{\ln x^x}=e^{x\ln x}$，所以

$$y'=e^{x\ln x}\cdot(x\ln x)'=x^x(\ln x+x\cdot\frac{1}{x})=x^x(\ln x+1).$$

习题 2.3

1. 求下列函数的导数和在指定点的导数.

(1) $f(x)=\ln[\ln^2(\ln 3x)]$，$f'(x)$，$f'(e)$；

(2) $f(x)=e^{\tan\frac{1}{x}}\sin\dfrac{1}{x}$，$f'(x)$，$f'\left(\dfrac{1}{\pi}\right)$.

2. 求下列函数的导数.

(1) $y=(3x+1)^5$；　　(2) $y=\ln\ln x$；

(3) $y=\sin(x^3)$；　　(4) $y=\cot\dfrac{1}{x}$；

(5) $y=\sin^2 x$；　　(6) $y=\sqrt{1-x^2}$；

(7) $y=e^{-x^2}$；　　(8) $y=2\sec(x^2)$；

(9) $y=\sqrt{2x}\cot\dfrac{1}{x}$；　　(10) $y=\dfrac{x}{\sqrt{x^2-a^2}}$.

3. 设函数 $f(x)$ 可导，求下列函数的导数.

(1) $y=f(2x+1)$；　　(2) $y=f(e^x)e^{f(x)}$.

2.4 隐函数导数·高阶导数

【教学要求】 本节要求理解隐导数及高阶导数的基本概念及隐函数与高阶导数的求导法则，能够运用法则求解隐函数导数与高阶导数.

2.4.1 隐函数导数

由方程 $F(x,y)=0$ 所确定的 y 是 x 的函数称为**隐函数**. 从方程 $F(x,y)=0$ 中有时可解出 y 是 x 的显函数，如从方程 $3x+5y+1=0$ 可解出显函数 $y=-\frac{3}{5}x-\frac{1}{5}$；有时，从方程 $F(x,y)=0$中可以解出不止一个显函数，如从方程 $x^2+y^2-R^2=0\ (R>0)$ 中可以解出 $y=\pm\sqrt{R^2-x^2}$.

它包含两个显函数，其中 $y=\sqrt{R^2-x^2}$代表上半圆周，$y=-\sqrt{R^2-x^2}$代表下半圆周. 但也有时隐函数并不能表示为显函数的形式，如方程 $y-x-\varepsilon\sin y=0\ (0<\varepsilon<1)$ 就不能解出来 $y=f(x)$的形式.

现在讨论当 y 是由方程 $F(x,y)=0$ 所确定的 x 的函数，并且 y 对 x 可导(即 $y'(x)$存在)，那么在不解出 y 的情况下，如何求导数 y'呢？其办法是在方程 $F(x,y)=0$ 中，把 y 看成 x 的函数 $y=y(x)$，于是方程可看成关于 x 的恒等式：$F(x,y(x))\equiv 0$. 在等式两端同时对 x 求导(左端要用到复合函数的求导法则)，然后解出 y'即可.

例 1 求方程 $x^2+y^2=R^2\ (R>0)$所确定的隐函数的导数 y'.

解 当对方程 $x^2+y^2=R^2$ 的两端同时对 x 求导时，则应有($y=y(x)$是中间变量) $2x+2y\cdot y'=0$，解出 $y'=-\frac{x}{y}\ (y\neq 0)$.

例 2 求曲线 $xy+\ln y=1$ 在点(1,1)处的切线方程.

解 将曲线方程两边对 x 求导，得 $(xy)'_x+(\ln y)'_x=0$，即 $y+xy'+\frac{1}{y}\cdot y'=0$. 于是 $y'=\frac{-y^2}{xy+1}$过点(1,1)处的切线斜率

$$k=y'\bigg|_{(1,1)}=\frac{-y^2}{xy+1}\bigg|_{(1,1)}=-\frac{1}{2}.$$

2.4.2 对数求导法

形如 $y=u(x)^{v(x)}$ 的函数称为**幂指函数**.

这类函数既不是幂函数，又不是指数函数，但同时具有幂函数与指数函数的部分特征，但不能直接应用幂函数或指数函数导数公式对其求导. 如何对幂指函数求导呢，下面通过举例来说明.

例 3 设 $y=x^{\sin x}\ (x>0)$，求 y'.

解 两边同时取对数，得

$$\ln y=\sin x\cdot\ln x,$$

两边同时对自变量 x 求导，得

$$\frac{1}{y}y'=\cos x\ln x+\frac{\sin x}{x},$$

$$y'=y\left(\cos x\ln x+\frac{\sin x}{x}\right),$$

即

$$y'=x^{\sin x}\left(\cos x\ln x+\frac{\sin x}{x}\right).$$

上述对幂指函数的求导方法称为**对数求导法**.

注：两边取对数时，只要底数大于零且不等于 1 即可，只是为了方便下一步求导，故通常取自然对数.

通常情况下，对于由多个因子通过乘、除、乘方、开方等运算构成的复杂函数的求导，也可采用对数求导法，可使得运算大为简化.

例 4　求函数 $y=x\sqrt{\frac{1-x}{1+x}}$ 的导数.

解　两边同时取对数，得

$$\ln y=\ln x+\frac{1}{2}\ln(1-x)-\frac{1}{2}\ln(1+x),$$

两边同时对自变量 x 求导，得

$$\frac{1}{y}y'=\frac{1}{x}-\frac{1}{2(1-x)}-\frac{1}{2(1+x)}.$$

所以，

$$y'=y\left(\frac{1}{x}-\frac{1}{(1-x)^2}\right),$$

即

$$y'=x\sqrt{\frac{1-x}{1+x}}\left(\frac{1}{x}-\frac{1}{(1-x)^2}\right).$$

2.4.3　高阶导数

若函数 $y=f(x)$ 的导数 $y'=f'(x)$ 仍然可导，则 $y'=f'(x)$ 的导数称为函数 $y=f(x)$ 的**二阶导数**，记作 y''，$f''(x)$ 或 $\frac{\mathrm{d}^2y}{\mathrm{d}x^2}$. 即

$$y''=(y')';f''(x)=[f'(x)]';\frac{\mathrm{d}^2y}{\mathrm{d}x^2}=\frac{\mathrm{d}}{\mathrm{d}x}\left(\frac{\mathrm{d}y}{\mathrm{d}x}\right).$$

相应地，把函数 $y=f(x)$ 的导数 $y'=f'(x)$ 称为 $y=f(x)$ 的**一阶导数**.

类似地，函数 $y=f(x)$ 的二阶导数的导数称为 $y=f(x)$ 的**三阶导数**，三阶导数的导数称为**四阶导数**，…. 一般地，$y=f(x)$ 的 $n-1$ 阶导数的导数称为 $y=f(x)$ 的 **n 阶导数**. 它们分别记作

$$y''',y^{(4)},\cdots,y^{(n)};$$

或

$$f'''(x),f^{(4)}(x),\cdots,f^{(n)}(x);$$

或

$$\frac{\mathrm{d}^3y}{\mathrm{d}x^3},\frac{\mathrm{d}^4y}{\mathrm{d}x^4},\cdots,\frac{\mathrm{d}^ny}{\mathrm{d}x^n}.$$

二阶及二阶以上的导数统称为**高阶导数**.

求高阶导数的方法就是反复地运用求一阶导数的方法.

例 5 求函数 $y=x\ln x$ 的二阶导数 y''.

解 $y'=(x\ln x)'=\ln x+1, y''=(\ln x+1)'=\dfrac{1}{x}$.

例 6 求函数 $y=\sin x$ 的 n 阶导数.

解

$$(\sin x)'=\cos x=\sin\left(\frac{\pi}{2}+x\right),$$

$$(\sin x)''=(\cos x)'=\left[\sin\left(\frac{\pi}{2}+x\right)\right]'=\cos\left(\frac{\pi}{2}+x\right)=\sin\left(2\cdot\frac{\pi}{2}+x\right),$$

$$(\sin x)'''=\left[\sin\left(2\cdot\frac{\pi}{2}+x\right)\right]'=\cos\left(2\cdot\frac{\pi}{2}+x\right)=\sin\left(3\cdot\frac{\pi}{2}+x\right),$$

以此类推,可得

$$(\sin x)^{(n)}=\sin\left(\frac{n\pi}{2}+x\right) \qquad (n=1,2,3\cdots).$$

用类似的方法,可得

$$(\cos x)^{(n)}=\cos\left(\frac{n\pi}{2}+x\right) \qquad (n=1,2,3\cdots).$$

习题 2.4

1. 计算下列函数的导数.

(1) $x-y+\dfrac{1}{2}\sin y=0$;　　(2) $e^y+xy-e=0$.

2. 求下列函数的二阶导数.

(1) $y=2x^2+\ln x$;　　(2) $y=e^{-x}\sin x$;　　(3) $y=x+e^{\sqrt{x}}$.

3. 求下列隐函数的导数.

(1) 设函数 $y=y(x)$ 由方程 $e^y=x+y$ 确定,求 y';

(2) 设 $y=3x+x^3$,求$\dfrac{dx}{dy}$;

(3) 设函数 $y=y(x)$ 由方程 $y=\tan xy$ 确定,求 y'.

4. 用对数求导法求下列函数的导数.

(1) $y=(\cos x)^{\sin x}$;　　(2) $y=\dfrac{\sqrt{x+2}(3-x)^4}{(x+1)^5}$.

5. 设 $f(x)=\dfrac{x^3}{2-x}\cdot\sqrt[3]{\dfrac{2-x}{(2+x)^2}}$,求(1)$f'(x)$;(2)$f'(1)$.

6. 求椭圆$\dfrac{x^2}{16}+\dfrac{y^2}{9}=1$ 在点$(2,\dfrac{3}{2}\sqrt{3})$处的切线方程.

2.5 函数的微分

【教学要求】 本节要求理解函数的微分概念、性质和几何意义,并求解一般函数的微分.

要求能够运用微分概念进行近似计算.

2.5.1　微分的概念

对函数 $y=f(x)$，当自变量 x 在点 x_0 有改变量 Δx 时，因变量 y 的改变量是

$$\Delta y=f(x+\Delta x)-f(x).$$

在实际应用中，有些问题要计算 Δy，并要求达到两个要求：一是计算简便，二是精度高.

例 1　设一个边长为 x 的正方形，它的面积 $A=x^2$ 是 x 的函数. 若边长由 x_0 改变(增加或减少)了 Δx，相应的正方形的面积的改变量(增加或减少)

$$\Delta A=(x_0+\Delta x)^2-x_0^2=2x_0\Delta x+(\Delta x)^2.$$

显然，ΔA 由两部分组成：

第一部分是 $2x_0\Delta x$，其中 $2x_0$ 是常数，$2x_0\Delta x$ 可以看作是 Δx 的线性函数，即图 2-3 中阴影部分的面积.

第二部分是 $(\Delta x)^2$，是图 2-3 中以 Δx 为边长的小正方形的面积，当 $\Delta x\to 0$ 时，$(\Delta x)^2$ 是比 Δx 较高阶的无穷小，即 $(\Delta x)^2=o(\Delta x)$.

由此可见，当给边长 $A=x^2$ 一个微小的变化量 Δx 时，所引起正方形面积的改变量 ΔA，可以近似地用第一部分——Δx 的线性函数 $2x_0\Delta x$ 来代替，这时所产生的误差 $(\Delta x)^2$ 比 Δx 更微小. 从理论上讲，当 Δx 是无穷小时，所产生的误差 $(\Delta x)^2$ 是比 Δx 较高阶的无穷小.

在上述问题中，注意到对函数 $A=x^2$，有

$$\frac{\mathrm{d}A}{\mathrm{d}x}=\frac{\mathrm{d}x^2}{\mathrm{d}x}=2x,\qquad \left.\frac{\mathrm{d}A}{\mathrm{d}x}\right|_{x=x_0}=2x_0.$$

这表明，用来近似代替面积的改变量 ΔA 的 $2x_0\Delta x$，实际上是函数 $A=x^2$ 在点 x_0 的导数 $2x_0$ 与自变量 x 在点 x_0 的改变量 Δx 的乘积. 可见 $2x_0\Delta x$ 的计算更为方便，不难知道，当 A 的改变量不大时，这样的计算是有效的，且 A 的改变量越小，计算结果精确度越高. 我们把 $A'\Delta x$ 称为微分，下面就给出微分的精确定义.

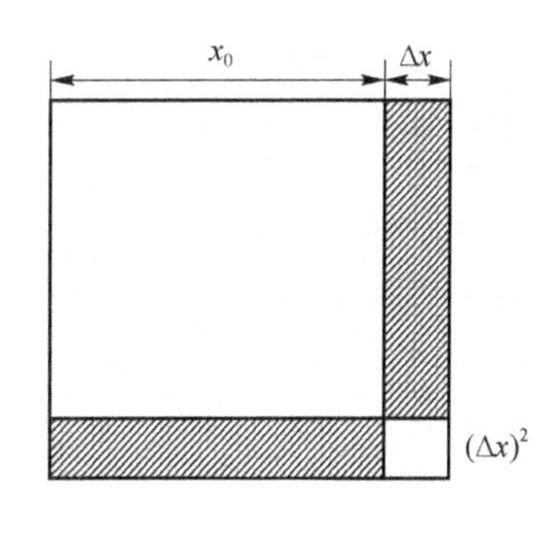

图 2-3

定义 1　若一元函数 $y=f(x)$ 在点 x 处满足

$$\Delta y=f'(x)\cdot\Delta x+\alpha,$$

其中 α 满足 $\lim\limits_{\Delta x\to 0}\frac{\alpha}{\Delta x}=0$，则称一元函数 $y=f(x)$ 在 x 点**可微**，且称 $f'(x)\cdot\Delta x$ 为一元函数 $y=f(x)$ 在 x 点的**微分**，记为 $\mathrm{d}y$. 即

$$\mathrm{d}y=f'(x)\Delta x.$$

显然，函数的微分 $\mathrm{d}y=f'(x)\Delta x$ 与 x 和 Δx 两个量有关.

2.5.2　微分的计算

例 2　求函数 $y=x^2$ 当 $x=2,\Delta x=0.01$ 时的微分.

解　先求函数在任意点处的微分

$$\mathrm{d}y=(x^2)'\cdot\Delta x=2x\cdot\Delta x,$$

然后将 $x=2,\Delta x=0.01$ 代入上式，得

$$dy\Big|_{\substack{x=2\\ \Delta x=0.01}}=2x\cdot\Delta x\Big|_{\substack{x=2\\ \Delta x=0.01}}=2\times2\times0.01=0.04.$$

通常把自变量的微分定义为自变量的增量，记为 dx，即 $dx=\Delta x$，于是函数 $y=f(x)$ 的微分又可以记为

$$dy=f'(x)dx,$$

从而有

$$\frac{dy}{dx}=f'(x).$$

由此可知，一元函数的可导与可微是等价的.

若一元函数在一区间上任一点是可微的，则称**函数在此区间上可微**.

例 3 已知函数 $y=\ln x$，求其微分 dy 以及微分 $dy|_{x=2}$.

解 因为 $y'=(\ln x)'=\frac{1}{x}$，所以

$$dy=y'dx=\frac{1}{x}dx,$$

且

$$dy|_{x=2}=\frac{1}{2}dx.$$

例 4 已知函数 $y=\cos\sqrt{x}$，求 dy.

解 因为 $y'=-\sin\sqrt{x}\cdot(\sqrt{x})'=-\sin\sqrt{x}\cdot\frac{1}{2\sqrt{x}}=-\frac{\sin\sqrt{x}}{2\sqrt{x}}$，所以

$$dy=y'dx=-\frac{\sin\sqrt{x}}{2\sqrt{x}}dx.$$

例 5 在下列等式左端的括号内填入适当的函数，使等式成立.

(1) $d(\quad)=xdx$； (2) $d(\quad)=e^x dx$；

(3) $d(\quad)=\frac{1}{\sqrt{x}}dx$； (4) $d(\quad)=\sin 2xdx$.

解 (1) 因为 $d(x^2)=2xdx$，所以

$$xdx=\frac{1}{2}d(x^2)=d\left(\frac{x^2}{2}\right),$$

即

$$d\left(\frac{x^2}{2}\right)=xdx.$$

又因为任意常数 C 的微分 $d(C)=0$，所以一般地应该为

$$d\left(\frac{x^2}{2}+C\right)=xdx \qquad (C\text{ 为任意常数}).$$

类似地，

(2) $d(e^x+C)=e^x dx$.

(3) $d(2\sqrt{x}+C)=\frac{1}{\sqrt{x}}dx$.

(4) $d\left(-\frac{1}{2}\cos2x+C\right)=\sin 2xdx$.

2.5.3　微分在近似计算中的应用

在工程问题中，经常会遇到一些复杂的计算公式. 如果直接用这些公式进行计算，那是很费力的. 利用微分往往可以把一些复杂的计算公式改用简单的近似公式来代替.

如果函数 $y=f(x)$ 在点 x_0 处的导数 $f'(x)\neq 0$，且 Δx 很小时，有

$$\Delta y\approx \mathrm{d}y=f'(x_0)\Delta x,$$

$$\Delta y=f(x_0+\Delta x)-f(x_0)\approx \mathrm{d}y=f'(x_0)\Delta x,$$

$$f(x_0+\Delta x)\approx f(x_0)+f'(x_0)\Delta x .$$

若令 $x=x_0+\Delta x$，即 $\Delta x=x-x_0$，那么又有

$$f(x)\approx f(x_0)+f'(x_0)(x-x_0).$$

特别地，当 $x_0=0$ 时，有

$$f(x)\approx f(0)+f'(0)x.$$

这些都是近似计算公式.

例 6　有一批半径为 1 cm 的球，为了提高球面的光洁度，要镀上一层铜，厚度定为 0.01 cm. 估计每只球需用铜多少克(铜的密度为 8.9 g/cm^3)?

解　已知球体体积为 $V=\frac{4}{3}\pi R^3$，$R_0=1$ cm，$\Delta R=0.01$ cm.

镀层的体积为

$$V=V(R_0+\Delta R)-V(R_0)\approx V'(R_0)\Delta R$$

$$V\approx 4\pi R_0^2\Delta R=4\times 3.14\times 1^2\times 0.01=0.13\ \mathrm{cm}^3.$$

于是镀每只球需用的铜约为

$$0.13\times 8.9=1.16\ \mathrm{g}.$$

例 7　利用微分计算 $\sin 30°30'$ 的近似值.

解　把 $30°30'$ 化为弧度，得

$$30°30'=\frac{\pi}{6}+\frac{\pi}{360}.$$

由于所求的是正弦函数的值，故设 $f(x)=\sin x$. 此时 $f'(x)=\cos x$. 如果取 $x_0=\frac{\pi}{6}$，则 $f\left(\frac{\pi}{6}\right)=\sin\frac{\pi}{6}=\frac{1}{2}$ 与 $f'\left(\frac{\pi}{6}\right)=\cos\frac{\pi}{6}=\frac{\sqrt{3}}{2}$ 都容易计算，并且 $\Delta x=\frac{\pi}{360}$ 比较小，所以有

$$\sin 30°30'=\sin\left(\frac{\pi}{6}+\frac{\pi}{360}\right)\approx \sin\frac{\pi}{6}+\cos\frac{\pi}{6}\cdot\frac{\pi}{360}$$

$$=\frac{1}{2}+\frac{\sqrt{3}}{2}\cdot\frac{\pi}{360}\approx 0.5000+0.0076=0.5076.$$

常用的近似公式(假定 $|x|$ 是较小的数值)：

(1) $\sqrt[n]{1+x}\approx 1+\frac{1}{n}x$；

(2) $\sin x\approx x$ (x 用弧度作单位来表达)；

(3) $\tan x\approx x$ (x 用弧度作单位来表达)；

(4) $\mathrm{e}^x\approx 1+x$；

(5) $\ln(1+x)\approx x$.

证明 (1) 取 $f(x)=\sqrt[n]{1+x}$，那么 $f(0)=1$，$f'(0)=\frac{1}{n}(1+x)^{\frac{1}{n}-1}\Big|_{x=0}=\frac{1}{n}$，代入 $f(x)\approx f(0)+f'(0)x$ 便得

$$\sqrt[n]{1+x}\approx 1+\frac{1}{n}x.$$

证明 (2) 取 $f(x)=\sin x$，那么 $f'(0)=\cos x\big|_{x=0}=1$，代入 $f(x)\approx f(0)+f'(0)x$ 便得

$$\sin x\approx x.$$

例 8 计算 $\sqrt{1.05}$ 的近似值.

解 已知 $\sqrt[n]{1+x}\approx 1+\frac{1}{n}x$，故

$$\sqrt{1.05}=\sqrt{1+0.05}\approx 1+\frac{1}{2}\times 0.05=1.025.$$

直接开方的结果是 $\sqrt{1.05}\approx 1.02470$.

(3)(4)(5)证明略.

习题 2.5

1. 求下列函数的微分.

(1) $y=5x^4+x$；　　(2) $y=(x+1)e^x$；

(3) $y=\cos x+x^2\sin x$；　　(4) $y=\frac{x+1}{x-1}$；

(5) $y=\ln\ln x$；　　(6) $y=3^x e^x$；

(7) $y=\tan\sqrt{x}$；　　(8) $y=\ln\cos x$；

(9) $y=\csc x+x\sin(2^x)$；　　(10) $y=\frac{x\sin x}{1+\tan x}$.

2. 将适当的函数填入括号内，使等式成立.

(1) $d(\quad)=3x dx$；　　(2) $d(\quad)=\frac{2}{\sqrt{x}}dx$；

(3) $d(\quad)=\frac{1}{x^2}dx$；　　(4) $d(\quad)=e^x dx$；

(5) $d(\quad)=-\sin x dx$；　　(6) $d(\quad)=\sec^2 x dx$.

3. 设函数 $y=y(x)$ 由方程 $y=e^{-\frac{x}{y}}$ 确定，求 dy.

4. 计算下列各式的近似值.

(1) $\sqrt[100]{1.002}$；　　(2) $\cos 29°$.

5. 一正方体的棱长 $x=10$ m，如果棱长增长了 0.1 m，求此正方体体积增加的精确值和近似值.

2.6 中值定理与导数应用

【教学要求】 本节要求能运用洛必达法则求解未定式的极限；能够理解并运用中值定理；

能够运用导数的性质对函数的单调性及凹凸性进行判断，并最终画出函数的近似图像.

2.6.1 洛必达法则

我们在学习无穷小阶的比较时，已经遇到过两个无穷小之比的极限. 由于这种极限可能存在，也可能不存在，因此把这种极限称为未定式，记为$\frac{0}{0}$型. 此外，两个无穷大之比的极限也是一种未定式，记为$\frac{\infty}{\infty}$型. 如$\lim\limits_{x\to 0}\frac{\sin x}{x}$是$\frac{0}{0}$型；$\lim\limits_{x\to+\infty}\frac{\ln x}{x^2}$是$\frac{\infty}{\infty}$型等. 前面只能解决某些未定式的极限，下面介绍一种求这类极限的一种简便且重要的方法——洛必达法则.

定理 1 若函数 $f(x)$，$g(x)$满足：

(1) $\lim\limits_{x\to x_0}f(x)=\lim\limits_{x\to x_0}g(x)=0$；

(2) 在点 x_0 及其左右附近可导，且 $g'(x)\neq 0$；

(3) $\lim\limits_{x\to x_0}\frac{f'(x)}{g'(x)}=A$ （或∞）.

则$\lim\limits_{x\to x_0}\frac{f(x)}{g(x)}=\lim\limits_{x\to x_0}\frac{f'(x)}{g'(x)}=A$ （或∞）.（证明略）

说明：(a) 将定理中的 $x\to x_0$ 换成 $x\to x_0^+$，$x\to x_0^-$，$x\to+\infty$，$x\to\infty$等，条件(2)作相应的修改，也有相同的结论；

(b) 定理中条件(1)换成$\lim\limits_{x\to x_0}f(x)=\lim\limits_{x\to x_0}g(x)=\infty$；其他条件不变，结论仍成立.

例 1 求 $\lim\limits_{x\to 0^+}\frac{\sqrt{x}}{1-e^{2\sqrt{x}}}$.

解 属于$\frac{0}{0}$型未定式. 利用洛必达法则，得

$$\lim_{x\to 0^+}\frac{\sqrt{x}}{1-e^{2\sqrt{x}}}=\lim_{x\to 0^+}\frac{\frac{1}{2\sqrt{x}}}{-\frac{1}{\sqrt{x}}e^{2\sqrt{x}}}=-\frac{1}{2}.$$

例 2 求$\lim\limits_{x\to 0}\frac{\ln(1+x)}{x}$.

解 属于$\frac{0}{0}$型未定式. 利用洛必达法则，得

$$\lim_{x\to 0}\frac{\ln(1+x)}{x}=\lim_{x\to 0}\frac{\frac{1}{1+x}}{1}=\lim_{x\to 0}\frac{1}{1+x}=1.$$

例 3 求 $\lim\limits_{x\to+\infty}\frac{\ln\left(1+\frac{1}{x}\right)}{\text{arccot}\, x}$.

解 属于$\frac{0}{0}$型未定式. 利用洛必达法则，得

$$\lim_{x\to+\infty}\frac{\ln\left(1+\frac{1}{x}\right)}{\text{arccot}\, x}=\lim_{x\to+\infty}\frac{\frac{1}{1+\frac{1}{x}}\cdot\left(-\frac{1}{x^2}\right)}{-\frac{1}{1+x^2}}=\lim_{x\to+\infty}\frac{1+x^2}{x+x^2}=\lim_{x\to+\infty}\frac{2x}{1+2x}=\lim_{x\to+\infty}\frac{2}{2}=1.$$

2.6.2 中值定理

本节首先介绍拉格朗日定理以及它的预备知识——罗尔定理，并由此来讨论函数的单调性.

定理 2 罗尔(Rolle)中值定理

设 $f(x)$满足

① 在$[a,b]$上连续；

② 在(a,b)内可导；

③ $f(a)=f(b)$，

则存在 $\xi\in(a,b)$使

$$f'(\xi)=0 \qquad (1)$$

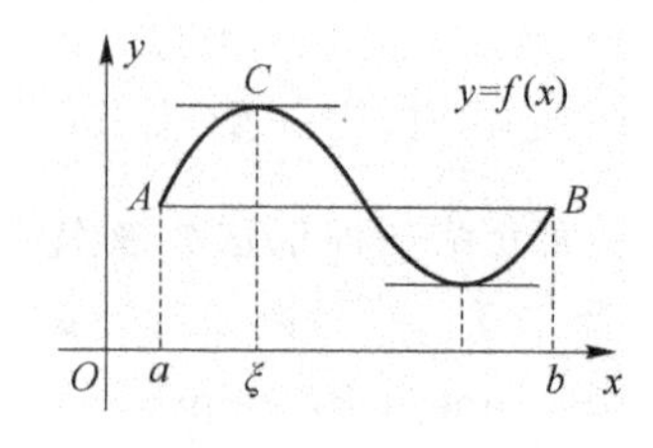

图 2-4

注：(a)定理 2 中三个条件缺一不可.

如 $y=\begin{cases}x & 0\leqslant x<1\\ 0 & x=1\end{cases}$，②、③满足，①不满足，则结论不成立.

$y=|x|$，①、③满足，②不满足，则结论不成立.

$y=x$，①、②满足，③不满足，则结论不成立.

(b) 定理 2 中条件仅为充分条件.

如：$f(x)=\begin{cases}x^2 & x\in Q\\ -x^2 & x\in R-Q\end{cases}$，$x\in[-1,1]$，$f(x)$不满足①、②、③中任一条，但 $f'(0)=0$.

(c) 罗尔定理的几何意义是：在每一点都可导的一段连续曲线上，若曲线两端点高度相等，则至少存在一条水平切线.

例 4 设 $f(x)$在 R 上可导，证明：若 $f'(x)=0$ 无实根，则 $f(x)=0$ 最多只有一个实根.

证 (反证法，利用罗尔定理).

例 5 证明勒让德(Legendre)多项式 $P_n(x)=\dfrac{1}{2^n n!}\cdot\dfrac{\mathrm{d}^n(x^2-1)^n}{\mathrm{d}x^n}$在$(-1,1)$内有 n 个互不相同的零点.

将罗尔定理的条件③去掉加以推广，就得到下面应用更为广泛的拉格朗日中值定理.

定理 3 拉格朗日(Lagrange)中值定理

设 $f(x)$满足

① 在$[a,b]$上连续；

② 在(a,b)内可导，

则存在一点 $\xi\in(a,b)$，使得

$$f'(\xi)=\frac{f(b)-f(a)}{b-a} \qquad (2)$$

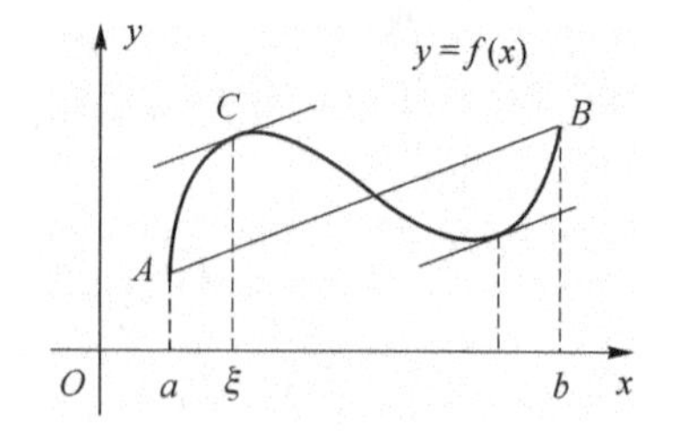

图 2-5

分析：割线 AB 的方程为

$$y=f(a)+\frac{f(b)-f(a)}{b-a}(x-a).$$

问题是证明存在一点 $\xi\in(a,b)$，使 $f'(\xi)$与割线在 ξ 处导数 $y'|_{x=\xi}$相等，即证

$$\left[f(x)-f(a)-\frac{f(b)-f(a)}{b-a}(x-a)\right]'_{\xi}=0.$$

证　作辅助函数 $F(x)=f(x)-f(a)-\frac{f(b)-f(a)}{b-a}(x-a), x\in[a,b]$.

注：(a) 拉格朗日中值定理的几何意义是：在满足定理条件的曲线上至少存在一点，使得曲线在该点处的切线平行于曲线两端点连线.

(b) 上面(2)式为拉格朗日(中值)公式.

另外，无论 $a>b$，还是 $a<b$，拉格朗日（中值）公式都成立. 此公式将由自变量的变化而引起的因变量的增量与导数联系起来，而且比上一章中有限增量公式前进了一大步，这也是拉格朗日中值定理应用更为广泛的原因之一.

(c) 拉格朗日中值定理是罗尔中值定理的推广.

(d) 拉格朗日中值定理的证明方法是用辅助函数法. 在教材中首先构造辅助函数

$$F(x)=f(x)-f(a)-\frac{f(b)-f(a)}{b-a}(x-a), x\in[a,b],$$

然后验证 $F(x)$ 在 $[a,b]$ 上满足罗尔定理的三个条件，从而由罗尔定理推出 $F'(x)$ 存在零点而使定理得到证明.

例 6　证明对任意 $h>-1, h\neq 0$，有

$$\frac{h}{1+h}<\ln(1+h)<h.$$

证　[法 1]令 $f(x)=\ln(1+x)$ 在 $[0,h]$ 或 $[h,0]$ 上利用拉格朗日中值定理可证之.

[法 2]令 $f(x)=\ln x$ 在 $[1,1+h]$ 或 $[1+h,1]$ 上利用拉格朗日中值定理可证之.

推论 1　若 $f(x)$ 在区间 I 上可导，$f'(x)\equiv 0, x\in I$，则 $f(x)$ 在 I 上为常数.

推论 2　若 $f(x), g(x)$ 都在区间 I 上可导，且任意 $x\in I, f'(x)=g'(x)$，则在 I 上，$f(x)$ 与 $g(x)$ 仅相差一个常数，即存在常数 C，使得对任意 $x\in I$，有

$$f(x)=g(x)+C.$$

推论 3　（导数极限定理）设 $f(x)$ 在 x_0 的某邻域 $U(x_0)$ 内连续，在 $U^0(x_0)$ 内可导，且 $\lim\limits_{x\to x_0}f'(x)$ 存在，则 $f'(x_0)$ 存在，且 $f'(x_0)=\lim\limits_{x\to x_0}f'(x)$.

注：(1) 由导数极限定理不难得出区间 (a,b) 上导函数 $f'(x)$ 不会有第一类间断点.

(2) 导数极限定理可以用来求分段函数在分段点处的导数.

例 7　求 $f(x)=\begin{cases}x+\sin x^2, & x\leqslant 0\\ \ln(1+x), & x>0\end{cases}$ 的导数.

解　(1) 先求 $f'(x), x\neq 0$；

(2) 利用推论 3(先验证 $f(x)$ 在 $x=0$ 处连续)求 $f'(0)$.

2.6.3　函数的单调性与极值

1. 一元可导函数的单调性

前边曾经介绍过一元增函数的图形随其自变量的增大而逐渐上升，减函数的图形随其自变量的增大而逐渐下降. 由图 2-6 可以看出，当其图形随着自变量的增大而上升时，曲线上每点处的切线与 x 轴正向夹角为锐角，从而斜率大于零，由导数的几何意义知导数大于零. 同样可知图形随着自变量的增大而下降时，导数小于零.

结论　设函数 $y=f(x)$ 在区间 (a,b) 内可导，

(1) 若 $f'(x)>0, x\in(a,b)$，则函数 $f(x)$ 在 (a,b) 内是单调增加的；

(2) 若 $f'(x)<0, x\in(a,b)$，则函数 $f(x)$ 在 (a,b) 内是单调减少的；

(3) 若 $f'(x)\equiv 0, x\in(a,b)$，则函数 $f(x)$ 在 (a,b) 内必为常值函数.

称一阶导数为零的点为**驻点**. 作图可以判断函数的单调性，但用上述结论，先求出驻点划分出单调区间，再用导数的正负判断单调性有时会更方便些.

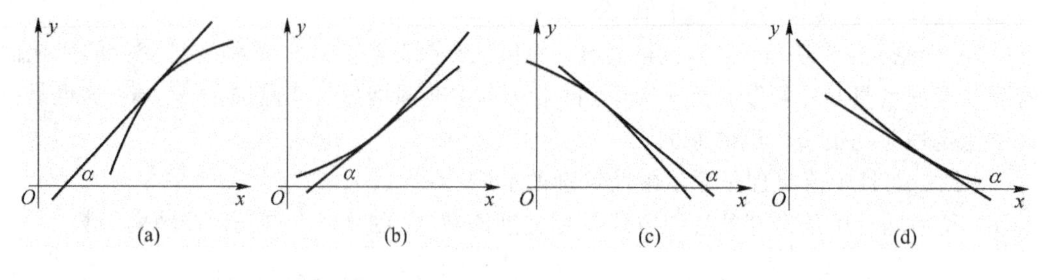

图 2-6

例 8 证明 $e^x>1+x, x\neq 0$.

证 令 $f(x)=e^x-1-x$，考察函数 $f(x)$ 的严格单调性.

例 9 判断函数 $y=\ln x+x$ 在其定义域内的单调性.

解 定义域为 $(0,+\infty)$，因为

$$y'=\frac{1}{x}+1>0,$$

所以函数 $y=\ln x+x$ 在定义域 $(0,+\infty)$ 内单调增加.

例 10 讨论函数 $f(x)=x(x-2)^3$ 的单调性.

解 定义域为 $(-\infty,+\infty)$，

$$f'(x)=(x-2)^3+3x(x-2)^2=(x-2)^2(4x-2),$$

令 $f'(x)=0$，解得驻点 $x_1=\frac{1}{2}, x_2=2$.

下面直接列表分析：

x	$\left(-\infty,\frac{1}{2}\right)$	$\frac{1}{2}$	$\left(\frac{1}{2},2\right)$	2	$(2,+\infty)$
$f'(x)$	−	0	+	0	+
$f(x)$	↘		↗		↗

即函数 $f(x)$ 在 $\left(-\infty,\frac{1}{2}\right)$ 内单调减少，在 $\left(\frac{1}{2},+\infty\right)$ 内单调增加.

2. 一元可导函数的极值

函数 $y=f(x)$ 的图形如图 2-7 所示，C_1, C_2, C_4, C_5 是函数由增变减或由减变增的转折点，在 $x=c_1, x=c_4$ 处曲线出现“峰”，即函数 $y=f(x)$ 在点 C_1, C_4 处的函数值 $f(c_1), f(c_4)$ 分别比它们左、右邻近各点的函数值都大；而在 $x=c_2, x=c_5$ 处曲线出现“谷”，即函数 $y=f(x)$ 在点 C_2, C_5 处的函数值 $f(c_2), f(c_5)$ 分别比它们左、右邻近各点的函数值都小. 对于这样的单调区间的转折点及它们所对应的函数值给出如下定义.

定义 1 设函数 $f(x)$ 在点 x_0 及其附近有定义，若对于点 x_0 附近的任意一点 x，均有 $f(x)<f(x_0)$（或 $f(x)>f(x_0)$），则称 $f(x_0)$ 是函数 $f(x)$ 的一个**极大值**（或**极小值**），点 x_0 叫做函数 $f(x)$ 的一个**极大值点**（或**极小值点**）. 函数的极大值与极小值统称为**极值**；函数的极大

值点与极小值点统称为**极值点**.

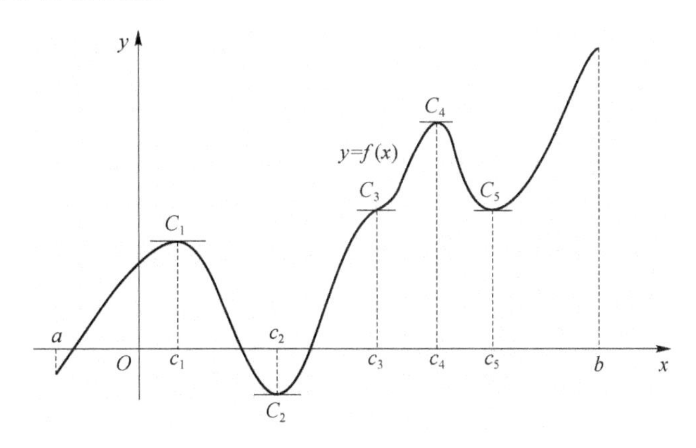

图 2-7

在图 2-7 中，$f(c_1)$，$f(c_4)$是函数的极大值，$x=c_1$，$x=c_4$ 是函数的极大值点；$f(c_2)$，$f(c_5)$是函数的极小值，$x=c_2$，$x=c_5$ 是函数的极小值点.

结论　若可导函数 $y=f(x)$在点 x_0 处取得极值，则 $f'(x_0)=0$. 更进一步，若导数在 x_0 左正右负，则 x_0 为极大值点；左负右正，则 x_0 为极小值点.

例 11　求函数 $f(x)=x(x-2)^3$ 的极值与极值点.

解　定义域为$(-\infty,+\infty)$，

$$f'(x)=(x-2)^3+3x(x-2)^2=(x-2)^2(4x-2),$$

令 $f'(x)=0$，解得驻点 $x_1=\dfrac{1}{2}$，$x_2=2$.

下面直接列表分析：

x	$\left(-\infty,\dfrac{1}{2}\right)$	$\dfrac{1}{2}$	$\left(\dfrac{1}{2},2\right)$	2	$(2,+\infty)$
$f'(x)$	$-$	0	$+$	0	$+$
$f(x)$	↘	极小值	↗	不是极值	↗

即函数 $f(x)$的极小值点为 $x=\dfrac{1}{2}$，极小值为 $f\left(\dfrac{1}{2}\right)=-\dfrac{27}{16}$.

例 12　求函数 $f(x)=2x^3+3x^2-12x$ 的单调区间、极值与极值点.

解　定义域为$(-\infty,+\infty)$，

$$f'(x)=6x^2+6x-12=6(x+2)(x-1),$$

令 $f'(x)=0$，解得驻点 $x_1=-2$，$x_2=1$.

下面直接列表分析：

x	$(-\infty,-2)$	-2	$(-2,1)$	1	$(1,+\infty)$
$f'(x)$	$+$	0	$-$	0	$+$
$f(x)$	↗	极大值	↘	极小值	↗

即函数 $f(x)$的单调增区间为$(-\infty,-2)$，$(1,+\infty)$，单调减区间为$(-2,1)$；

函数 $f(x)$ 的极大值点为 $x=-2$，极大值为 $f(-2)=20$；

函数 $f(x)$ 的极小值点为 $x=1$，极小值为 $f(1)=-7$.

2.6.4　函数的凹凸性与拐点

从图 2-6(a)和(c)可看出，它们的图形均是朝上鼓的，数学上称之为**凸弧**；从图 2-6(b)和(d)可看出，它们的图形均是朝下鼓的，数学上称之为**凹弧**. 对于图形是凸的函数，由图形可以看出当 x 增大时，切线的倾斜角逐渐变小，因而导函数是单调减少的，即函数的二阶导数为负；同理图形为凹的函数二阶导数为正.

结论　若函数 $y=f(x)$ 在区间 (a,b) 内二阶可导，则

(1) 若 $f''(x)<0, x\in(a,b)$，则函数 $f(x)$ 在 (a,b) 内是凸的；

(2) 若 $f''(x)>0, x\in(a,b)$，则函数 $f(x)$ 在 (a,b) 内是凹的.

定义 2　若函数 $f(x)$ 在 (a,b) 内是凸的，则称区间 (a,b) 为函数 $f(x)$ 的**凸区间**；若函数 $f(x)$ 在 (a,b) 内是凹的，则称区间 (a,b) 为函数 $f(x)$ 的**凹区间**.

定义 3　连续曲线上凹弧与凸弧的分界点称为曲线的**拐点**.

由于拐点是曲线凹凸的分界点，所以拐点左右近旁的 $f''(x)$ 必然异号.

例 13　试判断函数 $y=\ln x+x$ 的凸凹性.

解　定义域为 $(0,+\infty)$，因为

$$y'=\frac{1}{x}+1,$$

$$y''=-\frac{1}{x^2}<0,$$

所以函数 $y=\ln x+x$ 在其定义域 $(0,+\infty)$ 内为凸的.

例 14　求函数 $y=x^3-5x^2+3x-5$ 的凸凹区间与拐点.

解　定义域为 $(-\infty,+\infty)$，

$$y'=3x^2-10x+3,$$

$$y''=6x-10,$$

令 $y''=0$，解得 $x=\frac{5}{3}$.

为便于分析列出下表：

x	$\left(-\infty,\frac{5}{3}\right)$	$\frac{5}{3}$	$\left(\frac{5}{3},+\infty\right)$
y''	$-$	0	$+$
y	$\cap$	拐点	$\cup$

即函数的凸区间为 $\left(-\infty,\frac{5}{3}\right)$；凹区间为 $\left(\frac{5}{3},+\infty\right)$；拐点坐标为 $\left(\frac{5}{3},-\frac{250}{27}\right)$.

例 15　判断曲线 $y=(2x-1)^4+1$ 是否有拐点？

解　定义域为 $(-\infty,+\infty)$，

$$y'=8(2x-1)^3, y''=48(2x-1)^2,$$

令 $y''=0$，解得 $x=\frac{1}{2}$.

显然，当 $x\neq\frac{1}{2}$ 时，恒有 $y''>0$，因此点 $\left(\frac{1}{2},1\right)$ 不是曲线 $y=(2x-1)^4+1$ 的拐点.

所以曲线在 $(-\infty,+\infty)$ 内是凹的，因此无拐点.

2.6.5　函数作图的一般步骤

函数作图可用描点的作法来完成，但描点作图工作量太大，事实上，只要掌握了函数的主要特征，只描少数几个点就可比较准确地画出函数的图像. 而函数的主要特征则包括函数的定义域、奇偶性、单调性、极值等，除此之外，作为函数的主要特征还包括凸性、拐点和渐近线.

前面已经讨论了函数的各主要特征，为函数作图做了准备. 下面我们来考虑如何作出已知函数的图像.

一般有如下几个步骤：

(1) 首先考虑函数的定义域.（找出函数没有定义的点）

(2) 考察函数的奇偶性，对于奇函数或偶函数，只需画出函数在 $x>0$ 时的图像，另一半可根据奇偶性对称地画出来.

(3) 求出函数的一阶和二阶导数，找出驻点，一阶导数不存在的点，二阶导数等于零的点和二阶导数不存在的点.

(4) 由这些特殊点（没有定义的点，一阶导数等于零的点，一阶导数不存在的点，二阶导数等于零的点，二阶导数不存在的点）把函数的定义域分成若干个区间，在每个区间上，确定一阶导数的符号和二阶导数的符号，并且根据一阶导数和二阶导数的正负，判定函数在该区间上的单调性和凹凸性，并求出极值点和拐点.

(5) 考察函数曲线的渐近线.

(6) 根据以上讨论的结果作出函数图像.

例 16　描绘函数 $y=\frac{(x-3)^2}{4(x-1)}$ 的图像.

解　函数在 $x_1=1$ 处没有定义，

$$y'=\frac{(x-3)(x+1)}{4(x-1)^2},$$

令 $y'=0$ 得驻点 $x_2=-1,x_3=3$.

$$y''=\frac{2}{(x-1)^3},$$

由于 $y''\neq0$，故曲线没有拐点.

由 $x_1=1,x_2=-1,x_3=3$ 将函数的定义域分成四个区间，如下表所示.

x	$(-\infty,-1)$	-1	$(-1,1)$	1	$(1,3)$	3	$(3,+\infty)$
y'	$+$	0	$-$		$-$	0	$+$
y''	$-$	$-$	$-$		$+$	$+$	$+$
y	↑ ∩	极大值 -2	↓ ∩	无定义	↓ ∪	极小值 0	↑ ∪

由于函数在 $x_1=1$ 处无定义，且有

$$\lim_{x\to1^-}\frac{(x-3)^2}{4(x-1)}=-\infty,\ \lim_{x\to1^+}\frac{(x-3)^2}{4(x-1)}=+\infty,$$

因此函数曲线有竖直渐近线 $x=1$，又

$$\lim_{x\to\infty}\frac{(x-3)^2}{4x(x-1)}=\frac{1}{4},\lim_{x\to\infty}\left[\frac{(x-3)^2}{4(x-1)}-\frac{1}{4}x\right]=-\frac{5}{4},$$

故 $y=\frac{1}{4}x-\frac{5}{4}$ 为函数曲线的斜渐近线.

根据以上的讨论,作出函数图像,如图 2-8 所示.

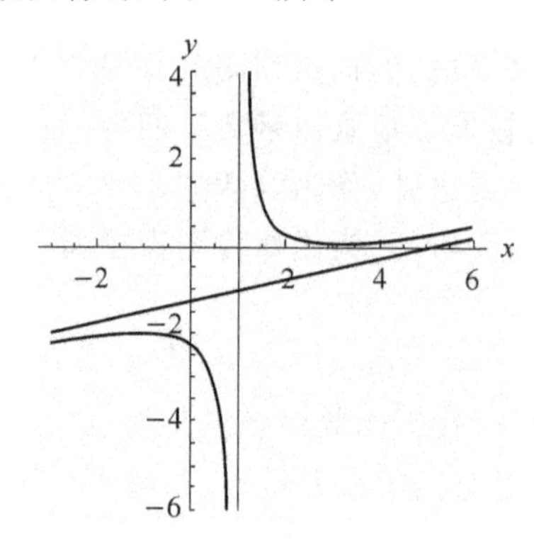

图 2-8

习题 2.6

1. 验证函数 $f(x)=x-x^3$ 在区间 $[-1,0]$ 和 $[0,1]$ 上满足罗尔定理的条件,并求出相应的 ξ 值.

2. 验证函数 $f(x)=x^{\frac{4}{3}}$ 在闭区间 $[-1,1]$ 上满足拉格朗日定理的条件,并求出相应的中间值 ξ.

3. 判断函数 $f(x)=x+\ln x$ 的单调性.

4. 求下列函数的单调区间、极值点和极值.

(1) $y=2x^3-6x^2-18x+5$; (2) $y=2x^2-\ln x$;

(3) $y=2x+\frac{8}{x}$; (4) $y=(x-1)^2(x+1)^3$.

5. 求下列曲线的凹凸区间与拐点.

(1) $y=x^3-5x^2+3x-5$; (2) $y=\ln(1+x^2)$;

(3) $y=2x^3-6x^2-18x+5$; (4) $y=-x^4+2x^2$;

(5) $y=x^4-2x^3+1$; (6) $y=\mathrm{e}^{-x}$.

6. 用洛必达法则求下列极限.

(1) $\lim\limits_{x\to0}\frac{\mathrm{e}^x-\mathrm{e}^{-x}}{\sin x}$; (2) $\lim\limits_{x\to a}\frac{\sin x-\sin a}{x-a}$;

(3) $\lim\limits_{x\to0}\frac{\tan x-x}{x-\sin x}$; (4) $\lim\limits_{x\to1}\frac{x^3-1+\ln x}{\mathrm{e}^x-\mathrm{e}}$.

7. 求下列极限.

(1) $\lim\limits_{x\to0}\frac{\mathrm{e}^x-\mathrm{e}^{-x}}{\mathrm{e}^x+\mathrm{e}^{-x}}$; (2) $\lim\limits_{x\to a}\frac{x-\sin x}{x+\sin x}$.

8. 描绘下列函数的图形.

(1) $y=\frac{2x^2}{x^2-1}$; (2) $y=\frac{x}{1+x^2}$; (3) $y=x\sqrt{3-x}$.

综合练习二

一、填空题

1. 已知 $y=x^3-2x+1$，则 $y'=$____________________；

2. 函数 $y=x^3-x$ 的单调区间为____________________；

3. 若 $f(x)$ 在 $x=0$ 处可导，且 $f(0)=0$，则 $\lim\limits_{x\to 0}\dfrac{f(x)}{x}=$____________；

4. 设 $f(x)=\ln\sqrt{1+x^2}$，则 $f'(0)=$____________________；

5. 设曲线 $y=x^2+x-2$ 在点 P 处切线斜率等于 3，则 P 点的坐标为____________；

6. 曲线 $f(x)=x^3-x$ 的拐点是____________________；

7. 设 $f(x)=\ln(1-x)$，则 $f''(x)=$____________________.

二、单选题

1. 若 $f'(x_0)=2$，则 $\lim\limits_{k\to 0}\dfrac{f(x_0-k)-f(x_0)}{2k}$ 等于(　　).

A. -1　　B. -2　　C. 1　　D. $\dfrac{1}{2}$

2. 设 $y=f(-x^2)$，则 $\mathrm{d}y=$(　　).

A. $xf'(-x^2)\mathrm{d}x$　　B. $-2xf'(-x^2)\mathrm{d}x$

C. $2f'(-x^2)\mathrm{d}x$　　D. $2xf'(-x^2)\mathrm{d}x$

3. 设 $f(x)$ 在 x_0 处可导，已知 $\lim\limits_{x\to 0}\dfrac{f(x_0+2x)-f(x_0)}{2x}=3$，则 $f'(x_0)=$(　　).

A. 3　　B. 1　　C. 0　　D. 2

4. 在区间 (a,b) 内，如果 $g'(x)=f'(x)$，则必有(　　).

A. $f(x)=g(x)$　　B. $f(x)=g(x)+c$

C. $f(x)$ 与 $g(x)$ 为任意函数　　D. $f(x)+g(x)=0$

5. 函数 $y=\sin\dfrac{1}{x}$ 在 $x=0$ 处(　　).

A. 连续，可导　　B. 连续，不可导

C. 不连续，不可导　　D. 不连续，可导

三、计算下列函数的导数和微分

1. $y=x\sqrt{x}+\dfrac{1}{x^2}-5x^2+1$；　　2. $y=(x^2+1)\ln\sqrt[3]{x}$；

3. $y=\dfrac{2^x\mathrm{e}^x}{\tan x}$；　　4. $y=\mathrm{e}^x\log_2\sqrt{x}$；

5. $y=\ln(\mathrm{e}^x+x\ln x)$；　　6. $y=\cot(\mathrm{e}^{\frac{1}{x}})$；

7. $y=\sin(\cos\sqrt{x})$；　　8. $y=\dfrac{\tan x}{x}+\tan\dfrac{\pi}{4}$；

9. $y=\sqrt{\cos(2^x)}$；　　10. $y=\dfrac{1+\cos 2x}{1-\cos 2x}$；

11. $y=\sqrt{x}(x-\cot x)$；　　　　12. $y=\frac{x}{2}\sqrt{1-x^2}+\sin(x^2)$.

四、解答题

1. 已知函数 $f(x)=ax^3+bx^2+cx+d$ 在 $x=-3$ 处取得极小值 $f(-3)=2$，在 $x=3$ 处取得极大值 $f(3)=6$，求常数 a,b,c,d 的值.

2. a,b 为何值时，点(1,3)为曲线 $y=ax^3+bx^2$ 的拐点？

提高题二

一、填空题(本题共30分，每小题3分)

1. 设 $f'(x_0)$ 存在，则按照导数定义得 $\lim\limits_{h\to 0}\frac{f(x_0+h)-f(x_0-h)}{h}=$________.

2. 设 $y=\sin^2 x\cdot\sin(x^2)$，则 $y'=$________.

3. 设 $y=3x+x^3$，则其反函数的导数 $\frac{\mathrm{d}x}{\mathrm{d}y}=$________.

4. 已知 $y=[\ln(1-x)]^2$，则 $\mathrm{d}y=$________.

5. 设 $y=\ln[f(x)]$，则 $\frac{\mathrm{d}^2y}{\mathrm{d}x^2}=$________.

6. 设 $y=\sqrt[5]{\frac{x-5}{\sqrt[5]{x^2+2}}}$，则 $y'=$________.（提示：用对数求导法）

7. 求 $\lim\limits_{x\to\frac{\pi}{2}}\frac{\ln\sin x}{(\pi-2x)^2}=$________.

8. $\lim\limits_{x\to+\infty}\frac{\log_a x}{x^\alpha}(a>1,\alpha>0)=$________.

9. 求隐函数 $y=\mathrm{e}^{-\frac{x}{y}}$ 的微分 $\mathrm{d}y=$________.

10. $f(x)=\frac{x^2}{2}+2x+\ln|x|$ 在 $[-4,-1]$ 上的最大值为________，最小值为________.

二、将适当的函数填入下列括号内使等式成立(本题10分，每小题2分)

1. $\mathrm{d}(\quad)=2\mathrm{d}x$；

2. $\mathrm{d}(\quad)=\sin\omega x\mathrm{d}x$；

3. $\mathrm{d}(\quad)=\frac{1}{1+x}\mathrm{d}x$；

4. $\mathrm{d}(\quad)=\mathrm{e}^{-2x}\mathrm{d}x$；

5. $\mathrm{d}(\quad)=\sec^2 3x\mathrm{d}x$

三、计算题(本题共40分，每小题8分)

1. 设 $y=\frac{1}{2}(1-\sqrt[3]{1+x^2})^2+3\ln(1+\sqrt[3]{1+x^2})$，求 y'_x.

2. 求 $y=x+(\sin x)^x$ 的微分 $\mathrm{d}y$.

3. 求由方程 $x^3+y^3-3axy=0$ 所确定隐函数的导数 $\frac{\mathrm{d}y}{\mathrm{d}x}$.

4. 讨论函数 $y=\begin{cases} x^2\sin\dfrac{1}{x} & x\neq 0 \\ 0 & x=0 \end{cases}$ 在 $x=0$ 处的连续性和可导性.

5. 求函数 $f(x)=(x-1)(x-2)(x-3)(x-4)$ 的导数,说明方程 $f'(x)=0$ 有几个实根,并指出它们所在的区间.

四、解答题(本题共 20 分,每小题 10 分)

1. 设 $f(x)=a\ln x+bx^2+x$ 在 $x_1=1,x_2=2$ 时都取得极值,试确定 a,b 的值,并判断 $f(x)$ 在 x_1,x_2 是取得极大值还是极小值.

2. 已知 $x=2$ 是函数 $f(x)=(x^2+ax-2a-3)e^x$ 的一个极值点(e=2.718…).

(1) 求实数 a 的值;

(2) 求函数 $f(x)$ 在 $x\in[\dfrac{3}{2},3]$ 的最大值和最小值.

第3章 不定积分

【导学】 前面我们学习了一元函数的微分学，从本章开始学习一元函数的积分学，它包括不定积分和定积分两部分. 其中不定积分是作为微分法的逆运算引入的，而定积分是某种特殊和式的极限. 本章将学习不定积分的概念、性质和求不定积分的基本方法.

3.1 原函数与不定积分

【教学要求】 本节要求理解原函数的概念，掌握不定积分的定义、性质和几何意义.

3.1.1 原函数的概念

在微分学中，我们已经研究了如何求函数的导数和微分，而在实际问题中，常常需要解决与其相反的问题，即已知一个函数的导数或微分，如何求原来的函数.

例如，已知某物体运动的速度随时间 t 变化的规律为 $v=v(t)$，要求该物体运动的路程随时间变化的规律 $s=s(t)$. 显然，这个问题就是在关系式 $v(t)=s'(t)$ 中，当 $v(t)$ 为已知时，要求 $s(t)$ 的问题. 从数学的角度来说，这个问题是在关系式 $F'(x)=f(x)$ 中，当函数 $f(x)$ 为已知时，求出函数 $F(x)$，由此引出原函数的概念.

定义 1 设 $f(x)$ 是定义在某区间 I 内的一个函数，如果存在一个函数 $F(x)$，使得对于每一点 $x\in I$，都有 $F'(x)=f(x)$（或 $\mathrm{d}F(x)=f(x)\mathrm{d}x$），则称函数 $F(x)$ 为 $f(x)$ 在区间 I 内的一个**原函数**.

例如，在 $(-\infty,+\infty)$ 内，由于 $(x^2)'=2x$，所以 x^2 是 $2x$ 的一个原函数；又 $(x^2+2)'=2x$，$(x^2-\sqrt{5})'=2x$，$(x^2+C)'=2x$（其中 C 为任意常数），所以 x^2+2，$x^2-\sqrt{5}$，x^2+C 都是 $2x$ 的原函数.

由此可看出，如果 $f(x)$ 在 I 上有原函数，则它有无穷多个原函数，即任意两个原函数之间仅相差一个常数 C. 也就是说，若 $F(x)$ 是 $f(x)$ 的一个原函数，那么 $F(x)+C$ 也是 $f(x)$ 的原函数.

3.1.2 不定积分的概念

1. 不定积分的定义

定义 2 若 $F(x)$ 是 $f(x)$ 在区间 I 内的一个原函数，则 $F(x)+C$（C 为任意常数）称为 $f(x)$ 在区间 I 上的**不定积分**，记为 $\int f(x)\mathrm{d}x$，即

$$\int f(x)\mathrm{d}x = F(x)+C.$$

其中符号“$\int$”为**积分号**，$f(x)$ 为**被积函数**，$f(x)\mathrm{d}x$ 为**被积表达式**，x 为**积分变量**，C 为**积分常数**.

由不定积分的定义可知，求函数 $f(x)$ 的不定积分，只需求出 $f(x)$ 的一个原函数，再加上积分常数 C 即可.

例 1　求下列不定积分.

(1) $\int \sin x\mathrm{d}x$；　　　(2) $\int \mathrm{e}^{-x}\mathrm{d}x$.

解　(1) 因为 $(-\cos x)'=\sin x$，即 $-\cos x$ 是 $\sin x$ 的一个原函数，由不定积分的定义知，

$$\int \sin x\mathrm{d}x = -\cos x + C.$$

(2) 因为 $(-\mathrm{e}^{-x})'=\mathrm{e}^{-x}$，即 $-\mathrm{e}^{-x}$ 是 e^{-x} 的一个原函数，由不定积分的定义知，

$$\int \mathrm{e}^{-x}\mathrm{d}x = -\mathrm{e}^{-x} + C.$$

例 2　求不定积分 $\int \frac{1}{x}\mathrm{d}x$.

解　被积函数 $f(x)=\frac{1}{x}$，当 $x=0$ 时无意义.

当 $x>0$ 时，因为 $(\ln x)'=\frac{1}{x}$，所以，

$$\int \frac{1}{x}\mathrm{d}x = \ln x + C.$$

当 $x<0$ 时，因为 $[\ln(-x)]'=\frac{-1}{-x}=\frac{1}{x}$，所以，

$$\int \frac{1}{x}\mathrm{d}x = \ln(-x) + C.$$

合并上面两式，就有

$$\int \frac{1}{x}\mathrm{d}x = \ln|x| + C \quad (x \neq 0).$$

注：通过对不定积分的结果再求导，也即符合 $F'(x)=f(x)$ 关系式，从而便可验证不定积分结果的正确性.

2. 不定积分的性质

性质 1　不定积分与导数或微分互为逆运算.

(1) $\left[\int f(x)\mathrm{d}x\right]' = f(x)$　或　$\mathrm{d}\left[\int f(x)\mathrm{d}x\right] = f(x)\mathrm{d}x$.

此式表明，先积分后微分，两者互逆运算相互抵消.

(2) $\int F'(x)\mathrm{d}x = F(x) + C$　或　$\int \mathrm{d}F(x) = F(x) + C$.

此式表明，先微分后积分，两者互逆运算相互抵消，结果相差一个常数 C.

性质 1 揭示了求不定积分与求导数(或微分)的互逆关系，属于不定积分的基本性质.

性质 2　两个函数代数和的不定积分等于两个函数不定积分的代数和，即

$$\int [f(x) \pm g(x)]\mathrm{d}x = \int f(x)\mathrm{d}x \pm \int g(x)\mathrm{d}x.$$

此性质可推广：$\int[f_1(x)\pm f_2(x)+\cdots+f_n(x)]\mathrm{d}x=\int f_1(x)\mathrm{d}x\pm\int f_2(x)\mathrm{d}x+\cdots+\int f_n(x)\mathrm{d}x$.

性质 3 被积函数中不为零的常数因子 k 可以提到积分号之前，即

$$\int kf(x)\mathrm{d}x=k\int f(x)\mathrm{d}x \quad (k\text{ 是常数},k\neq 0).$$

性质 2、性质 3 属不定积分的运算性质.

3. 不定积分的几何意义

通常把函数 $f(x)$ 的一个原函数 $y=F(x)$ 的图形叫做 $f(x)$ 的一条积分曲线.如果把曲线 $y=F(x)$ 沿 y 轴上下平行移动 $|C|$ 个单位而得到的一簇曲线，称为积分曲线簇，其方程为 $y=F(x)+C$. 从几何意义看，函数 $f(x)$ 的不定积分 $\int f(x)\mathrm{d}x$ 表示 $f(x)$ 的积分曲线簇.

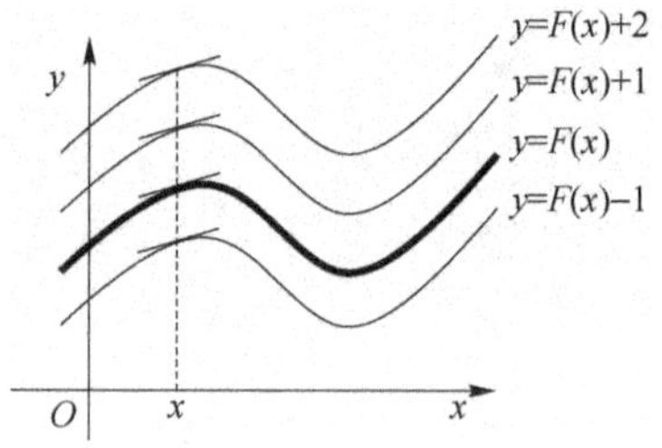

从图 3-1 中可以看出：

① 对应同一个横坐标 x 的点，所有的切线互相平行；

② 积分曲线簇中，所有的曲线都可以由其中任意一条曲线沿着 y 轴的方向上下平移而得到.

图 3-1

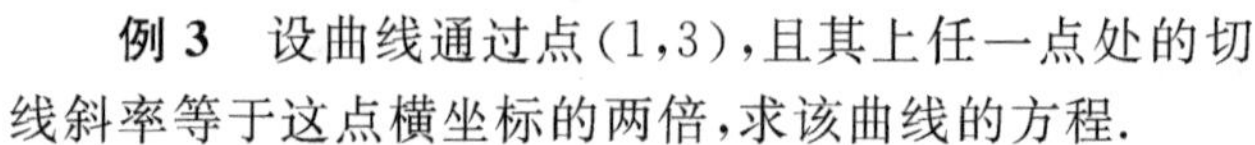

例 3 设曲线通过点(1,3)，且其上任一点处的切线斜率等于这点横坐标的两倍，求该曲线的方程.

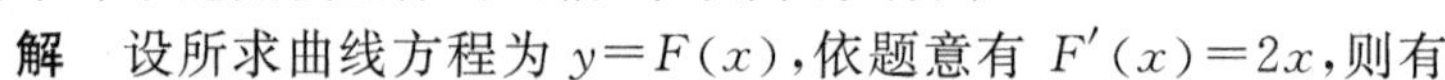

解 设所求曲线方程为 $y=F(x)$，依题意有 $F'(x)=2x$，则有

$$y=\int 2x\mathrm{d}x=x^2+C.$$

又因曲线过点(1,3)，代入上式得

$$3=1^2+C\Rightarrow C=2,$$

故所求曲线方程为

$$y=x^2+2.$$

习题 3.1

1. 验证函数 $F(x)=x(\ln x-1)$ 是 $f(x)=\ln x$ 的一个原函数.

2. 已知 $F'(x)=3x^2-4x$，且曲线 $y=F(x)$ 过点(1,−1)，求函数 $F(x)$ 的表达式.

3. 求下列不定积分.

(1) $\int\frac{1}{x^2}\mathrm{d}x$；　　(2) $\int x^2\sqrt{x}\mathrm{d}x$；

(3) $\int 3\mathrm{e}^x\mathrm{d}x$；　　(4) $\int\left(\frac{x}{2}+\frac{3}{x}\right)^2\mathrm{d}x$.

4. 写出下列各式结果.

(1) $\left(\int\frac{\sqrt[3]{2+\ln x}}{x}\mathrm{d}x\right)'$；　　(2) $\int\mathrm{d}(\mathrm{e}^{2x}\cos x^2)$.

5. 试求函数 $f(x)=\sin x$ 过点(0,1)的积分曲线方程.

6. 已知一条曲线在任一点 x 处切线斜率为 $\frac{1}{2\sqrt{x}}$，且曲线过点(4,3)，求曲线方程.

7. 已知一条曲线在任一点处切线斜率等于该点横坐标的倒数，且曲线过点(e^2,3)，求曲线方程.

3.2　基本积分表与直接积分法

【教学要求】 本节要求掌握基本积分公式表，它是求不定积分的基础，必须熟记，并会利用不定积分的基本积分公式和性质求一些简单函数的不定积分.

3.2.1　基本积分表

由于求不定积分就是求导数的逆运算，故由基本初等函数的导数公式便可得到相应的基本积分公式.为了计算方便我们列出基本积分公式表：

(1) $\int 0\mathrm{d}x = C$；

(2) $\int k\mathrm{d}x = kx + C,(k \neq 0)$；

(3) $\int x^n \mathrm{d}x = \frac{x^{n+1}}{n+1} + C,(n \neq -1)$；

(4) $\int \frac{1}{x}\mathrm{d}x = \ln|x| + C$；

(5) $\int a^x \mathrm{d}x = \frac{a^x}{\ln a} + C$；

(6) $\int \mathrm{e}^x \mathrm{d}x = \mathrm{e}^x + C$；

(7) $\int \sin x\mathrm{d}x = -\cos x + C$；

(8) $\int \cos x\mathrm{d}x = \sin x + C$；

(9) $\int \sec^2 x\mathrm{d}x = \tan x + C$；

(10) $\int \csc^2 x\mathrm{d}x = -\cot x + C$；

(11) $\int \sec x\tan x\mathrm{d}x = \sec x + C$；

(12) $\int \csc x\cot x\mathrm{d}x = -\csc x + C$；

(13) $\int \frac{1}{\sqrt{1-x^2}}\mathrm{d}x = \arcsin x + C = -\arccos x + C$；

(14) $\int \frac{1}{1+x^2}\mathrm{d}x = \arctan x + C = -\mathrm{arccot}\, x + C$.

说明：

(1) 基本积分公式是求不定积分的基础，要求熟记.

(2) 基本积分公式是以 x 为积分变量的，将基本公式中所有 x 换成其他字母亦成立.

直接利用基本积分公式和不定积分的运算性质，有时须先将被积函数进行恒等变形，便可求得一些简单函数的不定积分.

例 1　计算下列不定积分.

(1) $\int\left(3x^3 - 4x - \frac{1}{x} + 5\right)\mathrm{d}x$；　(2) $\int \frac{2x^2}{1+x^2}\mathrm{d}x$；　(3) $\int \frac{1}{x^2(1+x^2)}\mathrm{d}x$.

解　(1) 先用不定积分性质，再用基本积分公式，可得

$$\begin{aligned}\int\left(3x^3 - 4x - \frac{1}{x} + 5\right)\mathrm{d}x &= 3\int x^3\mathrm{d}x - 4\int x\mathrm{d}x - \int\frac{1}{x}\mathrm{d}x + \int 5\mathrm{d}x\\ &= 3\cdot\frac{1}{3+1}x^{3+1} - 4\cdot\frac{1}{1+1}x^{1+1} - \ln|x| + 5x + C\\ &= \frac{3}{4}x^4 - 2x^2 - \ln|x| + 5x + C.\end{aligned}$$

(2) 先将被积函数进行代数恒等变形 $x^2 = x^2 + 1 - 1$，并分项，再用基本积分公式

$$\int \frac{2x^2}{1+x^2}\,dx = 2\int \frac{x^2+1-1}{1+x^2}dx = 2\left[\int dx - \int \frac{1}{1+x^2}dx\right] = 2x - 2\arctan x + C.$$

(3) 先利用“拆项”化为“加减项”,再利用运算法则

$$\int \frac{1}{x^2(1+x^2)}dx = \int\left(\frac{1}{x^2} - \frac{1}{1+x^2}\right)dx = \int \frac{1}{x^2}dx - \int \frac{1}{1+x^2}dx = -\frac{1}{x} - \arctan x + C.$$

例 2 求不定积分$\int \frac{1}{\sin^2 x\cos^2 x}dx$.

解 利用三角恒等变形公式“$\sin^2 x+\cos^2 x=1$”,把被积函数变形为

$$\int \frac{1}{\sin^2 x\cos^2 x}dx = \int \frac{\sin^2 x+\cos^2 x}{\sin^2 x\cos^2 x}dx = \int \frac{1}{\cos^2 x}dx + \int \frac{1}{\sin^2 x}dx = \tan x - \cot x + C.$$

注意 检验积分结果是否正确,只要对结果求导,看它的导数是否等于被积函数,相等时结果是正确的,否则结果是错误的.

3.2.2 直接积分法

所谓**直接积分法**,就是利用不定积分的基本积分公式和性质求一些简单函数的不定积分.

例 3 求不定积分$\int (x^2 - 2\cos x + 2^x)dx$.

解

$$\begin{aligned}\int (x^2 - 2\cos x + 2^x)dx &= \int x^2 dx - 2\int \cos x dx + \int 2^x dx \\ &= \left(\frac{x^3}{3}+C_1\right) - (2\sin x + C_2) + \left(\frac{2^x}{\ln 2}+C_3\right) \\ &= \frac{x^3}{3} - 2\sin x + \frac{2^x}{\ln 2} + C.\end{aligned}$$

其中 $C=C_1-C_2+C_3$,即各积分常数可以合并,故今后对于求代数和的不定积分,只需在最后加上一个常数 C 即可.

例 4 求下列不定积分.

(1) $\int \sqrt{x\sqrt{x}}dx$; (2) $\int 3^x e^x dx$; (3) $\int\left(3x^3 - 4x^2 - \frac{1}{\sqrt{x}}\right)dx$.

解 (1) $\int \sqrt{x\sqrt{x}}dx = \int x^{\frac{3}{4}}dx = \frac{1}{1+\frac{3}{4}}x^{\frac{3}{4}+1} + C = \frac{4}{7}x^{\frac{7}{4}} + C.$

(2) $\int 3^x e^x dx = \int (3e)^x dx = \frac{(3e)^x}{\ln(3e)} + C = \frac{3^x e^x}{1+\ln 3} + C.$

(3)
$$\begin{aligned}\int\left(3x^3 - 4x^2 - \frac{1}{\sqrt{x}}\right)dx &= 3\int x^3 dx - 4\int x^2 dx - \int \frac{1}{\sqrt{x}}dx \\ &= 3\cdot\frac{1}{3+1}x^{3+1} - 4\cdot\frac{1}{2+1}x^{2+1} - 2\sqrt{x} + C \\ &= \frac{3}{4}x^4 - \frac{4}{3}x^3 - 2\sqrt{x} + C.\end{aligned}$$

例 5 求下列不定积分.

(1) $\int \tan^2 x dx$; (2) $\int \frac{\cos 2x}{\sin^2 x}dx$; (3) $\int \cos^2 \frac{x}{2}dx$.

解 利用三角恒等变形有

(1) $\int \tan^2 x\mathrm{d}x = \int(\sec^2 x - 1)\mathrm{d}x = \int \sec^2 x\mathrm{d}x - \int \mathrm{d}x = \tan x - x + C$；

(2) $\int \frac{\cos 2x}{\sin^2 x}\mathrm{d}x = \int \frac{1-2\sin^2 x}{\sin^2 x}\mathrm{d}x = \int(\csc^2 x - 2)\mathrm{d}x = -\cot x - 2x + C$；

(3) $\int \cos^2 \frac{x}{2}\mathrm{d}x = \int \frac{1+\cos x}{2}\mathrm{d}x = \int \frac{1}{2}\mathrm{d}x + \frac{1}{2}\int \cos x\mathrm{d}x = \frac{x}{2} + \frac{\sin x}{2} + C$.

习题 3.2

1. 利用不定积分运算法则求下列不定积分.

(1) $\int \frac{1}{x^2(1+x^2)}\mathrm{d}x$；　　(2) $\int(3+2x^3+\frac{1}{x^3})\mathrm{d}x$；

(3) $\int \left(\frac{2}{\sqrt{x}} - \frac{\sqrt{x}}{2}\right)\mathrm{d}x$；　　(4) $\int \frac{1-x^2}{x\sqrt{x}}\mathrm{d}x$.

2. 利用直接法计算下列不定积分.

(1) $\int \frac{1+2x^2}{2x^2}\mathrm{d}x$；　　(2) $\int \left(\frac{3\cdot 2^x - 4\cdot 3^x}{3^x}\right)\mathrm{d}x$；

(3) $\int \sin^2 \frac{x}{2}\mathrm{d}x$；　　(4) $\int \cot^2 x\mathrm{d}x$；

(5) $\int \frac{x^3-27}{x-3}\mathrm{d}x$；　　(6) $\int \frac{x^2-2\sqrt{2}x+2}{x-\sqrt{2}}\mathrm{d}x$；

(7) $\int \frac{\mathrm{e}^{2x}-1}{\mathrm{e}^x-1}\mathrm{d}x$；　　(8) $\int \mathrm{e}^x\left(1-\frac{\mathrm{e}^{-x}}{x^2}\right)\mathrm{d}x$；

(9) $\int \frac{\cos 2x}{\cos x - \sin x}\mathrm{d}x$；　　(10) $\int \frac{1+\cos^2 x}{1+\cos 2x}\mathrm{d}x$.

3. 设 $\int xf(x)\mathrm{d}x = \arccos x + C$，求 $f(x)$.

4. 在积分曲线簇 $y = \int 7x^2\mathrm{d}x$ 中，求通过点 $(\sqrt{3}, 7\sqrt{3})$ 的曲线方程.

5. 一物体由静止开始运动，经 t s 后的速度是 $3t^2$ m/s，问：

(1) 在 3 s 后物体离开出发点的距离是多少？

(2) 物体走完 360 m 需要多少时间？

3.3　不定积分换元法

【教学要求】 本节要求掌握求不定积分的一种重要方法：换元法，它是求解一般函数不定积分的最常见方法. 换元法包括第一类换元法(也叫凑微分法)和第二类换元法，要求重点掌握"凑微分法".

由前面可知，直接法只能计算有限的简单的不定积分，而对于更多的比较复杂的不定积分，还需要进一步研究不定积分的求解方法. 下面介绍的第一类换元法，就是求解复合函数的不定积分的基本方法.

3.3.1 第一类换元法(凑微分法)

先看一个引例.

引例 求$\int e^{-x}dx$.

分析:这个积分看上去很简单,与基本积分公式$\int e^{x}dx$相似,但不能用直接积分法.区别在于$\int e^{-x}dx$中的被积函数$y=e^{-x}$是由$y=e^{u}$,$u=-x$复合而成的,那么如何求解这类复合函数的积分呢?

计算过程:因为$d(-x)=-dx$,所以

$$\int e^{-x}dx=-\int e^{-x}d(-x)\overset{令u=-x}{=}-\int e^{u}du=-e^{u}+C\overset{回代}{=}-e^{-x}+C.$$

经验证,结果正确.

上例中,将公式$\int e^{x}dx=e^{x}+C$中的x换成了$u=-x$,得到对应公式

$$\int e^{u}dx=e^{u}+C.$$

一般地,有如下定理:

定理 1 设$F(u)$是$f(u)$的一个原函数且$u=\varphi(x)$可导,则

$$\int f[\varphi(x)]d[\varphi(x)]=F[\varphi(x)]+C.$$

此定理表明,在基本积分公式表中,把自变量x换成任一个可导函数$u=\varphi(x)$后,公式仍成立.这就扩充了基本积分公式的适用范围.

我们将这种基于复合函数求导法则求解不定积分的方法称为**凑微分法**.凑微分法的名称来源于把被积函数分为复合函数$f[\varphi(x)]$与中间变量的导数$\varphi'(x)$两部分,再把$\varphi'(x)dx$凑成$d\varphi(x)$.

此法**关键**在于,被积函数具有$\int f[\varphi(x)]\cdot\varphi'(x)dx$形式,设法将其凑成$\int f[\varphi(x)]\cdot d\varphi(x)$的形式.故称此法为"**凑微分法**",也叫做**第一类换元法**.

凑微分法常作如下描述:

$$\begin{aligned}&\int f[\varphi(x)]\cdot\varphi'(x)dx=\int f[\varphi(x)]d[\varphi(x)]\\&\overset{令\varphi(x)=u}{=}\int f(u)du\overset{用公式}{=}F(u)+C\\&\overset{回代u=\varphi(x)}{=}F[\varphi(x)]+C\end{aligned}$$

例 1 计算下列不定积分.

(1) $\int xe^{x^2}dx$; (2) $\int x\sin x^2dx$.

解 (1) $\int xe^{x^2}dx=\frac{1}{2}\int e^{x^2}\cdot(x^2)'dx=\frac{1}{2}\int e^{x^2}d(x^2)$

$$\overset{令x^2=u}{=}\frac{1}{2}\int e^{u}d(u)=\frac{1}{2}e^{u}+C\overset{回代u=x^2}{=}\frac{1}{2}e^{x^2}+C.$$

(2) $\int x\sin x^2 \mathrm{d}x = \frac{1}{2}\int \sin x^2 \cdot (x^2)' \mathrm{d}x = \frac{1}{2}\int \sin x^2 \mathrm{d}(x^2)$

$$\overset{令 x^2=u}{=} \frac{1}{2}\int \sin u \mathrm{d}(u) = \frac{1}{2}(-\cos u) + C \overset{回代 u=x^2}{=} -\frac{1}{2}\cos x^2 + C.$$

例 2　计算下列不定积分.

(1) $\int \sqrt{x-1}\mathrm{d}x$；　　(2) $\int \frac{1}{x}\ln x\mathrm{d}x$.

解　(1) $\int \sqrt{x-1}\mathrm{d}x = \int (x-1)^{\frac{1}{2}} \cdot (x-1)' \mathrm{d}x = \int (x-1)^{\frac{1}{2}} \mathrm{d}(x-1)$

$$\overset{令 x-1=u}{=} \int u^{\frac{1}{2}} \mathrm{d}(u) \overset{用公式}{=} \frac{u^{\frac{1}{2}+1}}{\frac{1}{2}+1} + C = \frac{2}{3}u^{\frac{3}{2}} + C$$

$$\overset{回代 u=x-1}{=} \frac{2}{3}(x-1)^{\frac{3}{2}} + C.$$

(2) $\int \frac{1}{x}\ln x\mathrm{d}x = \int \ln x \cdot (\ln x)' \mathrm{d}x = \int \ln x\mathrm{d}(\ln x)$

$$\overset{令 \ln x=u}{=} \int u\mathrm{d}(u) \overset{用公式}{=} \frac{u^2}{2} + C \overset{回代 u=\ln x}{=} \frac{1}{2}\ln^2 x + C.$$

注： 当运算熟练之后，可以不写出中间变量直接计算.

例 3　计算下列不定积分.

(1) $\int \frac{1}{\sqrt{x}}\sin\sqrt{x}\mathrm{d}x$；　　(2) $\int \frac{1}{x^2}\cos\frac{1}{x}\mathrm{d}x$；　　(3) $\int \frac{\mathrm{e}^x}{1+\mathrm{e}^x}\mathrm{d}x$.

解　(1) $\int \frac{1}{\sqrt{x}}\sin\sqrt{x}\mathrm{d}x = 2\int \sin\sqrt{x}\mathrm{d}(\sqrt{x}) = -2\cos\sqrt{x} + C$；

(2) $\int \frac{1}{x^2}\cos\frac{1}{x}\mathrm{d}x = -\int \cos\frac{1}{x}\mathrm{d}\left(\frac{1}{x}\right) = -\sin\frac{1}{x} + C$；

(3) $\int \frac{\mathrm{e}^x}{1+\mathrm{e}^x}\mathrm{d}x = \int \frac{1}{1+\mathrm{e}^x}\mathrm{d}(1+\mathrm{e}^x) = \ln|1+\mathrm{e}^x| + C$.

例 4　计算下列不定积分.

(1) $\int \tan x\mathrm{d}x$；　　(2) $\int \sin^3 x\mathrm{d}x$；　　(3) $\int \cos^2 x\mathrm{d}x$.

解　(1) $\int \tan x\mathrm{d}x = \int \frac{\sin x}{\cos x}\mathrm{d}x = -\int \frac{1}{\cos x}\mathrm{d}(\cos x) = -\ln|\cos x| + C$；

(2) $\int \sin^3 x\mathrm{d}x = \int \sin^2 x\sin x\mathrm{d}x = -\int (1-\cos^2 x)\mathrm{d}(\cos x)$

$$= -\int \mathrm{d}(\cos x) + \int \cos^2 x\mathrm{d}(\cos x) = -\cos x + \frac{1}{3}\cos^3 x + C;$$

(3) $\int \cos^2 x\mathrm{d}x = \int \frac{1+\cos 2x}{2}\mathrm{d}x = \frac{1}{2}\int \mathrm{d}x + \frac{1}{4}\int \cos 2x\mathrm{d}(2x) = \frac{x}{2} + \frac{\sin 2x}{4} + C.$

例 5　计算下列不定积分.

(1) $\int \sin 3x\sin 5x\mathrm{d}x$；　　(2) $\int \sin^4 x\mathrm{d}x$.

解　(1) $\int \sin 3x\sin 5x\mathrm{d}x = -\frac{1}{2}\int (\cos 8x - \cos 2x)\mathrm{d}x$

$$=-\frac{1}{16}\int\cos 8x\mathrm{d}(8x)+\int\cos 2x\mathrm{d}(2x)$$

$$=-\frac{1}{16}\sin 8x+\frac{1}{4}\sin 2x+C.$$

(2) $\int\sin^4 x\mathrm{d}x=\int(\sin^2 x)^2\mathrm{d}x=\int\left(\frac{1-\cos 2x}{2}\right)^2\mathrm{d}x=\frac{1}{4}\int(1-2\cos 2x+\cos^2 2x)\mathrm{d}x$

$$=\frac{1}{4}\int\mathrm{d}x-\frac{1}{4}\int\cos 2x\mathrm{d}(2x)+\frac{1}{4}\int\frac{1+\cos 4x}{2}\mathrm{d}x$$

$$=\frac{1}{4}x-\frac{1}{4}\sin 2x+\frac{1}{8}\int\mathrm{d}x+\frac{1}{32}\int\cos 4x\mathrm{d}(4x)$$

$$=\frac{3}{8}x-\frac{1}{4}\sin 2x+\frac{1}{32}\sin 4x+C.$$

注： 本题利用的是三角恒等变形公式，如积化和差公式和倍角公式.

例 6 计算下列不定积分.

(1) $\int\frac{1}{a^2+x^2}\mathrm{d}x$；　　(2) $\int\frac{1}{\sqrt{4-x^2}}\mathrm{d}x$；　　(3) $\int\frac{1}{x(1+x)}\mathrm{d}x$.

解 (1) $\int\frac{1}{a^2+x^2}\mathrm{d}x=\int\frac{1}{a^2}\cdot\frac{1}{1+\left(\frac{x}{a}\right)^2}\mathrm{d}x=\frac{1}{a}\int\frac{1}{1+\left(\frac{x}{a}\right)^2}\mathrm{d}\left(\frac{x}{a}\right)=\frac{1}{a}\arctan\frac{x}{a}+C$；

(2) $\int\frac{1}{\sqrt{4-x^2}}\mathrm{d}x=\int\frac{1}{2}\cdot\frac{1}{\sqrt{1-\left(\frac{x}{2}\right)^2}}\mathrm{d}x=\int\frac{1}{\sqrt{1-\left(\frac{x}{2}\right)^2}}\mathrm{d}\left(\frac{x}{2}\right)=\arcsin\frac{x}{2}+C$；

(3) $\int\frac{1}{x(1+x)}\mathrm{d}x=\int\left(\frac{1}{x}-\frac{1}{1+x}\right)\mathrm{d}x=\int\frac{1}{x}\mathrm{d}x-\int\frac{1}{1+x}\mathrm{d}(1+x)=\ln|x|-\ln|1+x|+C$.

凑微分法在积分学中是经常采用的方法，这种方法的特点是“凑微分”，要掌握这种方法，需要熟记一些函数的微分公式.

下面列出一些常用的凑微分算式：

(1) $\mathrm{d}x=\frac{1}{a}\mathrm{d}(ax+b)$（$a,b$ 为常数且 $a\neq 0$）；　　(2) $x\mathrm{d}x=\frac{1}{2}\mathrm{d}(x^2)$；

(3) $\frac{1}{\sqrt{x}}\mathrm{d}x=2\mathrm{d}(\sqrt{x})$；　　(4) $\frac{1}{x^2}\mathrm{d}x=-\mathrm{d}\left(\frac{1}{x}\right)$；

(5) $\frac{1}{x}\mathrm{d}x=\mathrm{d}(\ln x)$；　　(6) $\mathrm{e}^x\mathrm{d}x=\mathrm{d}(\mathrm{e}^x)$；

(7) $\sin x\mathrm{d}x=-\mathrm{d}(\cos x)$；　　(8) $\cos\mathrm{d}x=\mathrm{d}(\sin x)$；

(9) $\sec^2 x\mathrm{d}x=\mathrm{d}(\tan x)$；　　(10) $\csc^2 x\mathrm{d}x=-\mathrm{d}(\cot x)$；

(11) $\frac{1}{\sqrt{1-x^2}}\mathrm{d}x=\mathrm{d}(\arcsin x)$；　　(12) $\frac{1}{1+x^2}\mathrm{d}x=\mathrm{d}(\arctan x)$.

3.3.2 第二类换元法

在第二类换元法中，是“引入一个新变量 t，将 x 表示为 t 的一个连续函数 $x=\varphi(t)$”，从而简化积分计算的. 还是先看下面一个引例.

引例 求 $\int\frac{\sqrt{x-1}}{x}\mathrm{d}x$.

分析：该题中被积函数含有根式$\sqrt{x-1}$，若引入一个新变量t代换$\sqrt{x-1}$，则被积函数中的根式可去掉. 即令$\sqrt{x-1}=t$，得出$x=t^2+1$，代入原式则将关于x的积分全部换为关于t的积分，使问题得解.

计算过程：令$\sqrt{x-1}=t$，则$x=t^2+1$，于是$\mathrm{d}x=2t\mathrm{d}t$. 则有

$$\int\frac{\sqrt{x-1}}{x}\mathrm{d}x\overset{\text{换元}}{=}\int\frac{t}{t^2+1}\cdot 2t\mathrm{d}t=2\int\frac{t^2}{t^2+1}\mathrm{d}t=2\int\frac{t^2+1-1}{t^2+1}\mathrm{d}t=2\int\left(1-\frac{1}{1+t^2}\right)\mathrm{d}t$$

$$\overset{\text{用公式}}{=}2(t-\arctan t)+C\overset{\text{变量还原}}{=}2(\sqrt{x-1}-\arctan\sqrt{x-1})+C.$$

第二类换元法常作如下描述：

$$\int f(x)\mathrm{d}x\overset{\text{令}x=\varphi(t)}{=}\int f[\varphi(t)]\cdot\varphi'(t)\mathrm{d}t$$
$$\overset{\text{用公式}}{=}F(t)+C$$
$$\underset{t=\varphi^{-1}(x)}{\overset{\text{变量还原}}{=}}F[\varphi^{-1}(x)]+C$$

例7 求$\int\frac{1}{1+\mathrm{e}^x}\mathrm{d}x$.

解 令$t=\mathrm{e}^x$，即$x=\ln t$，则$\mathrm{d}x=\mathrm{d}(\ln t)=\frac{1}{t}\mathrm{d}t$. 于是

$$\int\frac{1}{1+\mathrm{e}^x}\mathrm{d}x=\int\frac{1}{1+t}\cdot\frac{1}{t}\mathrm{d}t=\int\frac{1}{t(t+1)}\mathrm{d}t\overset{\text{恒等变形}}{=}\int\frac{(t+1)-t}{t(t+1)}\mathrm{d}t=\int\left(\frac{1}{t}-\frac{1}{t+1}\right)\mathrm{d}t$$

$$=\int\frac{1}{t}\mathrm{d}t-\int\frac{1}{t+1}\mathrm{d}(t+1)=\ln t-\ln|t+1|+C$$

$$\overset{\text{还原}}{=}\ln\mathrm{e}^x-\ln|\mathrm{e}^x+1|+C.$$

有些式子可利用“三角恒等式”进行化简，然后求出积分，此为**三角换元法**.

例8 求$\int\sqrt{4-x^2}\mathrm{d}x$.

解 为去掉根式$\sqrt{4-x^2}$，我们借助三角恒等式$1-\sin^2 t=\cos^2 t$（图3-2），于是可设$x=2\sin t$，则$\mathrm{d}x=2\cos t\mathrm{d}t$，则有

$$\int\sqrt{4-x^2}\mathrm{d}x=\int\sqrt{4-4\sin^2 t}\cdot 2\cos t\mathrm{d}t=\int 4\cos^2 t\mathrm{d}t$$

$$=2\int(1+\cos 2t)\mathrm{d}t=2\left(t+\frac{1}{2}\sin 2t\right)+C$$

$$=2(t+\sin t\cos t)+C$$

$$=2\left(\arcsin\frac{x}{2}+\frac{x}{2}\cdot\frac{\sqrt{4-x^2}}{2}\right)+C$$

$$=2\arcsin\frac{x}{2}+\frac{x}{2}\sqrt{4-x^2}+C.$$

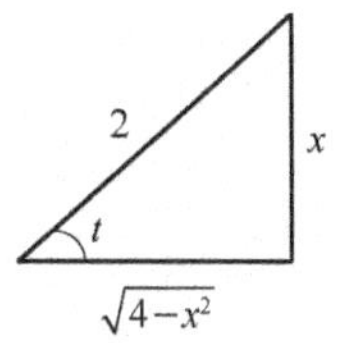

2 x t $\sqrt{4-x^2}$

图3-2

例9 求$\int\frac{1}{\sqrt{x^2+a^2}}\mathrm{d}x\quad(a>0)$.

解 为去掉根式$\sqrt{x^2+a^2}$，我们借助三角恒等式$1+\tan^2 t=\sec^2 t$（图3-3），于是可设$x=a\tan t$，则$\mathrm{d}x=a\sec^2 t\mathrm{d}t$，则有

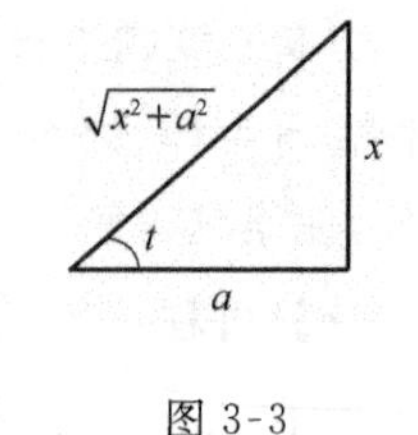

图 3-3

$$\int\frac{1}{\sqrt{x^2+a^2}}\mathrm{d}x=\int\frac{a\sec^2 t}{\sqrt{a^2\tan^2 t+a^2}}\mathrm{d}t=\int\sec t\mathrm{d}t$$
$$=\ln|\sec t+\tan t|+C$$
$$=\ln\left|\frac{\sqrt{x^2+a^2}}{a}+\frac{x}{a}\right|+C_1$$
$$=\ln\left|\sqrt{x^2+a^2}+x\right|+C\quad(C=C_1-\ln a).$$

例 10 求$\int\frac{1}{\sqrt{x^2-a^2}}\mathrm{d}x\quad(a>0)$.

解 为去掉根式$\sqrt{x^2-a^2}$,我们借助三角恒等式 $\tan^2 t=\sec^2 t-1$(图 3-4),于是可设 $x=a\sec t$,则 $\mathrm{d}x=a\sec t\cdot\tan t\mathrm{d}t$,则有

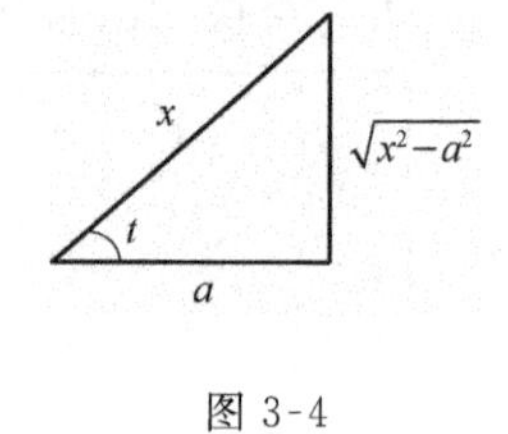

图 3-4

$$\int\frac{1}{\sqrt{x^2-a^2}}\mathrm{d}x=\int\frac{a\sec t\cdot\tan t}{\sqrt{a^2\sec^2 t-a^2}}\mathrm{d}t=\int\sec t\mathrm{d}t$$
$$=\ln|\sec t+\tan t|+C_1$$
$$=\ln\left|\frac{x}{a}+\frac{\sqrt{x^2-a^2}}{a}\right|+C_1$$
$$=\ln\left|x+\sqrt{x^2-a^2}\right|+C\quad(C=C_1-\ln a).$$

三角换元法归纳如下:

含形如$\sqrt{a^2-x^2}(a>0)$的根式,设 $x=a\sin t$;

含形如$\sqrt{x^2+a^2}(a>0)$的根式,设 $x=a\tan t$;

含形如$\sqrt{x^2-a^2}(a>0)$的根式,设 $x=a\sec t$.

习题 3.3

1. 利用凑微分法求下列不定积分.

(1) $\int(3x+2)^{20}\mathrm{d}x$;　　(2) $\int(3-2x)^{15}\mathrm{d}x$;

(3) $\int\frac{\mathrm{e}^{2x}-1}{\mathrm{e}^x}\mathrm{d}x$;　　(4) $\int\frac{\mathrm{e}^x}{\mathrm{e}^x+2}\mathrm{d}x$;

(5) $\int\mathrm{e}^x\cos\mathrm{e}^x\mathrm{d}x$;　　(6) $\int\frac{1}{\sqrt{x}}\sin\sqrt{x}\mathrm{d}x$;

(7) $\int\frac{1}{x^2}\cos\frac{1}{x}\mathrm{d}x$;　　(8) $\int\tan\frac{x}{2}\mathrm{d}x$;

(9) $\int\frac{\ln^2 x}{x}\mathrm{d}x$;　　(10) $\int\frac{\arctan x}{1+x^2}\mathrm{d}x$;

(11) $\int\frac{1}{\sqrt{4-9x^2}}\mathrm{d}x$;　　(12) $\int\frac{1}{4+9x^2}\mathrm{d}x$.

2. 利用第二类换元法求下列不定积分.

(1) $\int\frac{1}{1+\sqrt{2-x}}\mathrm{d}x$;　　(2) $\int\frac{\sqrt{x-1}}{x}\mathrm{d}x$;

(3) $\int \sqrt[3]{x-1}\mathrm{d}x$；　(4) $\int \frac{\sqrt{x}}{\sqrt{x}-1}\mathrm{d}x$；

(5) $\int \frac{1}{\sqrt{x^2+4}}\mathrm{d}x$；　(6) $\int \frac{1}{\sqrt{x^2-9}}\mathrm{d}x$.

3.4　不定积分分部法

【教学要求】　本节要求重点掌握求不定积分的另一种重要方法——分部法，它是求解一些复杂函数不定积分的一种有效方法，要求重点掌握 u 和 $\mathrm{d}v$ 的选取原则.

利用直接法和换元法可以求出许多函数的不定积分，但是有些不定积分利用这两种方法却很难解决，如$\int \ln x\mathrm{d}x$，$\int x\sin x\mathrm{d}x$ 等，为此我们研究另一种求不定积分的方法 —— 分部积分法.

1. 分部积分法

分部积分法一般用于解决被积函数含有“两个因式乘积”这类型的积分.

先看下面的引例.

引例　求$\int x\cdot\cos x\mathrm{d}x$.

分析：被积函数含有 x 和 $\cos x$ 的乘积，由乘积的导数公式入手，可得

$$(x\cdot\sin x)'=\sin x+x\cos x,$$

两端同时积分可得

$$x\cdot\sin x=\int\sin x\mathrm{d}x+\int x\cos x\mathrm{d}x,$$

移项得

$$\int x\cos x\mathrm{d}x=x\cdot\sin x-\int\sin x\mathrm{d}x.$$

左端为所求的不定积分.

上式表明，所求的不定积分可以转化为右端的两项，即将求$\int x\cdot\cos x\mathrm{d}x$ 这样的积分转化为求$\int\sin x\mathrm{d}x$ 的积分，这样很容易看出，前者不好求，后者直接用公式即可求解.

将上述例题推广至一般，即可得出分部积分公式.

2. 分部积分公式

应用两个**函数乘积的求导法则**可推出分部积分公式：

设 $u=u(x)$，$v=v(x)$都是 x 的可导函数，由乘积的微分法则，有

$$\mathrm{d}(u\cdot v)=u\mathrm{d}v+v\mathrm{d}u,$$

移项得

$$u\mathrm{d}v=\mathrm{d}(u\cdot v)-v\mathrm{d}u,$$

两边积分得

$$\int u\mathrm{d}v = \int \mathrm{d}(uv) - \int v\mathrm{d}u = uv - \int v\mathrm{d}u,$$

即

$$\int u\mathrm{d}v = uv - \int v\mathrm{d}u.$$

上式称为分部积分公式.

上述公式可以把比较难求的$\int u\mathrm{d}v$化为比较易求的$\int v\mathrm{d}u$的问题,达到化难为易的目的.

利用分部积分公式的**关键**在于如何适当选取u和$\mathrm{d}v$. 一般情况下,u和$\mathrm{d}v$的选取原则是:v容易求得且求$\int v\mathrm{d}u$比求$\int u\mathrm{d}v$容易.

分部积分法常用于被积函数是**两种不同类型函数乘积**的积分,如被积函数是幂函数与指数函数(或对数函数、三角函数、反三角函数等)的乘积,三角函数与指数函数的乘积等.

例 1 求$\int x\sin x\mathrm{d}x$.

解 被积函数是**幂函数与三角函数**的乘积,用分部积分法.

设$u=x$,$\mathrm{d}v=\sin x\mathrm{d}x=\mathrm{d}(-\cos x)$,于是$\mathrm{d}u=\mathrm{d}x$,$v=-\cos x$.

$$\begin{aligned}\int x\sin x\mathrm{d}x &= \int x\mathrm{d}(-\cos x) = x(-\cos x) - \int(-\cos x)\mathrm{d}x \\ &= -x\cos x + \int\cos x\mathrm{d}x = -x\cos x + \sin x + C.\end{aligned}$$

若选取$u=\sin x$,$\mathrm{d}v=x\mathrm{d}x$,则$\mathrm{d}u=\mathrm{d}(\sin x)$,$v=\left(\frac{x^2}{2}\right)$. 于是

$\int x\sin x\mathrm{d}x = \int\sin x\mathrm{d}\left(\frac{x^2}{2}\right) = \frac{x^2}{2}\sin x - \int\frac{x^2}{2}\mathrm{d}(\sin x)$(结果比原积分还难求解,不可取).

例 2 求不定积分$\int x\mathrm{e}^{-x}\mathrm{d}x$.

解 被积函数是**幂函数与指数函数**的乘积,用分部积分法.

设$u=x$,$\mathrm{d}v=\mathrm{e}^{-x}\mathrm{d}x=\mathrm{d}(-\mathrm{e}^{-x})$,则$\mathrm{d}u=\mathrm{d}x$,$v=-\mathrm{e}^{-x}$. 于是

$$\begin{aligned}\int x\mathrm{e}^{-x}\mathrm{d}x &= \int x\mathrm{d}(-\mathrm{e}^{-x}) = -x\mathrm{e}^{-x} + \int\mathrm{e}^{-x}\mathrm{d}x = -x\mathrm{e}^{-x} - \int\mathrm{e}^{-x}\mathrm{d}(-x) \\ &= -x\mathrm{e}^{-x} - \mathrm{e}^{-x} + C.\end{aligned}$$

例 3 求不定积分$\int x^2\ln x\mathrm{d}x$.

解 被积函数是**幂函数与对数函数**的乘积,用分部积分法.

设$u=\ln x$,$\mathrm{d}v=x^2\mathrm{d}x=\mathrm{d}\left(\frac{x^3}{3}\right)$,于是

$$\begin{aligned}\int x^2\ln x\mathrm{d}x &= \int\ln x\mathrm{d}\left(\frac{x^3}{3}\right) = \frac{x^3}{3}\ln x - \int\frac{x^3}{3}\mathrm{d}(\ln x) \\ &= \frac{x^3}{3}\ln x - \int\frac{x^3}{3}\cdot\frac{1}{x}\mathrm{d}x = \frac{x^3}{3}\ln x - \int\frac{x^2}{3}\mathrm{d}x = \frac{x^3}{3}\ln x - \frac{x^3}{9} + C.\end{aligned}$$

例 4 求不定积分$\int x\arctan x\mathrm{d}x$.

解 被积函数是**幂函数与反三角函数**的乘积,用分部积分法.

设$u=\arctan x$,$\mathrm{d}v=x\mathrm{d}x=\mathrm{d}\left(\frac{x^2}{2}\right)$,于是

$$\begin{aligned}\int x\arctan x\mathrm{d}x &= \int\arctan x\mathrm{d}\left(\frac{x^2}{2}\right)\\ &= \frac{x^2}{2}\arctan x-\int\frac{x^2}{2}\mathrm{d}(\arctan x) = \frac{x^2}{2}\arctan x-\frac{1}{2}\int x^2\,\frac{1}{1+x^2}\mathrm{d}x\\ &= \frac{x^2}{2}\arctan x-\frac{1}{2}\int\frac{1+x^2-1}{1+x^2}\mathrm{d}x = \frac{x^2}{2}\arctan x-\frac{1}{2}\left[\int\left(1-\frac{1}{1+x^2}\right)\mathrm{d}x\right]\\ &= \frac{x^2}{2}\arctan x-\frac{1}{2}x+\frac{1}{2}\arctan x+C\\ &= \frac{1}{2}(x^2+1)\arctan x-\frac{1}{2}x+C.\end{aligned}$$

例 5　求不定积分$\int e^x\cos x\mathrm{d}x$.

解　被积函数是**指数函数与三角函数**的乘积,用分部积分法.

$$\begin{aligned}\int e^x\cos x\mathrm{d}x &= \int\cos x\mathrm{d}(e^x) = e^x\cos x+\int e^x\sin x\mathrm{d}x = e^x\cos x+\int\sin x\mathrm{d}(e^x)\\ &= e^x\cos x+e^x\sin x-\int e^x\cos x\mathrm{d}x,\end{aligned}$$

移项合并同类项后再两端除以 2,得

$$\int e^x\cos x\mathrm{d}x = \frac{1}{2}e^x(\cos x+\sin x)+C.$$

特别说明:当被积函数是**三角函数与指数函数**的乘积时,其优先顺序是一致的,选谁当 u 都是一样的.

此外,可以通过一个口诀来选取 u:被积函数按照"**反、对、幂、三、指**"顺序选取 u.

要学会灵活运用三种积分法求解不同类型的积分,同时还应该注意到,某些不定积分的求解需要将几种积分方法结合在一起应用,才能奏效.

习题 3.4

利用分部法求下列不定积分.

(1) $\int xe^x\,\mathrm{d}x$;

(2) $\int x\sin x\mathrm{d}x$;

(3) $\int x^2\cos x\mathrm{d}x$;

(4) $\int\sqrt{x}\,\ln x\mathrm{d}x$;

(5) $\int\arctan x\mathrm{d}x$;

(6) $\int\ln(1+x^2)\mathrm{d}x$;

(7) $\int\arcsin x\mathrm{d}x$;

(8) $\int x^2\ln x\mathrm{d}x$;

(9) $\int x\arccos x\mathrm{d}x$;

(10) $\int e^x\cos x\mathrm{d}x$.

综合练习三

1. 填空题

(1) 设 $f(x)$的一个原函数是 $\sin x$, 则 $f'(x)=$__________________;

(2) 设函数 $f(x)=2^x+x^2$,则$\int f'(x)\mathrm{d}x=$ ________;

(3) 设函数 $\int f(x)\,\mathrm{d}x=x\ln x-x+C$,则 $f(x)=$ ________;

(4) 设 $F'(x)=f(x)$,则$\int\frac{f(\ln 3x)}{x}\mathrm{d}x=$ ________;

(5) 设 e^{-x} 是 $f(x)$的一个原函数,则$\int f(x)\mathrm{d}x=$ ________,$\int f'(x)\mathrm{d}x=$ ________,$\int \mathrm{e}^x f'(x)\mathrm{d}x=$ ________.

2. 单选题

(1) 设 $f(x)$的一个原函数是 e^{-2x},则 $f(x)=$(　　).

A. e^{-2x}　　B. $-2\mathrm{e}^{-2x}$　　C. $4\mathrm{e}^{-2x}$　　D. $-4\mathrm{e}^{-2x}$

(2) 设 $f(x)$的一个原函数为 $\ln x$,则 $f'(x)=$(　　).

A. $\frac{1}{x}$　　B. $x\ln x$　　C. $-\frac{1}{x^2}$　　D. e^x

(3) 设 $\int f(x)\mathrm{d}x=F(x)+C$,则$\int \mathrm{e}^{-x}f(\mathrm{e}^{-x})\mathrm{d}x=$(　　).

A. $F(\mathrm{e}^x)+C$　　B. $F(\mathrm{e}^{-x})+C$　　C. $-F(\mathrm{e}^x)+C$　　D. $-F(\mathrm{e}^{-x})+C$

(4) 设函数 $f(x)$的导数是a^x,则 $f(x)$的全体原函数是(　　).

A. $\frac{a^x}{\ln a}+C$　　B. $\frac{a^x}{\ln^2 a}+C$

C. $a^x\ln^2 a+C_1x+C_2$　　D. $\frac{a^x}{\ln^2 a}+C_1x+C_2$

(5) 设函数 $f(x)$ 的原函数为 $F(x)$,则$\int\frac{1}{x^2}f\left(\frac{1}{x}\right)\mathrm{d}x=$(　　).

A. $-F\left(\frac{1}{x}\right)+C$　　B. $F(x)+C$　　C. $F\left(\frac{1}{x}\right)+C$　　D. $f\left(\frac{1}{x}\right)+C$

3. 计算下列不定积分.

(1) $\int\frac{1}{x^2}\cos\frac{1}{x}\mathrm{d}x$;　　(2) $\int\frac{x\mathrm{d}x}{\sqrt{2-3x^2}}$;

(3) $\int\frac{\mathrm{d}x}{\mathrm{e}^x+\mathrm{e}^{-x}}$;　　(4) $\int\frac{\mathrm{d}x}{1-\mathrm{e}^x}$;

(5) $\int\cos^3 x\mathrm{d}x$;　　(6) $\int\sin 2x\cos 3x\mathrm{d}x$;

(7) $\int\frac{\mathrm{d}x}{1+\sqrt[3]{x+1}}$;　　(8) $\int\frac{\mathrm{d}x}{\sqrt[4]{x}+\sqrt{x}}$;

(9) $\int\ln(1+x^2)\mathrm{d}x$;　　(10) $\int x\tan^2 x\mathrm{d}x$.

4. 用适当方法求下列不定积分.

(1) $\int\cos\sqrt{x}\mathrm{d}x$;　　(2) $\int\mathrm{e}^{\sqrt{x}}\mathrm{d}x$;

(3) $\int\frac{1}{\sqrt{x}(1+x)}\mathrm{d}x$;　　(4) $\int\arctan\sqrt{x}\mathrm{d}x$;

(5) $\int\frac{\mathrm{d}x}{\mathrm{e}^{\frac{x}{2}}+\mathrm{e}^x}$;　　(6) $\int\frac{\mathrm{d}x}{\sqrt{1+\mathrm{e}^x}}$.

5. 设$\int xf(x)\mathrm{d}x=\arcsin x+C$,求$\int\frac{\mathrm{d}x}{f(x)}$.

6. 设 $f(x)$的一个原函数是 $x\ln x-2$,求 $f(x)$.

7. 已知$\frac{\sin x}{x}$是 $f(x)$ 的原函数,求$\int xf'(x)\mathrm{d}x$.

8. 已知质点在时刻 t 的速度为 $v=3t+2$,且 $t=0$ 时位移 $s=5$,求质点运动方程.

9. 已知曲线在任一点 x 处的切线斜率为$\frac{1}{2\sqrt{x}}$,且曲线过点(9,5),求曲线方程 $y=f(x)$.

10. 已知曲线在任一点 x 处的切线斜率与 x^3 成正比,且曲线过点(1,6)和(2,−9),求曲线方程 $y=f(x)$.

提高题三

一、填空题(本题共 30 分,每小题 3 分)

1. 函数 $y_1=(\mathrm{e}^x+\mathrm{e}^{-x})^2$ 与 $y_2=(\mathrm{e}^x-\mathrm{e}^{-x})^2$ ________(是/否)同一函数的原函数,因为________.

2. 设 $f(x)=x\sin x^2$,则 $f(x)$的一个原函数为____________.

3. 设 $\mathrm{e}^x+\sin x$ 是 $f(x)$的一个原函数,则 $f'(x)=$____________.

4. 设$\int f(x)\mathrm{d}x=\frac{1}{1+x^2}+C$,则 $f(x)=$ ____________.

5. 积分曲线簇 $y=\int\sin x\mathrm{d}x$ 的一条通过点(0,1)的积分曲线为____________.

6. $\int\frac{\mathrm{d}x}{\mathrm{e}^x+\mathrm{e}^{-x}}\mathrm{d}x=$ ____________________.

7. $\int\frac{1}{x\sqrt{x^2-1}}\mathrm{d}x=$ ____________________.

8. $\int\mathrm{e}^{f(x)}f'(x)\mathrm{d}x=$ ____________________.

9. $\int\frac{\sin x\cos x}{1+\sin^4 x}\mathrm{d}x=$ ____________________.

10. 一曲线过点(e^2,3),且在任一点处切线斜率等于该点横坐标的倒数,则该曲线方程为__________.

二、计算题(本题共 40 分,每小题 8 分)

1. 求不定积分$\int\frac{x^4}{1+x^2}\mathrm{d}x$.

2. 求不定积分$\int\frac{\mathrm{e}^x}{\sqrt{\mathrm{e}^x+1}}\mathrm{d}x$.

3. 计算$\int\cos(\ln x)\mathrm{d}x$.

4. 设函数 $f(x)$ 的一个原函数为$\frac{\tan x}{x}$,求$\int xf'(x)\mathrm{d}x$.

5. 计算$\int\frac{6^x}{9^x-4^x}\mathrm{d}x$.

三、求解下列不定积分(本题共 30 分,每小题 15 分)

1. 求不定积分$\int\frac{\ln\tan x}{\cos x\sin x}\mathrm{d}x$.

2. 求一个函数 $f(x)$,满足 $f'(x)=\frac{1}{\sqrt{1+x}}$,且 $f(0)=1$.

第4章　定积分及应用

【导学】 定积分和不定积分是积分学中密切相关的两个基本概念,定积分在自然科学和实际问题中有着广泛的应用. 本章将从实例出发介绍定积分的概念、性质和微积分基本定理,最后讨论定积分在几何上、物理上的一些简单应用.

4.1　定积分的概念及性质

【教学要求】 本节要求理解定积分概念,掌握定积分的基本思想和基本性质.

4.1.1　认识定积分

引例1　曲边梯形的面积

在初等数学中,我们已经学会了计算多边形和圆的面积,而对于任意曲边所围成的平面图形的面积,我们只有借助于前面所学的极限的思想才能得到比较完满的解决.

所谓曲边梯形,是指在直角坐标系下,由闭区间$[a,b]$上的连续曲线$y=f(x)\geqslant 0$,直线$x=a$,$x=b$与x轴所围成的平面图形$AabB$,如图4-1所示.

下面来讨论如何计算曲边梯形的面积.

解决这个问题的困难之处在于,曲边梯形的上部边界是一条曲线,而在初等数学中,我们只会求如矩形面积、三角形面积、梯形面积等. 如图4-2所示,若把曲边梯形分割成许多细小的曲边梯形,然后用易求的矩形面积近似代替小曲边梯形的面积,则大曲边梯形的面积的近似值就是所有小矩形的面积之和. 显然,分割得越细,小曲边梯形的宽度越小,小矩形和小曲边梯形的近似程度就越高,误差就越小. 当所有的小曲边梯形的宽度都趋于零时,则所有小矩形面积之和的极限值就是这个大曲边梯形面积的精确值了.

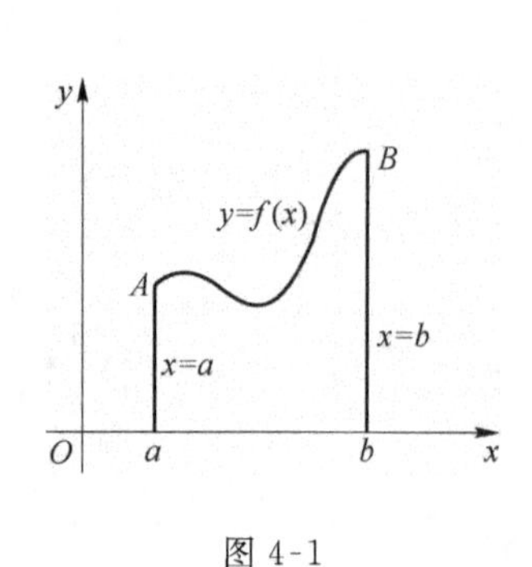

图4-1

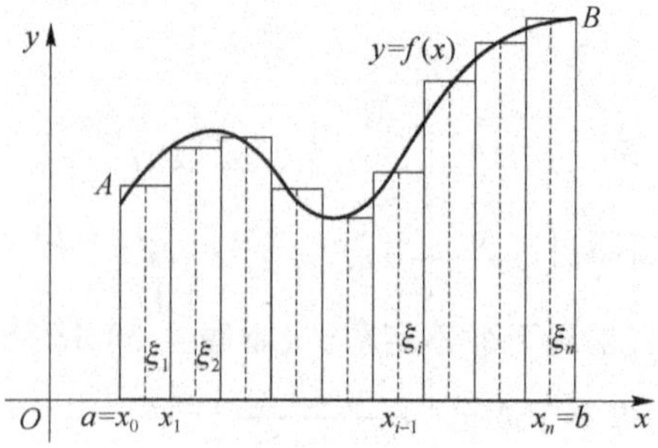

图4-2

按照上述思路,计算曲边梯形的面积一般要经过“**分割—取近似—求和—取极限**”这四个步骤来完成.

(1) **分割**:把曲边梯形分割成 n 个小曲边梯形.

如图 4-2 所示,在区间$[a,b]$内任意插入 $n-1$ 个分点,

$$a=x_0<x_1<x_2<\cdots<x_{i-1}<x_i<x_{i+1}<\cdots<x_{n-1}<x_n=b,$$

即把区间$[a,b]$分成 n 个小区间,

$$[x_{i-1},\ x_i]\quad (i=1,2,\cdots,n),$$

每个小区间的长度记为

$$\Delta x_i=x_i-x_{i-1}\quad (i=1,2,\cdots,n).$$

过每个分点作平行 y 轴的直线,则把整个曲边梯形分成了 n 个小曲边梯形,其面积分别记为 $\Delta A_i(i=1,2,\cdots,n)$,则大曲边梯形的面积为

$$A=\Delta A_1+\Delta A_2+\cdots+\Delta A_n.$$

(2) **取近似**:用小矩形的面积近似代替小曲边梯形的面积.

在每个小区间上任取一点 $\xi_i\in[x_{i-1},x_i](i=1,2,\cdots,n)$,如图 4-2 所示.则以 $\Delta x_i=x_i-x_{i-1}$为底,以 $f(\xi_i)$为高的小矩形面积就可以近似地代替小曲边梯形的面积 ΔA_i,即

$$\Delta A_i\approx f(\xi_i)\Delta x_i\quad (i=1,2,\cdots,n).$$

(3) **求和**:用小矩形面积的和近似代替大曲边梯形的面积.

即

$$\begin{aligned}A&\approx \Delta A_1+\Delta A_2+\cdots+\Delta A_n\\&\approx f(\xi_1)\Delta x_1+f(\xi_2)\Delta x_2+\cdots+f(\xi_n)\Delta x_n\\&=\sum_{i=1}^{n}f(\xi_i)\Delta x_i.\end{aligned}$$

(4) **取极限**:求出曲边梯形面积的精确值.

当分割越来越细的时候,每个小曲边梯形的宽度都趋近于 0.为了便于描述,取小区间宽度的最大值$\lambda=\max\limits_{1\leqslant i\leqslant n}\{\Delta x_i\}$趋于 0 时,如果和式$\sum\limits_{i=1}^{n}f(\xi_i)\Delta x_i$的极限存在,则极限值就是曲边梯形面积的精确值,即

$$A=\lim_{\lambda\to 0}\sum_{i=1}^{n}f(\xi_i)\Delta x_i.$$

引例 2　变速直线运动的路程

设一物体作直线运动,已知速度 $v=v(t)$是时间间隔$[T_1,T_2]$上的一个连续函数,且 $v(t)\geqslant 0$,求物体在这段时间内所经过的路程 s.

如果物体作匀速直线运动,则路程 $s=v\times(T_2-T_1)$. 对于变速直线运动,由于每一时刻速度都是变化的,因此不能按上述公式求路程.但仍可以采用求曲边梯形面积的方法“**分割—取近似—求和—取极限**”来解决这个问题.

(1) **分割**:在时间间隔$[T_1,T_2]$内任意插入 $n-1$ 个分点,

$$T_1=t_0<t_1<t_2<\cdots<t_{i-1}<t_i<t_{i+1}<\cdots<t_{n-1}<t_n=T_2,$$

将$[T_1,T_2]$分成了 n 个小区间

$$[t_{i-1},t_i]\quad (i=1,2,\cdots,n),$$

每个小区间的长度记为

$$\Delta t_i = t_i - t_{i-1} \quad (i=1,2,\cdots,n),$$

设在$[t_{i-1},t_i]$内物体经过的路程为Δs_i,则

$$s=\Delta s_1+\Delta s_2+\cdots+\Delta s_n.$$

(2) **取近似**:由于在小区间$[t_{i-1},t_i]$上的时间间隔很小,于是可以把每个小时间段上的运动近似看成是匀速的(以常量代变量),任取一个时刻$\tau_i \in [t_{i-1},t_i]$,以τ_i时刻的速度$v(\tau_i)$代替$[t_{i-1},t_i]$上各个时刻的速度,则

$$\Delta s_i \approx v(\tau_i)\Delta t_i \quad (i=1,2,\cdots,n).$$

(3) **求和**:

$$s=\sum_{i=1}^{n}\Delta s_i \approx \sum_{i=1}^{n} v(\tau_i)\Delta t_i.$$

(4) **取极限**:当小时间间隔的最大值$\lambda=\max\limits_{1\leqslant i\leqslant n}\{\Delta t_i\}$趋近于0时,取和式的极限,若该极限存在,则极限值就是物体在这段时间内所经过的路程s,即

$$s=\lim_{\lambda\to 0}\sum_{i=1}^{n} v(\tau_i)\Delta t_i.$$

从上面两个引例可以看到,无论计算曲边梯形的面积还是变速直线运动的路程,尽管它们的实际意义并不相同,但是解决问题的思路、方法和计算步骤却是相同的,即采用"**分割—取近似—求和—取极限**"的方法,最后都归结为具有同一结构的和式极限问题.抛开这些实际问题的具体意义,只考虑定义在区间$[a,b]$的函数$f(x)$,抓住它们数量关系上的共同本质特征,从数学的结构加以研究,就可以抽象出定积分的定义.

4.1.2 定积分的定义

1. 定积分的定义

定义1 设函数$f(x)$在$[a,b]$上连续,任取分点

$$a=x_0<x_1<x_2<\cdots<x_{i-1}<x_i<x_{i+1}<\cdots<x_{n-1}<x_n=b,$$

把区间$[a,b]$分割成n个小区间$[x_{i-1},\ x_i]$$(i=1,2,\cdots,n)$,其长度记为

$$\Delta x_i=x_i-x_{i-1},$$

在每个小区间$[x_{i-1},\ x_i]$上任取一点$\xi_i(x_{i-1}\leqslant\xi_i\leqslant x_i)$,做乘积

$$f(\xi_i)\Delta x_i(i=1,2,\cdots,n),$$

把所有这些乘积加起来,得和式

$$\sum_{i=1}^{n} f(\xi_i)\Delta x_i.$$

记$\lambda=\max\limits_{1\leqslant i\leqslant n}\{\Delta x_i\}$,若极限$\lim\limits_{\lambda\to 0}\sum\limits_{i=1}^{n} f(\xi_i)\Delta x_i$存在,则称函数$f(x)$在区间$[a,b]$上**可积**,并称此极限值为$f(x)$在$[a,b]$上的**定积分**,记作$\int_a^b f(x)\mathrm{d}x$,即

$$\int_a^b f(x)\mathrm{d}x=\lim_{\lambda\to 0}\sum_{i=1}^{n} f(\xi_i)\Delta x_i,$$

其中称$\int$为**积分号**,$f(x)$为**被积函数**,$f(x)\mathrm{d}x$为**被积表达式**,x为**积分变量**,$[a,b]$为**积分区间**,a,b分别称为**积分下限**和**积分上限**.

根据定积分的定义,上面两个引例都可以表示为定积分.

(1) 曲边梯形的面积 A 是曲线 $y=f(x)\geqslant 0$ 在闭区间$[a,b]$上的定积分，

$$A=\int_a^b f(x)\mathrm{d}x.$$

(2) 变速直线运动的物体所走过的路程 S，等于速度函数 $v=v(t)\geqslant 0$ 在时间间隔$[T_1,T_2]$上的定积分，

$$S=\int_{T_1}^{T_2} v(t)\mathrm{d}t.$$

2. 关于定积分定义的几点说明

(1) 闭区间上的连续函数是可积的，闭区间上只有有限个间断点的有界函数也是可积的.

(2) 定积分是一个确定的常数，它取决于被积函数 $f(x)$和积分区间$[a,b]$，而与积分变量使用什么符号表示无关，即

$$\int_a^b f(x)\mathrm{d}x=\int_a^b f(t)\mathrm{d}t=\int_a^b f(u)\mathrm{d}u.$$

(3) 在定积分定义中，有 $a<b$，为今后计算方便，我们规定：

$$\int_a^b f(x)\mathrm{d}x=-\int_b^a f(x)\mathrm{d}x,$$

容易得到 $\int_a^a f(x)\mathrm{d}x=0$.

4.1.3　定积分的几何意义

由定积分的定义以及引例1可知，曲边梯形的面积就是 $f(x)$在区间$[a,b]$上的定积分. 易知定积分有如下几何意义：

(1) 在闭区间$[a,b]$上，若函数 $f(x)\geqslant 0$，则定积分$\int_a^b f(x)\mathrm{d}x$ 在几何上表示由曲线 $y=f(x)$，直线 $x=a$，$x=b$ 与 x 轴所围成的曲边梯形的面积 A，即$\int_a^b f(x)\mathrm{d}x=A$；

(2) 在闭区间$[a,b]$上，若函数 $f(x)\leqslant 0$，则定积分$\int_a^b f(x)\mathrm{d}x$ 在几何上表示由曲线 $y=f(x)$，直线 $x=a$，$x=b$ 与 x 轴所围成的曲边梯形面积 A 的负值，即$\int_a^b f(x)\mathrm{d}x=-A$；

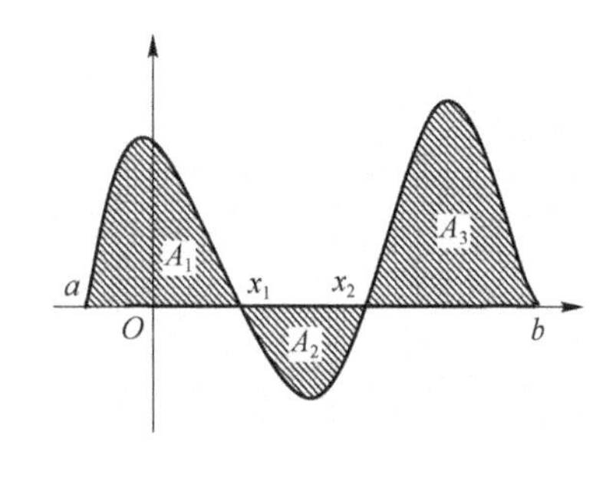

图 4-3

(3) 若在$[a,b]$上 $f(x)$ 的值有正也有负，如图 4-3 所示，则定积分$\int_a^b f(x)\mathrm{d}x$ 表示介于 x 轴、曲线 $y=f(x)$ 及直线 $x=a$，$x=b$ 之间各部分面积的代数和. 即在 x 轴上方的图形面积减去 x 轴下方的图形面积：$\int_a^b f(x)\mathrm{d}x=A_1-A_2+A_3$.

总之，定积分 $\int_a^b f(x)\mathrm{d}x$ 在各种各样实际问题中所代表的实际意义尽管不同，但它的数值在几何上都可用曲边梯形面积的代数和来表示. 这就是定积分的几何意义.

例 1　利用定积分的几何意义，证明$\int_0^1 \sqrt{1-x^2}\mathrm{d}x=\frac{\pi}{4}$.

解　画出被积函数 $y=\sqrt{1-x^2}$在区间$[0,1]$上的图形，如图 4-4 所示.

由图 4-4 可看出,在区间[0,1]上,由曲线 $y=\sqrt{1-x^2}$,x 轴,y 轴所围成的曲边梯形是$\frac{1}{4}$单位圆,而单位圆的面积 $A=\pi$,所以,由定积分的几何意义可得

$$\int_0^1 \sqrt{1-x^2}\,dx=\frac{\pi}{4}.$$

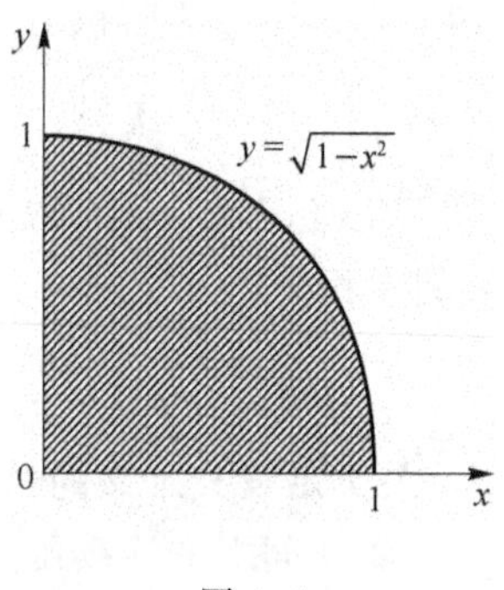

图 4-4

4.1.4　定积分的性质

由定积分的定义直接求定积分的值,往往比较复杂,但易推证定积分具有下述性质,假设以下性质中所有的函数都是可积的.

性质 1　$\int_a^b k\,dx=k(b-a)$(k 为常数);

性质 2　$\int_a^b kf(x)\,dx=k\int_a^b f(x)\,dx$($k$ 为常数);

性质 3　$\int_a^b [f(x)+g(x)]\,dx=\int_a^b f(x)\,dx+\int_a^b g(x)\,dx$;

性质 4(积分的可加性)　设 a,b,c 为常数,对任意点 c,有

$$\int_a^b f(x)\,dx=\int_a^c f(x)\,dx+\int_c^b f(x)\,dx.$$

注意,c 的任意性意味着不论 c 在区间$[a,b]$之内,还是 c 在区间$[a,b]$之外,这一性质均成立. 它的几何意义如图 4-5 所示.

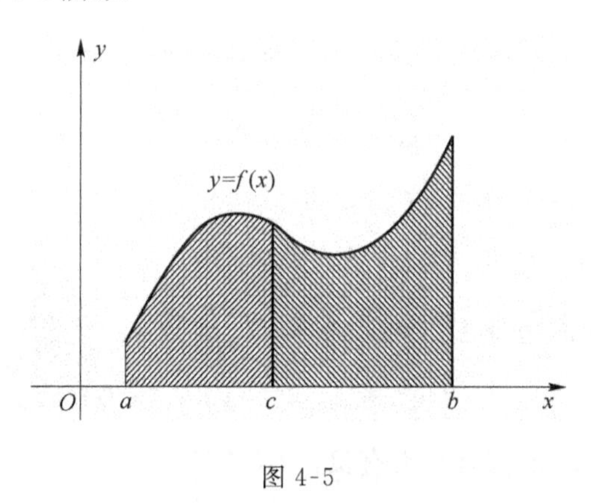

图 4-5

习题 4.1

1. 简述定积分的几何意义,并用图说明之.
2. 根据定积分的几何意义,判断下列定积分的值是正还是负.

(1) $\int_2^4 x\,dx$;　　　　(2) $\int_{-\frac{\pi}{2}}^0 \sin x\,dx$.

3. 比较下列定积分的大小(不用计算数值).

(1) $\int_1^2 (\ln x)^2 \mathrm{d}x$ 与 $\int_1^2 (\ln x)^3 \mathrm{d}x$；

(2) $\int_0^1 \ln(1+x)\mathrm{d}x$ 与 $\int_0^1 \frac{x}{1+x}\mathrm{d}x$.

4. 用几何图形说明下列各式是否正确.

(1) $\int_0^{\pi} \cos x \mathrm{d}x > 0$；　　(2) $\int_0^a \sqrt{a^2-x^2}\mathrm{d}x = \frac{\pi a^2}{4}$.

5. 利用定积分的几何意义判断下列定积分的值.

(1) $\int_0^{2\pi} \sin x \mathrm{d}x$；　　(2) $\int_{-1}^1 |x| \mathrm{d}x$.

4.2 微积分基本定理

【教学要求】 本节通过揭示导数与定积分的关系，引出计算定积分的基本公式(牛顿-莱布尼茨公式)，把求定积分的问题转化为求被积函数原函数问题，从而可把求不定积分的方法移植到求定积分的方法中来.

4.2.1 变上限定积分

我们知道，定积分 $\int_a^b f(t)\mathrm{d}t$ $(f(t) \geqslant 0)$ 在几何上表示为曲线 $y = f(t)$ 在区间 $[a,b]$ 上的曲边梯形的面积(如图 4-6 所示)，若 x 是区间 $[a,b]$ 上任意一点，则定积分 $\int_a^x f(t)\mathrm{d}t$ 表示为曲线 $y = f(t)$ 在部分区间 $[a,x]$ 上的面积（图 4-6 中阴影部分的面积)，当 x 在区间 $[a,b]$ 上变化时，阴影部分面积也随之变化. 即 $\Phi(x) = \int_a^x f(t)\mathrm{d}t$ 在变化.

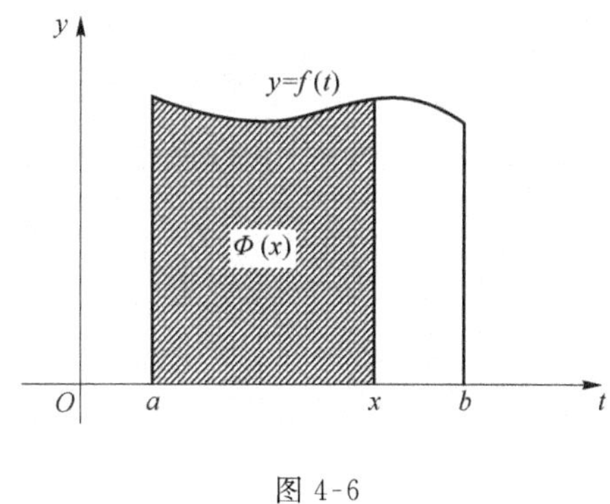

图 4-6

对 x 的每一个取值，该定积分都有一个确定的值与之对应，因此 $\int_a^x f(t)\mathrm{d}t$ 是关于积分上限 x 的函数.

定义 1　设函数 $f(x)$ 在区间 $[a,b]$ 上连续，$x \in [a,b]$，则定积分 $\int_a^x f(x)\mathrm{d}x$ 存在，x 即表示积分变量，又表示积分上限，为区别起见，把积分变量换成字母 t，于是改写作

$$\int_a^x f(t)\mathrm{d}t,\ x \in [a,b].$$

我们把它称为**变上限定积分**，也称**积分上限函数**，记为

$$\Phi(x) = \int_a^x f(t)\mathrm{d}t,\ x \in [a,b].$$

函数 $\Phi(x)$ 具有如下重要性质.

定理 1　若函数 $f(x)$ 在区间 $[a,b]$ 上连续，则积分上限函数 $\Phi(x) = \int_a^x f(t)\mathrm{d}t$ 在区间 $[a,$

$b]$ 上可导，且导数为

$$\Phi'(x) = \frac{\mathrm{d}}{\mathrm{d}x}\int_a^x f(t)\mathrm{d}t = f(x).$$

（证明略）.

由定理1可知，如果函数 $f(x)$ 在区间 $[a,b]$ 上连续，则函数 $\Phi(x)=\int_a^x f(t)\mathrm{d}t$ 就是 $f(x)$ 在区间 $[a,b]$ 上的一个原函数. 我们有如下结论.

定理 2（原函数存在定理） 若函数 $f(x)$ 在区间 $[a,b]$ 上连续，则它的原函数一定存在，且其中的一个原函数为

$$\Phi(x)=\int_a^x f(t)\mathrm{d}t.$$

注： 这个定理一方面肯定了闭区间 $[a,b]$ 上连续函数 $f(x)$ 一定有原函数问题，另一方面初步揭示了积分学中的定积分与原函数之间的联系，为下一步研究微积分基本公式奠定了基础.

例 1 求下列函数 $\Phi(x)$ 的导数.

(1) $\Phi(x)=\int_1^x \sqrt{1+t^2}\,\mathrm{d}t$；　　(2) $\Phi(x)=\int_x^3 \frac{2t}{3+t^2}\mathrm{d}t$.

解 (1) 由定理 1 可得，

$$\Phi'(x)=\left(\int_1^x \sqrt{1+t^2}\,\mathrm{d}t\right)' = \sqrt{1+x^2}.$$

(2) 此题属于积分上限函数求导问题，故需要先交换积分上、下限，再求导，

$$\Phi(x)=\int_x^3 \frac{2t}{3+t^2}\mathrm{d}t = -\int_3^x \frac{2t}{3+t^2}\mathrm{d}t$$

所以，$\Phi'(x)=\left(-\int_3^x \frac{2t}{3+t^2}\mathrm{d}t\right)' = -\frac{2x}{3+x^2}$.

例 2 已知 $\Phi(x)=\int_3^x \mathrm{e}^{t^2}\,\mathrm{d}t$，求 $\Phi'(x)$、$\Phi'(0)$.

解 因为 $\Phi'(x)=\left(\int_3^x \mathrm{e}^{t^2}\,\mathrm{d}t\right)' = \mathrm{e}^{x^2}$，所以 $\Phi'(0)=\mathrm{e}^{0^2}=1$.

4.2.2 微积分基本公式

定理 3 若函数 $f(x)$ 在区间 $[a,b]$ 上连续，且函数 $F(x)$ 是 $f(x)$ 在 $[a,b]$ 上的一个原函数，即 $F'(x)=f(x)$，则有

$$\int_a^b f(x)\mathrm{d}x = F(x)\Big|_a^b = F(b)-F(a).$$

上式称为**牛顿-莱布尼茨(Newton-Leibniz)公式**，又称为**微积分基本公式**.

公式表明一个连续函数在区间 $[a,b]$ 上的定积分等于它的一个原函数在区间 $[a,b]$ 上的增量.

定理 3 揭示了定积分与被积函数的原函数之间的内在联系，它把求定积分问题转化为求原函数（或不定积分）的问题，从而给定积分计算找到一条捷径，即要求连续函数 $f(x)$ 在 $[a,b]$ 上的定积分，只需求出 $f(x)$ 在区间 $[a,b]$ 上的一个原函数 $F(x)$，然后计算 $F(b)-F(a)$ 就可以了.

注： 在使用牛顿-莱布尼茨公式的时候，一定要注意被积函数 $f(x)$ 在积分区间 $[a,b]$ 上连

续这个条件.

例 3　求$\int_1^2 x^2\mathrm{d}x$.

解　因为$\left(\frac{1}{3}x^3\right)' = x^2$,所以,$\frac{1}{3}x^3$为$x^2$的一个原函数,由牛顿-莱布尼茨公式可得

$$\int_1^2 x^2\mathrm{d}x = \frac{1}{3}x^3\Big|_1^2 = \frac{1}{3}\times 2^3 - \frac{1}{3}\times 1^3 = \frac{7}{3}.$$

例 4　求$\int_{-1}^1 \frac{\mathrm{e}^x}{1+\mathrm{e}^x}\mathrm{d}x$.

解　先用凑微分法化简得

$$\int_{-1}^1 \frac{\mathrm{e}^x}{1+\mathrm{e}^x}\mathrm{d}x = \int_{-1}^1 \frac{1}{1+\mathrm{e}^x}\mathrm{d}(1+\mathrm{e}^x).$$

再由牛顿-莱布尼茨公式可得

$$\text{原式} = \int_{-1}^1 \frac{1}{1+\mathrm{e}^x}\mathrm{d}(1+\mathrm{e}^x) = \ln(1+\mathrm{e}^x)\Big|_{-1}^1 = \ln(1+\mathrm{e}) - \ln(1+\mathrm{e}^{-1}) = 1.$$

例 5　求$\int_0^4 |x-2|\mathrm{d}x$.

解　先去掉绝对值符号,$|x-2| = \begin{cases} 2-x, & 0\leqslant x\leqslant 2 \\ x-2, & 2<x\leqslant 4 \end{cases}$,再由定积分的可加性、牛顿-莱布尼茨公式可得

$$\begin{aligned}\int_0^4 |x-2|\mathrm{d}x &= \int_0^2 (2-x)\mathrm{d}x + \int_2^4 (x-2)\mathrm{d}x \\ &= \left(2x-\frac{x^2}{2}\right)\Big|_0^2 + \left(\frac{x^2}{2}-2x\right)\Big|_2^4 = (4-2)+(-2+4) = 4.\end{aligned}$$

习题 4.2

1. 用牛顿-莱布尼茨公式计算下列定积分.

(1) $\int_a^b x^n\mathrm{d}x\,(n\neq -1)$;　(2) $\int_0^1 (3x^2-2x+5)\mathrm{d}x$;

(3) $\int_0^1 \frac{1}{1+x^2}\mathrm{d}x$;　(4) $\int_0^{\frac{1}{2}} \frac{1}{\sqrt{1-x^2}}\mathrm{d}x$;

(5) $\int_0^{\frac{\pi}{4}} \tan^2 x\mathrm{d}x$;　(6) $\int_1^3 \left(x+\frac{1}{x}\right)^2\mathrm{d}x$.

2. 计算下列定积分.

(1) $\int_0^{\pi} |\cos x|\mathrm{d}x$;　(2) $\int_{-1}^1 \sqrt{x^2}\mathrm{d}x$;　(3) $\int_0^2 x|x-1|\mathrm{d}x$.

3. 设$f(x) = \begin{cases} \mathrm{e}^x, & x\leqslant 1 \\ x^2, & x>1 \end{cases}$,求$\int_0^2 f(x)\mathrm{d}x$.

4. 求下列函数的导数.

(1) $f(x) = \int_0^x \sqrt{t^2+2}\mathrm{d}t$;　(2) $g(x) = \int_x^1 \sin(t^2)\mathrm{d}t$.

5. 已知 $F(x)=\int_x^0 \cos(3t+1)\mathrm{d}t$，求 $F'(x)$.

6. 设 $\Phi(x)=\int_0^x \ln(3t^2+1)\mathrm{d}t$，求 $\Phi'(0)$.

4.3 定积分的计算

【教学要求】 本节要求掌握定积分的三种计算方法：直接法、换元法和分部法，并了解无穷区间上的反常积分概念，会计算简单的反常积分.

4.3.1 定积分直接法

定积分的直接法：就是利用定积分的性质以及牛顿-莱布尼茨公式求解定积分的方法，它只适用于比较简单的定积分的计算.

例 1 计算下列定积分.

(1) $\int_0^2 (x^3-2x+1)\mathrm{d}x$；　　(2) $\int_1^2 \left(x+\frac{1}{x}\right)^2\mathrm{d}x$；

(3) $\int_0^1 2^x\mathrm{e}^x\mathrm{d}x$；　　(4) $\int_0^{\frac{\pi}{4}} \tan^2 x\mathrm{d}x$.

解 (1)
$$\begin{aligned}\int_0^2 (x^3-2x+1)\mathrm{d}x &= \int_0^2 x^3\mathrm{d}x-2\int_0^2 x\mathrm{d}x+\int_0^2\mathrm{d}x \\ &= \frac{1}{4}x^4\Big|_0^2-x^2\Big|_0^2+x\Big|_0^2=\frac{1}{4}(2^4-0^4)-(2^2-0^2)+(2-0) \\ &= 2.\end{aligned}$$

(2)
$$\begin{aligned}\int_1^2\left(x+\frac{1}{x}\right)^2\mathrm{d}x &= \int_1^2\left(x^2+2+\frac{1}{x^2}\right)\mathrm{d}x=\int_1^2 x^2\mathrm{d}x+\int_1^2 2\mathrm{d}x+\int_1^2\frac{1}{x^2}\mathrm{d}x \\ &= \frac{1}{3}x^3\Big|_1^2+2x\Big|_1^2-\frac{1}{x}\Big|_1^2=\frac{1}{3}(2^3-1)+2(2-1)-\left(\frac{1}{2}-1\right)=\frac{29}{6}.\end{aligned}$$

(3) $$\int_0^1 2^x\mathrm{e}^x\mathrm{d}x=\int_0^1(2\mathrm{e})^x\mathrm{d}x=\frac{(2\mathrm{e})^x}{\ln(2\mathrm{e})}\Big|_0^1=\frac{2\mathrm{e}-1}{\ln(2\mathrm{e})}.$$

(4) $$\int_0^{\frac{\pi}{4}}\tan^2 x\mathrm{d}x=\int_0^{\frac{\pi}{4}}(\sec^2 x-1)\mathrm{d}x=(\tan x-x)\Big|_0^{\frac{\pi}{4}}=1-\frac{\pi}{4}.$$

例 2 设 $f(x)=\begin{cases}x-1, & x\leqslant 0\\ x+1, & x>0\end{cases}$，求 $\int_{-1}^2 f(x)\mathrm{d}x$.

解 被积函数是分段函数，利用定积分对积分区间具有可加性，得

$$\begin{aligned}\int_{-1}^2 f(x)\mathrm{d}x &= \int_{-1}^0 f(x)\mathrm{d}x+\int_0^2 f(x)\mathrm{d}x \\ &= \int_{-1}^0(x-1)\mathrm{d}x+\int_0^2(x+1)\mathrm{d}x=\left[\frac{1}{2}x^2-x\right]_{-1}^0+\left[\frac{1}{2}x^2+x\right]_0^2=\frac{5}{2}.\end{aligned}$$

4.3.2 定积分换元法

定积分的换元法包括有两种：第一类换元法（凑微分法）和第二类换元法. 本教材只介绍其中的凑微分法.

由于牛顿-莱布尼茨公式已经把求定积分问题归结为求不定积分的问题，这样，计算定积分仍然可以采用前面所学的求不定积分的凑微分法，思路基本一致，但需要注意定积分的凑微分法与不定积分的凑微分法的区别.

先来看一个例子.

例 3　求$\int_0^2 xe^{x^2}dx$.

解　首先求被积函数的原函数，即用凑微分法求$\int xe^{x^2}dx$.

$$\int xe^{x^2}dx = \frac{1}{2}\int e^{x^2}d(x^2) \overset{x^2=u}{=} \frac{1}{2}\int e^u du = \frac{1}{2}e^u + C = \frac{1}{2}e^{x^2} + C,$$

因此，$\int_0^2 xe^{x^2}dx = \frac{1}{2}e^{x^2}\Big|_0^2 = \frac{1}{2}(e^4 - e^0) = \frac{1}{2}(e^4 - 1)$.

很显然，这种方法比较麻烦，如果能在计算定积分的时候直接换元则更简单一些，即令 $u=x^2$，则 $x=0$ 时，$u=0$；$x=2$ 时，$u=4$，所以，

$$\int_0^2 (xe^{x^2})dx \overset{x^2=u}{=} \frac{1}{2}\int_0^4 e^u du = \frac{1}{2}e^u\Big|_0^4 = \frac{1}{2}(e^4 - 1).$$

由本例可以看出，定积分的凑微分与不定积分的凑微分相比，主要区别在于当变换积分变量时，积分的上、下限也要随之改变；求不定积分时最后还要把积分变量换回去，但求定积分时则不用.

因此有定积分**凑微分公式**：

$$\int_a^b f[\varphi(x)]\varphi'(x)dx = F[\varphi(x)]\Big|_a^b = F[\varphi(b)] - F[\varphi(a)].$$

通常将这一过程分为**“凑微分—换元换限—积分”**三个步骤.

例 4　求下列定积分.

(1) $\int_0^{\frac{\pi}{2}} \cos^3 x\sin x dx$；　　(2) $\int_1^e \frac{\ln x}{x}dx$；　　(3) $\int_{-1}^0 e^{-2x}dx$.

解　(1) 令 $u = \cos x$，则 $du = -\sin x dx$，当 $x = 0$ 时，$u = 1$；$x = \frac{\pi}{2}$ 时，$u = 0$.

$$\int_0^{\frac{\pi}{2}} \cos^3 x\sin x dx = -\int_0^{\frac{\pi}{2}} \cos^3 x d(\cos x) = -\int_1^0 u^3 du = \int_0^1 u^3 du = \frac{1}{4}u^4\Big|_0^1 = \frac{1}{4}.$$

(2) 令 $u = \ln x$，则 $du = \frac{1}{x}dx$，当 $x = 1$ 时，$u = 0$；$x = e$ 时，$u = 1$.

$$\int_1^e \frac{\ln x}{x}dx = \int_0^1 \ln x d(\ln x) = \int_0^1 u du = \frac{1}{2}u^2\Big|_0^1 = \frac{1}{2}.$$

(3) 令 $u = -2x$，则 $du = -2dx$，当 $x = -1$ 时，$u = 2$；$x = 0$ 时，$u = 0$.

$$\int_{-1}^0 e^{-2x}dx = -\frac{1}{2}\int_2^0 e^u d(u) = -\frac{1}{2}e^u\Big|_2^0 = \frac{1}{2}(e^2 - 1).$$

注意　换元必换限！

当运算熟练之后，可以不写出中间变量，直接计算.

例 5　求下列定积分.

(1) $\int_0^1 \frac{x}{\sqrt{1+x^2}}dx$；　　(2) $\int_4^9 \frac{\sin\sqrt{x}}{\sqrt{x}}dx$.

解 (1) $\int_0^1 \frac{x}{\sqrt{1+x^2}}\mathrm{d}x = \frac{1}{2}\int_0^1 (1+x^2)^{-\frac{1}{2}}\mathrm{d}(1+x^2)$

$$= \frac{1}{2}\cdot\frac{1}{-\frac{1}{2}+1}(1+x^2)^{\frac{1}{2}}\Big|_0^1 = \sqrt{2}-1.$$

(2) $\int_4^9 \frac{\sin\sqrt{x}}{\sqrt{x}}\mathrm{d}x = 2\int_4^9 \sin\sqrt{x}\mathrm{d}(\sqrt{x}) = -2\cos\sqrt{x}\Big|_4^9 = 2\cos\sqrt{x}\Big|_9^4 = 2(\cos 2-\cos 3).$

例 6 求$\int_{\frac{1}{\pi}}^{\frac{2}{\pi}} \frac{1}{x^2}\sin\frac{1}{x}\mathrm{d}x.$

解 $\int_{\frac{1}{\pi}}^{\frac{2}{\pi}} \frac{1}{x^2}\sin\frac{1}{x}\mathrm{d}x = -\int_{\frac{1}{\pi}}^{\frac{2}{\pi}} \sin\frac{1}{x}\mathrm{d}\left(\frac{1}{x}\right) = \cos\frac{1}{x}\Big|_{\frac{1}{\pi}}^{\frac{2}{\pi}} = \cos\frac{\pi}{2}-\cos\pi = 1.$

注意 不换元就不必换限!

4.3.3 定积分分部法

定积分的分部积分法与不定积分的分部积分法有类似的公式.

设函数 $u=u(x)$,$v=v(x)$在区间$[a,b]$上有连续的可导函数,则有

$$\int_a^b u\mathrm{d}v = uv\Big|_a^b - \int_a^b v\mathrm{d}u.$$

这就是**定积分的分部积分公式**.

例 7 求$\int_0^1 x\mathrm{e}^{2x}\mathrm{d}x.$

解 由分部积分公式得

$$\int_0^1 x\mathrm{e}^{2x}\mathrm{d}x = \frac{1}{2}\int_0^1 x\mathrm{d}(\mathrm{e}^{2x}) = \frac{1}{2}x\mathrm{e}^{2x}\Big|_0^1 - \frac{1}{2}\int_0^1 \mathrm{e}^{2x}\mathrm{d}x$$

$$= \frac{1}{2}\mathrm{e}^2 - \frac{1}{4}\mathrm{e}^{2x}\Big|_0^1 = \frac{1}{2}\mathrm{e}^2 - \frac{1}{4}(\mathrm{e}^2-1) = \frac{1}{4}(\mathrm{e}^2+1).$$

例 8 求$\int_0^{\frac{\pi}{2}} x^2\cos x\mathrm{d}x.$

解 由分部积分公式得

$$\int_0^{\frac{\pi}{2}} x^2\cos x\mathrm{d}x = \int_0^{\frac{\pi}{2}} x^2\mathrm{d}(\sin x) = x^2\sin x\Big|_0^{\frac{\pi}{2}} - \int_0^{\frac{\pi}{2}} \sin x\cdot 2x\mathrm{d}x$$

$$= \frac{\pi^2}{4} + \int_0^{\frac{\pi}{2}} 2x\mathrm{d}\cos x = \frac{\pi^2}{4} + 2x\cos x\Big|_0^{\frac{\pi}{2}} - 2\int_0^{\frac{\pi}{2}} \cos x\mathrm{d}x$$

$$= \frac{\pi^2}{4} - 2\sin x\Big|_0^{\frac{\pi}{2}} = \frac{\pi^2}{4} - 2.$$

4.3.4 无穷区间上的反常积分

前面讨论定积分$\int_a^b f(x)\mathrm{d}x$,我们都假定积分区间$[a,b]$是有限区间,且被积函数 $f(x)$ 在积分区间上连续或只存在有限个第一类间断点.但在许多实际问题中,我们常常会遇到积分区间为无穷区间的积分,这就是下面要介绍的反常积分.

先看一个例子:

求由 x 轴，y 轴以及曲线 $y=\mathrm{e}^{-x}$ 所围成，延伸到无穷远处的图形的面积 A，如图 4-7 所示.

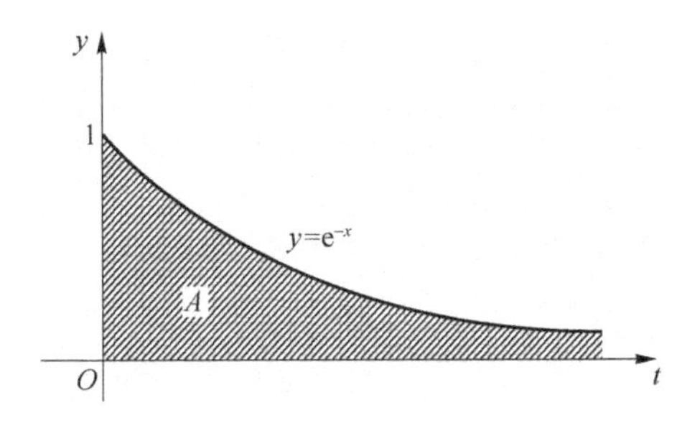

图 4-7

要求出此面积，可以分两步来完成：

(1) 先求出 x 轴，y 轴，曲线 $y=\mathrm{e}^{-x}$ 和 $x=b(b>0)$ 所围成的曲边梯形的面积 A_b，如图 4-8 所示. 由定积分的几何意义有

$$A_b=\int_0^b \mathrm{e}^{-x}\mathrm{d}x.$$

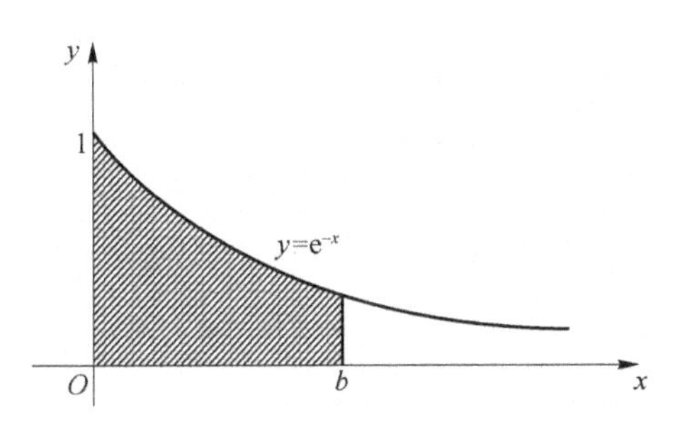

图 4-8

(2) 再求 $\lim\limits_{b\to+\infty}A_b$，如果该极限存在，则极限值便是所求的面积 A，即

$$A=\lim_{b\to+\infty}A_b=\lim_{b\to+\infty}\int_0^b \mathrm{e}^{-x}\mathrm{d}x.$$

以上过程其实就是对函数 $y=\mathrm{e}^{-x}$ 在 $[0,+\infty)$ 求了一种积分，我们称这种积分为反常积分.

定义　设函数 $f(x)$ 在区间 $[a,+\infty)$ 上连续，任取 $b>a$，若极限 $\lim\limits_{b\to+\infty}\int_a^b f(x)\mathrm{d}x$ 存在，则称该极限值为**函数 $f(x)$ 在 $[a,+\infty)$ 上的反常积分(又叫广义积分)**，记作 $\int_a^{+\infty}f(x)\mathrm{d}x$，即

$$\int_a^{+\infty}f(x)\mathrm{d}x=\lim_{b\to+\infty}\int_a^b f(x)\mathrm{d}x,$$

此时也称反常积分 $\int_a^{+\infty}f(x)\mathrm{d}x$ 收敛，否则称反常积分 $\int_a^{+\infty}f(x)\mathrm{d}x$ 发散.

类似地，我们还可定义 $f(x)$ 在区间 $(-\infty,b]$ 和 $(-\infty,+\infty)$ 上的反常积分，分别表示为：

$f(x)$ 在区间 $(-\infty,b]$ 上的反常积分为

$$\int_{-\infty}^b f(x)\mathrm{d}x=\lim_{a\to-\infty}\int_a^b f(x)\mathrm{d}x,(a<b),$$

当该式的极限 $\lim\limits_{a\to-\infty}\int_a^b f(x)\mathrm{d}x$ 存在时，称反常积分 $\int_{-\infty}^b f(x)\mathrm{d}x$ 收敛，否则称为发散.

$f(x)$ 在区间$(-\infty,+\infty)$上的反常积分为

$$\int_{-\infty}^{+\infty} f(x)\mathrm{d}x = \int_{-\infty}^{c} f(x)\mathrm{d}x + \int_{c}^{+\infty} f(x)\mathrm{d}x$$
$$= \lim_{a\to-\infty}\int_{a}^{c} f(x)\mathrm{d}x + \lim_{b\to+\infty}\int_{c}^{b} f(x)\mathrm{d}x,$$

其中c是介于a与b之间的任意常数，当该式的两个极限$\lim\limits_{a\to-\infty}\int_{a}^{c} f(x)\mathrm{d}x$和$\lim\limits_{b\to+\infty}\int_{c}^{b} f(x)\mathrm{d}x$都存在时，反常积分$\int_{-\infty}^{+\infty} f(x)\mathrm{d}x$才被称为是收敛的，否则称为发散.

例 9 讨论反常积分$\int_{2}^{+\infty} \mathrm{e}^{-x}\mathrm{d}x$的敛散性.

解 由于

$$\int_{2}^{+\infty} \mathrm{e}^{-x}\mathrm{d}x = \lim_{b\to+\infty}\int_{2}^{b} \mathrm{e}^{-x}\mathrm{d}x = \lim_{b\to+\infty}\left[-\int_{2}^{b} \mathrm{e}^{-x}\mathrm{d}(-x)\right] = \lim_{b\to+\infty}\left[-\mathrm{e}^{-x}\right]_{2}^{b}$$
$$= \lim_{b\to+\infty}(-\mathrm{e}^{-b}+\mathrm{e}^{-2}) = \mathrm{e}^{-2},$$

所以，该反常积分$\int_{2}^{+\infty} \mathrm{e}^{-x}\mathrm{d}x$是收敛的.

注：计算反常积分时，为了书写方便，可以省去极限符号，将其形式改为类似牛顿-莱布尼茨公式的格式，如上式可以写为

$$\int_{2}^{+\infty} \mathrm{e}^{-x}\mathrm{d}x = -\int_{2}^{+\infty} \mathrm{e}^{-x}\mathrm{d}(-x) = -\mathrm{e}^{-x}\Big|_{2}^{+\infty} = 0 + \mathrm{e}^{-2} = \mathrm{e}^{-2}.$$

设$F(x)$为$f(x)$的一个原函数，若记$F(+\infty) = \lim\limits_{x\to+\infty} F(x)$，$F(-\infty) = \lim\limits_{x\to-\infty} F(x)$，则

$$\int_{a}^{+\infty} f(x)\mathrm{d}x = F(+\infty) - F(a);$$
$$\int_{-\infty}^{b} f(x)\mathrm{d}x = F(b) - F(-\infty).$$

例 10 讨论$\int_{-\infty}^{-1} \frac{1}{x^2}\mathrm{d}x$的收敛性.

解 因为$\int_{-\infty}^{-1} \frac{1}{x^2}\mathrm{d}x = -\frac{1}{x}\Big|_{-\infty}^{-1} = 1-0 = 1$，所以反常积分$\int_{-\infty}^{-1} \frac{1}{x^2}\mathrm{d}x$收敛.

例 11 讨论反常积分$\int_{-\infty}^{+\infty} \cos x\mathrm{d}x$的敛散性.

解 $\int_{-\infty}^{+\infty} \cos x\mathrm{d}x = \int_{-\infty}^{0} \cos x\mathrm{d}x + \int_{0}^{+\infty} \cos x\mathrm{d}x.$

由于$\int_{-\infty}^{0} \cos x\mathrm{d}x = \sin x\big|_{-\infty}^{0} = \sin 0 - \sin(-\infty) = -\sin(-\infty)$不存在，所以$\int_{-\infty}^{0} \cos x\mathrm{d}x$发散，从而反常积分$\int_{-\infty}^{+\infty} \cos x\mathrm{d}x$发散.

习题 4.3

1. 用直接法求下列定积分.

(1) $\int_{0}^{a}(3x^2 - x + 1)\mathrm{d}x$；

(2) $\int_{1}^{2} \frac{x^3 - x\sqrt{x} + 1}{x^2}\mathrm{d}x$；

(3) $\int_0^1 (3-x)(2-x^2)\mathrm{d}x$；　　(4) $\int_0^4 \frac{x-9}{\sqrt{x}+3}\mathrm{d}x$.

2. 用凑微分法求下列定积分.

(1) $\int_{-2}^2 \frac{x}{1+x^2}\mathrm{d}x$；　　(2) $\int_1^{e^2} \frac{\ln x}{x}\mathrm{d}x$；

(3) $\int_0^1 x\mathrm{e}^{-x^2}\mathrm{d}x$；　　(4) $\int_{-2}^2 \frac{\mathrm{e}^x}{\mathrm{e}^x+1}\mathrm{d}x$；

(5) $\int_1^{e} \frac{1+\ln x}{x}\mathrm{d}x$；　　(6) $\int_0^1 \mathrm{e}^x\cos(\mathrm{e}^x)\mathrm{d}x$；

(7) $\int_0^{\frac{\pi}{4}} \frac{\sin x}{\sqrt{\cos x}}\mathrm{d}x$；　　(8) $\int_{\frac{1}{\pi}}^{\frac{2}{\pi}} \frac{1}{x^2}\sin\left(\frac{1}{x}\right)\mathrm{d}x$.

3. 用分部法求下列定积分.

(1) $\int_0^{\frac{\pi}{2}} x\sin x\mathrm{d}x$；　　(2) $\int_0^1 x\mathrm{e}^{-x}\mathrm{d}x$；

(3) $\int_0^1 x\mathrm{e}^{2x}\mathrm{d}x$；　　(4) $\int_1^{e} x^2\ln x\mathrm{d}x$；

(5) $\int_0^{\sqrt{\ln 2}} x^3\mathrm{e}^{x^2}\mathrm{d}x$；　　(6) $\int_0^{\frac{\pi}{2}} \mathrm{e}^x\sin x\mathrm{d}x$.

4. 计算下列反常积分.

(1) $\int_{-\infty}^0 \mathrm{e}^{2x}\mathrm{d}x$；　　(2) $\int_0^{+\infty} x\mathrm{e}^{-x}\mathrm{d}x$；

(3) $\int_1^{+\infty} \frac{1}{x(1+x^2)}\mathrm{d}x$；　　(4) $\int_{-\infty}^{+\infty} \frac{1}{x^2+2x+2}\mathrm{d}x$.

5. 判断下列反常积分的敛散性.

(1) $\int_0^{+\infty} \frac{\ln x}{x}\mathrm{d}x$；　　(2) $\int_0^{+\infty} \sin x\mathrm{d}x$.

4.4　定积分的应用

4.4.1　微元法

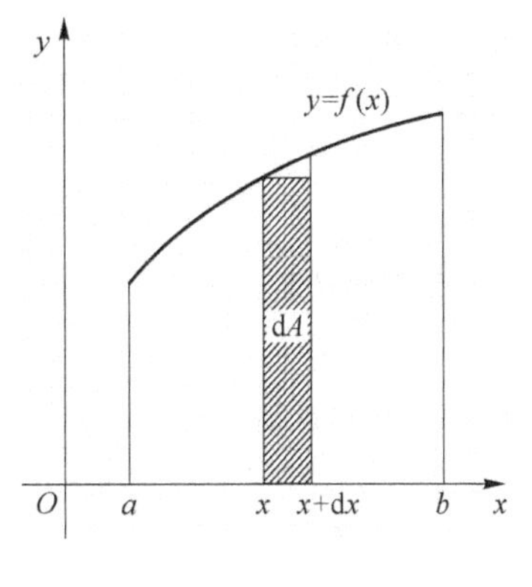

图 4-9

在前面所讲的求曲边梯形的面积中，我们是将区间 $[a,b]$ 无限细分，则相应的曲边梯形被分为无穷多个小竖条. 现考虑以任意一点 $x\in[a,b]$ 为左端点的小竖条，其底边为 $\mathrm{d}x(\mathrm{d}x>0)$，如图 4-9 所示. 在无限细分的条件下，小竖条的面积就近似等于以 $f(x)$ 为高，以 $\mathrm{d}x$ 为底的小矩形的面积，记作 $\mathrm{d}A=f(x)\mathrm{d}x$，称为**面积微元**(简称**微元**). 将这种无穷多个极其微小的面积由 $x=a$ 到 $x=b$ "积累" 起来，就成为总面积 A，也就是定积分 $\int_a^b f(x)\mathrm{d}x$，即 $A=\int_a^b f(x)\mathrm{d}x$.

由此可见，定积分$\int_a^b f(x)\mathrm{d}x$实际上就是无穷多个微元"$f(x)\mathrm{d}x$"累加求和. 这种"微元求和"的思想，就是定积分的实质.

一般来说，用定积分解决实际问题时，通常按以下几个步骤来进行：

(1) 确定积分变量 x，并确定出相应的积分区间 $[a,b]$；

(2) 在区间 $[a,b]$ 上任取一个小区间 $[x,x+\mathrm{d}x]$，并在小区间上找出所求量 F 的微元 $\mathrm{d}F=f(x)\mathrm{d}x$；

(3) 写出所求量 F 的积分表达式 $F=\int_a^b f(x)\mathrm{d}x$，然后计算它的值.

利用定积分按上述步骤解决实际问题的方法，就叫做定积分的**微元法**.

4.4.2 平面图形的面积

下面用微元法来讨论定积分在求平面图形面积上的应用.

由 4.4.1 节知道，若 $f(x)\geqslant 0$，则曲线 $y=f(x)$ 与直线 $x=a$，$x=b$ 及 x 轴所围成的平面图形的面积 A 的微元(图 4-9)为

$$\mathrm{d}A=f(x)\mathrm{d}x,$$

由此可得到平面图形的面积为

$$A=\int_a^b \mathrm{d}A=\int_a^b f(x)\mathrm{d}x.$$

若平面图形是由连续曲线 $y=f(x)$，$y=g(x)$ 和直线 $x=a$，$x=b(a<b)$ 围成，在区间 $[a,b]$ 上有 $f(x)\geqslant g(x)$，如图 4-10 所示，称这样的图形为 X-**型图形**.

同理，若平面图形是由连续曲线 $x=\varphi(y)$，$x=\psi(y)$ 和直线 $y=c$，$y=d(c<d)$ 围成. 且在区间 $[c,d]$ 上有 $\varphi(y)\geqslant\psi(y)$，如图 4-11 所示，称这样的图形为 Y-**型图形**.

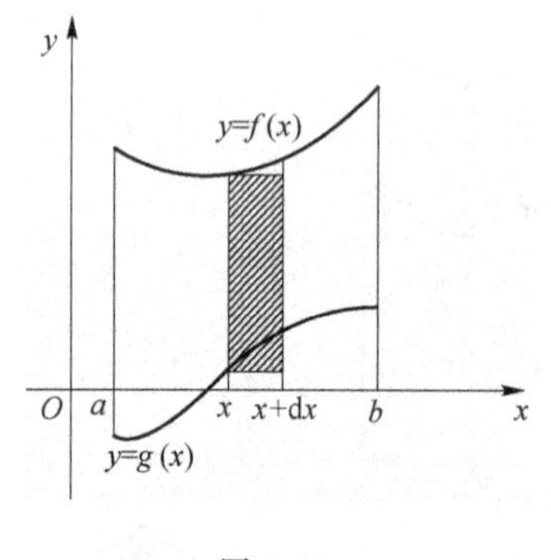

图 4-10

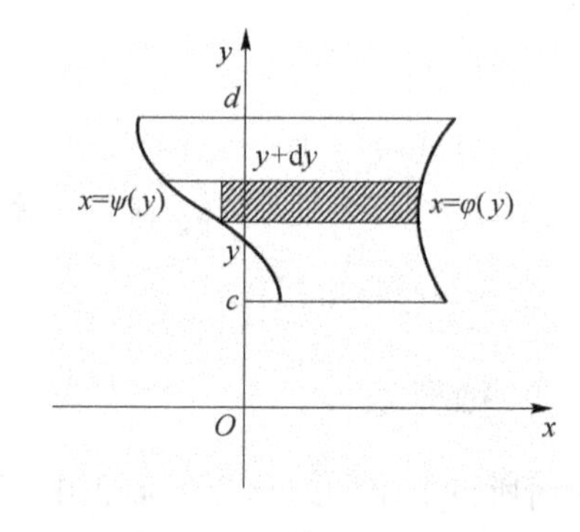

图 4-11

注意 构成图形的两条直线，有时也可能蜕化为点. 求平面图形的面积 A 仍可采用微元法.

1. 用微元法求 *X*-型图的面积

① 取 x 为积分变量，$x\in[a,b]$.

② 在区间 $[a,b]$ 上任取一小区间 $[x,x+\mathrm{d}x]$，该区间上面积 $\mathrm{d}A$ 可以用高为 $f(x)-g(x)$、底为 $\mathrm{d}x$ 的矩形的面积近似代替，如图 4-10 所示，从而得到面积微元

$$\mathrm{d}A=[f(x)-g(x)]\mathrm{d}x.$$

③ 写出积分表达式，即

$$A=\int_a^b[f(x)-g(x)]\mathrm{d}x. \tag{1}$$

(1)式可作为计算 X-型图的平面图形的面积公式.

2. 用微元法求 Y-型图的面积

① 取 y 为积分变量,$y\in[c,d]$.

② 在区间$[c,d]$上任取一小区间$[y,y+\mathrm{d}y]$,该区间上面积 $\mathrm{d}A$ 可以用高为$\varphi(y)-\psi(y)$、底为 $\mathrm{d}y$ 的矩形的面积近似代替,如图 4-11 所示,从而得到面积微元

$$\mathrm{d}A=[\varphi(y)-\psi(y)]\mathrm{d}y.$$

③ 写出积分表达式,即

$$A=\int_c^d[\varphi(y)-\psi(y)]\mathrm{d}y. \tag{2}$$

(2)式可作为计算 Y-型图的平面图形的面积公式.

对于非 X-型、非 Y-型平面图形,我们可以进行适当的分割,划分成若干个 X-型图形和 Y-型图形,然后利用前面介绍的方法去求面积.

例 1　求由抛物线 $y=x^2$ 和 $x=y^2$ 所围成图形的面积 A.

解　如图 4-12 所示.

由题意知两条曲线的交点满足方程组$\begin{cases}y=x^2\\x=y^2\end{cases}$,解得交点为(0,0)和(1,1),因此所求面积可看作是曲线 $y=x^2$,$x=y^2$,$x=0$ 和 $x=1$ 所围图形的面积.

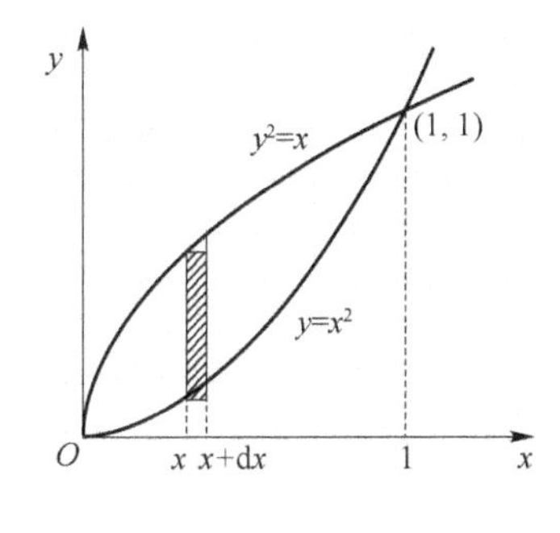

图 4-12

将该平面图形视为 X-型图形,确定积分变量为 x,$x\in[0,1]$,在$[0,1]$上任取一小区间$[x,x+\mathrm{d}x]$,则可得到 A 的面积微元

$$\mathrm{d}A=[\sqrt{x}-x^2]\mathrm{d}x,$$

应用公式(1),所求平面图形的面积为

$$A=\int_0^1[\sqrt{x}-x^2]\mathrm{d}x=\left(\frac{2}{3}x^{\frac{3}{2}}-\frac{1}{3}x^3\right)\Big|_0^1=\frac{1}{3}.$$

例 2　求由抛物线 $y=x^2-2x$ 与直线 $y=x$ 所围成的平面图形的面积 A.

解　如图 4-13 所示.

由题意知两条曲线的交点满足方程组$\begin{cases}y=x^2-2x\\y=x\end{cases}$,解得交点为(0,0)和(3,3),因此所求面积可看作是曲线 $y=x^2-2x$,$y=x$,$x=0$ 和 $x=3$ 所围图形的面积.

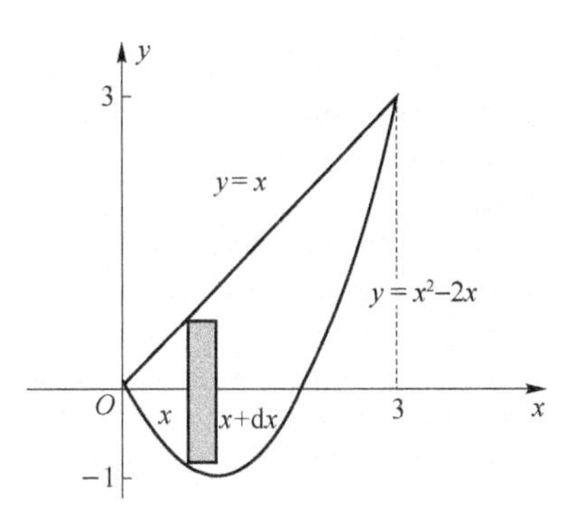

图 4-13

将该平面图形视为 X-型图形,选取 x 为积分变量,$x\in[0,3]$,在$[0,3]$上任取一小区间$[x,x+\mathrm{d}x]$,则可得到 A 的面积微元

$$\mathrm{d}A=[x-(x^2-2x)]\mathrm{d}x,$$

应用公式(1),所求平面图形的面积为

$$A=\int_0^3[x-(x^2-2x)]\mathrm{d}x=\int_0^3[3x-x^2]\mathrm{d}x=\left[\frac{3}{2}x^2-\frac{1}{3}x^3\right]_0^3=\frac{9}{2}.$$

例 3 求由抛物线 $y^2=2x$ 与直线 $y=x-4$ 所围成的平面图形的面积 A.

解 如图 4-14 所示.

由题意知两条曲线的交点满足方程组 $\begin{cases}y^2=2x\\y=x-4\end{cases}$，解得交点为(2，−2)和(8,4)，因此所求面积可看作是曲线 $y^2=2x,y=x-4,y=-2$ 和 $y=4$ 所围图形的面积.

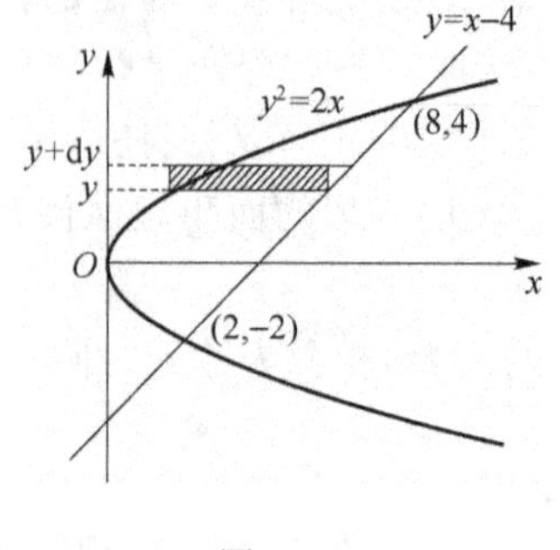

图 4-14

将该平面图形视为 Y-型图形，选取 y 为积分变量，$y\in[-2,4]$，在$[-2,4]$上任取一小区间$[y,y+\mathrm{d}y]$，则可得到 A 的面积微元

$$\mathrm{d}A=\left[(y+4)-\frac{y^2}{2}\right]\mathrm{d}y.$$

应用公式(2)，所求平面图形的面积为

$$A=\int_{-2}^4\mathrm{d}A=\int_{-2}^4\left[(y+4)-\frac{y^2}{2}\right]\mathrm{d}y$$

$$=\left[\frac{1}{2}y^2+4y-\frac{1}{6}y^3\right]_{-2}^4=18.$$

例 4 求曲线 $y=\cos x$ 与 $y=\sin x$ 在区间$[0,\pi]$所围平面图形的面积 A.

解 如图 4-15 所示，曲线 $y=\cos x$ 与 $y=\sin x$ 交点坐标为$\left(\frac{\pi}{4},\frac{\pi}{2}\right)$，该平面图形可视为 X-型图形，选取 x 为积分变量，$x\in[0,\pi]$，在$[0,\pi]$上该图形被划分成两块，可采用如下方法求面积，

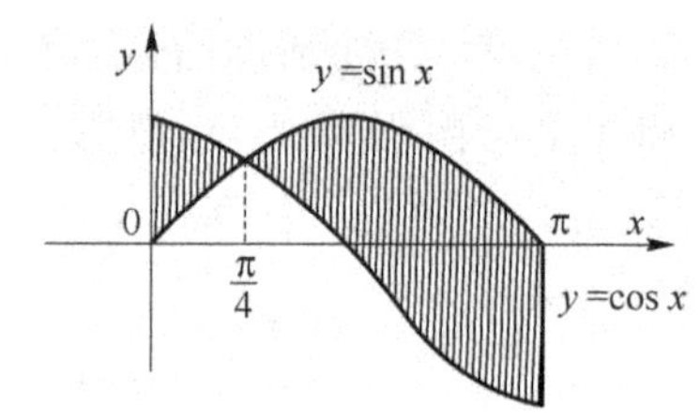

图 4-15

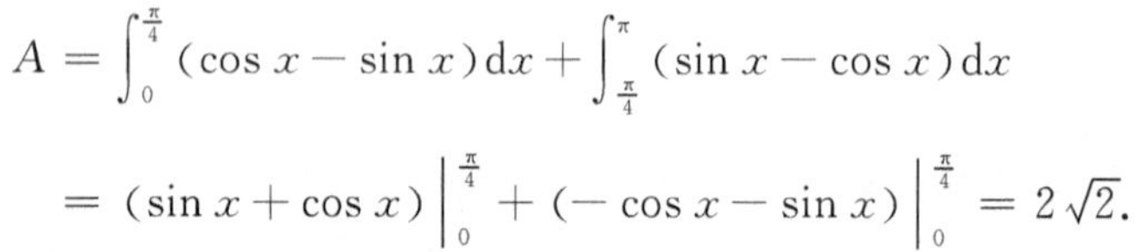

$$A=\int_0^{\frac{\pi}{4}}(\cos x-\sin x)\mathrm{d}x+\int_{\frac{\pi}{4}}^{\pi}(\sin x-\cos x)\mathrm{d}x$$

$$=(\sin x+\cos x)\Big|_0^{\frac{\pi}{4}}+(-\cos x-\sin x)\Big|_0^{\frac{\pi}{4}}=2\sqrt{2}.$$

4.4.3 旋转体的体积

旋转体是由平面内的一个图形绕平面内的一条定直线旋转一周而生成的立体.这条定直线叫做旋转体的**轴**.工厂中车床加工出来的工件很多都是旋转体.如圆柱体、圆锥体等都是旋转体.

这里讨论用定积分的方法来求旋转体的体积.

设一旋转体是由连续曲线 $y=f(x)\geqslant0$，直线 $x=a,x=b(a<b)$及 x 轴所围成的平面图形绕 x 轴旋转一周而成，如图 4-15 所示.现计算它的体积 V.

取 x 为积分变量，$x\in[a,b]$，把区间$[a,b]$分成无限多个小区间(图 4-15)，从而把由 $y=f(x),x=a,x=b$ 和 x 轴所围成的曲边梯形分成若干个小窄条的曲边梯形，任取一小区间$[x,x+\mathrm{d}x]$，则该小区间所对应的小窄曲边梯形绕 x 轴旋转一周而成的旋转体的体积为所求体积的体积微元 $\mathrm{d}V$，该体积微元值近似于以 $f(x)$为底半径，以 $\mathrm{d}x$ 为高的小圆柱体的体积，从而得到体积微元，即

$$dV=\pi[f(x)]^2dx,$$

于是可得所求旋转体的体积为

$$V_x=\int_a^b dV=\pi\int_a^b[f(x)]^2dx.$$

同理,由连续曲线 $x=\varphi(y)$ 和直线 $y=c,y=d$ 及 y 轴围成的曲边梯形绕 y 轴旋转而成的旋转体(图 4-16)的体积为

$$V_y=\pi\int_c^d[\varphi(y)]^2dy.$$

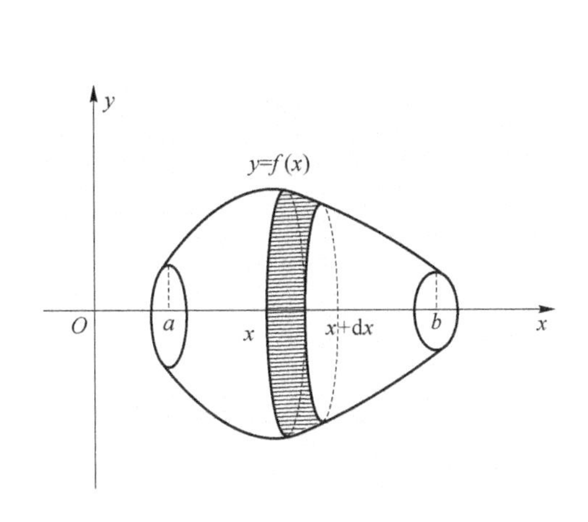

图 4-15

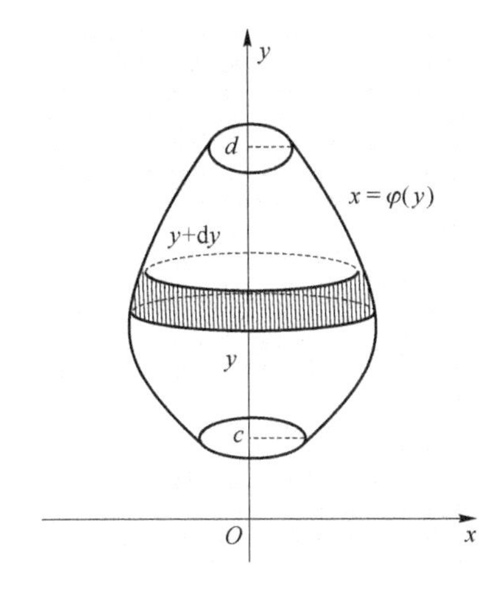

图 4-16

例 5 连接坐标原点 O 及点 $P(h,r)$ 的直线,直线 $x=h$ 及 x 轴围成一个直角三角形,如图 4-17 所示. 将它绕 x 轴旋转一周构成一个底半径为 r、高为 h 的圆锥体. 试计算此圆锥体的体积.

解 过原点 O 及点 $P(h,r)$ 的直线方程为 $y=\frac{r}{h}x$,以 x 为积分变量,它的变化区间为 $[0,h]$, $x\in[0,h]$. 圆锥体内相应于 $[0,h]$ 上任一小区间 $[x,x+dx]$ 的薄片的体积近似于底半径为 $\frac{r}{h}x$,高为 dx 的扁圆柱体的体积,即体积微元

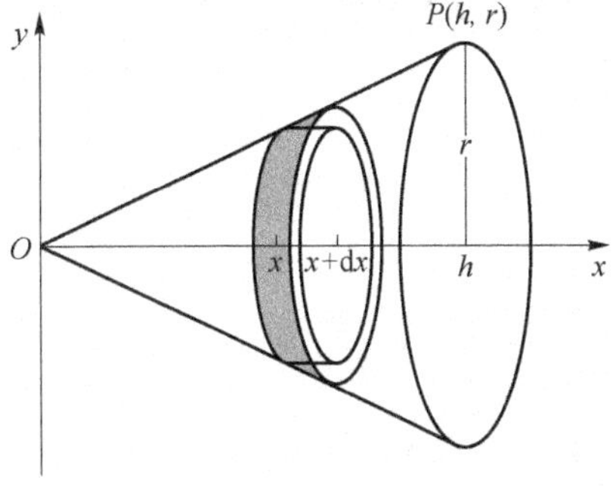

图 4-17

$$dV=\pi\left[\frac{r}{h}x\right]^2dx,$$

故所求圆锥体的体积为

$$V=\int_0^h dV=\pi\int_0^h\left[\frac{r}{h}x\right]^2dx=\frac{\pi r^2}{3h^2}x^3\Big|_0^h=\frac{1}{3}\pi r^2h.$$

例 6 椭圆 $\frac{x^2}{a^2}+\frac{y^2}{b^2}=1$ 分别绕 x 轴和 y 轴旋转而成的旋转体的体积.

解 (1) 绕 x 轴旋转:所求旋转体的体积为上半个椭圆绕 x 轴旋转而成,如图 4-18 所示. 根据图形的对称性,有

$$V_x=2\pi\int_0^a y^2dx=2\pi b^2\int_0^a\left(1-\frac{x^2}{a^2}\right)dx=2\pi b^2\left[x-\frac{x^3}{3a^2}\right]_0^a=\frac{4}{3}\pi ab^2.$$

(2) 绕 y 轴旋转:所求旋转体的体积为右半个椭圆绕 y 轴旋转而成,如图 4-19 所示. 根据

图形的对称性,有

$$V_y = 2\pi\int_0^b x^2\,\mathrm{d}y = 2\pi a^2\int_0^b\left(1-\frac{y^2}{b^2}\right)\mathrm{d}y = 2\pi a^2\left[y-\frac{y^3}{3b^2}\right]_0^b = \frac{4}{3}\pi a^2 b.$$

从上例可以看出,当 $a=b$ 时,旋转体就成为半径为 a 的球体,它的体积为$\frac{4}{3}\pi a^3$.

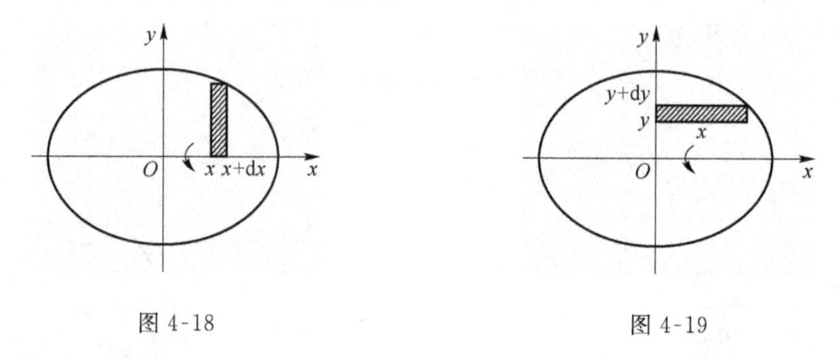

图 4-18　　图 4-19

4.4.4　其他应用

1. 变力做功问题

由物理学可知,物体在常力 F 的作用下,沿力的方向作直线运动,当物体发生了位移 S 时,则力 F 所做的功是

$$W=F\cdot S.$$

但在实际问题中,物体在发生位移的过程中所受到的力,常常是变化的,这就需要考虑变力做功的问题.

由于所求的功是一个整体量,且对于区间具有不可加性,所以可以用“微元法”来求这个量.

设物体在变力 $F=f(x)$的作用下,沿着 x 轴从点 a 移动到点 b(如图 4-20 所示),且变力方向与 x 轴方向一致.

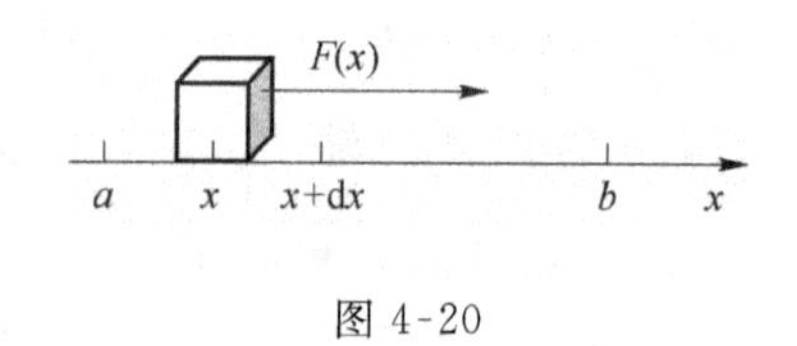

图 4-20

取 x 为积分变量,$x\in[a,b]$,在区间$[a,b]$上任取一个小区间$[x,x+\mathrm{d}x]$,该区间上各点处的力可以用点 x 的力 $F(x)$近似代替,因此物体由点 x 移动到点 $x+\mathrm{d}x$ 时,变力 F 所做功的近似值就是功的微元

$$\mathrm{d}W=F(x)\,\mathrm{d}x.$$

于是,物体从 a 移动到 b,变力 $F(x)$所做的功为

$$W=\int_a^b F(x)\,\mathrm{d}x.$$

例 7　弹簧在拉伸过程中,所需要的力与弹簧的伸长量成正比,即 $F=kx$(k 为比例系数). 已知弹簧拉长 0.01 m 时,需力 10 N,要使弹簧伸长 0.05 m,计算外力所做的功.

解　由题设 $x=0.01$ m 时,$F=10$ N,代入 $F=kx$ 得

$$k=\frac{F}{x}=\frac{10}{0.01}=1\,000\ \mathrm{N/m},$$

从而变力为

$$F=1\,000x,$$

由变力所做功的公式可得

$$W=\int_0^{0.05}1\,000x\mathrm{d}x=500x^2\Big|_0^{0.05}=1.25\ \mathrm{J}.$$

例 8　在一个带电量为 $+q$ 的点电荷所产生的电场作用下，一个单位正电荷在电场中沿直线从距离点电荷 a 处移动到 $b\,(a<b)$ 处时，计算电场力 F 对它所做的功.

解　由物理学可知，如果有一个单位正电荷放在这个电场中距离原点 O 为 r 的地方，那么电场对它的作用力的大小为 $F=k\dfrac{q}{r^2}$（k 是常数），如图 4-21 所示. 在 $[a,b]$ 上任取一小区间 $[r,r+\mathrm{d}r]$，当单位正电荷从 r 移动到 $r+\mathrm{d}r$ 时，电场力对它所做的功近似于 $\dfrac{kq}{r^2}\mathrm{d}r$，即功元素为

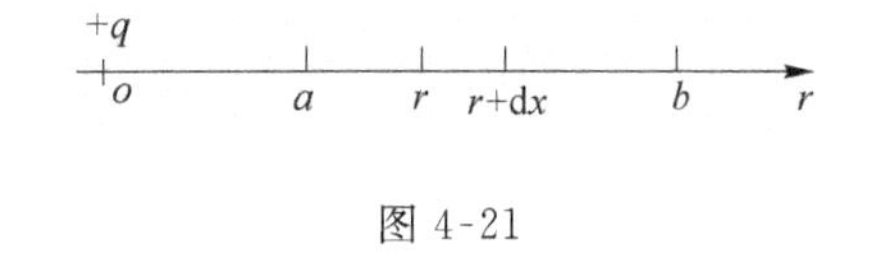

图 4-21

$$\mathrm{d}W=\frac{kq}{r^2}\mathrm{d}r,$$

于是所求的功为

$$W=\int_a^b\frac{kq}{r^2}\mathrm{d}r=kq\left[-\frac{1}{r}\right]\Bigg|_a^b=kq\left(\frac{1}{a}-\frac{1}{b}\right).$$

2. 液体压力问题

由物理学可知，在稳定状态的液体中的任一点，在任何方向所受到的压强均相同，即在水深 h 处的压强为

$$p=\gamma h,$$

其中，$\lambda=\rho\cdot g$，ρ 为液体密度，$g=9.8\ \mathrm{m/s^2}$.

现有一面积为 A 的平板，水平放置在液体深度为 h 处（板面与液面平行），如图 4-22 所示，则平板一侧所受的压力为

$$F=pA=\gamma hA,$$

当平板不与水面平行时，所受侧压力问题就需要用积分解决.

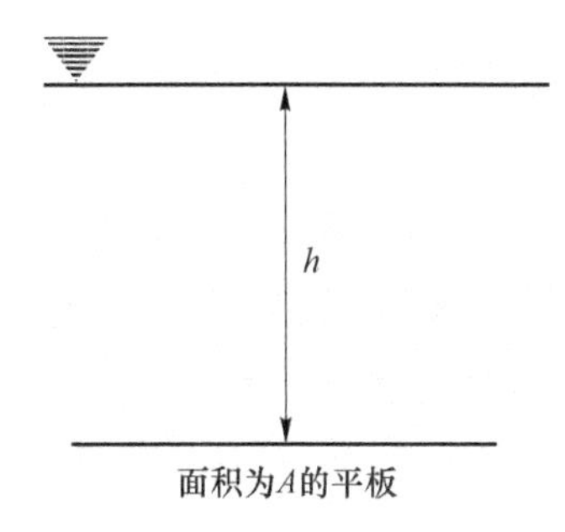

图 4-22

选取坐标系如图 4-23 所示，沿液面取 y 轴，形状为曲边梯形的平板位于液面的位置如图示，其中曲边 $y=f(x)\geqslant 0$，取平板的一个与 y 平行的窄条，该窄条在液体中的深度为 x，其面积可视为 $y\mathrm{d}x$. 于是，得到平板在液体中所受压力微元

$$\mathrm{d}F=\gamma xy\mathrm{d}x=\gamma x\cdot f(x)\mathrm{d}x,$$

从而位于液体中深度为 $x=a$ 到 $x=b$ 这一平板所受压力为

$$F=\gamma\int_a^b x\cdot f(x)\mathrm{d}x.$$

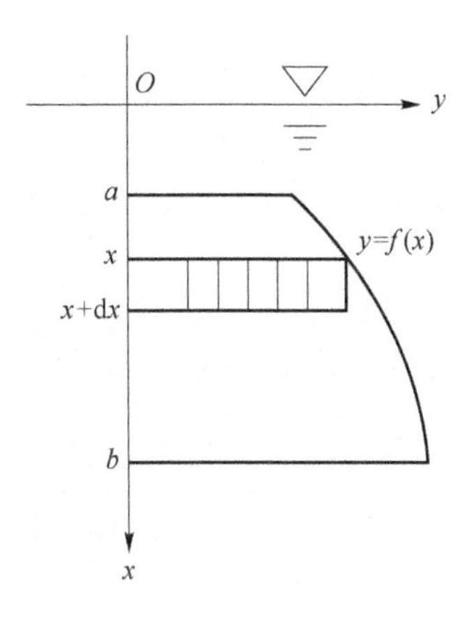

图 4-23

例 9　有一个梯形水闸，它的顶宽为 20 m，底宽为 8 m，高为 12 m. 当水面与闸门顶齐平时，试求闸门所受压力（已知水的密度 $\rho=1\,000\ \mathrm{kg/m^3}$，$g=9.8\ \mathrm{m/s^2}$）.

解　选取坐标如图 4-24 所示. 由题设可知，点 $A(0,10)$，点 $B(12,4)$，直线 AB 的方程为 $y=-\dfrac{x}{2}+10$.

注意到闸门关于 x 轴对称，故由上述公式可知闸门所受压力为

$$F = 2\gamma\int_0^{12} x\left(-\frac{x}{2}+10\right)\mathrm{d}x$$

$$= 2\gamma\left(-\frac{x^3}{6}+5x^2\right)\Big|_0^{12} = 864\gamma,$$

其中水的重力 $\gamma=\rho\cdot g$，又知水的密度 $\rho=1\ 000\ \mathrm{kg/m^3}$，$g=9.8\ \mathrm{m/s^2}$，则

$$\gamma=10^3\times 9.8=9.8\times 10^3\ \mathrm{N/m^3},$$

于是闸门所受的压力为

$$F=864\times 9.8\times 10^3=8.467\times 10^6\ \mathrm{N}.$$

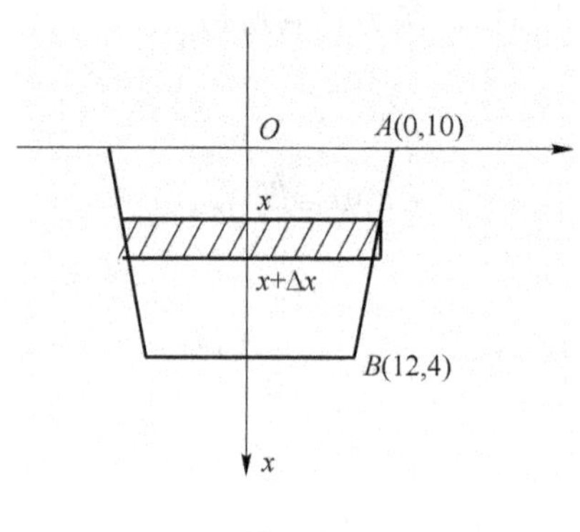

图 4-24

3. 现金流量的现值问题

如果收益(或支出)不是单一数额，而是在每单位时间内，如在每一年末都有收益(或支出)，这称为现金流量.

设现金流量是连续的，则现金流量将是时间 t 的函数 $R(t)$.

若 t 以年为单位，在时间点 t 每年的流量为 $R(t)$，这样，在一个很短的时间间隔 $[t,t+\mathrm{d}t]$ 内，现金流量的总量的近似值是

$$R(t)\mathrm{d}t,$$

当贴现率为 r，按连续复利计算，其现值应是

$$R(t)\cdot \mathrm{e}^{-rt}\mathrm{d}t,$$

那么，到 n 年末收益流量的总量的现值就可用如下定积分表示

$$R=\int_0^n R(t)\cdot \mathrm{e}^{-rt}\mathrm{d}t,$$

特别地，当 $R(t)$ 是常量 A(每年收益不变，都是 A，这就称为均匀流)，则

$$R=A\int_0^n \mathrm{e}^{-rt}\mathrm{d}t=\frac{A}{r}(1-\mathrm{e}^{-rn}).$$

例 10 若连续收益流每年按 6 000 元的不变比率持续两年，且贴现率为 6%，求其现值.

解 $R=6\ 000\int_0^2 \mathrm{e}^{-0.06t}\mathrm{d}t=\frac{6\ 000}{0.06}(1-\mathrm{e}^{-0.06\times 2})=100\ 000(1-0.886\ 9)=11\ 310$ 元.

例 11 一栋楼房现价 5 000 万元，分期付款购买，10 年付清，每年付款数额相同，若贴现率为 4%，按连续复利计算，则每年应付款多少万元？

解 这是均匀现金流问题，设每年付款 A 万元，全部付款的总现值是已知的，即房现价 5 000 万元，于是根据均匀流量的贴现公式，有

$$5\,000 = A\int_0^{10} \mathrm{e}^{-0.04t}\mathrm{d}t = \frac{A}{0.04}(1-\mathrm{e}^{-0.04\times 10}),$$

即 $200=A(1-0.670\,3)$，$A=606.612\,1$ 万元，则每年应付款 606.612 1 万元.

习题 4.4

1. 求由下列曲线所围成图形的面积.

(1) $y=x^2, y=3x+4$；　　(2) $y=\ln x, y=0, x=\mathrm{e}$；

(3) $y=x^3, y=x$；　　(4) $y^2=x, x-2y-3=0$.

2. 求下列曲线所围成图形绕 x 轴或 y 轴旋转所成旋转体的体积.

(1) $y=x^2, x=y^2$，绕 x 轴；　　(2) $y=\dfrac{1}{x}, y=4x, y=0, x=2$，绕 x 轴；

(3) 椭圆 $\dfrac{x^2}{a^2}+\dfrac{y^2}{b^2}=1$，绕 y 轴；　　(4) $y=\mathrm{e}^{-x}(0\leqslant x<+\infty), y=0$，绕 y 轴.

3. 求由抛物线 $y=1-x^2$ 及其在点 $(1,0)$ 处的切线和 y 轴所围平面图形的面积.

4. 求由曲线 $y=\ln x$ 及其上一点 $(\mathrm{e},1)$ 处的切线和 x 轴所围平面图形的面积.

5. 求由直线 $x+y=4$ 与曲线 $xy=3$，绕 x 轴旋转一周所得旋转体体积.

6. 求由直线 $y=\dfrac{R}{h}x, x\in(0,h)$ 和直线 $x=h$，绕 x 轴旋转一周所得旋转体体积.

7. 有一垂直水平面的半圆形闸门，半径为 a 且其直径位于水的表面上，求水对闸门的压力？（已知水的密度 $\rho=10^3\ \mathrm{kg/m^3}$，$g=10\ \mathrm{m/s^2}$）

8. 有一正方形薄板，其对角线长度为 1 m，现将薄板垂直放在水中，使它的一个顶点位于离水面 1 m 处，而一条对角线平行于水面，求薄板一侧所受的压力 P？（水的密度 $\rho=10^3\ \mathrm{kg/m^3}$）

9. 连续收益流每年 500 元，设年利率为 8%，按连续复利计算为期 10 年，求总值为多少？现值为多少？

10. 年利率为 9%，抵押借债 35 000 元，为期 25 年，按连续复利计算，每月应还债多少才能付清？

综合练习四

1. 填空题

(1) 设 $\int_0^x f(t)\mathrm{d}t = a^{3x}$，则 $f(x)=$ ______；

(2) 设 $F(x)=\int_0^x \sin t^2\mathrm{d}t$，则 $F'(x)=$ ______；

(3) 设 $F(x)=\int_x^{-1} t\mathrm{e}^{-t}\mathrm{d}t$，则 $F'(x)=$ ______；

(4) 连续曲线 $y=f(x)$ 在区间 $[a,b]$ 上与 x 轴围成三块面积 S_1、S_2、S_3，其中 S_2 在 x 轴上方，S_1 和 S_3 在 x 轴下方，已知 $S_1=2S_2-q$，$S_2+S_3=p(p\neq q)$，则 $\int_a^b f(x)\mathrm{d}x=$ ______；

(5) 积分$\int_1^2 \frac{dx}{\sqrt{x}(1+x)} =$ ______.

2. 单选题

(1) 函数 $f(x)$在闭区间$[a,b]$上可积的必要条件是 $f(x)$在$[a,b]$上(　　).

A. 有界　　B. 无界　　C. 单调　　D. 连续

(2) 函数 $f(x)$在闭区间$[a,b]$上连续是 $f(x)$在$[a,b]$上可积的(　　).

A. 必要非充分条件　　B. 充分非必要条件

C. 充分必要条件　　D. 无关条件

(3) 初等函数在其定义区间$[a,b]$上一定(　　).

A. 可导　　B. 可微　　C. 可积　　D. 以上均不成立

(4) 设$\int_0^2 xf(x)dx = k\int_0^1 xf(2x)dx$,则 $k =$ (　　).

A. 1　　B. 2　　C. 3　　D. 4

(5) $\frac{d}{dx}\int_a^b \arctan x dx =$ (　　).

A. $\arctan x$　　B. $\arctan b - \arctan a$

C. 0　　D. $\frac{1}{1+x^2}$

3. 计算下列不定积分

(1) $\int 3^{\sin x}\cos x dx$;　　(2) $\int \frac{\arctan x}{1+x^2}dx$;

(3) $\int \frac{x^4}{1+x^2}dx$;　　(4) $\int \frac{1}{\sqrt{x}(1+x)}dx$;

(5) $\int \frac{e^x}{1+e^{2x}}dx$;　　(6) $\int \frac{1}{x\ln x}dx$;

(7) $\int \frac{\arccos x}{\sqrt{1-x^2}}dx$;　　(8) $\int \frac{\ln x + 2}{x}dx$;

(9) $\int e^{-x}\sin x dx$;　　(10) $\int \sin^3 x dx$.

4. 计算下列定积分

(1) $\int_1^3 \frac{1+2x^2}{x^2(1+x^2)}dx$;　　(2) $\int_{-(e+1)}^{-2} \frac{1}{x+1}dx$;

(3) $\int_{\frac{\pi}{4}}^{\frac{\pi}{2}} \cot^2 x dx$;　　(4) $\int_0^{\frac{\pi}{2}} |\sin x - \cos x| dx$;

(5) $\int_0^3 \frac{x}{\sqrt{1+x}}dx$;　　(6) $\int_0^2 |1-x| dx$;

(7) $\int_1^2 \frac{1}{x^2}e^{\frac{1}{x}+1}dx$;　　(8) $\int_0^{\frac{\pi}{4}} \frac{1}{1+\sin x}dx$;

(9) $\int_0^1 \frac{1}{e^x + e^{-x}}dx$;　　(10) $\int_1^e \cos\ln x dx$.

5. 用适当方法计算下列定积分

(1) $\int_0^{\frac{\pi}{2}} (1+\cos x)^2 \sin x dx$;　　(2) $\int_0^{\frac{\pi}{4}} \frac{\cos 2x}{\cos x + \sin x}dx$;

(3) $\int_0^1 e^{\sqrt{x}}dx$；　　(4) $\int_0^1 \frac{1}{\sqrt{x}}e^{\sqrt{x}}dx$；

(5) $\int_0^1 xe^{2x}dx$；　　(6) $\int_0^{\frac{\pi}{4}} x\sec^2 x dx$；

(7) $\int_{\frac{1}{e}}^{e} |\ln x| dx$；　　(8) $\int_0^4 \frac{\sqrt{x}}{1+\sqrt{x}}dx$.

6. 设 $f(x)$连续且$\int_0^{x^2-1} f(t)dt = x$，求 $f(7)$.

7. 判断反常积分的敛散性，若收敛，则计算它的值.

(1) $\int_1^{+\infty} e^{-\sqrt{x}}dx$；　　(2) $\int_{-\infty}^{+\infty} \frac{1}{x^2+2x+2}dx$；

(3) $\int_{-\infty}^{0} xe^x dx$；　　(4) $\int_0^1 \frac{\arcsin x}{\sqrt{1-x^2}}dx$.

8. 选择恰当的积分变量求下列各图形中阴影部分的面积.

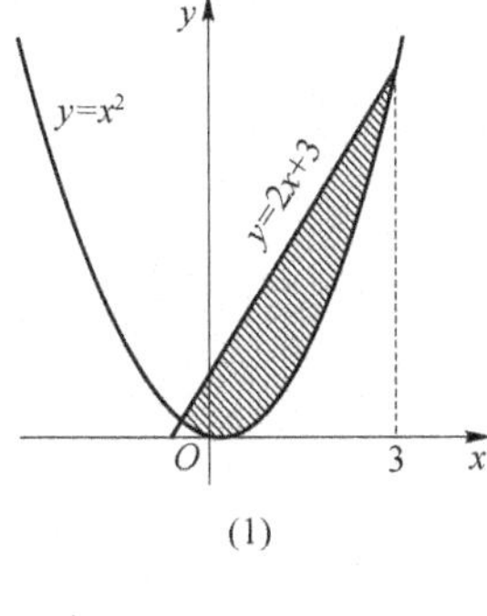

(1)

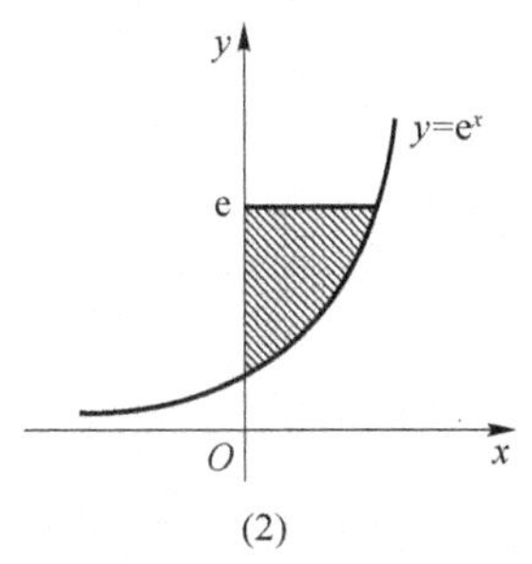

(2)

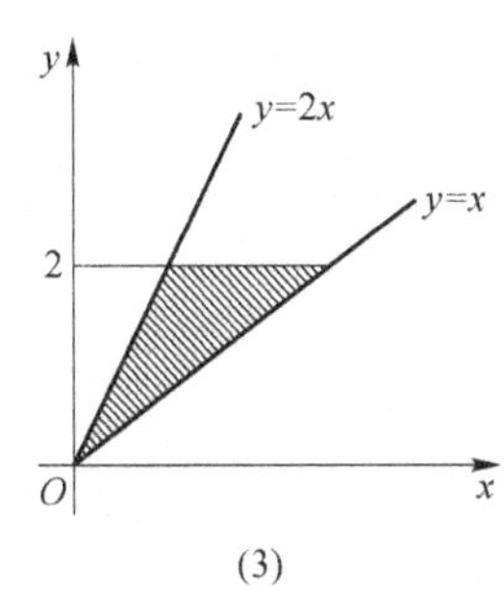

(3)

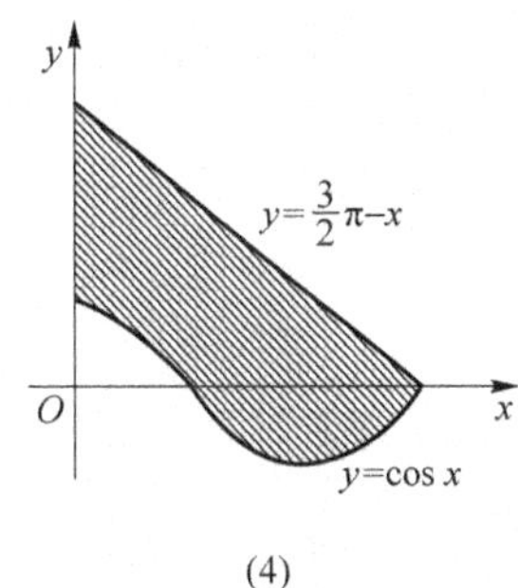

(4)

9. 求由曲线 $y=e^x$，$y=e^{-x}$及 $x=1$ 所围图形的面积.

10. 求曲线 $y=4-x^2(x>0)$与 y 轴及 $y=-4$ 所围图形的面积.

11. 求抛物线 $y=x^2$，直线 $x=2$ 与 x 轴绕 x 轴旋转而成的旋转体的体积.

12. 求直线 $y=2x(-1\leqslant x\leqslant 2)$分别绕 x 轴和 y 轴旋转而成的旋转体的体积.

13. 计算 $y=\sin x$ 在$[0,\pi]$上的图形绕 x 轴旋转而成的旋转体的体积.

14. 某机器使用寿命为 10 年，如购进机器需要 40 000 元，如租用此机器每月租金为 500 元，设投资年利率为 14%，按连续复利计算，购进与租用哪一种方式合算？

提高题四

一、填空题(本题共 30 分,每小题 3 分)

1. $\int_{-1}^{1}(x^2+x\cos x)\mathrm{d}x=$ ________.

2. $\int_{-\pi}^{\pi}(x^2+\sin x)\mathrm{d}x=$ ________.

3. $\int_{\frac{1}{e}}^{e}|\ln x|\mathrm{d}x=$ ________.

4. $\int_{\frac{1}{e}}^{e}\left|\frac{\ln^3 x}{x}\right|\mathrm{d}x=$ ________.

5. 设平面图形由 $y=e^x, y=e, x=0$ 所围成,则其面积为________.

6. $\int_{\frac{1}{2}}^{1}\frac{1}{x^2}\cdot e^{\frac{1}{x}}\mathrm{d}x=$ ________.

7. $\frac{\mathrm{d}}{\mathrm{d}x}\left[\int_{0}^{x}(e^t\cdot\sin t)\mathrm{d}t\right]=$ ________.

8. $\mathrm{d}\left[\int_{0}^{100}\sqrt{100-x}\mathrm{d}x\right]=$ ________.

9. 若$\int_{0}^{+\infty}e^{-kx}\mathrm{d}x=\frac{1}{2}$,则 $k=$ ________.

10. 反常积分$\int_{0}^{+\infty}e^{-ax}\mathrm{d}x(a>0)$ 收敛于________.

二、计算题(本题共 24 分,每小题 8 分)

1. 计算定积分$\int_{0}^{\pi}(x-\pi)\cos x\mathrm{d}x$.

2. 计算定积分$\int_{-2}^{0}\frac{\mathrm{d}x}{x^2+2x+2}$.

3. 计算定积分 $\int_{0}^{a}x^2\sqrt{a^2-x^2}\mathrm{d}x$.

三、证明题(本题共 16 分,每小题 8 分)

1. 证明:$\int_{x}^{1}\frac{\mathrm{d}x}{1+x^2}=\int_{1}^{\frac{1}{x}}\frac{\mathrm{d}x}{1+x^2}$.

2. 若 $f(t)$ 是连续函数且为奇函数,证明$\int_{0}^{x}f(t)\mathrm{d}t$ 是偶函数.

四、求解题(本题共 30 分,每小题 15 分)

1. 设函数 $f(x)=\begin{cases}xe^{-x^2}, & x\geqslant 0\\ \frac{1}{1+\cos x}, & -1<x<0\end{cases}$,计算 $\int_{1}^{4}f(x-2)\mathrm{d}x$.

2. 已知函数 $f(x)$在$[-1,1]$上连续且满足 $f(x)=3x-\sqrt{1-x^2}\int_{0}^{1}f^2(x)\mathrm{d}x$,求 $f(x)$.

第5章　微分方程

【导学】　微积分研究的对象是函数关系，但在实际问题中，常常很难直接建立所研究的变量之间的函数关系，却比较容易建立这些变量与它们的导数或微分之间的联系，从而得到一个关于未知函数的导数或微分的方程，该方程即所谓的微分方程．微分方程在自然科学、工程技术和经济学等领域中有着广泛的应用．本章重点研究常见的微分方程的解法，并结合实际探讨微分方程的应用问题．

5.1　微分方程的基本概念

【教学要求】　本节介绍微分方程的基本概念，要求掌握微分方程的阶、解、通解、初始条件和特解等一些基本概念．

5.1.1　认识微分方程

什么是微分方程呢？下面通过几何学、物理学中两个实例来认识一下微分方程．

例1　一曲线通过点$(-1,2)$，且在该曲线上任一点$M(x,y)$处的切线的斜率为$2x$，求该曲线的方程．

解　设所求曲线的方程为$y=y(x)$，根据题意和导数的几何意义，该曲线应满足下面关系：

$$\frac{\mathrm{d}y}{\mathrm{d}x}=2x.$$

我们的目的是寻找一个符合上述条件且符合$x=-1,y=2$条件的方程．有两种方法解决这个问题．

方法1　当一个等式是$\frac{\mathrm{d}y}{\mathrm{d}x}=g(x)$形式的时候，通过观察可知$y$必是$g(x)$的一个不定积分．这就是说

$$y=\int g(x)\mathrm{d}x,$$

在题中

$$y=\int 2x\mathrm{d}x=x^2+C,$$

$$y=x^2+C.$$

方法2　将$\frac{\mathrm{d}y}{\mathrm{d}x}$看作两个微分的商，将等式$\frac{\mathrm{d}y}{\mathrm{d}x}=2x$两边同时乘以$\mathrm{d}x$，得到

$$dy=2xdx,$$

接着，将等式 $dy=2xdx$ 两边同时积分，结果是一样的，

$$\int dy=\int 2xdx,$$

$$y+C_1=x^2+C_2,$$

$$y=x^2-C_2-C_1,$$

$$y=x^2+C.$$

第二种方法不仅仅限于解决类似$\frac{dy}{dx}=g(x)$形式的简单问题，它运用范围十分广泛，之后我们将会看到这一点.

把条件 $x=-1,y=2$ 代入 $y=x^2+C$，得

$$2=1^2+C,$$

由此得出 $C=1$，把 $C=1$ 代入 $y=x^2+C$，得所求曲线方程

$$y=x^2+C.$$

例 2 列车在平直线路上以 20 m/s(相当于 72 km/h)的速度行驶，当制动时列车获得加速度$-0.4\ m/s^2$，问开始制动后多少时间列车才能停住以及列车在这段时间里行驶了多少路程？

解 设列车开始制动后 t s 内行驶了 s m，根据题意，反映制动阶段列车运动规律的函数 $s=s(t)$应满足方程

$$\frac{d^2s}{dt^2}=-0.4.$$

另外，未知函数 $s=s(t)$还应满足下列条件：$s(0)=0$，$v(0)=s'(0)=20$.

把等式$\frac{d^2s}{dt^2}=-0.4$ 两端积分一次，得

$$v(t)=-0.4t+C_1,$$

再积分一次，得

$$s(t)=-0.2t^2+C_1t+C_2,$$

这里 C_1,C_2 都是任意常数.

把条件 $v(0)=20$ 代入 $v(t)=\frac{ds}{dt}=-0.4t+C_1$，得 $C_1=20$；把条件 $s(0)=0$ 代入 $s(t)=-0.2t^2+C_1t+C_2$ 得 $C_2=0$，由此可得

$$v(t)=-0.4t+20,$$

$$s(t)=-0.2t^2+20t.$$

令 $v(t)=0$ 得到列车从开始制动到完全停住所需的时间

$$t=\frac{20}{0.4}=50\ s,$$

把 $t=50$ 代入 $s(t)=-0.2t^2+20t$，得到列车在制动阶段行驶的路程

$$s(50)=-0.2\times 50^2+20\times 50=500\ m.$$

上述两个例子得到的两个等式中都含有未知函数导数，称它们为微分方程.

5.1.2　微分方程的基本概念

1. 微分方程的概念

定义 1　凡含有自变量，未知函数及未知函数的某些阶导数(或微商)的方程，称为**微分方程**.

当微分方程中的未知函数为一元函数时，称此微分方程为**常微分方程**. 当未知函数为多元函数，微分方程中含有未知函数的偏导数，称此微分方程为**偏微分方程**.

例如，$y'=x^2$，$\frac{dy}{dx}+p(x)y=\theta(x)$，$\frac{d^2u}{du^2}=-0.6$ 均为常微分方程. 而 $\frac{\partial^2 T}{\partial x^2}=4\frac{\partial T}{\partial t}$ 则是偏微分方程. 本章只讨论常微分方程.

2. 微分方程的阶

定义 2　微分方程中所出现的未知函数的最高阶导数的阶数，称为该**微分方程的阶**.

如前面例 1 中方程 $\frac{dy}{dx}=2x$ 是一阶微分方程；前面例 2 中方程 $\frac{d^2s}{dt^2}=-0.4$ 是二阶微分方程.

又如，$y'''+x^3y''-xy^2=\cos x$ 是三阶微分方程；$xy^{(4)}+y'''-5y'+13xy=e^{2x}$ 是四阶微分方程.

一阶常微分方程的一般**隐式形式**为：$F(x,y,y')=0$.

一阶常微分方程的一般**显式形式**为：$y'=f(x,y)$.

类似地，n **阶隐方程**的一般形式为：$F(x,y,y',\cdots,y^{(n)})=0$.

　　　　n **阶显方程**的一般形式为：$y^{(n)}=f(x,y,y',\cdots,y^{(n-1)})$.

其中 F 及 f 分别是它所依赖的变元的已知函数.

例 3　判断下列微分方程的阶.

(1) $y''-5xy'=1$；　(2) $\frac{dy}{dx}=x^2+5$；

(3) $y^{(4)}+xy''-3xy'=0$；　(4) $\frac{d^ny}{dx^2}=x^2+1$.

解　(1) 2 阶；(2) 1 阶；(3) 4 阶；(4) n 阶.

3. 微分方程的解、通解和特解

定义 3　若将一个函数代入微分方程中，使微分方程成为恒等式，则称这个函数是该**微分方程的解**.

有时也常说一个函数“满足”某方程，这句话的意思就是一个函数是某方程的解. 从解的定义上看，微分方程的解与代数方程的解类似，但微分方程的解要复杂得多.

如前面例 1 中的函数 $y=x^2+C$ 与 $y=x^2+1$ 都是微分方程 $\frac{dy}{dx}=2x$ 的解，而例 2 中的函数 $s(t)=-0.2t^2+C_1t+C_2$，$s(t)=-0.2t^2+20t$ 都是微分方程 $\frac{d^2s}{dt^2}=-0.4$ 的解.

再如，一阶微分方程 $\frac{dy}{dx}=-\frac{x}{y}$，有解 $y=\pm\sqrt{1-x^2}$，即关系式 $x^2+y^2=1$ 包含了方程的解. 像这种方程的解是某关系式的隐函数，我们称这个关系式为该方程的**隐式解**. 通常把**方程解**和**隐式解**统称为方程的**解**.

定义 4　如果微分方程的解中所含的相互独立的任意常数的个数与微分方程的阶数相等,则称此解为**微分方程的通解**.

如前面例 1 中的方程$\frac{dy}{dx}=2x$是一阶微分方程,它的通解 $y=x^2+C$ 中含有一个任意常数,而例 2 中的方程$\frac{d^2s}{dt^2}=-0.4$是二阶微分方程,它的通解 $s(t)=-0.2t^2+C_1t+C_2$ 中恰含有二个独立的任意常数.

例 4　验证 $e^y-e^x=C$(C 为任意常数)为微分方程$\frac{dy}{dx}=e^{x-y}$的通解.

解　对方程 $e^y-e^x=C$ 两边同时求导得

$$e^y\cdot y'-e^x=0,$$

整理后得到

$$y'=\frac{e^x}{e^y}=e^{x-y},\text{即 }\frac{dy}{dx}=e^{x-y}.$$

又因 $e^y-e^x=C$ 含有一个任意常数,而$\frac{dy}{dx}=e^{x-y}$为一阶微分方程,故

$$e^y-e^x=C\quad(C\text{ 为任意常数})$$

是微分方程的通解.

从例 4 中可知,要验证一个函数是否为微分方程的通解,首先要看函数所含的相互独立的任意常数是否和微分方程的阶数相等,其次将函数代入方程看是否使之成为恒等式.

由于通解中含有任意常数,所以它还不能完全准确地反映出某一客观事物的特性,要想完全准确地反映客观事物的特性,必须确定这些常数的值. 因此,要根据具体问题,给出确定这些常数的条件.

一般地,一阶微分方程的**初始条件**为当 $x=x_0$ 时,$y=y_0$,常记作

$$y|_{x=x_0}=y_0\text{ 或 }y(x_0)=y_0;$$

二阶微分方程的**初始条件**为当 $x=x_0$ 时,$y=y_0$,$y'=y'_0$,常记作

$$y|_{x=x_0}=y_0,y'|_{x=x_0}=y'_0\text{ 或 }y(x_0)=y_0,y'(x_0)=y'_0.$$

如前面例 1 中的条件“$x=-1,y=2$”,前面例 2 中的条件 $s(0)=0$, $v(0)=s'(0)=20$.

定义 5　微分方程满足某个初始条件的解称为**微分方程的特解**.

如前面例 1 中的函数 $y=x^2+1$ 就是方程$\frac{dy}{dx}=2x$满足初始条件“$x=-1,y=2$”的特解,例 2 的函数 $s(t)=-0.2t^2+20t$ 就是方程$\frac{d^2s}{dt^2}=-0.4$满足初始条件 $s(0)=0$, $v(0)=s'(0)=20$ 的特解.

在初始条件下求微分方程的解的问题称为**微分方程的初值问题**. 于是,
一阶微分方程的初值问题,可表示为

$$\begin{cases}y'=f(x,y)\\ y|_{x=x_0}=y_0\end{cases};$$

二阶微分方程的初值问题,可表示为

$$\begin{cases}y''=f(x,y,y')\\ y|_{x=x_0}=y_0,y'|_{x=x_0}=y'_0\end{cases}.$$

例 5　验证函数 $y=(x^2+C)\sin x$(C 为任意常数)是方程

$$\frac{dy}{dx}-y\cot x-2x\sin x=0$$

的通解，并求满足初始条件 $y\Big|_{x=\frac{\pi}{2}}=0$ 的特解.

解　函数 $y=(x^2+C)\sin x$ 含有一个任意常数，其个数与方程的阶数相等. 对函数求导，得

$$\frac{dy}{dx}=2x\sin x+(x^2+C)\cos x,$$

把 y 和$\frac{dy}{dx}$代入方程$\frac{dy}{dx}-y\cot x-2x\sin x=0$，得

左端$=[2x\sin x+(x^2+C)\cos x]-[(x^2+C)\sin x]\cot x-2x\sin x=0=$右端.

所以，函数 $y=(x^2+C)\sin x$ 是该微分方程的通解.

将初始条件 $y\Big|_{x=\frac{\pi}{2}}=0$ 代入通解 $y=(x^2+C)\sin x$ 中，得 $C=-\frac{\pi^2}{4}$，从而所求特解为

$$y=\left(x^2-\frac{\pi^2}{4}\right)\sin x.$$

一般地，微分方程的特解的图形是一条曲线，称为该微分方程的一条**积分曲线**. 已知一个微分方程的解有无穷多个，它对应于平面上无穷多条积分曲线，称为该微分方程的**积分曲线簇**. 通解是一簇曲线. 而初值问题$\begin{cases}y'=f(x,y)\\ y|_{x=x_0}=y_0\end{cases}$就是微分方程过点$(x_0,y_0)$的那条积分曲线.

习题 5.1

1. 指出下列微分方程的阶数.

(1) $\frac{dy}{dx}+3xy=e^x-\sin x$；　(2) $y'+(y')^2+y=0$；

(3) $(y'')^2+4y'-5y+x=0$；　(4) $L\frac{d^2Q}{dt^2}+R\frac{dQ}{dt}+\frac{Q}{t}=0$.

2. 验证下列各题中的函数是否为相应方程的解，并指出是通解还是特解.

(1) $y''+y=0$，　$y=3\sin x-4\cos x$；

(2) $y'-2y=0$，　$y=\sin x$，　$y=ce^{2x}$，$y=e^x$，$y=e^{2x}$；

(3) $(x-2y)y'=2x-y$ 由方程 $x^2-xy+y^2=c$ 所确定的函数；

(4) $y''-2y'+y=0$，　$y=e^x$，　$y=(c_1+c_2x)e^x$，　$y=x^2e^x$.

3. 验证函数 $y=cx^3$ 是微分方程 $3y-xy'=0$ 的通解，并求满足初始条件 $y|_{x=1}=2$ 的特解.

5.2　一阶微分方程

【教学要求】　本节要求掌握可分离变量的微分方程、齐次型微分方程和一阶线性微分方程的求解方法.

一阶微分方程的一般形式是

$$F(x,y,y')=0 \quad 或 \quad y'=f(x,y).$$

下面介绍几种常见的一阶微分方程及其解法.

5.2.1 可分离变量微分方程

微分方程的种类繁多,解法也各不相同,自本节开始讨论几种常见的一阶微分方程的解法.下面我们研究一阶微分方程的**初等解法**,即把微分方程的求解问题化为积分问题,因此也称**初等积分法**.虽然能用初等积分法求解的方程属特殊类型,但它们却经常出现在实际应用中,同时掌握这些方法与技巧,也为今后研究新问题时提供参考和借鉴.

下面先介绍可分离变量的微分方程及其解法.

定义 1 若微分方程具有如下形式

$$\frac{dy}{dx}=f(x)\cdot g(y),$$

则称该方程为**可分离变量的微分方程**,其中 $f(x)$和 $g(y)$都是连续函数.

该方程特点是:一端是只含有 y 的函数和 dy,另一端是只含有 x 的函数和 dx.

可分离变量方程的求解步骤为:

第 1 步,分离变量 $\quad \dfrac{dy}{g(y)}=f(x)dx \ (g(y)\neq 0)$;

第 2 步,两边积分 $\quad \displaystyle\int \frac{dy}{g(y)}=\int f(x)dx$;

第 3 步,求出通解 $\quad G(y)=F(x)+C$.

其中,$G(y)$和 $F(x)$分别为$\dfrac{1}{g(y)}$和 $f(x)$的原函数.

方程 $G(y)=F(x)+C$ 所确定的隐函数就是方程$\dfrac{dy}{dx}=f(x)g(y)$的通解,故称方程 $G(y)=F(x)+C$ 为方程$\dfrac{dy}{dx}=f(x)g(y)$的**隐式通解**.

注意 若存在 y_0,使 $g(y_0)=0$,则可直接验证 $y=y_0$ 也是方程$\dfrac{dy}{dx}=f(x)g(y)$的解(称为**常数解**).一般而言,这种解会在分离变量时丢失,且可能不含于通解 $G(y)=F(x)+C$ 中,应注意补上这些可能丢失的解.

上述求可分离变量方程的通解的方法称为解微分方程的**分离变量法**.

例 1 求微分方程$\dfrac{dy}{dx}-y\sin x=0$ 的通解.

解 ① 分离变量

$$\frac{dy}{y}=\sin x dx,$$

② 两边积分

$$\int \frac{dy}{y}=\int \sin x dx,$$

③ 解得

$$\ln|y|=-\cos x+C_1,$$

故方程通解为

$$y=\pm e^{C_1}e^{-\cos x} \text{或} y=Ce^{-\cos x} \quad (\text{其中} C=\pm e^{C_1}).$$

例 2　求微分方程$\frac{dy}{dx}=e^{2x-y}$满足初始条件$y|_{x=0}=1$的特解.

解　① 分离变量

$$e^y dy=e^{2x}dx,$$

② 两边积分

$$\int e^y dy=\int e^{2x}dx,$$

③ 得出通解

$$e^y=\frac{1}{2}e^{2x}+C \quad (\text{其中} C \text{为任意常数}).$$

将初始条件 $y|_{x=0}=1$ 代入通解中得到 $C=e-\frac{1}{2}$,故所求特解为 $e^y=\frac{1}{2}e^{2x}+e-\frac{1}{2}$.

例 3　求微分方程 $2(1+e^x)ydy-e^x dx=0$ 满足初始条件 $y|_{x=0}=1$ 的特解.

解　① 分离变量

$$2ydy=\frac{e^x}{1+e^x}dx,$$

② 两边积分

$$2\int ydy=\int \frac{e^x}{1+e^x}dx,$$

③ 得出通解

$$y^2=\ln(1+e^x)+C \quad (\text{其中} C \text{为任意常数}).$$

将初始条件 $y|_{x=0}=1$ 代入通解中得到 $C=1-\ln 2$,所求特解为

$$y^2=\ln(1+e^x)+1-\ln 2.$$

5.2.2　齐次型微分方程

定义 2　形如

$$\frac{dy}{dx}=f\left(\frac{y}{x}\right)$$

的一阶微分方程,称为**齐次型微分方程**,简称**齐次型方程**.

在齐次型方程$\frac{dy}{dx}=f\left(\frac{y}{x}\right)$中,作变量代换,引入新的未知函数 u,令 $u=\frac{y}{x}$, 则有

$$y=xu,$$

两端关于 x 求导可得

$$\frac{dy}{dx}=u+x\frac{du}{dx},$$

代入原方程,得

$$u+x\frac{du}{dx}=f(u),$$

方程 $u+x\frac{du}{dx}=f(u)$为可分离变量方程,分离变量后可得

$$\frac{\mathrm{d}u}{f(u)-u}=\frac{\mathrm{d}x}{x},$$

两端积分，得

$$\int\frac{\mathrm{d}u}{f(u)-u}=\int\frac{\mathrm{d}x}{x}.$$

求出积分后，再用$\frac{y}{x}$代替u，便得方程$\frac{\mathrm{d}y}{\mathrm{d}x}=f\left(\frac{y}{x}\right)$的通解.

例 4　求微分方程 $x\mathrm{d}y=(y-x)\mathrm{d}x$ 的通解.

解　将方程化为 $y'=\frac{y}{x}-1$.

令 $u=\frac{y}{x}$，则 $y=xu$，$y'=u+xu'$，代入原方程并化简后得

$$xu'=-1,$$

分离变量，得

$$\mathrm{d}u=-\frac{1}{x}\mathrm{d}x,$$

两边积分，得

$$u=-\ln x+C\quad(\text{其中 } C \text{ 为任意常数}).$$

将 $u=\frac{y}{x}$代入，得原方程通解为

$$\frac{y}{x}=-\ln x+C \text{ 或 } y=-x\ln x+Cx.$$

例 5　求方程 $y'=\frac{y}{x}+\tan\frac{y}{x}$的通解.

解　这是一个齐次型方程. 令 $u=\frac{y}{x}$，则原方程化为

$$u+xu'=u+\tan u,$$

分离变量，得

$$\frac{\mathrm{d}u}{\tan u}=\frac{\mathrm{d}x}{x},$$

两边积分，得

$$\ln|\sin u|=\ln|x|+\ln|C|,$$

从而有

$$\sin u=Cx.$$

将 $u=\frac{y}{x}$代入上式得原方程的通解为

$$\sin\frac{y}{x}=Cx\quad(\text{其中 } C \text{ 为任意常数}).$$

例 6　求方程 $xy'=y(1+\ln y-\ln x)$满足初始条件 $y|_{x=1}=\mathrm{e}$的特解.

解　原方程可化为齐次型方程

$$\frac{\mathrm{d}y}{\mathrm{d}x}=\frac{y}{x}\left(1+\ln\frac{y}{x}\right),$$

令 $u=\frac{y}{x}$，则原方程化为

$$x\frac{du}{dx}+u=u(1+\ln u),$$

分离变量,得

$$\frac{du}{u\ln u}=\frac{dx}{x},$$

两端积分,得

$$\ln|\ln u|=\ln x+\ln|C|,$$

即

$$u=e^{Cx},$$

故原方程的通解为

$$y=xe^{Cx}\quad(\text{其中 } C \text{ 为任意常数}).$$

将初始条件 $y|_{x=1}=e$代入通解中,得 $C=1$,则所求特解为

$$y=xe^{x}.$$

5.2.3 一阶线性微分方程

定义3 形如

$$\frac{dy}{dx}+P(x)y=Q(x)$$

的方程(其中 $P(x)$,$Q(x)$为已知函数)称为**一阶线性微分方程**.这里的"线性"是指未知函数 y 和它的导数 y'最高次幂都是一次的.

若 $Q(x)\equiv0$,上式变为$\frac{dy}{dx}+p(x)y=0$,则称为**一阶线性齐次微分方程**,简称**一阶线性齐次方程**.

若 $Q(x)\neq0$,则方程$\frac{dy}{dx}+P(x)y=Q(x)$称为**一阶线性非齐次微分方程**,简称**一阶线性非齐次方程**.

设方程$\frac{dy}{dx}+P(x)y=Q(x)$为非齐次线性方程,则称方程$\frac{dy}{dx}+P(x)y=0$ 为对应于线性非齐次方程$\frac{dy}{dx}+P(x)y=Q(x)$的**线性齐次方程**.

一阶线性齐次方程$\frac{dy}{dx}+P(x)y=0$ 是可分离变量方程,分离变量,得

$$\frac{dy}{y}=-P(x)dx,$$

两边积分,得

$$\ln|y|=-\int P(x)dx+C_1,$$

即 $y=\pm e^{C_1}e^{-\int P(x)dx}$.

令 $C=\pm e^{C_1}$,则所给方程的通解为

$$y=Ce^{-\int P(x)dx}.$$

所以一阶线性齐次方程$\frac{dy}{dx}+P(x)y=0$ 的通解为

$$y = Ce^{-\int P(x)\mathrm{d}x} \quad (\text{其中 } C \text{ 为任意常数}).$$

下面讨论一阶线性非齐次方程$\frac{\mathrm{d}y}{\mathrm{d}x}+P(x)y=Q(x)$的通解.

将$\frac{\mathrm{d}y}{\mathrm{d}x}+P(x)y=Q(x)$改写为$\frac{\mathrm{d}y}{y}=\frac{Q(x)}{y}\mathrm{d}x-P(x)\mathrm{d}x$,两边积分,得

$$\ln|y| = \int \frac{Q(x)}{y}\mathrm{d}x - \int P(x)\mathrm{d}x.$$

上式右端第一个积分含有未知函数 y,它是 x 的函数. 尽管整个积分算不出来,但这个积分也是 x 的函数,不妨记为 $v(x)$,这是一个待定的函数. 于是

$$\ln|y| = v(x) - \int P(x)\mathrm{d}x,$$

即 $y = e^{v(x)} \cdot e^{-\int P(x)\mathrm{d}x}$.

令 $u=e^{v(x)}$,它也是待定的函数,这时上式变为

$$y = u(x) \cdot e^{-\int P(x)\mathrm{d}x}.$$

虽然我们没有求出一阶线性非齐次方程的解,但已经知道解的形式是它相应的一阶线性齐次方程的解 $e^{-\int P(x)\mathrm{d}x}$ 乘上一个待定函数 $u(x)$.

或者,也可以这样看,将一阶线性齐次方程的通解 $y = Ce^{-\int P(x)\mathrm{d}x}$ 中的任意常数 C,换为 x 的待定函数 $u(x)$,便得到一阶线性非齐次方程的解的形式. 所以,我们只要设法定出这个函数即可. 这种把齐次方程的通解中的常数变易为待定函数的方法叫做**常数变易法**.

下面就来确定出这个函数 $u(x)$.

将 $y = u(x) \cdot e^{-\int P(x)\mathrm{d}x}$ 两边求导,得

$$y' = u'(x)e^{-\int P(x)\mathrm{d}x} + u(x)e^{-\int P(x)\mathrm{d}x}[-P(x)],$$

把 y, y' 代入非齐次方程,整理化简,得

$$u'(x) \cdot e^{-\int P(x)\mathrm{d}x} = Q(x),$$

即 $u'(x) = Q(x) \cdot e^{\int P(x)\mathrm{d}x}$.

两边积分,得

$$u(x) = \int Q(x)e^{\int P(x)\mathrm{d}x}\mathrm{d}x + C,$$

所以,一阶线性非齐次方程的通解为

$$y = \left[\int Q(x)e^{\int P(x)\mathrm{d}x}\mathrm{d}x + C\right]e^{-\int P(x)\mathrm{d}x}$$

或

$$y = Ce^{-\int P(x)\mathrm{d}x} + e^{-\int P(x)\mathrm{d}x}\int Q(x)e^{\int P(x)\mathrm{d}x}\mathrm{d}x.$$

上式右端第一项是对应的一阶线性齐次方程$\frac{\mathrm{d}y}{\mathrm{d}x}+P(x)y=0$ 的通解,第二项是一阶线性非齐次方程$\frac{\mathrm{d}y}{\mathrm{d}x}+P(x)y=Q(x)$的一个特解. 由此可知,一阶线性非齐次微分方程的通解等于对应的齐次微分方程的通解与非齐次微分方程的一个特解之和.

上面我们用常数变易法导出了一阶线性非齐次微分方程的通解公式,但这个公式形式难记,计算也比较复杂,所以求解时通常不代公式,而直接采用推导这个公式的方法即常数变易

法求解，下面举例说明.

例 7　求微分方程$\frac{dy}{dx}-y\cot x=2x\sin x$的通解.

解　这是一阶线性非齐次方程.

① 先解相应的齐次方程　$\frac{dy}{dx}-y\cot x=0$，

$$\frac{dy}{y}=\cot x dx, \ln|y|=\ln|\sin x|+\ln C,$$

得齐次方程通解 $y=C\sin x$　（其中 C 为任意常数）.

② 用常数变易法求非齐次方程的通解.

设 $y=u(x)\sin x$，则 $y'=u'(x)\sin x+u(x)\cos x$.

将 y、y'代入原方程，得到

$$u'(x)\sin x+u(x)\cos x-u(x)\sin x\cot x=2x\sin x.$$

注意　这里第二、三项必然消去. 这也可以作为检查前面的计算过程是否正确的一种方法，若这里第二、三两项不能消去，那必定是其相应的齐次方程的通解求错了.

$$u'(x)\sin x=2x\sin x, \text{即 } u'(x)=2x,$$

积分得到

$$u(x)=x^2+C,$$

所以，原非齐次方程的通解为

$$y=(x^2+C)\sin x \quad (\text{其中 } C \text{ 为任意常数}).$$

例 8　求解 $x\frac{dy}{dx}-y=x, y|_{x=1}=1$.

解　先将方程化成标准形式

$$\frac{dy}{dx}-\frac{y}{x}=1.$$

① 解相应的齐次方程 $\frac{dy}{dx}-\frac{y}{x}=0$，分离变量，$\frac{dy}{y}=\frac{1}{x}dx$，积分可得

$$\ln|y|=\ln|x|+\ln C,$$

得齐次方程通解为

$$y=Cx \quad (\text{其中 } C \text{ 为任意常数}).$$

② 常数变易法解非齐次方程.

设 $y=u(x)\cdot x$，则 $y'=u'(x)\sin x+u(x)\cos x$，将 y、y'代入原方程，得到

$$u'(x)\cdot x+u(x)-\frac{1}{x}u(x)\cdot x=1,$$

化简得

$$u'(x)=\frac{1}{x},$$

积分得

$$u(x)=\ln|x|+C,$$

所以，非齐次方程的通解为

$$y=(\ln|x|+C)x \quad (\text{其中 } C \text{ 为任意常数}).$$

③ 将初始条件 $y|_{x=1}=1$ 代入通解，可得

$$1=(\ln 1+C)\text{，即 }C=1,$$

所以满足初始条件的特解为

$$y=(\ln|x|+1)x.$$

习题 5.2

1. 求下列微分方程的通解.

(1) $xy\mathrm{d}x+\sqrt{1-x^2}\mathrm{d}y=0$；

(2) $y'=\mathrm{e}^{x+y}$；

(3) $y'-\mathrm{e}^{x-y}+\mathrm{e}^x=0$；

(4) $xy'-y+1=0$；

(5) $(y+1)^2y'+x^3=0$；

(6) $(1+x)y'+1=2\mathrm{e}^{-y}$；

(7) $y'+y\tan x=\sin 2x$；

(8) $(1+x^2)y'-2xy=(1+x^2)^2$；

(9) $y'-y\tan x=\sec x$；

(10) $xy'+y=x^3+3x+2$；

(11) $xy'\ln x+y=x(\ln x+1)$；

(12) $\frac{\mathrm{d}y}{\mathrm{d}x}+\frac{y}{x}=\frac{\sin x}{x}$；

(13) $(x^2+y^2)\mathrm{d}x-xy\mathrm{d}y=0$；

(14) $x\frac{\mathrm{d}y}{\mathrm{d}x}=y\ln\frac{y}{x}$；

(15) $(y+\sqrt{x^2+y^2})\mathrm{d}x-x\mathrm{d}y=0$；

(16) $\frac{\mathrm{d}y}{\mathrm{d}x}=2\sqrt{\frac{y}{x}}+\frac{y}{x}$.

2. 求下列满足初始条件的微分方程的特解.

(1) $\frac{\mathrm{d}y}{\mathrm{d}x}=-\frac{x(1+y^2)}{y(1+x^2)},y|_{x=1}=1$；

(2) $\frac{x}{1+y}\mathrm{d}x-\frac{y}{1+x}\mathrm{d}y=0,y|_{x=0}=1$；

(3) $y'=\frac{x}{y}+\frac{y}{x},y|_{x=1}=2$；

(4) $y'=\mathrm{e}^{-\frac{y}{x}}+\frac{y}{x},y|_{x=1}=1$；

(5) $xy\frac{\mathrm{d}y}{\mathrm{d}x}=x^2+y^2,y|_{x=\mathrm{e}}=2\mathrm{e}$；

(6) $y'+\frac{y}{x}=\frac{\sin x}{x},y|_{x=\pi}=1$.

5.3 常微分方程应用举例

【教学要求】 本节要求会根据简单的实际问题建立微分方程，这里介绍几个常用微分方程建立数学模型的例子.

常微分方程有着深刻而生动的实际背景，它从生产实践与科学技术中产生，又成为现代科学技术分析问题与解决问题的强有力工具. 它在工程力学、流体力学、天体力学、工业自动控制以及化学、生物、经济学等多个领域都有很重要的应用. 下面介绍几个常见模型.

1. 冷却问题

例 1 将某物体放置于空气中，在时刻 $t=0$ 时，测得它的温度为 $\theta_0=150$ ℃，10 分钟后，测得温度为 $\theta_1=100$ ℃，试确定该物体的温度与时间的关系，并计算 20 分钟后物体的温度.（假定空气温度保持为 $\theta_a=24$ ℃）

解 这是一个冷却问题.

设物体在时刻 t 的温度为 $\theta=\theta(t)$，由牛顿冷却定律可得

$$\frac{d\theta}{dt}=-k(\theta-\theta_a) \quad (其中 k>0, \theta>\theta_a),$$

这是一个一阶微分方程.将上述方程改写为

$$\frac{d\theta}{\theta-\theta_a}=-k dt,$$

两边积分,可得

$$\ln(\theta-\theta_a)=-kt+\ln C \quad (C 为任意常数),$$

进而得

$$\theta-\theta_a=Ce^{-kt}.$$

根据初始条件,当 $t=0$ 时,$\theta=\theta_0$,解得常数 $C=\theta_0-\theta_a$,于是

$$\theta=\theta_a+(\theta_0-\theta_a)e^{-kt},$$

再根据 $t=10$,$\theta=\theta_1$,得到

$$\theta=\theta_a+(\theta_0-\theta_a)e^{-10k},$$

$$k=\frac{1}{10}\ln\frac{\theta_0-\theta_a}{\theta_1-\theta_a},$$

将 $\theta_0=150$,$\theta_1=100$,$\theta_a=24$ 代入上式,可得

$$k=\frac{1}{10}\ln\frac{150-24}{100-24}=\frac{1}{10}\ln 1.66\approx 0.051,$$

从而该物体的温度与时间的关系为

$$\theta=24+126e^{-0.051t},$$

并计算出 20 分钟后物体的温度为

$$\theta_2=24+126e^{-0.051\times 20}\approx 70\ ℃.$$

说明:当 $t\to+\infty$ 时,$\theta\to 24$ ℃.

经过一段时间后,物体的温度将会接近空气的温度,事实上,经过 2 小时后,物体的温度已经变为 24 ℃,与空气的温度相当接近了.该原理经常被用来作为刑事侦破案件中"**尸体死亡时间的判断**"中.

2. 衰变问题

例 2 已知某放射性材料在任何时刻 t 的衰变速度与该时刻的质量成正比,若最初有 50 g 的材料,2 小时后减少了 10%,求在任何时刻 t,该放射性材料质量的表达式.

解 这是一个衰变问题.

设时刻 t 材料的质量为 $M(t)$,由于材料的衰变速度就是 $M(t)$ 对时间 t 的导数 $\frac{dM}{dt}$,由题意可得

$$\frac{dM}{dt}=-kM \quad (其中 k(k>0) 是比例系数),$$

这是一个可分离变量的微分方程.

分离变量后积分可得

$$M=Ce^{-kt}.$$

当 $t=0$ 时,$M=50$ 代入上式可得 $C=50$,则有

$$M=50e^{-kt}.$$

由题意可知,当 $t=2$ 时,$M=50-50\times 10\%=45$,代入上式可得 $45=50e^{-2k}$,即

$$k=-\frac{1}{2}\ln\frac{45}{50}=0.053.$$

所以该放射性材料在任何时刻 t 的质量为

$$M=50e^{-0.053t}.$$

3. 动力学问题

例 3 在空气中自由落下初始质量为 m_0 的雨点均匀地蒸发着，设每秒蒸发 m，空气阻力和雨点速度成正比，如果开始雨点速度为零，试求雨点运动速度和时间的关系.

解 这是一个动力学问题.

设时刻 t 雨点运动速度为 $v(t)$，这时雨点的质量为(m_0-mt)，由牛顿第二定律知，

$$(m_0-mt)\frac{dv}{dt}=(m_0-mt)g-kv,\ v(0)=0.$$

这是一个一阶线性方程，其通解为

$$\begin{aligned} v &= e^{-\int\frac{k}{m_0-mt}dt}\left(C+\int g e^{\int\frac{k}{m_0-mt}dt}dt\right) \\ &= -\frac{g}{m-k}(m_0-mt)+C(m_0-mt)^{\frac{k}{m}}. \end{aligned}$$

由 $v(0)=0$，得 $C=\frac{g}{m-k}m_0^{\frac{m-k}{m}}$.

故雨点运动速度和时间的关系为

$$v=\frac{g}{m-k}(m_0-mt)+\frac{g}{m-k}m_0^{\frac{m-k}{m}}(m_0-mt)^{\frac{k}{m}}.$$

4. 混合溶液问题

例 4 设一容器内原有 100 L 盐，内含有盐 10 kg，现以 3 L/min 的速度注入质量浓度为 0.01 kg/L 的淡盐水，同时以 2 L/min 的速度抽出混合均匀的盐水，求容器内盐量变化的数学模型.

解 设 t 时刻容器内的盐量为 $x(t)$ kg，考虑 t 到 $t+dt$ 时间内容器中盐的变化情况，在 dt 时间内，容器中盐的改变量＝注入的盐水中所含盐量－抽出的盐水中所含盐量.

容器内盐的改变量为 dx，注入的盐水中所含盐量为 $0.01\times 3dt$，t 时刻容器内溶液的质量浓度为$\frac{x(t)}{100+(3-2)t}$，假设 t 到 $t+dt$ 时间内容器内溶液的质量浓度不变(事实上，容器内的溶液质量浓度时刻在变，由于 dt 时间很短，可以这样看). 于是抽出的盐水中所含盐量为$\frac{x(t)}{100+(3-2)t}2dt$，这样即可列出方程

$$dx=0.03dt-\frac{2x}{100+t}dt,$$

即

$$\frac{dx}{dt}=0.03-\frac{2x}{100+t}.$$

又因为 $t=0$ 时，容器内有盐 10 kg，于是得该问题的数学模型为

$$\begin{cases}\frac{dx}{dt}+\frac{2x}{100+t}=0.03\\ x(0)=10\end{cases},$$

这是一阶非齐次线性方程的初值问题，其解为

$$x(t)=0.01(100+t)+\frac{9\times10^4}{(100+t)^2}.$$

下面对该问题进行简单的讨论，由上式不难发现，t 时刻容器内溶液的质量浓度为

$$p(t)=\frac{x(t)}{100+t}=0.01+\frac{9\times10^4}{(100+t)^3},$$

且当 $t\to+\infty$ 时，$p(t)\to0.01$，即长时间地进行上述稀释过程，容器内盐水的质量浓度将趋于注入溶液的质量浓度.

溶液混合问题的更一般提法是：设有一容器装有某种质量浓度的溶液，以流量 V_1 注入质量浓度为 C_1 的溶液（指同一种类溶液，只是质量浓度不同），假定溶液立即被搅匀，并以 V_2 的流量流出这种混合溶液，试建立容器中质量浓度与时间的数学模型.

首先设容器中溶质的质量为 $x(t)$，原来的初始质量为 x_0，$t=0$ 时溶液的体积为 V_2，在 $\mathrm{d}t$ 时间内，容器内溶质的改变量等于流入溶质的数量减去流出溶质的数量，即

$$\mathrm{d}x=C_1V_1\mathrm{d}t-C_2V_2\mathrm{d}t,$$

其中 C_1 是流入溶液的质量浓度，C_2 为 t 时刻容器中溶液的质量浓度，$C_2=\frac{x}{V_0+(V_1-V_2)t}$，于是有混合溶液的数学模型

$$\begin{cases}\frac{\mathrm{d}x}{\mathrm{d}t}=C_1V_1-C_2V_2\\ x(0)=x_0\end{cases},$$

该模型不仅适用于液体的混合，而且还适用于讨论气体的混合.

习题 5.3

1. 镭、铀等放射性元素因不断放射出各种射线而逐渐减少其质量，这种现象称为放射性物质的衰变. 根据实验得知，衰变速度与现存物质的质量成正比，求放射性元素在时刻 t 的质量.

2. 一棵小树刚栽下去的时候长得比较慢，渐渐地，小树长高了而且长得越来越快，几年不见，绿荫底下已经可乘凉了；但长到某一高度后，它的生长速度趋于稳定，然后再慢慢降下来. 这一现象很具有普遍性. 试建立这种现象的数学模型.

3. 有一房间容积为 100 m^3，开始时房间空气中含有二氧化碳 0.12%，为了改善空气质量，用一台风量为 10 $\mathrm{m}^3/\mathrm{min}$ 的排风扇通入含 0.04%的二氧化碳的新鲜空气，同时以相同的风量将混合均匀的空气排出，求排出 10 min 后，房间中二氧化碳的含量百分比.

4. 细菌的增长率与细菌总数成正比，如果培养的细菌总数在 24 小时内由 100 增长为 400，那么前 12 小时后细菌总数是多少？

5. 一块甘薯被放于 200 ℃的炉子内，其温度上升的规律可用下面微分方程表示

$$\frac{\mathrm{d}y}{\mathrm{d}x}=-k(y-200),$$

其中 y 表示温度(单位:℃)，x 表示时间(单位:min)，k 为正常数.

(1) 如果甘薯被放到炉子内时的温度为 20 ℃，试求解上面的微分方程；

(2) 若 30 min 后甘薯的温度达到 120 ℃，试求这一条件下的 k 值.

6. 一个容器中盛有盐的水溶液 100 L，净含盐 10 kg，现以每分钟 3 L 的流量注入净水使盐水冲淡，同时以每分钟 2 L 的流量让盐水流出. 设容器中盐水的浓度在任何时候都是均匀的，求出任意时刻 t 容器中净盐量所满足的微分方程.

综合练习五

1. 填空题

(1) 微分方程中自变量的个数只有一个，称这种方程为__________方程；

(2) 微分方程$\frac{d^3y}{dx^3}+\frac{dy}{dx}-y^2+x^2=0$ 的阶数是__________；

(3) 形如__________的方程称为齐次型微分方程；

(4) 齐次线性方程$\frac{dy}{dx}+P(x)y=0$ 的通解是__________；

(5) 一阶线性微分方程 $y'+P(x)y=Q(x)$的通解是__________.

2. 单选题

(1) 微分方程 $y\frac{dy}{dx}=x(y^2-1)$是(　　).

A. 可分离变量方程　　B. 一阶线性方程

C. 全微分方程　　D. 齐次型方程

(2) 一个三阶微分方程的通解应该含有(　　)个任意常数.

A. 1　　B. 2　　C. 3　　D. 任意

(3) 下列方程中，不是微分方程的是(　　).

A. $\left(\frac{dy}{dx}\right)^2-3y=0$　　B. $dy-\frac{1}{x}dx=0$

C. $y'=e^{x-y}$　　D. $x^2+y^2=k$

(4) 微分方程 $xy'-\frac{y}{x}=x^3$(　　).

A. 不是可分离变量方程　　B. 是一阶齐次方程

C. 是一阶线性齐次方程　　D. 是一阶线性非齐次方程

(5) 下列方程中，不是一阶线性方程的是(　　).

A. $(x+1)y'=-(y+2e^{-x})$　　B. $y'=-\frac{y}{x}+y^2\ln x$

C. $x^2dy+(y-2xy-2x^2)dx=0$　　D. $y'=\frac{1}{1-x^2}y-1-x$

3. 求下列微分方程的通解

(1) $y'=\frac{y}{x+y}$；　　(2) $y'-2xy=e^{x^2}\cos x$；

(3) $y'-\sin(x+y)=\sin(x-y)$；　　(4) $y^2dx+(xy+1)dy=0$；

(5) $y'=y^2+2(\sin x-1)y+\sin^2 x-2\sin x-\cos x+1$.

4. 求下列微分方程满足所给初始条件的特解

(1) $x\frac{dy}{dx}+y=2\sqrt{xy}, y(1)=0$；　(2) $x^2y'+xy+1=0, y(2)=1$；

(3) $(2\cos 2x)y'\cdot y''+2\sin 2x\cdot y'^2=\sin 2x, y(0)=1, y'(0)=0$.

5. 设 $y=e^x$ 是微分方程 $xy'+p(x)y=x$ 的一个解，求微分方程满足初始条件 $y(\ln 2)=0$ 的特解.

6. 一曲线经过点(1,4)，且在两坐标轴之间的切线段被切点平分，求此曲线的方程.

7. 设 $f(x)$ 满足 $f(x)+2\int_0^x f(t)\mathrm{d}t=x^2$，求函数 $f(x)$.

8. 设 $y=y(x)$ 连续，求解积分方程 $\int_0^x ty(t)\mathrm{d}t=x^2+y(x)$.

9. 在鱼塘中捕鱼时，鱼越少捕鱼越困难，捕捞成本也就越高. 一般地假设每千克鱼的捕捞成本与当时鱼塘中的鱼量成反比，假设当鱼塘中有 x 千克鱼时，每千克的捕捞成本是 $C(x)$ 元.

(1) 若鱼塘中现有鱼量为 A 千克，当捕捞了 x 千克鱼后，此时再捕捞 $\mathrm{d}x$ 千克鱼所需要的成本是多少？

(2) 若需要捕捞的鱼量为 T 千克，则捕捞的成本应是多少？

(3) 假设当鱼塘中有 x 千克鱼时，每千克的捕捞成本是 $\frac{2\,000}{10+x}$ 元，已知鱼塘中现有鱼 10 000 千克，问从鱼塘中捕捞 6 000 千克鱼需要的成本是多少？

提高题五

一、填空题(本题共 20 分，每小题 4 分)

1. 微分方程 $y'=x$ 的通解是 $y=$________.

2. 微分方程 $y'=\frac{y}{x}$ 的通解是 $y=$________.

3. 微分方程 $xy'=1$ 的通解是 $y=$________.

4. 微分方程 $y'=\frac{x^2}{y^2}$ 的通解是 $y=$________.

5. 微分方程 $y'=xy$ 的通解是 $y=$________.

二、解答题(本题共 50 分，每小题 10 分)

1. 求微分方程 $\frac{\mathrm{d}y}{\mathrm{d}x}=1-x+y^2-xy^2$ 的通解.

2. 求微分方程 $y'=\frac{1}{2}\tan^2(x+2y)$ 的通解.

3. 求微分方程 $\left(x-y\cos\frac{y}{x}\right)\mathrm{d}x+x\cos\frac{y}{x}\mathrm{d}y=0$ 的通解.

4. 求微分方程 $\frac{\mathrm{d}y}{\mathrm{d}x}+\frac{1+x}{x}y=\frac{e^x}{x}$ 的通解.

5. 求微分方程 $y'=\frac{1}{x\cos y+\sin 2y}$ 的通解.

三、解答题(本题共 30 分，每小题 15 分)

1. 求微分方程 $\sqrt{(4+\cos x)y^3}\,\mathrm{d}y+\sin x\mathrm{d}x=0$ 满足初始条件 $y|_{x=\frac{\pi}{2}}$ 的特解.

2. 求微分方程 $x\ln x\mathrm{d}y+(y-\ln x)\mathrm{d}x=0$ 满足初始条件 $y|_{x=e}=1$ 的特解.

第6章 矩 阵

【导学】 矩阵是线性代数研究的主要对象和工具，它是计算机进行数据处理和分析的数学基础，也在经济模型、管理学和工程技术领域等方面有广泛的应用. 矩阵不仅可以把头绪纷繁的事物清晰展现出来，还可以通过矩阵的运算和变换来揭示事物之间的内在联系. 本章主要介绍矩阵的概念、运算、矩阵的初等行变换及逆矩阵.

6.1 矩阵的概念

【教学要求】 本节要求理解矩阵的定义，熟悉几种特殊的矩阵(行矩阵、列矩阵、零矩阵、方阵、对角矩阵、单位矩阵).

6.1.1 矩阵的概念及性质

在日常生活和生产实践中，经常会用数表表示一些事物与量之间的关系. 比如学生的成绩单、通路信息情况表、飞机通航信息表、物资调运表、银行的利率表、工厂中产量的统计表，等等.

1. 认识矩阵

引例 1 学生成绩单问题

某班三名学生刘宁、王宇和张朋的数学、英语、思修和电路的成绩如表 6-1 所示.

表 6-1

姓名	数学	英语	思修	电路
刘宁	70	76	91	74
王宇	90	83	87	71
张朋	60	75	85	62

分析：上述的三名学生成绩的表格，可以用下面矩形数表表示：

$$\begin{matrix}\text{刘宁}\\ \text{王宇}\\ \text{张朋}\end{matrix}\begin{pmatrix}70 & 76 & 91 & 74\\ 90 & 83 & 87 & 71\\ 60 & 75 & 85 & 62\end{pmatrix}.$$

引例 2 通路信息问题

a 省两个城市 a_1，a_2 和 b 省三个城市 b_1，b_2，b_3 的交通连接情况如图 6-1 所示，每条线表示连接该两城市的不同通路.

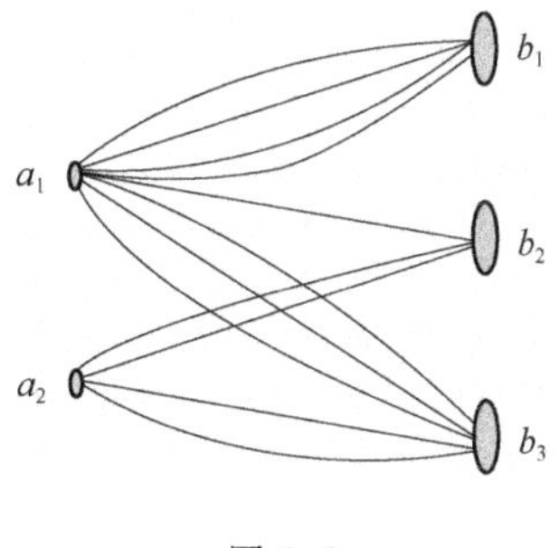

图 6-1

分析： 图 6-1 提供的通路信息，可用下面一个矩形数表表示，以便存储、计算与利用这些信息.

$$\begin{array}{c} \begin{pmatrix} 4 & 1 & 3 \\ 0 & 2 & 2 \end{pmatrix} \begin{matrix} a_1 \\ a_2 \end{matrix} . \\ \begin{matrix} b_1 & b_2 & b_3 \end{matrix} \end{array}$$

其中行表示 a 省两个城市 a_1，a_2；列表示 b 省三个城市 b_1，b_2，b_3.

引例 3　物资调运问题

现有一个物资调运方案，其中该物资产地有两个：北京、上海，销售地有三个：厦门、广州、深圳，其调运方案如表 6-2 所示.

表 6-2

销售地 / 数量/吨 / 产地	厦门	广州	深圳
北京	15	20	38
上海	27	35	42

分析： 若将表中数据，不改变原来位置，用一个圆(或方)括号括起来，则得到一个相应的 2 行 3 列的矩形数表

$$\begin{pmatrix} 15 & 20 & 38 \\ 27 & 35 & 42 \end{pmatrix}.$$

即上述调运方案可以简化成一个"数表"表示了.

引例 4　线性方程组问题

线性方程组可以表示为

$$\begin{cases} a_{11}x_1 + a_{12}x_2 + \cdots + a_{1n}x_n = b_1 \\ a_{21}x_1 + a_{22}x_2 + \cdots + a_{2n}x_n = b_2 \\ \qquad \vdots \\ a_{m1}x_1 + a_{m2}x_2 + \cdots + a_{mn}x_n = b_m \end{cases} . \qquad (1)$$

分析： 解线性方程组的方法主要是高斯的消元法，运用高斯消元法解上述线性方程组时，实际真正参与计算的是其系数 $a_{ij}(i=1,2,\cdots,m;j=1,2,\cdots,n)$ 及常数项 $b_j(j=1,2,\cdots,m)$. 故可以把方程组(1)的系数和常数项按照原来的位置排放成一个矩形数表：

$$\begin{pmatrix} a_{11} & a_{12} & \cdots & a_{1n} & b_1 \\ a_{21} & a_{22} & \cdots & a_{2n} & b_2 \\ \vdots & \vdots & & \vdots & \vdots \\ a_{m1} & a_{m2} & \cdots & a_{mn} & b_m \end{pmatrix}.$$

以后在解线性方程组时，对这个数表进行研究即可，并完全可以判断出线性方程组(1)的解的情况.即对于线性方程组的研究，可以转化为对其系数和常数项所组成的上述矩形"数表"的研究.

上述四个引例虽然涉及的内容不同，但都提出了矩形数表问题，这些数表正是以下要讲的矩阵.

2. 矩阵的概念

定义1 由 $m\times n$ 个数 $a_{ij}(i=1,2,\cdots,m;j=1,2,\cdots,n)$ 排成一个 m 行 n 列，并括以圆括号或方括号所形成的矩形数表

$$\begin{pmatrix} a_{11} & a_{12} & \cdots & a_{1n} \\ a_{21} & a_{22} & \cdots & a_{2n} \\ \vdots & \vdots & & \vdots \\ a_{m1} & a_{m2} & \cdots & a_{mn} \end{pmatrix}$$

称为 m 行 n 列**矩阵**，简称 $m\times n$ **矩阵**，其中 $a_{ij}(i=1,2,\cdots m;j=1,2,\cdots n)$ 称为矩阵的第 i 行第 j 列的**元素**. i 称为元素 a_{ij} 的行标，j 称为元素 a_{ij} 的列标.

通常用大写英文字母 $\boldsymbol{A},\boldsymbol{B},\boldsymbol{C}\cdots$ 表示矩阵，小写英文字母 $a,b,c\cdots$ 表示矩阵中的元素.有时为了强调矩阵的元素，矩阵可用 (a_{ij}) 表示.有时为了强调矩阵的行数和列数，矩阵也可写成 $\boldsymbol{A}_{m\times n}$ 或 $(a_{ij})_{m\times n}$.

例如(1) $\boldsymbol{A}=\begin{pmatrix} 2 & -1 & 0 \\ 6 & 9 & 3 \end{pmatrix}$ 表示一个有 2 行 3 列的 6 个元素的 2×3 矩阵，且 $a_{12}=-1$，$a_{23}=3$.

(2)将线性方程组 $\begin{cases} 2x_1+2x_2-x_3=6 \\ x_1-2x_2+4x_3=3 \\ 5x_1+7x_2+x_3=28 \end{cases}$ 的系数和常数项按照原来的位置顺序可排成矩阵

$\begin{pmatrix} 2 & 2 & -1 & 6 \\ 1 & -2 & 4 & 3 \\ 5 & 7 & 1 & 28 \end{pmatrix}$，它是一个 3×4 的矩阵.

定义2 如果两个矩阵的行数相同，列数也相同，则称这两个矩阵为**同型矩阵**.若两个同型矩阵 $\boldsymbol{A}$ 与 $\boldsymbol{B}$ 对应位置的元素均相等，则称矩阵 $\boldsymbol{A}$ 与矩阵 $\boldsymbol{B}$ **相等**，记作 $\boldsymbol{A}=\boldsymbol{B}$.

例1 设 $\boldsymbol{A}=\begin{pmatrix} 1 & 2-x & 3 \\ 2 & 6 & 5z \end{pmatrix}$，$\boldsymbol{B}=\begin{pmatrix} 1 & x & 3 \\ y & 6 & z-8 \end{pmatrix}$，已知 $\boldsymbol{A}=\boldsymbol{B}$，求 x,y,z.

解 由 $\boldsymbol{A}=\boldsymbol{B}$ 得 $2-x=x,2=y,5z=z-8$，所以 $x=1,y=2,z=-2$.

6.1.2 几种特殊矩阵

1. 行矩阵与列矩阵

只有一行的矩阵称为**行矩阵**.记作 $\boldsymbol{A}_{1\times n}=(a_{11}\quad a_{12}\quad \cdots \quad a_{1n})$.

只有一列的矩阵称为**列矩阵**. 记作 $\boldsymbol{B}_{m\times 1}=\begin{pmatrix} b_{11} \\ b_{21} \\ \vdots \\ b_{m1} \end{pmatrix}$.

2. 零矩阵

如果矩阵所有元素均为零,称该矩阵为**零矩阵**. 记作 $\boldsymbol{O}_{m\times n}$.

例如,一个 2×3 零矩阵表示为 $\boldsymbol{O}_{2\times 3}=\begin{pmatrix} 0 & 0 & 0 \\ 0 & 0 & 0 \end{pmatrix}$,

一个 3×3 零矩阵表示为 $\boldsymbol{O}_{3\times 3}=\begin{pmatrix} 0 & 0 & 0 \\ 0 & 0 & 0 \\ 0 & 0 & 0 \end{pmatrix}$.

注:零矩阵可以是任意 $m\times n$ 矩阵,所以两个零矩阵不一定相等.

3. 负矩阵

如果矩阵 $\boldsymbol{A}$ 中的所有元素都变成其相反数所得到的新矩阵,称为 $\boldsymbol{A}$ 的**负矩阵**,记作 $-\boldsymbol{A}$.

例如,$\boldsymbol{A}=\begin{pmatrix} a_{11} & a_{12} & \cdots & a_{1n} \\ a_{21} & a_{22} & \cdots & a_{2n} \\ \vdots & \vdots & & \vdots \\ a_{m1} & a_{m2} & \cdots & a_{mn} \end{pmatrix}$,则 $-\boldsymbol{A}=\begin{pmatrix} -a_{11} & -a_{12} & \cdots & -a_{1n} \\ -a_{21} & -a_{22} & \cdots & -a_{2n} \\ \vdots & \vdots & & \vdots \\ -a_{m1} & -a_{m2} & \cdots & -a_{mn} \end{pmatrix}$.

4. *n* 阶方阵

如果矩阵 $\boldsymbol{A}_{m\times n}$ 的行数和列数相等,即 $m=n$,则称矩阵 $\boldsymbol{A}$ 为 n **阶矩阵**(或 n **阶方阵**),n 阶矩阵 $\boldsymbol{A}$ 也记作 $\boldsymbol{A}_n$,即

$$\boldsymbol{A}_n=\begin{pmatrix} a_{11} & a_{12} & \cdots & a_{1n} \\ a_{21} & a_{22} & \cdots & a_{2n} \\ \vdots & \vdots & & \vdots \\ a_{n1} & a_{n2} & \cdots & a_{nn} \end{pmatrix},$$

其中,对角线 $a_{11},a_{22},\cdots,a_{nn}$ 称为 $\boldsymbol{A}_n$ 的**主对角线**;对角线 $a_{1n},a_{2\,n-1},\cdots,a_{n1}$ 称为 $\boldsymbol{A}_n$ 的**副对角线**.

5. 对角矩阵

如果 n 阶方阵除主对角线的元素不全为零外,其他元素全为零,则称为**对角矩阵**.

形式如下:

$$\begin{pmatrix} a_{11} & 0 & \cdots & 0 \\ 0 & a_{22} & \cdots & 0 \\ \vdots & \vdots & & \vdots \\ 0 & 0 & \cdots & a_{nn} \end{pmatrix},$$

其中 $a_{ij}=0,i\neq j(i,j=1,2,\cdots,n)$;$a_{ii}(i=1,2,\cdots,n)$ 不全为零. 例如,$\boldsymbol{A}_3=\begin{pmatrix} 1 & 0 & 0 \\ 0 & -4 & 0 \\ 0 & 0 & 2 \end{pmatrix}$ 为 3 阶方阵.

6. 数量矩阵

在 n 阶对角矩阵中,如果主对角线上的元素都相等,则称它为**数量矩阵**.

形式如下：

$$\begin{pmatrix} a & 0 & \cdots & 0 \\ 0 & a & \cdots & 0 \\ \vdots & \vdots & & \vdots \\ 0 & 0 & \cdots & a \end{pmatrix}.$$

例如，$\begin{pmatrix} -4 & 0 & 0 \\ 0 & -4 & 0 \\ 0 & 0 & -4 \end{pmatrix}$为数量矩阵.

7. n 阶单位矩阵

在 n 阶对角矩阵中，如果主对角线上的元素都为 1 时，则称它为 **n 阶单位矩阵**，记作 $\boldsymbol{E}_n$. 形式如下：

$$\boldsymbol{E}_n=\begin{pmatrix} 1 & 0 & \cdots & 0 \\ 0 & 1 & \cdots & 0 \\ \vdots & \vdots & & \vdots \\ 0 & 0 & \cdots & 1 \end{pmatrix}.$$

例如，$\boldsymbol{E}=\begin{pmatrix} 1 & 0 & 0 \\ 0 & 1 & 0 \\ 0 & 0 & 1 \end{pmatrix}$为 3 阶单位矩阵；$\boldsymbol{E}_4=\begin{pmatrix} 1 & 0 & 0 & 0 \\ 0 & 1 & 0 & 0 \\ 0 & 0 & 1 & 0 \\ 0 & 0 & 0 & 1 \end{pmatrix}$为 4 阶单位矩阵.

注：单位矩阵 $\boldsymbol{E}$ 可以是任意阶的，所以两个单位矩阵不一定相等.

习题 6.1

1. 简述并回答.

(1) 简述何为零矩阵、方阵和单位矩阵，并分别举例表示这些矩阵.

(2) 零矩阵是否一定相等，请举例说明.

(3) 单位矩阵是否一定是方阵？

(4) 何为矩阵相等，请举例说明.

2. 设 $\boldsymbol{A}=\begin{pmatrix} 2 & 4 \\ x & -4 \end{pmatrix}$，$\boldsymbol{B}=\begin{pmatrix} x+y & 4 \\ -1 & z \end{pmatrix}$，若 $\boldsymbol{A}=\boldsymbol{B}$，求 x,y,z 的值.

3. 试写出下列矩阵.

(1) 3 阶零矩阵；　(2) 4 阶单位矩阵；

(3) $\boldsymbol{A}=(a_{ij})_{2\times 3}$，其中 $a_{ij}=i+j$，$(i=1,2;j=1,2,3)$.

4. 二人零和对策问题. 两名儿童玩石头-剪子-布的游戏，每人的出法只能在{石头，剪子，布}中选择一种，当他们各选定一个出法(也称策略)时，就确定了一个局势，也就决定了各自的输赢. 若规定胜者得 1 分，负者得 −1 分，平手各得 0 分，则对于各种可能的局势(每一局得分之和为零，即零和). 试用矩阵表示他们的输赢状况.

5. 一家空调商店有两个分店(城里分店，城外分店)，现统计两家分店四月份的销售情况，城里的分店售出低、中、高档空调分别为 31 台、42 台、18 台；城外分店售出低、中、高档空调分别为 22 台、25 台、18 台.

(1) 用一个销售矩阵 $\boldsymbol{A}$ 表示这一信息；

(2) 假定在五月份，城里店售出低、中、高档空调为 28 台、29 台、20 台；城外店售出相应档次的空调为 20 台、18 台、9 台，试用和 $\boldsymbol{A}$ 相同的矩阵类型表示这一信息 $\boldsymbol{M}$.

6.2　矩阵的运算

【教学要求】 本节要求熟练掌握矩阵的加减法、数乘、矩阵的乘法以及矩阵的转置运算.

矩阵的意义不仅在于确定了一些数表，而且还在于对它定义了一些有理论意义和实际意义的运算，从而使它成为进行理论研究和解决实际问题的有力工具.

6.2.1　矩阵的线性运算

引例 1　调运方案问题

圆通物流公司要把某种物资由三个产地运往四个销售点，进行了两次调运，具体方案如下. 第一次调运量方案如表 6-3 所示.

表 6-3

销地 / 产地	1	2	3	4
甲	4	6	5	2
乙	2	0	1	4
丙	1	3	0	6

第二次调运量方案如表 6-4 所示.

表 6-4

销地 / 产地	1	2	3	4
甲	7	5	3	1
乙	0	2	4	3
丙	2	3	7	4

分析： 若分别用矩阵 $\boldsymbol{A}, \boldsymbol{B}$ 表示各次调运量，则

$$\boldsymbol{A}=\begin{pmatrix}4&6&5&2\\2&0&1&4\\1&3&0&6\end{pmatrix}, \boldsymbol{B}=\begin{pmatrix}7&5&3&1\\0&2&4&3\\2&3&7&4\end{pmatrix}.$$

若两次从各产地调运该物资到各销售点的总和用矩阵 $\boldsymbol{C}$ 表示，则

$$\boldsymbol{C}=\boldsymbol{A}+\boldsymbol{B}=\begin{pmatrix}4&6&5&2\\2&0&1&4\\1&3&0&6\end{pmatrix}+\begin{pmatrix}7&5&3&1\\0&2&4&3\\2&3&7&4\end{pmatrix}=\begin{pmatrix}11&11&8&3\\2&2&5&7\\3&6&7&10\end{pmatrix}.$$

定义 1 设有两个 $m\times n$ 矩阵 $\boldsymbol{A}=(a_{ij})$ 和 $\boldsymbol{B}=(b_{ij})$，**矩阵 $\boldsymbol{A}$ 与 $\boldsymbol{B}$ 的和**记作 $\boldsymbol{A}+\boldsymbol{B}$，规定为

$$\boldsymbol{A}+\boldsymbol{B}=(a_{ij}+b_{ij})_{m\times n}=\begin{pmatrix} a_{11}+b_{11} & a_{12}+b_{12} & \cdots & a_{1n}+b_{1n} \\ a_{21}+b_{21} & a_{22}+b_{22} & \cdots & a_{2n}+b_{2n} \\ \vdots & \vdots & & \vdots \\ a_{m1}+b_{m1} & a_{m2}+b_{m2} & \cdots & a_{mn}+b_{mn} \end{pmatrix}.$$

由定义可知只有两个矩阵是同型矩阵时，才能进行矩阵的加法运算. 两个同型矩阵的和，即为两个矩阵**对应位置元素相加**得到的矩阵.

由此规定矩阵的**减法**为 $\boldsymbol{A}-\boldsymbol{B}=\boldsymbol{A}+(-\boldsymbol{B})$.

引例 2 总评成绩

甲、乙、丙、丁四个人的电路、数学、英语的单元测验成绩、期末考试成绩和平时成绩如表 6-5所示.

表 6-5

	单元测验成绩			期末考试成绩			平时成绩		
	电路	数学	英语	电路	数学	英语	电路	数学	英语
甲	94	90	97	90	86	95	90	80	90
乙	83	85	76	78	80	70	80	80	70
丙	98	95	97	92	93	96	90	90	100
丁	60	70	72	66	74	75	70	80	80

分析：学校规定期末总评成绩计算方法是单元测验成绩占 20%，期末考试成绩占 70%，平时成绩占 10%，若用矩阵 $\boldsymbol{A}$、$\boldsymbol{B}$、$\boldsymbol{C}$、$\boldsymbol{D}$ 分别表示甲、乙、丙、丁四人的单元测验成绩、期末考试成绩、平时成绩和期末总评成绩，并要求期末总评成绩通过四舍五入用整数表示，则有

$$\boldsymbol{A}=\begin{pmatrix} 94 & 90 & 97 \\ 83 & 85 & 76 \\ 98 & 95 & 97 \\ 60 & 70 & 72 \end{pmatrix},\boldsymbol{B}=\begin{pmatrix} 90 & 86 & 95 \\ 78 & 80 & 70 \\ 92 & 93 & 96 \\ 66 & 74 & 75 \end{pmatrix},\boldsymbol{C}=\begin{pmatrix} 90 & 80 & 90 \\ 80 & 80 & 70 \\ 90 & 90 & 100 \\ 70 & 80 & 80 \end{pmatrix},$$

$$\boldsymbol{D}=0.2\boldsymbol{A}+0.7\boldsymbol{B}+0.1\boldsymbol{C}$$

$$=\begin{pmatrix} 0.2\times 94 & 0.2\times 90 & 0.2\times 97 \\ 0.2\times 83 & 0.2\times 85 & 0.2\times 76 \\ 0.2\times 98 & 0.2\times 95 & 0.2\times 97 \\ 0.2\times 60 & 0.2\times 70 & 0.2\times 72 \end{pmatrix}+\begin{pmatrix} 0.7\times 90 & 0.7\times 86 & 0.7\times 95 \\ 0.7\times 78 & 0.7\times 80 & 0.7\times 70 \\ 0.7\times 92 & 0.7\times 93 & 0.7\times 96 \\ 0.7\times 66 & 0.7\times 74 & 0.7\times 75 \end{pmatrix}+$$

$$\begin{pmatrix} 0.1\times 90 & 0.1\times 80 & 0.1\times 90 \\ 0.1\times 80 & 0.1\times 80 & 0.1\times 70 \\ 0.1\times 90 & 0.1\times 90 & 0.1\times 100 \\ 0.1\times 70 & 0.1\times 80 & 0.1\times 80 \end{pmatrix}\overset{\text{四舍五入}}{=}\begin{pmatrix} 91 & 86 & 95 \\ 79 & 81 & 71 \\ 93 & 93 & 97 \\ 65 & 74 & 75 \end{pmatrix}.$$

定义 2 若数 k 与矩阵 $\boldsymbol{A}$ 的乘积记作 $k\boldsymbol{A}$ 或 $\boldsymbol{A}k$，规定为

$$k\boldsymbol{A}=\boldsymbol{A}k=(ka_{ij})=\begin{pmatrix} ka_{11} & ka_{12} & \cdots & ka_{1n} \\ ka_{21} & ka_{22} & \cdots & ka_{2n} \\ \vdots & \vdots & & \vdots \\ ka_{m1} & ka_{m2} & \cdots & ka_{mn} \end{pmatrix}.$$

数与矩阵的乘积运算称为**数乘运算**.

由定义 2 可知数 k 与矩阵 $\boldsymbol{A}$ 相乘是用数 k 乘以矩阵 $\boldsymbol{A}$ 中的**每一个元素**.

矩阵的加法和数乘运算满足下列运算规律.

设 $\boldsymbol{A},\boldsymbol{B},\boldsymbol{C},\boldsymbol{O}$ 都是同型矩阵，k,l 是常数，则有

(1) $\boldsymbol{A}+\boldsymbol{B}=\boldsymbol{B}+\boldsymbol{A}$；

(2) $(\boldsymbol{A}+\boldsymbol{B})+\boldsymbol{C}=\boldsymbol{A}+(\boldsymbol{B}+\boldsymbol{C})$；

(3) $\boldsymbol{A}+\boldsymbol{O}=\boldsymbol{A}$；

(4) $\boldsymbol{A}+(-\boldsymbol{A})=\boldsymbol{O}$；

(5) $1\boldsymbol{A}=\boldsymbol{A}$；

(6) $k(l)\boldsymbol{A}=(kl\boldsymbol{A})$；

(7) $(k+l)\boldsymbol{A}=k\boldsymbol{A}+l\boldsymbol{A}$；

(8) $k(\boldsymbol{A}+\boldsymbol{B})=k\boldsymbol{A}+k\boldsymbol{B}$.

在数学中，把满足上述八条规律的运算称为**线性运算**. 故矩阵的加法与矩阵的数乘两种运算统称为**矩阵的线性运算**.

例 1 设 $\boldsymbol{A}=\begin{pmatrix}3 & -1 & 0\\ 4 & 5 & 7\end{pmatrix}$，$\boldsymbol{B}=\begin{pmatrix}-1 & 3 & 2\\ 3 & 2 & 6\end{pmatrix}$，求 $\boldsymbol{B}+2\boldsymbol{A}$.

解 由矩阵数乘与加法的定义可得

$$\boldsymbol{B}+2\boldsymbol{A}=\begin{pmatrix}-1 & 3 & 2\\ 3 & 2 & 6\end{pmatrix}+2\begin{pmatrix}3 & -1 & 0\\ 4 & 5 & 7\end{pmatrix}=\begin{pmatrix}-1 & 3 & 2\\ 3 & 2 & 6\end{pmatrix}+\begin{pmatrix}6 & -2 & 0\\ 8 & 10 & 14\end{pmatrix}=\begin{pmatrix}5 & 1 & 2\\ 11 & 12 & 20\end{pmatrix}.$$

例 2 已知 $\boldsymbol{A}=\begin{pmatrix}3 & -1 & 2 & 0\\ 1 & 5 & 7 & 9\\ 2 & 4 & 6 & 8\end{pmatrix}$，$\boldsymbol{B}=\begin{pmatrix}7 & 5 & -2 & 4\\ 5 & 1 & 9 & 7\\ 3 & 2 & -1 & 6\end{pmatrix}$，且 $\boldsymbol{A}+2\boldsymbol{X}=\boldsymbol{B}$，求 $\boldsymbol{X}$.

解 将等式 $\boldsymbol{A}+2\boldsymbol{X}=\boldsymbol{B}$ 变形可得

$$\boldsymbol{X}=\frac{1}{2}(\boldsymbol{B}-\boldsymbol{A})=\frac{1}{2}\begin{pmatrix}4 & 6 & -4 & 4\\ 4 & -4 & 2 & -2\\ 1 & -2 & -7 & -2\end{pmatrix}=\begin{pmatrix}2 & 3 & -2 & 2\\ 2 & -2 & 1 & -1\\ \frac{1}{2} & -1 & -\frac{7}{2} & -1\end{pmatrix}.$$

6.2.2 矩阵的乘法运算

引例 3 产品价格

设矩阵 $\boldsymbol{A}$ 为某公司向三个商店发送四种产品的数量表，

$$\begin{array}{c} \\ \boldsymbol{A}= \end{array}\begin{array}{r} \\ 甲商店 \\ 乙商店 \\ 丙商店 \end{array}\begin{array}{c}\begin{array}{cccc}空调 & 冰箱 & 29\text{ 英寸彩电} & 25\text{ 英寸彩电}\end{array}\\ \begin{pmatrix}30 & 20 & 50 & 20\\ 0 & 7 & 10 & 0\\ 50 & 40 & 50 & 50\end{pmatrix}\end{array};$$

矩阵 $\boldsymbol{B}$ 是这四种产品的售价(单位：百元)及重量(单位：千克)的数据表，

$$\boldsymbol{B}=\begin{array}{r} \\ 空调 \\ 冰箱 \\ 29\text{ 英寸彩电} \\ 25\text{ 英寸彩电} \end{array}\begin{array}{c}\begin{array}{cc}售价 & 重量\end{array}\\ \begin{pmatrix}30 & 40\\ 16 & 30\\ 22 & 30\\ 18 & 20\end{pmatrix}\end{array}.$$

分析：因为总售价是各个单价与送货数量的乘积，总重量是各个单位重量与送货数量的

乘积，因此矩阵 $\boldsymbol{C}$ 就可以看作四种产品的数量表 $\boldsymbol{A}$ 与单价和单位重量数据表 $\boldsymbol{B}$ 的乘积，则该公司向每个商店售出产品的总售价和总重量可以用矩阵

$$\boldsymbol{C}=\begin{pmatrix} 30\times30+20\times16+50\times22+20\times18 & 30\times40+20\times30+50\times30+20\times20 \\ 0\times30+7\times16+10\times22+0\times18 & 0\times40+7\times30+10\times30+0\times20 \\ 50\times30+40\times16+50\times22+50\times18 & 50\times40+40\times30+50\times30+50\times20 \end{pmatrix}$$

表示，即 $\boldsymbol{C}$ 可以表示成下列形式：

$$\boldsymbol{C}=\begin{pmatrix} 30 & 20 & 50 & 20 \\ 0 & 7 & 10 & 0 \\ 50 & 40 & 50 & 50 \end{pmatrix}\begin{pmatrix} 30 & 40 \\ 16 & 30 \\ 22 & 30 \\ 18 & 20 \end{pmatrix}.$$

上述计算方法实际上就是矩阵的乘法.

定义 3 设矩阵 $\boldsymbol{A}=(a_{ij})_{m\times s}$，$\boldsymbol{B}=(b_{ij})_{s\times n}$，则矩阵 $\boldsymbol{C}=(c_{ij})_{m\times n}$ 称为矩阵 $\boldsymbol{A}$ 与矩阵 $\boldsymbol{B}$ 的**乘积**，记作 $\boldsymbol{C}=\boldsymbol{AB}$，常读作 $\boldsymbol{A}$ **左乘** $\boldsymbol{B}$ **或** $\boldsymbol{B}$ **右乘** $\boldsymbol{A}$. 其中

$$\begin{aligned} c_{ij} &= a_{i1}b_{1j}+a_{i2}b_{2j}+\cdots+a_{is}b_{sj} \\ &= \sum_{k=1}^{s} a_{ik}b_{kj} \qquad (i=1,2,\cdots,m;\ j=1,2,\cdots,n). \end{aligned}$$

从矩阵乘法定义可得：

(1) **矩阵乘法的条件**：左边矩阵 $\boldsymbol{A}$ 的列数与右边矩阵 $\boldsymbol{B}$ 的行数相同.

(2) **矩阵相乘的法则**：乘积矩阵 $\boldsymbol{AB}$ 中的第 i 行第 j 列的元素 c_{ij} 等于左边矩阵 $\boldsymbol{A}$ 的第 i 行与右边矩阵 $\boldsymbol{B}$ 的第 j 列对应元素乘积之和.

(3) **乘积矩阵的行列数**：乘积矩阵 $\boldsymbol{AB}$ 的行数等于左边矩阵 $\boldsymbol{A}$ 的行数，列数等于右边矩阵 $\boldsymbol{B}$ 的列数.

矩阵乘法运算满足下列运算规律(假定运算都是可行的)：

(1) $(\boldsymbol{AB})\boldsymbol{C}=\boldsymbol{A}(\boldsymbol{BC})$； (2) $(\boldsymbol{A}+\boldsymbol{B})\boldsymbol{C}=\boldsymbol{AC}+\boldsymbol{BC}$；

(3) $\boldsymbol{C}(\boldsymbol{A}+\boldsymbol{B})=\boldsymbol{CA}+\boldsymbol{CB}$； (4) $k(\boldsymbol{AB})=(k\boldsymbol{A})\boldsymbol{B}=\boldsymbol{A}(k\boldsymbol{B})$.

(5) $\boldsymbol{AE}=\boldsymbol{EA}=\boldsymbol{A}$； (6) $\boldsymbol{AO}=\boldsymbol{OA}=\boldsymbol{O}$.

说明：上述运算律中，运算(5)的两个单位矩阵 $\boldsymbol{E}$ 不一定是相等的，实际是 $\boldsymbol{A}_{m\times n}\boldsymbol{E}_n=\boldsymbol{E}_m\boldsymbol{A}_{m\times n}=\boldsymbol{A}_{m\times n}$. 运算(5)主要说明单位矩阵起到数“1”的作用，在可乘的情况下，任何矩阵 $\boldsymbol{A}$ 与单位矩阵相乘结果还是矩阵 $\boldsymbol{A}$ 本身. 同样，运算(6)主要说明，零矩阵起到数“0”的作用，在可乘的情况下，任何矩阵 $\boldsymbol{A}$ 与零矩阵相乘结果都是零矩阵.

例 3 设 $\boldsymbol{A}=\begin{pmatrix} 3 & 4 \\ 2 & 1 \end{pmatrix}$，$\boldsymbol{B}=\begin{pmatrix} 3 & 0 & 2 \\ 5 & 1 & 0 \end{pmatrix}$，求 $\boldsymbol{AB}$.

解 由乘积的定义知

$$\boldsymbol{AB}=\begin{pmatrix} 3 & 4 \\ 2 & 1 \end{pmatrix}\begin{pmatrix} 3 & 0 & 2 \\ 5 & 1 & 0 \end{pmatrix}=\begin{pmatrix} 3\times3+4\times5 & 3\times0+4\times1 & 3\times2+4\times0 \\ 2\times3+1\times5 & 2\times0+1\times1 & 2\times2+1\times0 \end{pmatrix}=\begin{pmatrix} 29 & 4 & 6 \\ 11 & 1 & 4 \end{pmatrix}.$$

例 4 设矩阵 $\boldsymbol{A}=(1\quad 3\quad 5)$，$\boldsymbol{B}=\begin{pmatrix} 6 \\ 2 \\ 1 \end{pmatrix}$，$\boldsymbol{C}=\begin{pmatrix} 1 & 1 \\ 0 & 1 \\ -1 & 0 \end{pmatrix}$，求 $\boldsymbol{AB}$，$\boldsymbol{BA}$，$\boldsymbol{AC}$.

解
$$\boldsymbol{AB}=(1\quad 3\quad 5)\begin{pmatrix}6\\2\\1\end{pmatrix}=(1\times 6+3\times 2+5\times 1)=(17).$$

$$\boldsymbol{BA}=\begin{pmatrix}6\\2\\1\end{pmatrix}(1\quad 3\quad 5)=\begin{pmatrix}6\times 1 & 6\times 3 & 6\times 5\\2\times 1 & 2\times 3 & 2\times 5\\1\times 1 & 1\times 3 & 1\times 5\end{pmatrix}=\begin{pmatrix}6 & 18 & 30\\2 & 6 & 10\\1 & 3 & 5\end{pmatrix}.$$

$$\boldsymbol{AC}=(1\quad 3\quad 5)\begin{pmatrix}1 & 1\\0 & 1\\-1 & 0\end{pmatrix}=(1\times 1+3\times 0+5\times(-1)\quad 1\times 1+3\times 1+5\times 0)=(-4\quad 4).$$

由例4可得矩阵的乘法一般不满足交换律，即一般情况下，$\boldsymbol{AB}\neq\boldsymbol{BA}$.

例5　设矩阵 $\boldsymbol{A}=\begin{pmatrix}1 & -2\\-2 & 4\end{pmatrix}$，$\boldsymbol{B}=\begin{pmatrix}6 & 2\\3 & 1\end{pmatrix}$，求 $\boldsymbol{AB}$.

解　$\boldsymbol{AB}=\begin{pmatrix}1 & -2\\-2 & 4\end{pmatrix}\begin{pmatrix}6 & 2\\3 & 1\end{pmatrix}=\begin{pmatrix}1\times 6+(-2)\times 3 & 1\times 2+(-2)\times 1\\(-2)\times 6+4\times 3 & (-2)\times 2+4\times 1\end{pmatrix}=\begin{pmatrix}0 & 0\\0 & 0\end{pmatrix}$.

由例5可得两个非零矩阵的乘积可能是零矩阵，即 $\boldsymbol{AB}=\boldsymbol{O}$ 不一定就推出 $\boldsymbol{A}=\boldsymbol{O}$ 或 $\boldsymbol{B}=\boldsymbol{O}$.

例6　设 $\boldsymbol{A}=\begin{pmatrix}1 & 2\\0 & 3\end{pmatrix}$，$\boldsymbol{B}=\begin{pmatrix}1 & 0\\0 & 4\end{pmatrix}$，$\boldsymbol{C}=\begin{pmatrix}1 & 1\\0 & 0\end{pmatrix}$，求 $\boldsymbol{AC}$，$\boldsymbol{BC}$.

解
$$\boldsymbol{AC}=\begin{pmatrix}1 & 2\\0 & 3\end{pmatrix}\begin{pmatrix}1 & 1\\0 & 0\end{pmatrix}=\begin{pmatrix}1 & 1\\0 & 0\end{pmatrix};$$

$$\boldsymbol{BC}=\begin{pmatrix}1 & 0\\0 & 4\end{pmatrix}\begin{pmatrix}1 & 1\\0 & 0\end{pmatrix}=\begin{pmatrix}1 & 1\\0 & 0\end{pmatrix}.$$

由例6可得矩阵乘法一般也不满足消去律，即 $\boldsymbol{AC}=\boldsymbol{BC}$ 不一定推出 $\boldsymbol{A}=\boldsymbol{B}$.

定义4　设方阵 $\boldsymbol{A}=(a_{ij})_{n\times n}$，规定

$$\boldsymbol{A}^0=\boldsymbol{E},\boldsymbol{A}^k=\overbrace{A\cdot A\cdots\cdots A}^{k\text{个}},k\text{ 为自然数},$$

$\boldsymbol{A}^k$ 称为 $\boldsymbol{A}$ 的 k 次幂.

方阵的幂满足以下运算规律：

(1) $\boldsymbol{A}^m\boldsymbol{A}^n=\boldsymbol{A}^{m+n}$（$m,n$ 为非负整数）；

(2) $(\boldsymbol{A}^m)^n=\boldsymbol{A}^{mn}$.

因为矩阵的乘法一般不满足交换律，所以一般地，$(\boldsymbol{AB})^m\neq\boldsymbol{A}^m\boldsymbol{B}^m$，$m$ 为自然数.

例7　设 $\boldsymbol{A}=\begin{pmatrix}\lambda & 1\\0 & \lambda\end{pmatrix}$，求 $\boldsymbol{A}^3$.

解
$$\boldsymbol{A}^2=\begin{pmatrix}\lambda & 1\\0 & \lambda\end{pmatrix}\begin{pmatrix}\lambda & 1\\0 & \lambda\end{pmatrix}=\begin{pmatrix}\lambda^2 & 2\lambda\\0 & \lambda^2\end{pmatrix},$$

$$A^3=A^2A=\begin{pmatrix}\lambda^2 & 2\lambda\\ 0 & \lambda^2\end{pmatrix}\begin{pmatrix}\lambda & 1\\ 0 & \lambda\end{pmatrix}=\begin{pmatrix}\lambda^3 & 3\lambda^2\\ 0 & \lambda^3\end{pmatrix}.$$

例 8 设 $f(x)=3x^2-2x+5$，$A=\begin{pmatrix}1 & -2 & 3\\ 2 & -4 & 1\\ 3 & -5 & 2\end{pmatrix}$，求 $f(A)$.

解 $f(A)=3A^2-2A+5E=3\begin{pmatrix}1 & -2 & 3\\ 2 & -4 & 1\\ 3 & -5 & 2\end{pmatrix}^2-2\begin{pmatrix}1 & -2 & 3\\ 2 & -4 & 1\\ 3 & -5 & 2\end{pmatrix}+5\begin{pmatrix}1 & 0 & 0\\ 0 & 1 & 0\\ 0 & 0 & 1\end{pmatrix}$

$$=\begin{pmatrix}21 & -23 & 15\\ -13 & 34 & 10\\ -9 & 22 & 25\end{pmatrix}.$$

6.2.3 矩阵的转置运算

引例 4 北京百脑汇某电子柜台 2014 年 3 月份的部分产品单价和销量如表 6-6 所示，求销售这几种产品的总收益.

表 6-6

价格数量 / 产品	单价/元	销售/个
快译典	1 150	85
U 盘	90	200
MP4	500	100

分析：若用矩阵 $P=\begin{pmatrix}1\,150\\ 90\\ 500\end{pmatrix}$ 表示产品的单价，用矩阵 $Q=\begin{pmatrix}85\\ 200\\ 100\end{pmatrix}$ 表示销量，那么无论是 PQ 还是 QP 都是没意义的. 若将矩阵 P 的每行变成同序数的列，然后与销量矩阵 Q 相乘，则 PQ 既符合矩阵乘法的定义，又与实际情况相符，并可得这几种产品的销售收益为

$$R=(1\,150 \quad 90 \quad 500)\begin{pmatrix}85\\ 200\\ 100\end{pmatrix}=1\,150\times 85+90\times 200+500\times 100=165\,750.$$

定义 5 由将 $m\times n$ 矩阵 A 的行换成同序数的列，得到一个 $n\times m$ 矩阵，称为 A 的**转置矩阵**，记作 A^{T}.

若 $A=\begin{pmatrix}a_{11} & a_{12} & \cdots & a_{1n}\\ a_{21} & a_{22} & \cdots & a_{2n}\\ \vdots & \vdots & & \vdots\\ a_{m1} & a_{m2} & \cdots & a_{mn}\end{pmatrix}$，则 $A^{\mathrm{T}}=\begin{pmatrix}a_{11} & a_{21} & \cdots & a_{m1}\\ a_{12} & a_{22} & \cdots & a_{m2}\\ \vdots & \vdots & & \vdots\\ a_{1n} & a_{2n} & \cdots & a_{mn}\end{pmatrix}$.

例如，$A=\begin{pmatrix}1 & 2 & 2\\ 4 & 5 & 8\end{pmatrix}$，则 $A^{\mathrm{T}}=\begin{pmatrix}1 & 4\\ 2 & 5\\ 2 & 8\end{pmatrix}$；$B=(9 \quad 6)$，则 $B^{\mathrm{T}}=\begin{pmatrix}9\\ 6\end{pmatrix}$.

矩阵转置运算满足下列运算规律(假设运算都是可行的):

(1) $(\boldsymbol{A}^{\mathrm{T}})^{\mathrm{T}}=\boldsymbol{A}$; (2) $(\boldsymbol{A}+\boldsymbol{B})^{\mathrm{T}}=\boldsymbol{A}^{\mathrm{T}}+\boldsymbol{B}^{\mathrm{T}}$;

(3) $(k\boldsymbol{A})^{\mathrm{T}}=k\boldsymbol{A}^{\mathrm{T}}$; (4) $(\boldsymbol{AB})^{\mathrm{T}}=\boldsymbol{B}^{\mathrm{T}}\boldsymbol{A}^{\mathrm{T}}$.

例 9 已知 $\boldsymbol{A}=\begin{pmatrix}2 & 0 & -1\\ 1 & 3 & 2\end{pmatrix}$, $\boldsymbol{B}=\begin{pmatrix}1 & 7 & -1\\ 4 & 2 & 3\\ 2 & 0 & 1\end{pmatrix}$, 求$(\boldsymbol{AB})^{\mathrm{T}}$, $\boldsymbol{B}^{\mathrm{T}}\boldsymbol{A}^{\mathrm{T}}$.

解 因为
$$\boldsymbol{AB}=\begin{pmatrix}2 & 0 & -1\\ 1 & 3 & 2\end{pmatrix}\begin{pmatrix}1 & 7 & -1\\ 4 & 2 & 3\\ 2 & 0 & 1\end{pmatrix}=\begin{pmatrix}0 & 14 & -3\\ 17 & 13 & 10\end{pmatrix},$$

故
$$(\boldsymbol{AB})^{\mathrm{T}}=\begin{pmatrix}0 & 17\\ 14 & 13\\ -3 & 10\end{pmatrix}.$$

而
$$\boldsymbol{B}^{\mathrm{T}}\boldsymbol{A}^{\mathrm{T}}=\begin{pmatrix}1 & 4 & 2\\ 7 & 2 & 0\\ -1 & 3 & 1\end{pmatrix}\begin{pmatrix}2 & 1\\ 0 & 3\\ -1 & 2\end{pmatrix}=\begin{pmatrix}0 & 17\\ 14 & 13\\ -3 & 10\end{pmatrix}.$$

从而验证了
$$(\boldsymbol{AB})^{\mathrm{T}}=\boldsymbol{B}^{\mathrm{T}}\boldsymbol{A}^{\mathrm{T}}.$$

6.2.4 矩阵运算的综合应用

例 10 **(人口流动问题)**设某中小城市及郊区乡镇共有30万人从事农、工、商工作,假定这个总人数在若干年内保持不变,而社会调查表明:

(1) 在这30万就业人员中,目前约有15万人从事农业,9万人从事工业,6万人经商;

(2) 在务农人员中,每年约有20%改为务工,10%改为经商;

(3) 在务工人员中,每年约有20%改为务农,10%改为经商;

(4) 在经商人员中,每年约有10%改为务农,10%改为务工.

请根据上述情况分别预测一年、两年后从事各业人员的人数以及经过若干年后,从事各业人员总数的发展趋势.

解 设用$(x_i \quad y_i \quad z_i)^{\mathrm{T}}$表示第$i$年后从事这三种职业的人员总数,则$(x_0 \quad y_0 \quad z_0)^{\mathrm{T}}=(15 \quad 9 \quad 6)^{\mathrm{T}}$.而若要预测的是$(x_1 \quad y_1 \quad z_1)^{\mathrm{T}}$,$(x_2 \quad y_2 \quad z_2)^{\mathrm{T}}$,并考察当$n$年后$(x_n \quad y_n \quad z_n)^{\mathrm{T}}$的发展趋势.

根据题意,一年后,从事农、工、商的人员总数应为
$$\begin{cases}x_1=0.7x_0+0.2y_0+0.1z_0\\ y_1=0.2x_0+0.7y_0+0.1z_0\\ z_1=0.1x_0+0.1y_0+0.8z_0\end{cases},$$

即
$$\begin{pmatrix}x_1\\ y_1\\ z_1\end{pmatrix}=\begin{pmatrix}0.7 & 0.2 & 0.1\\ 0.2 & 0.7 & 0.1\\ 0.1 & 0.1 & 0.8\end{pmatrix}\begin{pmatrix}x_0\\ y_0\\ z_0\end{pmatrix}=A\begin{pmatrix}x_0\\ y_0\\ z_0\end{pmatrix},$$

将$(x_0 \quad y_0 \quad z_0)^{\mathrm{T}}=(15 \quad 9 \quad 6)^{\mathrm{T}}$代入上式,得

$$\begin{pmatrix} x_1 \\ y_1 \\ z_1 \end{pmatrix} = \begin{pmatrix} 12.9 \\ 9.9 \\ 7.2 \end{pmatrix},$$

即一年后从事农、工、商的人数分别为 12.9、9.9、7.2 万人.

以及

$$\begin{pmatrix} x_2 \\ y_2 \\ z_2 \end{pmatrix} = \boldsymbol{A}\begin{pmatrix} x_1 \\ y_1 \\ z_1 \end{pmatrix} = \boldsymbol{A}^2\begin{pmatrix} x_0 \\ y_0 \\ z_0 \end{pmatrix} = \begin{pmatrix} 11.73 \\ 10.23 \\ 8.04 \end{pmatrix},$$

即两年后从事农、工、商的人数分别为 11.73、10.23、8.04 万人.

进而推得

$$\begin{pmatrix} x_n \\ y_n \\ z_n \end{pmatrix} = \boldsymbol{A}\begin{pmatrix} x_{n-1} \\ y_{n-1} \\ z_{n-1} \end{pmatrix} = \boldsymbol{A}^n\begin{pmatrix} x_0 \\ y_0 \\ z_0 \end{pmatrix},$$

即 n 年后从事农、工、商的人数完全由 $\boldsymbol{A}^n$ 决定.

习题 6.2

1. 设 $\boldsymbol{A}=\begin{pmatrix} 2 & 2 \\ x & -4 \end{pmatrix}$，$\boldsymbol{B}=\begin{pmatrix} x+y & 1 \\ -1 & z \end{pmatrix}$，若 $\boldsymbol{A}=2\boldsymbol{B}$，求 $\boldsymbol{A}$，$\boldsymbol{B}$.

2. 计算下列各题.

(1) $\begin{pmatrix} 1 & 2 & 3 & 4 \\ 0 & 2 & -1 & 1 \\ 1 & -1 & 2 & 5 \end{pmatrix} + \frac{1}{2}\begin{pmatrix} 2 & 1 & 4 & 10 \\ 0 & -1 & 2 & 0 \\ 0 & 2 & 3 & -2 \end{pmatrix}$；　(2) $\begin{pmatrix} 1 & 3 \\ -2 & 0 \end{pmatrix} - \sqrt{2}\begin{pmatrix} 0 & 0 \\ 1 & 0 \end{pmatrix}$；

(3) $\begin{pmatrix} 4 & 3 & 1 \\ 1 & -2 & 3 \\ 5 & 7 & 0 \end{pmatrix}\begin{pmatrix} 7 \\ 2 \\ 1 \end{pmatrix}$；　(4) $\begin{pmatrix} a & 0 & 0 \\ 0 & b & 0 \\ 0 & 0 & c \end{pmatrix}^5$；

(5) $\begin{pmatrix} 3 & 1 & 2 & -1 \\ 0 & 3 & 1 & 0 \end{pmatrix}\begin{pmatrix} 1 & 0 & 5 \\ 0 & 2 & 0 \\ 1 & 0 & 1 \\ 0 & 3 & 0 \end{pmatrix}\begin{pmatrix} -1 & 0 \\ 1 & 5 \\ 0 & 2 \end{pmatrix}$；　(6) $\begin{pmatrix} 2 & 1 & -2 \\ 1 & 0 & 4 \\ -3 & 1 & 0 \\ 0 & 1 & 1 \end{pmatrix}\begin{pmatrix} 3 & 1 & 0 \\ 0 & 0 & 1 \\ -1 & 2 & 0 \end{pmatrix}^{\mathrm{T}}$.

3. 已知 $\boldsymbol{A}=(1\quad 2\quad 3)$，$\boldsymbol{B}=\begin{pmatrix} 3 \\ 2 \\ 1 \end{pmatrix}$，求 $\boldsymbol{AB}$，$\boldsymbol{BA}$.

4. 设 $\boldsymbol{A}=\begin{pmatrix} 1 & 2 & 1 & 2 \\ 2 & 1 & 2 & 1 \\ 1 & 2 & 3 & 4 \end{pmatrix}$，$\boldsymbol{B}=\begin{pmatrix} 4 & 3 & 2 & 1 \\ -2 & 1 & -2 & 1 \\ 0 & -1 & 0 & -1 \end{pmatrix}$.

(1)若 $\boldsymbol{X}$ 满足 $\boldsymbol{A}+\boldsymbol{X}=2\boldsymbol{B}$，求 $\boldsymbol{X}$；

(2)若 $\boldsymbol{Y}$ 满足 $(2\boldsymbol{A}-\boldsymbol{Y})+2(\boldsymbol{B}-\boldsymbol{Y})=\boldsymbol{O}$，求 $\boldsymbol{Y}$.

5. 一个空调商店有两个分店,一个在城里,一个在城外. 四月份,城里的分店售出了 31 台低档空调、42 台中档空调、18 台高档空调;同样在四月份,城外的分店售出了 22 台低档空调、25 台中档空调、18 台高档空调.

(1) 用一个销售矩阵来表示上述信息.

(2) 假定在五月份,城里店售出了 28 台低档空调、29 台中档空调、20 台高档空调;城外店售出了 20 台低档空调、18 台中档空调、9 台高档空调. 用与 $\boldsymbol{A}$ 相同类型的矩阵 $\boldsymbol{M}$ 表示这一信息.

(3) 计算 $\boldsymbol{A}+\boldsymbol{M}$,并说明能从这个矩阵和中得到什么信息?

(4) 若空调商店经理希望来年的空调销售量提高 18%,现对于这一要求,来年四月份,城里的分店应售出多少台高档空调?

(5) 若经理估计来年四、五两个月的总销售量能由 $1.09\boldsymbol{A}+1.15\boldsymbol{M}$ 来表示,那么来年四月份的销售量增加多少台? 五月份呢?

6. 矩阵 $\boldsymbol{S}$ 给出了某两个汽车销售店的小、中、大型三种汽车的销量表,矩阵 $\boldsymbol{P}$ 给出了三种车的销售利润(单位:万元),其中

$$\boldsymbol{S}=\begin{array}{c} \begin{array}{cc} 店1 & 店2 \end{array} \\ \begin{bmatrix} 17 & 13 \\ 20 & 14 \\ 15 & 22 \end{bmatrix} \end{array}\begin{array}{l} \\ 小 \\ 中 \\ 大 \end{array}, \qquad \boldsymbol{P}=\begin{array}{c} \begin{array}{ccc} 小 & 中 & 大 \end{array} \\ \begin{bmatrix} 30 & 55 & 80 \end{bmatrix} \end{array} 利润$$

试问(1) $\boldsymbol{SP}$ 和 $\boldsymbol{PS}$ 哪个有定义?

(2) 求出有定义的矩阵,并说明两个店销售总利润分别是多少万元.

6.3　初等行变换与矩阵的秩

【教学要求】 本节要求熟练掌握矩阵初等行变换,熟练掌握利用矩阵的初等行变换将矩阵化成阶梯矩阵的方法,并会求简化阶梯矩阵、矩阵的秩.

6.3.1　矩阵初等变换的概念

引例　求解线性方程组 $\begin{cases} x_1-2x_2+x_3=0 \\ 2x_2-8x_3=8 \\ -4x_1+5x_2+9x_3=-9 \end{cases}$.

解　为了表述清晰我们给三个方程编号如下

$$\begin{cases} x_1-2x_2+x_3=0 & ① \\ 2x_2-8x_3=8 & ② \\ -4x_1+5x_2+9x_3=-9 & ③ \end{cases},$$

用消元法解线性方程组,可得

$$\begin{cases} x_1-2x_2+x_3=0 \\ 2x_2-8x_3=8 \\ -4x_1+5x_2+9x_3=-9 \end{cases} \xrightarrow{4\times①+③} \begin{cases} x_1-2x_2+x_3=0 \\ 2x_2-8x_3=8 \\ -3x_2+13x_3=-9 \end{cases}. \qquad (\text{I})$$

$$\xrightarrow{\frac{1}{2}\times②}\begin{cases}x_1-2x_2+\ \ x_3=0\\ \quad\ \ x_2-\ 4x_3=4\\ \ -3x_2+13x_3=-9\end{cases}\xrightarrow{3\times②+③}\begin{cases}x_1-2x_2+\ x_3=0\\ \quad\ \ x_2-4x_3=4.\\ \qquad\qquad x_3=3\end{cases}\qquad(\text{Ⅱ})$$

$$\xrightarrow[③+①]{4\times③+②-}\begin{cases}x_1-2x_2\quad\ =-3\\ \qquad x_2\quad\ =16\\ \qquad\quad x_3=3\end{cases}\xrightarrow{2\times②+①}\begin{cases}x_1\qquad\ =29\\ \quad x_2\quad =16.\\ \qquad x_3=3\end{cases}\qquad(\text{Ⅲ})$$

注：方程组(Ⅰ)、(Ⅱ)、(Ⅲ)称为**同解方程组**.

分析：上述给出了解线性方程组的一个基本方法——高斯消元法.基本的思路是把方程组用一个更容易解的等价方程组(即有相同解集)代替.过程为先用方程组中第一个方程中含有 x_1 的项消去其他方程中含有 x_1 的项,然后再用第二个方程中含有 x_2 的项消去其他方程中含有 x_2 的项,依次类推.最后得到一个很简单的等价方程组.

用来**化简线性方程组的三种基本变换**如下.

(1) 把某一个方程换成它与另一个方程的倍数和;

(2) 交换两个方程的位置;

(3) 把某一个方程的所有的项乘以一个不为零的常数.

在6.1.1中已经讨论过,线性方程组的每一次消元化简都只是三个未知变量的系数和常数项在变化,未知变量本身并没有改变.每一个方程组对应一个矩阵,化简过程中方程组的演变过程所对应的矩阵的变化过程如下(其中 r_i 表示矩阵中的第 i 行,kr_i+r_j 表示把第 i 行乘 k 倍加到第 j 行上去,从而改变了第 j 行).

将上述"消元法步骤"用下述"符号"表示出来,即有

$$\begin{pmatrix}1&-2&1&0\\0&2&-8&8\\-4&5&9&-9\end{pmatrix}\xrightarrow{4r_1+r_3}\begin{pmatrix}1&-2&1&0\\0&2&-8&8\\0&-3&13&-9\end{pmatrix}\qquad(\text{Ⅰ})$$

$$\xrightarrow{\frac{1}{2}\times r_2}\begin{pmatrix}1&-2&1&0\\0&1&-4&4\\0&-3&13&-9\end{pmatrix}\xrightarrow{3r_2+r_3}\begin{pmatrix}1&-2&1&0\\0&1&-4&4\\0&0&1&3\end{pmatrix}\qquad(\text{Ⅱ})$$

$$\xrightarrow[4r_3+r_2]{-r_3+r_1}\begin{pmatrix}1&-2&0&-3\\0&1&0&16\\0&0&1&3\end{pmatrix}\xrightarrow{2r_2+r_1}\begin{pmatrix}1&0&0&29\\0&1&0&16\\0&0&1&3\end{pmatrix}\qquad(\text{Ⅲ})$$

把化简线性方程组的三种基本变换运用到矩阵上有:

定义1 矩阵的下列三种变换称为**矩阵的初等行变换**:

(1) **互换变换**:交换矩阵的任意两行,记作 $r_i\leftrightarrow r_j$.(即交换 i,j 两行)

(2) **倍法变换**:以一个非零的数 k 去乘矩阵的某一行,记作 kr_i.(即"用数 k 乘以第 i 行所有元素")

(3) **消去变换**:把矩阵的某一行的 k 倍加到另一行上,记作 kr_i+r_j(即"第 i 行乘 k 加到第 j 行上")

注:①第(3)个变换改变的是第 j 行,第 i 行为基准行,保持不变.

②把定义1中的"行"变成"列",即得**矩阵的初等列变换**的定义(相应的记号中把 r 变成 l);初等行变换与初等列变换统称为**矩阵的初等变换**.本教材中,只讨论到了矩阵的初等行变换的应用.

定义 2 若矩阵 $\boldsymbol{A}$ 经过有限次初等行变换变成矩阵 $\boldsymbol{B}$，则称矩阵 $\boldsymbol{A}$ 与 $\boldsymbol{B}$ 等价，记作 $\boldsymbol{A}\sim\boldsymbol{B}$.

矩阵之间的等价关系具有下列**基本性质**：

(1) 自反性 $\boldsymbol{A}\sim\boldsymbol{A}$；

(2) 对称性 若 $\boldsymbol{A}\sim\boldsymbol{B}$，则若 $\boldsymbol{B}\sim\boldsymbol{A}$；

(3) 传递性 若 $\boldsymbol{A}\sim\boldsymbol{B}$，$\boldsymbol{B}\sim\boldsymbol{C}$，则 $\boldsymbol{A}\sim\boldsymbol{C}$.

6.3.2 行阶梯形与简化行阶梯形矩阵

在 6.3.1 引例中易得，对线性方程组的化简求解过程完全可以转化为对其系数和常数项所组成的矩阵进行化简，利用的方法就是进行初等行变换，并且化简过程中的任意两个矩阵都是等价的. 当然这种化简算法可用于任意矩阵，本节先讨论两类重要的矩阵——行阶梯形与简化行阶梯形矩阵. 在以下的定义中，矩阵中**非零行(列)**是指矩阵中至少包含一个非零元素的行(列)；非零行**首个非零元**是指该行中从左边数的第一个非零元素；非零列**首个非零元**是指该列中从上边数的第一个非零元素；**零行(列)**指矩阵汇总元素全为零的行(列).

定义 3 满足如下两个条件的矩阵，称之为行阶梯形矩阵，简称**阶梯矩阵**：

(1) 若有零行，一定位于矩阵的下方；

(2) 矩阵中各个非零行的首非零元素的下方同列元素均为零.

例如，下列矩阵均为阶梯矩阵.

$$\boldsymbol{A}=\begin{pmatrix}1&4&-7&3\\0&1&-3&9\\0&0&0&0\\0&0&0&0\end{pmatrix},\ \boldsymbol{B}=\begin{pmatrix}2&1&3&4\\0&0&2&6\\0&0&0&0\end{pmatrix},\ \boldsymbol{C}=\begin{pmatrix}4&0&1&2\\0&3&-3&1\\0&0&5&0\\0&0&0&3\end{pmatrix}.$$

下列矩阵就不是阶梯矩阵.

$$\boldsymbol{D}=\begin{pmatrix}1&2&3&5\\0&1&-3&4\\0&0&0&0\\0&2&-1&4\end{pmatrix},\ \boldsymbol{F}=\begin{pmatrix}1&0&2&3\\0&2&1&3\\0&4&0&1\\0&0&0&0\end{pmatrix}.$$

对矩阵施以初等行变换是矩阵演变的一种重要手段，从引例中可以看到矩阵可以通过有限次的初等行变换化为与之等价的行阶梯形矩阵. 下边例 1 用文字叙述它是如何化为阶梯形矩阵的，之后将直接应用初等行变换的符号.

例 1 利用初等行变换将矩阵 $\boldsymbol{A}=\begin{pmatrix}0&3&-6&6&4&-5\\3&-7&8&-5&8&9\\3&-9&12&-9&6&15\end{pmatrix}$ 化为阶梯形矩阵.

解 第一步，由最左边第一个非零列开始，如下

$$\boldsymbol{A}=\left(\begin{array}{|c|ccccc}\hline 0&3&-6&6&4&-5\\3&-7&8&-5&8&9\\3&-9&12&9&6&15\\\hline\end{array}\right).$$

第二步，在上步找到的第一个非零列选取首个非零元. 若有必要，对换两行使第一个元素为非零元，很显然可以对换第 1、3 两行(也可对换第 1、2 两行)得

$$A=\begin{pmatrix}3&-9&12&-9&6&15\\3&-7&8&-5&8&9\\0&3&-6&6&4&-5\end{pmatrix}.$$

第三步，用倍加行变换将第一个非零列首个非零元下面的元素变成0.

因为用数1去消其他数最容易，所以可以把第一行乘以$\frac{1}{3}$后变成1再去消第二行的3，但注意到这一列是用3去消3，故只需把第一行的-1倍加到第二行即可. 因为第三行第1个元素已经为0，所以第一个阶梯已经完成，

$$A=\begin{pmatrix}3&-9&12&-9&6&15\\0&2&-4&4&2&-6\\0&3&-6&6&4&-5\end{pmatrix}.$$

第四步，完成第一个阶梯后就暂不管第一行，对上一步方框中剩下的子矩阵使用上述三个步骤，直到没有非零行需要处理为止. 具体如下：暂时不再看第一行，第一步指出，第二列是下一个非零列；第二步，选择该列中首个非零元.

$$A=\begin{pmatrix}3&-9&12&-9&6&15\\0&2&-4&4&2&-6\\0&3&-6&6&4&-5\end{pmatrix}.$$

同于第三步做法，可以把子矩阵的第一个非零行乘以$\frac{1}{2}$，从而把首个非零元2化成1再去消3，当然也可以把这一行的$-\frac{3}{2}$倍加到下面一行. 这样就出现了第二个阶梯，得到

$$A=\begin{pmatrix}3&-9&12&-9&6&15\\0&2&-4&4&2&-6\\0&0&0&0&1&4\end{pmatrix}.$$

暂时不管第二个非零行，这时剩下只有一行的新子矩阵，所以新子矩阵不需要再处理了，已经得到整个与原矩阵等价的阶梯形矩阵. 对于此例题的整个过程，可以总结如下.

化一般矩阵为阶梯形矩阵的步骤如下.

(1) 首先将第一行第一个元素化为非零元(最好为“1”)，然后将其下方同列元素均化为“0”；

(2) 再将第二行第一个非零元素所在列下方元素全化为“0”，依次类推，直至将矩阵化为阶梯形矩阵.

明白化阶梯形矩阵的步骤后，以后就如下面例2一样进行操作.

例2 利用初等行变换将矩阵$A=\begin{pmatrix}2&3&1&0\\0&1&3&-4\\1&2&5&1\end{pmatrix}$化为阶梯形矩阵.

解 $$A=\begin{pmatrix}2&3&1&0\\0&1&3&-4\\1&2&5&1\end{pmatrix}\xrightarrow{r_1\leftrightarrow r_3}\begin{pmatrix}1&2&5&1\\0&1&3&-4\\2&3&1&0\end{pmatrix}\xrightarrow{-2r_1+r_3}\begin{pmatrix}1&2&5&1\\0&1&3&-4\\0&-1&-9&-2\end{pmatrix}$$

$$\xrightarrow{r_2+r_3}\begin{pmatrix}1&2&5&1\\0&1&3&-4\\0&0&-6&-6\end{pmatrix}.$$

定义4 满足如下两个条件的阶梯矩阵，称为**简化行阶梯形矩阵**，也称**行最简阶梯形矩阵**，一般简称**简化阶梯矩阵**：

(1) 各非零行的首非零元素均为1；

(2) 各非零行的首非零元素所在列的其余元素均为零.

例如，

$$\boldsymbol{A}=\begin{pmatrix}1&0&0&3\\0&1&0&-14\\0&0&1&-3\\0&0&0&0\end{pmatrix}\text{——是行简化阶梯矩阵.}$$

$$\boldsymbol{B}=\begin{pmatrix}1&4&0&3\\0&1&0&-14\\0&0&1&-3\\0&0&0&0\end{pmatrix}\text{——不是简化阶梯矩阵.}$$

化一般矩阵为简化阶梯矩阵的步骤如下.

(1) 首先将矩阵化为阶梯矩阵；

(2) 将上述阶梯矩阵的各非零行的首非零元素化为“1”，直至所有非零行第一个元素全为“1”；

(3) 从非零行最后一行起，将每行首非零元素“1”的上方元素化为“0”，从下向上，直至将所有非零行的首非零元素“1”所在列的其余元素均化为“0”，即为简化阶梯矩阵.

注：任何一个矩阵都等价于一个行阶梯形矩阵. 尽管这种行阶梯形矩阵可以有很多，不唯一，但可以证明，任何一个矩阵都等价于唯一的一个行最简阶梯形矩阵.

从化阶梯矩阵和简化阶梯矩阵的步骤可得，把一个矩阵化成阶梯矩阵是从上到下的顺序，而再把这个阶梯化为简化阶梯是从下到上的顺序.

例3 用初等行变换将矩阵 $\boldsymbol{A}=\begin{pmatrix}3&2&9&6\\-1&-3&4&-17\\1&4&-7&3\\-1&-4&7&-3\end{pmatrix}$ 化为简化阶梯矩阵.

解
$$\boldsymbol{A}=\begin{pmatrix}3&2&9&6\\-1&-3&4&-17\\1&4&-7&3\\-1&-4&7&-3\end{pmatrix}\xrightarrow{r_1\leftrightarrow r_3}\begin{pmatrix}1&4&-7&3\\-1&-3&4&-17\\3&2&9&6\\-1&-4&7&-3\end{pmatrix}\xrightarrow[r_1+r_4]{\substack{r_1+r_2\\-3r_1+r_3}}$$

$$\begin{pmatrix}1&4&-7&3\\0&1&-3&-14\\0&-10&30&-3\\0&0&0&0\end{pmatrix}\xrightarrow{10r_2+r_3}\begin{pmatrix}1&4&-7&3\\0&1&-3&-14\\0&0&0&-143\\0&0&0&0\end{pmatrix}\xrightarrow{-\frac{1}{143}\times r_3}$$

$$\begin{pmatrix}1&4&-7&3\\0&1&-3&-14\\0&0&0&1\\0&0&0&0\end{pmatrix}\xrightarrow{-3r_3+r_1}\begin{pmatrix}1&4&-7&0\\0&1&-3&0\\0&0&0&1\\0&0&0&0\end{pmatrix}\xrightarrow{-4r_2+r_1}\begin{pmatrix}1&0&5&0\\0&1&-3&0\\0&0&0&1\\0&0&0&0\end{pmatrix}\overset{\text{记作}}{=}\boldsymbol{B}.$$

矩阵 $\boldsymbol{B}$ 即为简化阶梯矩阵了.

应用初等变换把矩阵化为阶梯矩阵和简化阶梯矩阵，在以下讨论矩阵的秩、逆矩阵和线性方程组求解中均有很重要的应用，因此，应熟练掌握初等变换的方法.

6.3.3 矩阵的秩

在对矩阵进行初等行变换时，可知任何一个矩阵都等价于一个阶梯形矩阵，虽然等价的阶梯形矩阵不唯一，但有一个数字特征是唯一的，就是阶梯形矩阵的非零行个数，这是矩阵所固有的一个特征.

定义 5 设 $\boldsymbol{A}$ 为 $m\times n$ 矩阵，则与 $\boldsymbol{A}$ 等价的行阶梯形矩阵中非零行的个数 r 称为矩阵 $\boldsymbol{A}$ 的秩，记作 $r=r(\boldsymbol{A})$.

规定当 $\boldsymbol{A}=\boldsymbol{O}$ 时，$r(\boldsymbol{A})=0$.

由矩阵秩的定义易知等价矩阵必有相同的秩. 因为任何一个矩阵，总可以用初等行变换将其化为行阶梯形矩阵，从而容易由行阶梯形矩阵的非零行个数求得矩阵的秩，这也正是用矩阵的初等行变换求矩阵秩的一个方法.

例 4 求矩阵 $\boldsymbol{A}=\begin{pmatrix}1&2&3&4\\-1&-1&-4&-2\\3&4&11&8\end{pmatrix}$ 的秩.

解

$$\begin{pmatrix}1&2&3&4\\-1&-1&-4&-2\\3&4&11&8\end{pmatrix}\xrightarrow[-3r_1+r_3]{r_1+r_2}\begin{pmatrix}1&2&3&4\\0&1&-1&2\\0&-2&2&-4\end{pmatrix}\xrightarrow{2r_2+r_3}$$

$$\begin{pmatrix}1&2&3&4\\0&1&-1&2\\0&0&0&0\end{pmatrix}\xrightarrow{-2r_2+r_1}\begin{pmatrix}1&0&5&0\\0&1&-1&2\\0&0&0&0\end{pmatrix},$$

故 $r(\boldsymbol{A})=2$.

例 5 求矩阵 $\boldsymbol{A}=\begin{pmatrix}-1&1&0&5&3\\0&1&4&-2&3\\0&0&1&-1&6\\0&0&0&0&0\end{pmatrix}$ 的转置矩阵的秩.

解 求出 $\boldsymbol{A}$ 的转置矩阵并进行初等行变换有

$$\boldsymbol{A}^{\mathrm{T}}=\begin{pmatrix}-1&0&0&0\\1&1&0&0\\0&4&1&0\\5&-2&-1&0\\3&3&6&0\end{pmatrix}\xrightarrow[3r_1+r_5]{\substack{r_1+r_2\\5r_1+r_4}}\begin{pmatrix}-1&0&0&0\\0&1&0&0\\0&4&1&0\\0&-2&-1&0\\0&3&6&0\end{pmatrix}\xrightarrow[-3r_2+r_5]{\substack{-4r_2+r_3\\2r_2+r_4}}$$

$$\begin{pmatrix}-1&0&0&0\\0&1&0&0\\0&0&1&0\\0&0&-1&0\\0&0&6&0\end{pmatrix}\xrightarrow[-6r_3+r_5]{r_3+r_4}\begin{pmatrix}-1&0&0&0\\0&1&0&0\\0&0&1&0\\0&0&0&0\\0&0&0&0\end{pmatrix},$$

所以 $r(\boldsymbol{A}^{\mathrm{T}})=3$.

注意到 $\boldsymbol{A}$ 本身就是一个行阶梯形矩阵，其非零行的个数为 3，所以 $r(\boldsymbol{A})=3$，正好与其转置矩阵的秩相等，这不是巧合，是一个必有的结论. **矩阵的转置不改变矩阵的秩**，即 $r(\mathbf{A})=r(\mathbf{A}^{\mathrm{T}})$.

习题 6.3

1. 用初等行变换将下列矩阵化为阶梯形矩阵.

(1) $\begin{pmatrix} 2 & 3 \\ 4 & 6 \end{pmatrix}$；　(2) $\begin{pmatrix} 0 & 3 & -2 \\ 1 & 1 & 2 \\ 2 & 4 & -2 \end{pmatrix}$；　(3) $\begin{pmatrix} 2 & -4 & 1 & 3 \\ -4 & 5 & 7 & 0 \\ 0 & -1 & 3 & 2 \end{pmatrix}$.

2. 用初等行变换将下列矩阵化为简化阶梯形矩阵.

(1) $\begin{pmatrix} 3 & 5 \\ 2 & 4 \end{pmatrix}$；　(2) $\begin{pmatrix} -1 & 1 & 2 & 1 \\ 1 & -2 & 1 & 1 \\ 3 & -1 & 1 & 6 \end{pmatrix}$；　(3) $\begin{pmatrix} 1 & 0 & 0 & 1 \\ 2 & 2 & 0 & -2 \\ 3 & 4 & 0 & -5 \\ 1 & 3 & 6 & 5 \end{pmatrix}$.

3. 用初等行变换法求下列矩阵的秩.

(1) $\begin{pmatrix} 1 & 2 & 0 \\ 0 & 1 & 1 \\ -1 & 2 & 3 \end{pmatrix}$；　(2) $\begin{pmatrix} 1 & -1 & 0 \\ 2 & 2 & 1 \\ 3 & 0 & 0 \\ 4 & 1 & 2 \end{pmatrix}$；　(3) $\begin{pmatrix} -1 & 2 & 1 & 0 \\ 1 & -2 & -1 & 0 \\ -1 & 0 & 1 & 1 \\ -2 & 0 & 2 & 2 \end{pmatrix}$.

4. 利用初等行变换将矩阵 $\mathbf{A}=\begin{pmatrix} 1 & 1 & 2 & 1 \\ 2 & -1 & 2 & 4 \\ 1 & -2 & 0 & 3 \\ 4 & 1 & 4 & 2 \end{pmatrix}$ 化为简化阶梯形矩阵，并求其秩.

5. 设矩阵 $\mathbf{A}=\begin{pmatrix} 1 & \lambda & -1 & 2 \\ 2 & -1 & \lambda & 5 \\ 1 & 10 & -6 & 1 \end{pmatrix}$，其中 λ 为参数，求矩阵 $\mathbf{A}$ 的秩.

6.4　逆 矩 阵

【教学要求】　本节要求熟练掌握利用矩阵的初等行变换求逆矩阵的方法，并由此求解矩阵方程.

6.4.1　矩阵逆的概念

在实数的运算中，对于数 $a\neq 0$，总存在唯一一个数 a^{-1}，使得

$$a\cdot a^{-1}=1 \text{ 且 } a^{-1}\cdot a=1. \quad (1)$$

数的逆在解方程中起着重要作用，例如，解一元线性方程

$$ax=b,$$

当 $a\neq 0$ 时，其解为

$$x=a^{-1}b.$$

由于矩阵的乘法不满足交换律,因此将逆元概念推广到矩阵时,类似于上述式子(1)中的两个方程需要同时满足.此外,根据两个矩阵乘积的定义,仅当讨论的矩阵是方阵的时候才有可能得到推广.

定义1 对于 n 阶方阵 $\boldsymbol{A}$,如果存在一个 n 阶方阵 $\boldsymbol{B}$,使得

$$\boldsymbol{AB}=\boldsymbol{BA}=\boldsymbol{E},$$

则称矩阵 $\boldsymbol{A}$ 是**可逆矩阵**,称 $\boldsymbol{B}$ 是 $\boldsymbol{A}$ 的**逆矩阵**,简称 $\boldsymbol{A}$ 的逆,记作 $\boldsymbol{B}=\boldsymbol{A}^{-1}$.

注:(1) 易知 $\boldsymbol{A}$ 为 $\boldsymbol{B}$ 的逆,则 $\boldsymbol{B}$ 也为 $\boldsymbol{A}$ 的逆,即 $\boldsymbol{A}$ 与 $\boldsymbol{B}$ 互逆.

(2) 如果一个矩阵可逆,则它的逆矩阵只有一个.事实上,如果 $\boldsymbol{B}_1,\boldsymbol{B}_2$ 都是 $\boldsymbol{A}$ 的逆矩阵,由

$$\boldsymbol{AB}_1=\boldsymbol{B}_1\boldsymbol{A}=\boldsymbol{E},\boldsymbol{AB}_2=\boldsymbol{B}_2\boldsymbol{A}=\boldsymbol{E},$$

可知 $\boldsymbol{B}_1=\boldsymbol{B}_1\boldsymbol{E}=\boldsymbol{B}_1\boldsymbol{AB}_2=\boldsymbol{EB}_2=\boldsymbol{B}_2$.可见 $\boldsymbol{A}$ 的逆矩阵只有一个.

(3) 矩阵逆的运算与数的除法运算有本质区别.

关于矩阵的逆,有如下运算结论.

(1) $(\boldsymbol{A}^{-1})^{-1}=\boldsymbol{A}$;　　(2) $(\boldsymbol{AB})^{-1}=\boldsymbol{B}^{-1}\boldsymbol{A}^{-1}$;

(3) $(\boldsymbol{A}^{\mathrm{T}})^{-1}=(\boldsymbol{A}^{-1})^{\mathrm{T}}$;　　(4) $(k\boldsymbol{A})^{-1}=k^{-1}\boldsymbol{A}^{-1}(k\neq0)$;

(5) n 阶方阵 $\boldsymbol{A}$ 可逆 $\Leftrightarrow\boldsymbol{A}$ 等价于 n 阶单位矩阵 $\Leftrightarrow\boldsymbol{A}$ 的秩为 n(这里符号 $\Leftrightarrow$ 表示充分必要条件);

(6) 对可逆矩阵 $\boldsymbol{A}$ 施以若干次初等行变换可化为单位矩阵 $\boldsymbol{E}$,则对 $\boldsymbol{E}$ 施以同样的初等行变换可化为 $\boldsymbol{A}^{-1}$.

6.4.2 用初等行变换法求逆矩阵

按照逆矩阵的定义,只有 n 阶方阵才可能存在逆矩阵,那么,什么样的 n 阶方阵存在逆矩阵呢?对此,有如下定理1.

定理1 n 阶方阵 $\boldsymbol{A}$ 可逆的充分必要条件是其秩为 n,即 $r(\boldsymbol{A})=n$.

由此可知,今后判断一个方阵 $\boldsymbol{A}$ 是否可逆,只需判断 $\boldsymbol{A}$ 的秩是否等于它的阶数 n,即是否存在 $r(\boldsymbol{A})=n$.

下面介绍一种最常见的逆矩阵的求法——初等行变换法.

定理2 若对可逆矩阵 $\boldsymbol{A}$ 施以有限次初等行变换可化为单位矩阵 $\boldsymbol{E}$,则对 $\boldsymbol{E}$ 施以同样的初等行变换一定能化为 $\boldsymbol{A}^{-1}$,即

$$(\boldsymbol{A}\mid\boldsymbol{E})\xrightarrow{\text{初等行变换}}(\boldsymbol{E}\mid\boldsymbol{A}^{-1}).$$

由此可得到用初等行变换求逆矩阵的方法:

(1) 在 n 阶方阵 $\boldsymbol{A}$ 的右侧加上与 $\boldsymbol{A}$ 同阶的单位矩阵 $\boldsymbol{E}$,形成一个 $n\times2n$ 的新矩阵 $(\boldsymbol{A}\mid\boldsymbol{E})$;

(2) 对这个 $n\times2n$ 矩阵作初等行变换,使子块 $\boldsymbol{A}$ 化为 $\boldsymbol{E}$,同时子块 $\boldsymbol{E}$ 就化为了 $\boldsymbol{A}^{-1}$,即

$$(\boldsymbol{A}\mid\boldsymbol{E})\xrightarrow{\text{初等行变换}}(\boldsymbol{E}\mid\boldsymbol{A}^{-1}).$$

例1 求矩阵 $\boldsymbol{A}=\begin{pmatrix}0&-2&1\\3&0&-2\\-2&3&0\end{pmatrix}$ 的逆矩阵.

解 先构造一个 3×6 矩阵,然后对其施以初等行变换

$$(\boldsymbol{A}|\boldsymbol{E})=\left(\begin{array}{ccc|ccc}0&-2&1&1&0&0\\3&0&-2&0&1&0\\-2&3&0&0&0&1\end{array}\right)\xrightarrow[3\times r_3]{r_1\leftrightarrow r_2}\left(\begin{array}{ccc|ccc}3&0&-2&0&1&0\\0&-2&1&1&0&0\\-6&9&0&0&0&3\end{array}\right)\xrightarrow{2r_1+r_3}$$

$$\left(\begin{array}{ccc|ccc}3&0&-2&0&1&0\\0&-2&1&1&0&0\\0&9&-4&0&2&3\end{array}\right)\xrightarrow{2\times r_3}\left(\begin{array}{ccc|ccc}3&0&-2&0&1&0\\0&-2&1&1&0&0\\0&18&-8&0&4&6\end{array}\right)\xrightarrow{9r_2+r_3}$$

$$\left(\begin{array}{ccc|ccc}3&0&-2&0&1&0\\0&-2&1&1&0&0\\0&0&1&9&4&6\end{array}\right)\xrightarrow[-r_3+r_2]{2r_3+r_1}\left(\begin{array}{ccc|ccc}3&0&0&18&9&12\\0&-2&0&-8&-4&-6\\0&0&1&9&4&6\end{array}\right)\xrightarrow[-\frac{1}{2}\times r_2]{\frac{1}{3}\times r_1}$$

$$\left(\begin{array}{ccc|ccc}1&0&0&6&3&4\\0&1&0&4&2&3\\0&0&1&9&4&6\end{array}\right).$$

可见 $\boldsymbol{A}$ 的位置上已成为 $\boldsymbol{E}$，所以 $\boldsymbol{A}^{-1}=\begin{pmatrix}6&3&4\\4&2&3\\9&4&6\end{pmatrix}$.

例 2 判断 $\boldsymbol{A}=\begin{pmatrix}0&-1&1\\-1&-1&3\\-1&0&2\end{pmatrix}$是否可逆，若可逆，求其逆.

解 先做一个 3×6 矩阵，然后对其施以初等行变换

$$(\boldsymbol{A}|\boldsymbol{E})=\left(\begin{array}{ccc|ccc}0&-1&1&1&0&0\\-1&-1&3&0&1&0\\-1&0&2&0&0&1\end{array}\right)\xrightarrow{r_1\leftrightarrow r_2}\left(\begin{array}{ccc|ccc}-1&-1&3&0&1&0\\0&-1&1&1&0&0\\-1&0&2&0&0&1\end{array}\right)\xrightarrow{-r_1+r_3}$$

$$\left(\begin{array}{ccc|ccc}-1&-1&3&0&1&0\\0&-1&1&1&0&0\\0&1&-1&0&-1&1\end{array}\right)\xrightarrow{r_2+r_3}\left(\begin{array}{ccc|ccc}-1&-1&3&0&1&0\\0&-1&1&1&0&0\\0&0&0&1&-1&1\end{array}\right),$$

因此 $r(\boldsymbol{A})=2(r(\boldsymbol{A})\neq3)$，所以不满足可逆的充分必要条件，即 $\boldsymbol{A}$ 的逆不存在.

注： 在应用初等行变换求方阵 $\boldsymbol{A}$ 的逆矩阵时，不需要事先判断方阵 $\boldsymbol{A}$ 是否可逆，只需对 $n\times2n$矩阵$(\boldsymbol{A}|\boldsymbol{E})$施以初等行变换，当把左边 $\boldsymbol{A}$ 化为一般阶梯时很容易判断 $r(\boldsymbol{A})$是否为阶数 n，若 $r(\boldsymbol{A})=n$，即可逆，从而也就可以继续求得 $\boldsymbol{A}^{-1}$；若 $r(\boldsymbol{A})\neq n$，即 $\boldsymbol{A}$ 不可逆，则可终止对矩阵$(\boldsymbol{A}|\boldsymbol{E})$施以初等行变换.

6.4.3 求解矩阵方程

归纳矩阵方程及其解主要有以下三种类型.

(1) $\boldsymbol{AX}=\boldsymbol{B}\xrightarrow{\text{解}}\boldsymbol{X}=\boldsymbol{A}^{-1}\boldsymbol{B}$；

(2) $\boldsymbol{XA}=\boldsymbol{B}\xrightarrow{\text{解}}\boldsymbol{X}=\boldsymbol{BA}^{-1}$；

(3) $\boldsymbol{AXB}=\boldsymbol{C}\xrightarrow{\text{解}}\boldsymbol{X}=\boldsymbol{A}^{-1}\boldsymbol{CB}^{-1}$.

下面给出三个例题分别来看上述三种类型的矩阵方程的解法.

例 3 已知矩阵 $\boldsymbol{A}=\begin{pmatrix}1 & 2\\ 2 & 1\end{pmatrix}$，$\boldsymbol{B}=\begin{pmatrix}1 & 4\\ -1 & 2\end{pmatrix}$，解矩阵方程 $\boldsymbol{AX}=\boldsymbol{B}$.

解 (1)首先求 $\boldsymbol{A}^{-1}$，做 2×4 矩阵 $(\boldsymbol{A}|\boldsymbol{E})$.

$$(\boldsymbol{A}|\boldsymbol{E})=\left(\begin{array}{cc|cc}1 & 2 & 1 & 0\\ 2 & 1 & 0 & 1\end{array}\right)\xrightarrow{(-2)r_1+r_2}\left(\begin{array}{cc|cc}1 & 2 & 1 & 0\\ 0 & -3 & -2 & 1\end{array}\right)\xrightarrow{(-\frac{1}{3})r_2}\left(\begin{array}{cc|cc}1 & 2 & 1 & 0\\ 0 & 1 & \frac{2}{3} & -\frac{1}{3}\end{array}\right)$$

$$\xrightarrow{(-2)r_2+r_1}\left(\begin{array}{cc|cc}1 & 0 & -\frac{1}{3} & \frac{2}{3}\\ 0 & 1 & \frac{2}{3} & -\frac{1}{3}\end{array}\right),$$

所以 $\boldsymbol{A}^{-1}=\begin{pmatrix}-\frac{1}{3} & \frac{2}{3}\\ \frac{2}{3} & -\frac{1}{3}\end{pmatrix}$.

(2)由 $\boldsymbol{AX}=\boldsymbol{B}\xrightarrow{\text{解}}\boldsymbol{X}=\boldsymbol{A}^{-1}\boldsymbol{B}$ 得

$$\boldsymbol{X}=\boldsymbol{A}^{-1}\boldsymbol{B}=\begin{pmatrix}-\frac{1}{3} & \frac{2}{3}\\ \frac{2}{3} & -\frac{1}{3}\end{pmatrix}\begin{pmatrix}1 & 4\\ -1 & 2\end{pmatrix}=\begin{pmatrix}-1 & 0\\ 1 & 2\end{pmatrix}.$$

例 4 解矩阵方程 $\boldsymbol{X}\begin{pmatrix}1 & 1 & -2\\ 2 & 1 & -1\\ 1 & -1 & 3\end{pmatrix}=(-2\quad 1\quad 4)$.

解 令 $\boldsymbol{A}=\begin{pmatrix}1 & 1 & -2\\ 2 & 1 & -1\\ 1 & -1 & 3\end{pmatrix}$，$\boldsymbol{B}=(-2\quad 1\quad 4)$.

(1) 首先求 $\boldsymbol{A}^{-1}$，做 3×6 矩阵 $(\boldsymbol{A}|\boldsymbol{E})$

$$(\boldsymbol{A}|\boldsymbol{E})=\left(\begin{array}{ccc|ccc}1 & 1 & -2 & 1 & 0 & 0\\ 2 & 1 & -1 & 0 & 1 & 0\\ 1 & -1 & 3 & 0 & 0 & 1\end{array}\right)\xrightarrow[(-1)r_1+r_3]{(-2)r_1+r_2}\left(\begin{array}{ccc|ccc}1 & 1 & -2 & 1 & 0 & 0\\ 0 & -1 & 3 & -2 & 1 & 0\\ 0 & -2 & 5 & -1 & 0 & 1\end{array}\right)\xrightarrow{(-2)r_2+r_3}$$

$$\left(\begin{array}{ccc|ccc}1 & 1 & -2 & 1 & 0 & 0\\ 0 & -1 & 3 & -2 & 1 & 0\\ 0 & 0 & -1 & 3 & -2 & 1\end{array}\right)\xrightarrow[(-1)r_3]{(-1)r_2}\left(\begin{array}{ccc|ccc}1 & 1 & -2 & 1 & 0 & 0\\ 0 & 1 & -3 & 2 & -1 & 0\\ 0 & 0 & 1 & -3 & 2 & -1\end{array}\right)\xrightarrow[3r_3+r_2]{2r_3+r_1}$$

$$\left(\begin{array}{ccc|ccc}1 & 1 & 0 & -5 & 4 & -2\\ 0 & 1 & 0 & -7 & 5 & -3\\ 0 & 0 & 1 & -3 & 2 & -1\end{array}\right)\xrightarrow{(-1)r_2+r_1}\left(\begin{array}{ccc|ccc}1 & 0 & 0 & 2 & -1 & 1\\ 0 & 1 & 0 & -7 & 5 & -3\\ 0 & 0 & 1 & -3 & 2 & -1\end{array}\right),$$

所以 $\boldsymbol{A}^{-1}=\begin{pmatrix}2 & -1 & 1\\ -7 & 5 & -3\\ -3 & 2 & -1\end{pmatrix}$.

(2) 由 $\boldsymbol{XA}=\boldsymbol{B}\xrightarrow{\text{解}}\boldsymbol{X}=\boldsymbol{BA}^{-1}$ 得

$$X=BA^{-1}=(-2\quad 1\quad 4)\begin{pmatrix}2&-1&1\\-7&5&-3\\-3&2&-1\end{pmatrix}=(-23\quad 15\quad -9).$$

例5 解矩阵方程 $AXB=C$,其中 $A=\begin{pmatrix}1&2\\3&5\end{pmatrix}$,$B=\begin{pmatrix}1&3\\0&1\end{pmatrix}$,$C=\begin{pmatrix}1&3\\2&5\end{pmatrix}$.

解 $$(A\mid E)=\left(\begin{array}{cc|cc}1&2&1&0\\3&5&0&1\end{array}\right)\xrightarrow{(-3)r_1+r_2}\left(\begin{array}{cc|cc}1&2&1&0\\0&-1&-3&1\end{array}\right)\xrightarrow{(-1)r_2}\left(\begin{array}{cc|cc}1&2&1&0\\0&1&3&-1\end{array}\right)\xrightarrow{(-2)r_2+r_1}$$

$$\left(\begin{array}{cc|cc}1&0&-5&2\\0&1&3&-1\end{array}\right),$$

所以 $A^{-1}=\begin{pmatrix}-5&2\\3&-1\end{pmatrix}=\begin{pmatrix}-1&-2\\1&1\end{pmatrix}$.

$$(B\mid E)=\left(\begin{array}{cc|cc}1&3&1&0\\0&1&0&1\end{array}\right)\xrightarrow{(-3)r_2+r_1}\left(\begin{array}{cc|cc}1&0&1&-3\\0&1&0&1\end{array}\right),$$

所以 $B^{-1}=\begin{pmatrix}1&-3\\0&1\end{pmatrix}$.

由 $AXB=C\xrightarrow{\text{解}}X=A^{-1}CB^{-1}$ 得

$$X=A^{-1}CB^{-1}=\begin{pmatrix}-5&2\\3&-1\end{pmatrix}\begin{pmatrix}1&3\\2&5\end{pmatrix}\begin{pmatrix}1&-3\\0&1\end{pmatrix}=\begin{pmatrix}-1&-5\\1&4\end{pmatrix}\begin{pmatrix}1&-3\\0&1\end{pmatrix}.$$

习题 6.4

1. 判断下列矩阵是否可逆,若可逆,求其逆矩阵.

(1) $\begin{pmatrix}2&2&3\\1&-1&0\\-1&2&1\end{pmatrix}$;　　(2) $\begin{pmatrix}2&2&-1\\1&-2&4\\5&8&2\end{pmatrix}$;

(3) $\begin{pmatrix}1&2&3&4\\2&3&1&2\\1&1&1&-1\\1&0&-2&-6\end{pmatrix}$;　　(4) $\begin{pmatrix}1&1&1&1\\1&1&-1&-1\\1&-1&1&-1\\1&-1&-1&1\end{pmatrix}$.

2. 设 $A=\begin{pmatrix}3&5\\1&2\end{pmatrix}$,求 $(A^{-1})^{\mathrm{T}}$,$(A^{\mathrm{T}})^{-1}$.

3. 试求出下列矩阵 X.

(1) $\begin{pmatrix} 1 & -5 \\ -1 & 4 \end{pmatrix} \boldsymbol{X} = \begin{pmatrix} 3 & 2 \\ 1 & 4 \end{pmatrix}$;

(2) $\boldsymbol{X} \begin{pmatrix} 1 & 1 & -1 \\ 2 & 1 & 0 \\ 1 & -1 & 1 \end{pmatrix} = \begin{pmatrix} 1 & 1 & 3 \\ 4 & 3 & 2 \\ 1 & 2 & 5 \end{pmatrix}$;

(3) $\begin{pmatrix} 0 & 1 & 0 \\ 1 & 0 & 0 \\ 0 & 0 & 1 \end{pmatrix} \boldsymbol{X} \begin{pmatrix} 1 & 0 & 0 \\ 0 & 0 & 1 \\ 0 & 1 & 0 \end{pmatrix} = \begin{pmatrix} 1 & -4 & 3 \\ 2 & 0 & -1 \\ 1 & -2 & 0 \end{pmatrix}$.

综合练习六

1. 填空题

(1) 已知$(1 \quad 2 \quad 3)\begin{pmatrix} a \\ 2 \\ 1 \end{pmatrix} = 8$,则 $a=$________.

(2) 已知 $\boldsymbol{A} = \begin{pmatrix} 1 & 2 & 0 \\ 3 & 0 & a \end{pmatrix}$,$\boldsymbol{B} = \begin{pmatrix} 2 & 3 \\ 0 & 0 \\ 0 & 5 \end{pmatrix}$,若 $\boldsymbol{AB} = \begin{pmatrix} 2 & 3 \\ 6 & 9 \end{pmatrix}$,则 $a=$________.

(3) 设 $\boldsymbol{A} = \begin{pmatrix} 1 & 3 \\ -1 & 2 \end{pmatrix}$,求 $\boldsymbol{E} - 2\boldsymbol{A} =$________.

(4) 设 $\boldsymbol{A} = \begin{pmatrix} 1 & 1 \\ 0 & 0 \end{pmatrix}$,若 $\boldsymbol{AX} = \boldsymbol{XA}$,则 $\boldsymbol{X} =$________.

(5) 设 $\boldsymbol{A}$ 为 n 阶可逆矩阵,则 $r(\boldsymbol{A}) =$________.

(6) 若 $\boldsymbol{A}_{m\times n} = \boldsymbol{A}$,则 $\boldsymbol{A}^{\mathrm{T}}\boldsymbol{A}$ 是________矩阵.

(7) 当 $\lambda=$________时,矩阵 $\begin{pmatrix} 1 & 2 & 3 & 4 \\ -1 & -1 & -5 & -4 \\ 0 & 2 & -4 & \lambda \end{pmatrix}$ 的秩最小.

2. 单项选择题

(1) $\boldsymbol{A}$ 为 3×4 矩阵,$\boldsymbol{B}$ 为 4×4 矩阵,则以下(　　)不能运算.

A. $\boldsymbol{AB}$　　B. $\boldsymbol{B}^2$　　C. $\boldsymbol{A}^2\boldsymbol{B}$　　D. $\boldsymbol{AB}^3$

(2) 设 $\boldsymbol{A},\boldsymbol{B},\boldsymbol{C}$ 均为 n 阶矩阵,下列(　　)不是运算律.

A. $(\boldsymbol{A}+\boldsymbol{B})+\boldsymbol{C} = \boldsymbol{A}+(\boldsymbol{B}+\boldsymbol{C})$　　B. $(\boldsymbol{A}+\boldsymbol{B})\boldsymbol{C} = \boldsymbol{CA}+\boldsymbol{CB}$

C. $(\boldsymbol{AB})\boldsymbol{C} = \boldsymbol{A}(\boldsymbol{BC})$　　D. $\boldsymbol{A}(\boldsymbol{B}+\boldsymbol{C}) = \boldsymbol{AB}+\boldsymbol{AC}$

(3) 若 $\boldsymbol{A}$ 是(　　),则 $\boldsymbol{A}$ 必为方阵.

A. 零矩阵　　B. 转置矩阵

C. 可逆矩阵　　D. 线性方程组的系数

(4) 若$\begin{pmatrix}1 & \lambda \\ 0 & 1\end{pmatrix}^2=$(　　).

A. $\begin{pmatrix}1 & \lambda \\ 0 & 1\end{pmatrix}$　　B. $\begin{pmatrix}1 & 2\lambda \\ 0 & 1\end{pmatrix}$　　C. $\begin{pmatrix}1 & 3\lambda \\ 0 & 1\end{pmatrix}$　　D. $\begin{pmatrix}0 & 1 \\ 0 & \lambda\end{pmatrix}$

(5) $\boldsymbol{x}_0=\begin{pmatrix}1 \\ 2\end{pmatrix}$为线性方程组$\boldsymbol{AX}=\boldsymbol{b}$的解,其中$\boldsymbol{A}=\begin{pmatrix}1 & 0 \\ -2 & 1\end{pmatrix}$,则$\boldsymbol{b}=$(　　).

A. $\begin{pmatrix}1 \\ 0\end{pmatrix}$　　B. $\begin{pmatrix}1 \\ -2\end{pmatrix}$　　C. $\begin{pmatrix}0 \\ 1\end{pmatrix}$　　D. $\begin{pmatrix}1 \\ 2\end{pmatrix}$

(6) 下列说法不正确的是(　　).

A. 矩阵的乘法满足交换律　　B. $(\boldsymbol{AB})^{\mathrm{T}}=\boldsymbol{B}^{\mathrm{T}}\boldsymbol{A}^{\mathrm{T}}$

C. 齐次方程组至少有零解　　D. 矩阵的加法满足结合律

(7) 若$\boldsymbol{AB}=\boldsymbol{O}$,则(　　).

A. $\boldsymbol{A}=\boldsymbol{O}$或$\boldsymbol{B}=\boldsymbol{O}$　　B. $\boldsymbol{A}=\boldsymbol{O}$

C. $\boldsymbol{B}=\boldsymbol{O}$　　D. $\boldsymbol{A}$和$\boldsymbol{B}$都均不一定为零

(8) 设$\boldsymbol{A}$是4阶方阵,若秩$r(\boldsymbol{A})=3$,则(　　).

A. $\boldsymbol{A}$可逆　　B. $\boldsymbol{A}$的行阶梯矩阵有一个零行

C. $\boldsymbol{A}$有一个零行　　D. $\boldsymbol{A}$至少有一个零行

3. 设$\boldsymbol{A}=\begin{pmatrix}0 & 1 & 2 \\ 3 & 2 & 1\end{pmatrix}$,$\boldsymbol{B}=\begin{pmatrix}4 & 5 \\ -3 & 2 \\ 1 & -4\end{pmatrix}$.求(1) $\boldsymbol{AB}$;　(2) $\boldsymbol{A}^{\mathrm{T}}+\boldsymbol{B}$.

4. 将$\boldsymbol{A}=\begin{pmatrix}2 & 3 & 4 & 3 \\ -4 & 0 & 8 & 6 \\ 1 & 1 & -1 & -1\end{pmatrix}$化为行阶梯形矩阵.

5. 将$\boldsymbol{A}=\begin{pmatrix}2 & 1 & 2 & 3 \\ 4 & 1 & 3 & 5 \\ 2 & 0 & 1 & 2\end{pmatrix}$化为简化阶梯形矩阵.

6. 求下列矩阵的秩.

(1) $\begin{pmatrix}2 & 1 & 11 & 2 \\ 1 & 0 & 4 & 1 \\ 11 & 4 & 56 & 5 \\ 2 & -1 & 5 & -6\end{pmatrix}$;　　(2) $\begin{pmatrix}1 & 2 & -1 & 0 & 3 \\ 2 & -1 & 0 & 1 & -1 \\ 3 & 1 & -1 & 1 & 2 \\ 0 & -5 & 2 & 1 & -7\end{pmatrix}$.

7. 设矩阵$\boldsymbol{A}=\begin{pmatrix}1 & -2 & 0 \\ -1 & -2 & 1 \\ -3 & 0 & 2\end{pmatrix}$,$\boldsymbol{B}=\begin{pmatrix}5 & 1 & -1 \\ 2 & 0 & 3\end{pmatrix}$.求(1)$(\boldsymbol{BA})^{\mathrm{T}}$;　(2)$r((\boldsymbol{BA})^{\mathrm{T}})$.

8. 已知$\boldsymbol{X}\begin{pmatrix}4 & -3 & 2 \\ -3 & 3 & -2 \\ 1 & -1 & 1\end{pmatrix}=\begin{pmatrix}0 & -3 & 1 \\ 2 & 0 & 1\end{pmatrix}$,求矩阵$\boldsymbol{X}$.

9. 已知矩阵 $\boldsymbol{A}=\begin{pmatrix} 0 & 1 & 0 \\ -1 & 1 & 1 \\ -1 & 0 & 3 \end{pmatrix}$，求 $(\boldsymbol{E}-\boldsymbol{A})^{-1}$.

10. 设矩阵 $\boldsymbol{A}=\begin{pmatrix} 1 & 1 \\ 0 & 2 \\ 2 & 0 \end{pmatrix}$，$\boldsymbol{B}=\begin{pmatrix} 1 & 2 & -3 \\ 0 & -1 & 2 \end{pmatrix}$，计算 $(\boldsymbol{BA})^{-1}$.

提高题六

一、填空题(本题共 30 分，每小题 3 分)

1. 设矩阵 $\boldsymbol{A}=\begin{pmatrix} 1 & 2 \\ -1 & 3 \end{pmatrix}$，$\boldsymbol{B}=\begin{pmatrix} 3 & -2 \\ 2 & 1 \end{pmatrix}$，则 $3\boldsymbol{A}+2\boldsymbol{B}=$________；$\boldsymbol{AB}=$________.

2. 设矩阵 $\boldsymbol{A}=\begin{pmatrix} -1 & 5 \\ 1 & 3 \end{pmatrix}$，$\boldsymbol{B}=\begin{pmatrix} 3 & 1 \\ -2 & 0 \end{pmatrix}$，则 $3\boldsymbol{A}-\boldsymbol{B}=$________；$\boldsymbol{A}^{-1}\boldsymbol{B}=$________.

3. 设 $\boldsymbol{A}=\begin{pmatrix} 1 & 2 & 0 \\ 3 & 4 & 0 \\ -1 & 2 & 1 \end{pmatrix}$，$\boldsymbol{B}=\begin{pmatrix} 2 & 3 & -1 \\ -2 & 4 & 0 \end{pmatrix}$，则 $\boldsymbol{AB}^{\mathrm{T}}=$________.

4. 设 $\boldsymbol{A}$ 为 $[1\quad 3\quad 9]$，$\boldsymbol{B}$ 为 $[-7\quad 3]$，要使 $\boldsymbol{A}^{\mathrm{T}}\boldsymbol{B}+\boldsymbol{C}$ 有意义，则 $\boldsymbol{C}$ 为________矩阵.

5. 设 $\begin{pmatrix} 1 & 2 & 3 & 3 \\ 0 & 3 & -1 & 2 \\ 0 & 6 & -2 & 4 \\ 0 & 0 & 0 & 0 \end{pmatrix}$，则 $r(\boldsymbol{A})=$____________.

6. $\boldsymbol{A}^2-\boldsymbol{B}^2=(\boldsymbol{A}+\boldsymbol{B})(\boldsymbol{A}-\boldsymbol{B})$ 的充分必要条件是________.

7. 设 $\boldsymbol{A}=\begin{pmatrix} 1 & 0 & 1 \\ 2 & 1 & 1 \end{pmatrix}$，$\boldsymbol{B}=\begin{pmatrix} 1 & 2 \\ 1 & -3 \\ -1 & 4 \end{pmatrix}$，则 $(\boldsymbol{A}+\boldsymbol{B}^{\mathrm{T}})^{\mathrm{T}}=$__________.

8. 设 $\boldsymbol{A}=\begin{pmatrix} 3 & 0 & 0 \\ 1 & 4 & 0 \\ 0 & 0 & 3 \end{pmatrix}$，则 $(\boldsymbol{A}-2\boldsymbol{E})^{-1}=$__________.

9. 设 $\boldsymbol{A}=\begin{pmatrix} 1 & 1 & 1 \\ 2 & 2 & 5 \\ 1 & 1 & t \end{pmatrix}$，且 $r(\boldsymbol{A})=2$，则 $t=$____________.

10. 设 $\boldsymbol{A}=(1\quad 2\quad 3)$，$\boldsymbol{B}=(1\quad 1\quad 1)$，则 $(\boldsymbol{A}^{\mathrm{T}}\boldsymbol{B})^k=$________________.

二、选择题(本题共 15 分，每小题 3 分)

1. 两个矩阵 $\boldsymbol{A}$ 与 $\boldsymbol{B}$ 既可以相加又可以相乘的充要条件是(　　).

A. $\boldsymbol{A}$,$\boldsymbol{B}$ 是同阶矩阵　　B. $\boldsymbol{A}$ 的行数等于 $\boldsymbol{B}$ 的列数

C. $\boldsymbol{A}$ 的列数等于 $\boldsymbol{B}$ 的行数　　D. $\boldsymbol{A}$ 的行数列数分别等于 $\boldsymbol{B}$ 的行数列数

2. 已知矩阵 $\boldsymbol{A},\boldsymbol{B},\boldsymbol{C}_{s\times n}$满足 $\boldsymbol{AC}=\boldsymbol{CB}$,则(　　).

A. $\boldsymbol{A},\boldsymbol{B}$ 都是 $s\times n$ 矩阵　　B. $\boldsymbol{A},\boldsymbol{B}$ 都是 $n\times s$ 矩阵

C. $\boldsymbol{A}$ 是 $s\times n$ 矩阵,$\boldsymbol{B}$ 是 $n\times s$ 矩阵　　D. $\boldsymbol{A}$ 是 $s\times s$ 矩阵,$\boldsymbol{B}$ 是 $n\times n$ 矩阵

3. 设矩阵 $\boldsymbol{A},\boldsymbol{B}$ 为 n 阶矩阵,下列命题正确的是(　　).

A. $(\boldsymbol{A}+\boldsymbol{B})^2=\boldsymbol{A}^2+2\boldsymbol{AB}+\boldsymbol{B}^2$　　B. $(\boldsymbol{A}+\boldsymbol{B})(\boldsymbol{A}-\boldsymbol{B})=\boldsymbol{A}^2-\boldsymbol{B}^2$

C. $\boldsymbol{A}^2-\boldsymbol{E}=(\boldsymbol{A}+\boldsymbol{E})(\boldsymbol{A}-\boldsymbol{E})$　　D. $(\boldsymbol{AB})^2=\boldsymbol{A}^2\boldsymbol{B}^2$

4. 设 $\boldsymbol{A},\boldsymbol{B},\boldsymbol{C}$ 为 n 阶方阵,若 $\boldsymbol{AB}=\boldsymbol{BA},\boldsymbol{AC}=\boldsymbol{CA}$,则 $\boldsymbol{ABC}$ 等于(　　).

A. $\boldsymbol{ACB}$　　B. $\boldsymbol{CBA}$　　C. $\boldsymbol{BCA}$　　D. $\boldsymbol{CAB}$

5. 设 $\boldsymbol{A},\boldsymbol{B},\boldsymbol{C}$ 均为 n 阶方阵,且 $\boldsymbol{AB}=\boldsymbol{BC}=\boldsymbol{CA}=\boldsymbol{E}$,则 $\boldsymbol{A}^2+\boldsymbol{B}^2+\boldsymbol{C}^2$ 等于(　　).

A. $3\boldsymbol{E}$　　B. $2\boldsymbol{E}$　　C. $\boldsymbol{E}$　　D. $\boldsymbol{O}$

三、计算题(本题共 40 分,每小题 10 分)

1. 设 $\boldsymbol{A}=\begin{pmatrix}2&-2&0\\4&-2&2\\1&3&1\end{pmatrix}$,$\boldsymbol{B}=\begin{pmatrix}1&-1&0\\-2&1&-1\\0&1&0\end{pmatrix}$,求 $\boldsymbol{A}^2-4\boldsymbol{B}^2-2\boldsymbol{BA}+2\boldsymbol{AB}$.

2. 设 $\boldsymbol{A}=\begin{pmatrix}3&0&1\\1&1&0\\0&1&4\end{pmatrix}$,且 $\boldsymbol{AX}=\boldsymbol{A}+2\boldsymbol{X}$,求矩阵 $\boldsymbol{X}$.

3. 已知网络双端口参数矩阵 $\boldsymbol{A},\boldsymbol{B}$ 满足 $\begin{cases}2\boldsymbol{A}+2\boldsymbol{B}=\boldsymbol{C}\\2\boldsymbol{A}-2\boldsymbol{B}=\boldsymbol{D}\end{cases}$,其中 $\boldsymbol{C}=\begin{pmatrix}7&10&-2\\1&-5&-10\end{pmatrix}$,$\boldsymbol{D}=\begin{pmatrix}5&-2&-6\\-5&-15&-14\end{pmatrix}$,求参数矩阵 $\boldsymbol{A},\boldsymbol{B}$.

4. 解矩阵方程 $\begin{pmatrix}0&1&0\\1&0&0\\0&0&1\end{pmatrix}\boldsymbol{X}\begin{pmatrix}1&0&0\\-2&1&0\\0&0&1\end{pmatrix}=\begin{pmatrix}1&-4&3\\2&0&-1\\0&-2&1\end{pmatrix}$,求矩阵 $\boldsymbol{X}$.

四、解答题(本题 15 分)

设 $\boldsymbol{A}=\begin{pmatrix}3&-2&\lambda&-16\\2&-3&0&1\\1&-1&1&-3\\3&\mu&1&-2\end{pmatrix}$,其中 λ,μ 为参数,求矩阵 $\boldsymbol{A}$ 秩的最大值和最小值.

第7章　线性方程组

【导学】 求解线性方程组是线性代数最主要的应用之一，此类问题在科学技术与经济管理领域有着相当广泛的应用．本章主要讲述用矩阵的初等行变换法求解线性方程组的方法及讨论线性方程组解的存在性和线性方程组解的结构等内容．

7.1　线性方程组的解法

【教学要求】 本节要求会将一个线性方程组用矩阵乘法表示，掌握线性方程组中增广矩阵的秩与方程组解之间的关系．

7.1.1　消元法解线性方程组的实质

回顾6.3.1的引例，求解线性方程组$\begin{cases} x_1-2x_2+\ \ x_3=0 \\ \qquad\ 2x_2-8x_3=8 \\ -4x_1+5x_2+9x_3=-9 \end{cases}$．

观察引例中的过程，在步骤（Ⅰ）—（Ⅱ）的过程中，先是用第一个方程中含x_1的项消去其他方程中含x_1的项，然后暂时不管第一个方程，再用第二个方程中含有x_2的项消去第三个方程中含有x_2的项，这时第三个方程只剩下x_3项．通过这个消元过程，最后得到一个和原方程组同解的很简单的像阶梯一样的方程组．我们称之为**行阶梯方程组**．

在步骤（Ⅱ）—（Ⅲ）的过程中从第三个方程开始，先用第三个方程中含有x_3的项消去第一个方程和第二个方程的x_3项，再用第二个方程中含有x_2的项消去第一个方程的x_2项，并在消的过程中，通过把某一个方程两边乘以一个不为零的倍数的方法让第一个方程的x_1项、第二个方程的x_2项与第三个方程的x_3项系数都为1，此时可以直接得出原方程组的解．

一般称步骤（Ⅰ）—（Ⅱ）的过程为**消元过程**；步骤（2）—（3）的过程是**回代过程**．

再观察方程组的演变过程所对应的由系数和常数项组成的矩阵的变化过程．

步骤（Ⅰ）—（Ⅱ）的过程是把原方程组所对应的矩阵通过初等行变换化为阶梯形矩阵的过程；步骤（Ⅱ）—（Ⅲ）的过程是继续把阶梯形矩阵化为简化阶梯形矩阵的过程，并通过最后唯一的简化阶梯形矩阵能够读出原方程组的解的情况．

上述整个过程就是**消元法解线性方程组的实质**：用消元法解线性方程组的过程，相当于对该方程组的系数和常数项组成的矩阵作初等行变换．

7.1.2　线性方程组的矩阵形式

从7.1.1节可得到消元法解线性方程组的实质：用消元法解三元线性方程组的过程，相当于对该方程组的系数和常数项组成的矩阵作初等行变换.

对一般线性方程组是否有同样的结论？答案是肯定的. 以下就一般线性方程组求解的问题进行讨论.

设有线性方程组

$$\begin{cases} a_{11}x_1+a_{12}x_2+\cdots+a_{1n}x_n=b_1 \\ a_{21}x_1+a_{22}x_2+\cdots+a_{2n}x_n=b_2 \\ \qquad\vdots \\ a_{m1}x_1+a_{m2}x_2+\cdots+a_{mn}x_n=b_m \end{cases},$$

当 $b_i(i=1,2,\cdots,m)$ 全为零时，称该方程组为**齐次线性方程组**，否则称为**非齐次线性方程组**.

根据矩阵乘法，该方程组可写成下面**矩阵方程**的形式：

$$\boldsymbol{AX}=\boldsymbol{B},$$

其中，$\boldsymbol{A}=\begin{pmatrix} a_{11} & a_{12} & \cdots & a_{1n} \\ a_{21} & a_{22} & \cdots & a_{2n} \\ \vdots & \vdots & & \vdots \\ a_{m1} & a_{m2} & \cdots & a_{mn} \end{pmatrix}$，$\boldsymbol{X}=\begin{pmatrix} x_1 \\ x_2 \\ \vdots \\ x_n \end{pmatrix}$，$\boldsymbol{B}=\begin{pmatrix} b_1 \\ b_2 \\ \vdots \\ b_m \end{pmatrix}$.

这里称矩阵 $\boldsymbol{A}$ 为方程组的**系数矩阵**，$\boldsymbol{X}$ 为方程组的**未知量矩阵**，$\boldsymbol{B}$ 为方程组的**常数矩阵**.

显然，**齐次线性方程组的矩阵形式为**

$$\boldsymbol{AX}=\boldsymbol{O}.$$

而称矩阵 $\overline{\boldsymbol{A}}=(\boldsymbol{A},\boldsymbol{B})$ 为方程组的**增广矩阵**. 即

$$\overline{\boldsymbol{A}}=\begin{pmatrix} a_{11} & a_{12} & \cdots & a_{1n} & b_1 \\ a_{21} & a_{22} & \cdots & a_{2n} & b_2 \\ \vdots & \vdots & & \vdots & \vdots \\ a_{m1} & a_{m2} & \cdots & a_{mn} & b_m \end{pmatrix}.$$

初等行变换法可以用来求解方程组，它正是计算机中容易实现的过程.

7.1.3　线性方程组有解的充要条件

由消元法的实质，得到**消元法解线性方程组的步骤**：

(1) 写出线性方程组的增广矩阵 $\overline{\boldsymbol{A}}$，将用初等行变换化 $\overline{\boldsymbol{A}}$ 为阶梯矩阵；

(2) 将阶梯矩阵继续用初等行变换化为简化阶梯矩阵；

(3) 将简化阶梯矩阵还原为与原方程组同解的线性方程组，即可求出相应的解.

例 1　解线性方程组 $\begin{cases} x_1-x_2+2x_3=1 \\ 3x_1+x_2+2x_3=3 \\ x_1-2x_2+x_3=-1 \\ 2x_1-2x_2-3x_3=-5 \end{cases}$.

解　对方程组的增广矩阵进行初等行变换，

$$\overline{\boldsymbol{A}}=\begin{pmatrix} 1 & -1 & 2 & 1 \\ 3 & 1 & 2 & 3 \\ 1 & -2 & 1 & -1 \\ 2 & -2 & -3 & -5 \end{pmatrix}\xrightarrow[-2r_1+r_4]{\substack{-3r_1+r_2 \\ -r_1+r_3}}\begin{pmatrix} 1 & -1 & 2 & 1 \\ 0 & 4 & -4 & 0 \\ 0 & -1 & -1 & -2 \\ 0 & 0 & -7 & -7 \end{pmatrix}\xrightarrow[-\frac{1}{7}\times r_4]{\frac{1}{4}\times r_2}\begin{pmatrix} 1 & -1 & 2 & 1 \\ 0 & 1 & -1 & 0 \\ 0 & -1 & -1 & -2 \\ 0 & 0 & 1 & 1 \end{pmatrix}$$

$$\xrightarrow{r_2+r_3}\begin{pmatrix}1&-1&2&1\\0&1&-1&0\\0&0&-2&-2\\0&0&1&1\end{pmatrix}\xrightarrow{\frac{1}{2}r_3+r_4}\begin{pmatrix}1&-1&2&1\\0&1&-1&0\\0&0&-2&-2\\0&0&0&0\end{pmatrix}\xrightarrow{-\frac{1}{2}\times r_3}\begin{pmatrix}1&-1&2&1\\0&1&-1&0\\0&0&1&1\\0&0&0&0\end{pmatrix}$$

$$\xrightarrow[r_3+r_2]{-2r_3+r_1}\begin{pmatrix}1&-1&0&-1\\0&1&0&1\\0&0&1&1\\0&0&0&0\end{pmatrix}\xrightarrow{r_2+r_1}\begin{pmatrix}1&0&0&0\\0&1&0&1\\0&0&1&1\\0&0&0&0\end{pmatrix}.$$

对应的同解方程组为$\begin{cases}x_1=0\\x_2=1\\x_3=1\end{cases}$,故原方程组解为$\begin{cases}x_1=0\\x_2=1\\x_3=1\end{cases}$.

例 2 解线性方程组$\begin{cases}x_1+x_2+2x_3+3x_4=1\\x_2+x_3-4x_4=1\\x_1+2x_2+3x_3-x_4=4\end{cases}$.

解 对方程组的增广矩阵进行初等行变换

$$\overline{\mathbf{A}}=\begin{pmatrix}1&1&2&3&1\\0&1&1&-4&1\\1&2&3&-1&4\end{pmatrix}\xrightarrow{-r_1+r_3}\begin{pmatrix}1&1&2&3&1\\0&1&1&-4&1\\0&1&1&-4&3\end{pmatrix}\xrightarrow{-r_2+r_3}\begin{pmatrix}1&1&2&3&1\\0&1&1&-4&1\\0&0&0&0&2\end{pmatrix}$$

对应的同解方程组为$\begin{cases}x_1+x_2+2x_3+3x_4=1\\x_2+x_3-4x_4=1\\0=2\end{cases}$,显然最后一个方程出现了矛盾,所以原方程组无解.

从阶梯矩阵可以看出来,$r(\overline{\mathbf{A}})=3$,而去掉最后一列就是系数矩阵等价的阶梯矩阵,可得$r(\mathbf{A})=2$,即$r(\overline{\mathbf{A}})\neq r(\mathbf{A})$,从而会出现零等于一个非零数的矛盾方程.

所以**线性方程组有解的充要条件**是$r(\mathbf{A})=r(\overline{\mathbf{A}})$.

习题 7.1

1. 用初等行变换把下列方程组的增广矩阵分别化成阶梯矩阵、简化阶梯矩阵.

(1) $\begin{cases}x_1+x_2+x_3+x_4+x_5=7\\3x_1+2x_2+x_3+x_4-3x_5=-2\\x_2+2x_3+2x_4+6x_5=23\\5x_1+4x_2+3x_3+3x_4-x_5=12\end{cases}$;

(2) $\begin{cases}x_1-2x_2+x_3+x_4=1\\x_1-2x_2+x_3-x_4=-1\\x_1-2x_2+x_3-5x_4=5\end{cases}$.

2. 用初等行变换求出下列方程组的系数矩阵和增广矩阵的秩,并判断方程组是否有解.

(1) $\begin{cases}x_1-x_2+x_3-x_4=0\\2x_1-x_2+3x_3-2x_4=-1\\3x_1-2x_2-x_3+2x_4=4\end{cases}$;

(2) $\begin{cases}x_1-x_2+2x_3=1\\3x_1+x_2+2x_3=3\\x_1-2x_2+x_3=-1\\2x_1-2x_2-3x_3=-5\end{cases}$;

(3) $\begin{cases}4x_1+2x_2-x_3=2\\3x_1-x_2+2x_3=10\\11x_1+3x_2=8\end{cases}$.

7.2　非齐次线性方程组的解法

【教学要求】 本节要求熟练掌握用初等行变换的方法求解非齐次线性方程组的方法.

在7.1节中可知,当线性方程组的系数矩阵与增广矩阵的秩相等时,线性方程组有解.所以对于非齐次线性方程组有如下结论:

(1) 非齐次线性方程组 $\boldsymbol{AX}=\boldsymbol{B}$ 有解 $\Leftrightarrow r(\boldsymbol{A})=r(\overline{\boldsymbol{A}})$;

(2) 非齐次线性方程组 $\boldsymbol{AX}=\boldsymbol{B}$ 无解 $\Leftrightarrow r(\boldsymbol{A})\neq r(\overline{\boldsymbol{A}})$.

对于非齐次线性方程组有无解的情况已经很清楚,下面只需讨论当非齐次线性方程组有解时,它的解是唯一的还是无穷多的.

由7.1节消元法解线性方程组的步骤与7.1.3节例1很容易知道,当非齐次线性方程组 $r(\boldsymbol{A})=r(\overline{\boldsymbol{A}})=n$(其中 n 为方程组未知量的个数),线性方程组的解是唯一的.但是线性方程组的一般情形中,有 m 个方程、n 个未知数的情况很多,即会有 $r(\boldsymbol{A})=r(\overline{\boldsymbol{A}})<n$,下面通过一个例题来讨论非齐次线性方程组 $r(\boldsymbol{A})=r(\overline{\boldsymbol{A}})<n$ 的解的情况.

例1　解线性方程组 $\begin{cases} x_1+5x_2-x_3-x_4=-1 \\ x_1-2x_2+x_3+3x_4=3 \\ 3x_1+8x_2-x_3+x_4=1 \\ x_1-9x_2+3x_3+7x_4=7 \\ -2x_1+4x_2-2x_3-6x_4=-6 \end{cases}$.

解　对方程组的增广矩阵作初等变换

$$\overline{\boldsymbol{A}}=\begin{pmatrix} 1 & 5 & -1 & -1 & -1 \\ 1 & -2 & 1 & 3 & 3 \\ 3 & 8 & -1 & 1 & 1 \\ 1 & -9 & 3 & 7 & 7 \\ -2 & 4 & -2 & -6 & -6 \end{pmatrix} \xrightarrow[2r_1+r_5]{\substack{-r_1+r_2 \\ -3r_1+r_3 \\ -r_1+r_4}} \begin{pmatrix} 1 & 5 & -1 & -1 & -1 \\ 0 & -7 & 2 & 4 & 4 \\ 0 & -7 & 2 & 4 & 4 \\ 0 & -14 & 4 & 8 & 8 \\ 0 & 14 & -4 & -8 & -8 \end{pmatrix} \xrightarrow[2r_2+r_5]{\substack{-r_2+r_3 \\ -2r_2+r_4}}$$

$$\begin{pmatrix} 1 & 5 & -1 & -1 & -1 \\ 0 & -7 & 2 & 4 & 4 \\ 0 & 0 & 0 & 0 & 0 \\ 0 & 0 & 0 & 0 & 0 \\ 0 & 0 & 0 & 0 & 0 \end{pmatrix} \xrightarrow{-\frac{1}{7}\times r_2} \begin{pmatrix} 1 & 5 & -1 & -1 & -1 \\ 0 & 1 & -\frac{2}{7} & -\frac{4}{7} & -\frac{4}{7} \\ 0 & 0 & 0 & 0 & 0 \\ 0 & 0 & 0 & 0 & 0 \\ 0 & 0 & 0 & 0 & 0 \end{pmatrix} \xrightarrow{-5r_2+r_1}$$

$$\begin{pmatrix} 1 & 0 & \frac{3}{7} & \frac{13}{7} & \frac{13}{7} \\ 0 & 1 & -\frac{2}{7} & -\frac{4}{7} & -\frac{4}{7} \\ 0 & 0 & 0 & 0 & 0 \\ 0 & 0 & 0 & 0 & 0 \\ 0 & 0 & 0 & 0 & 0 \end{pmatrix},$$

对应的同解方程组为

$$\begin{cases} x_1+\frac{3}{7}x_3+\frac{13}{7}x_4=\frac{13}{7} \\ x_2-\frac{2}{7}x_3-\frac{4}{7}x_4=-\frac{4}{7} \end{cases},$$

即原方程组中的五个方程的方程组等价于上述的两个方程的方程组，从这两个方程中可以看到，未知量 x_1,x_2 可以用 x_3,x_4 表示，即具体可以表示为

$$\begin{cases} x_1=-\frac{3}{7}x_3-\frac{13}{7}x_4+\frac{13}{7} \\ x_2=\frac{2}{7}x_3+\frac{4}{7}x_4-\frac{4}{7} \end{cases}.$$

这时，给未知量 x_3,x_4 任意取定一组值，x_1,x_2 的值将被唯一的确定下来．如 x_1,x_2 这些对应阶梯形增广矩阵的非零行首个非零元所在的列对应的未知量，称为**基本未知量**，故基本未知量的个数为 $r(\overline{\mathbf{A}})$；其他的未知量，如 x_3,x_4，这些可以任意取值的未知量，称为**自由未知量**，故自由未知量的个数为 $n-r(\overline{\mathbf{A}})$．则原方程组有无穷多解，形式如下：

令 $x_3=c_1,x_4=c_2$，则方程组的**全部解**（又称为**通解**）为

$$\begin{cases} x_1=-\frac{3}{7}c_1-\frac{13}{7}c_2+\frac{13}{7} \\ x_2=\frac{2}{7}c_1+\frac{4}{7}c_2-\frac{4}{7} \\ x_3=c_1 \\ x_4=c_2 \end{cases} \quad (\text{其中 } c_1,c_2 \text{ 为任意常数}).$$

总结方程组的求解过程，可得如下结论．

非齐次线性方程组解有三种情况（其中 n 为非齐次线性方程组中未知量的个数）：

（1）当 $r(\overline{\mathbf{A}})=r(\mathbf{A})=n$ 时，方程组有**唯一解**；

（2）当 $r(\overline{\mathbf{A}})=r(\mathbf{A})<n$ 时，方程组有**无穷多解**；

（3）当 $r(\overline{\mathbf{A}})\neq r(\mathbf{A})$时，方程组**无解**．

非齐次线性方程组求解步骤如下：

（1）将增广矩阵$\overline{\mathbf{A}}$用初等行变换化为行阶梯矩阵；

（2）判断非齐次线性方程组是否有无穷多解，即 $r(\mathbf{A})$是否与 $r(\overline{\mathbf{A}})$相等；

（3）若有解，再将阶梯矩阵化为简化阶梯形矩阵，然后还原为线性方程组，得同解方程组；若无解，到此结束，直接得出原方程组无解；

（4）写出方程组解（有解情况下）．

例 2　a 取何值时，线性方程组$\begin{cases} x_1+x_2+x_3=a \\ ax_1+x_2+x_3=1 \\ x_1+x_2+ax_3=1 \end{cases}$有解，并求其解．

解　对方程组的增广矩阵进行初等变换，

$$\overline{\mathbf{A}}=\begin{pmatrix} 1 & 1 & 1 & a \\ a & 1 & 1 & 1 \\ 1 & 1 & a & 1 \end{pmatrix} \xrightarrow[-r_1+r_3]{-ar_1+r_2} \begin{pmatrix} 1 & 1 & 1 & a \\ 0 & 1-a & 1-a & 1-a^2 \\ 0 & 0 & a-1 & 1-a \end{pmatrix},$$

当 $a\neq 1$ 时，$r(\mathbf{A})=r(\overline{\mathbf{A}})=3$，方程组有唯一解，且解为

$$\begin{cases} x_1=-1 \\ x_2=a+2, \\ x_3=-1 \end{cases}$$

当 $a=1$ 时，$r(\mathbf{A})=r(\overline{\mathbf{A}})=1<3$，方程组有无穷多解.

令 $x_2=c_1, x_3=c_2$. 故全部解为

$$\begin{cases} x_1=1-c_1-c_2 \\ x_2=c_1 \\ x_3=c_2 \end{cases} \quad (\text{其中 } c_1, c_2 \text{ 为任意常数}).$$

注:方程组中有未知参数的情况求解方法与没有未知参数一样进行，只不过在对增广矩阵作初等行变换时带着参数而已，然后做到行阶梯形矩阵时进行分情况讨论即可.

习题 7.2

1. 求解下列非齐次线性方程组.

(1) $\begin{cases} 4x_1+2x_2-x_3=2 \\ 3x_1-x_2+2x_3=10 \\ 11x_1+3x_2=8 \end{cases}$；　(2) $\begin{cases} 2x_1+x_2-x_3+x_4=1 \\ 3x_1-2x_2+x_3-3x_4=4 \\ x_1+4x_2-3x_3+5x_4=-2 \end{cases}$；

(3) $\begin{cases} 2x_1+x_2-x_3+x_4=1 \\ 4x_1+2x_2-2x_3+x_4=2 \\ 2x_1+x_2-x_3-x_4=1 \end{cases}$；　(4) $\begin{cases} x_1-x_2+2x_3=1 \\ 3x_1+x_2+2x_3=3 \\ x_1-2x_2+x_3=-1 \\ 2x_1-2x_2-3x_3=-5 \end{cases}$.

2. λ 取何值时，下列非齐次线性方程组有唯一解、无解或有无穷多解？并在有无穷多解时求出其解.

(1) $\begin{cases} \lambda x_1+x_2+x_3=1 \\ x_1+\lambda x_2+x_3=\lambda \\ x_1+x_2\lambda+x_3=\lambda^2 \end{cases}$；　(2) $\begin{cases} -2x_1+x_2+x_3=-2 \\ x_1-2x_2+x_3=\lambda \\ x_1+x_2-2x_3=\lambda^2 \end{cases}$.

3. λ 取何值时，方程组 $\begin{cases} \lambda x_1+x_2+x_3=5 \\ 3x_1+2x_2+\lambda x_3=18-5\lambda \\ x_2+2x_3=2 \end{cases}$ 有无穷多解？并求出其全部解.

4. 讨论 a,b 取何值时，下列线性方程组有无穷多解，并求出其全部解.

$$\begin{cases} 3x_1+2x_2+x_3+x_4-3x_5=a \\ x_1+x_2+x_3+x_4+x_5=1 \\ x_2+2x_3+2x_4+6x_5=3 \\ 5x_1+4x_2+3x_3+3x_4-x_5=b \end{cases}.$$

7.3　齐次线性方程组

【教学要求】　本节要求熟练掌握用初等行变换的方法求解齐次线性方程组的方法.

因为齐次线性方程组的常数项全为零，所以增广矩阵的秩取决于系数矩阵的秩，换句话说，就是齐次线性方程组系数矩阵与增广矩阵的秩恒相等，所以齐次线性方程组必有解. 易知，如果齐次线性方程组所有未知量都取零，方程组是成立的，所以齐次线性方程组必有零解. 故有如下结论（n 为未知量的个数）：

齐次线性方程组 $\boldsymbol{AX}=\boldsymbol{O}$ 只有零解（唯一解）$\Leftrightarrow r(\boldsymbol{A})=n$；

齐次线性方程组 $\boldsymbol{AX}=\boldsymbol{O}$ 有非零解（无穷多解）$\Leftrightarrow r(\boldsymbol{A})<n$.

齐次线性方程组求解步骤如下：

（1）将系数矩阵 $\boldsymbol{A}$ 用初等行变换化为行阶梯矩阵；

（2）判断齐次线性方程组 $r(\boldsymbol{A})$ 与 n 的关系；

（3）若 $r(\boldsymbol{A})=n$，则直接得出原方程组只有零解，从而写出零解；

（4）若 $r(\boldsymbol{A})<n$，继续把阶梯形矩阵化为简化阶梯形矩阵，找出自由未知量，写出方程组全部解.

例 1 解线性方程组 $\begin{cases} 2x_1+2x_2+3x_3=0 \\ x_1-x_2=0 \\ -x_1+2x_2+x_3=0 \end{cases}$.

解 对方程组的系数矩阵进行初等行变换，

$$\boldsymbol{A}=\begin{pmatrix} 2 & 2 & 3 \\ 1 & -1 & 0 \\ -1 & 2 & 1 \end{pmatrix} \xrightarrow{r_1\leftrightarrow r_2} \begin{pmatrix} 1 & -1 & 0 \\ 2 & 2 & 3 \\ -1 & 2 & 1 \end{pmatrix} \xrightarrow[r_1+r_3]{-2r_1+r_2} \begin{pmatrix} 1 & -1 & 0 \\ 0 & 4 & 3 \\ 0 & 1 & 1 \end{pmatrix} \xrightarrow{r_2\leftrightarrow r_3}$$

$$\begin{pmatrix} 1 & -1 & 0 \\ 0 & 1 & 1 \\ 0 & 4 & 3 \end{pmatrix} \xrightarrow{-4r_2+r_3} \begin{pmatrix} 1 & -1 & 0 \\ 0 & 1 & 1 \\ 0 & 0 & -1 \end{pmatrix},$$

显然 $r(\boldsymbol{A})=3$，所以方程组只有零解

$$\begin{cases} x_1=0 \\ x_2=0 \\ x_3=0 \end{cases}.$$

注： 上述方程 $r(\boldsymbol{A})=3$，故齐次方程组只有唯一解，又因为零解显然是方程组的解，故只有零解.

例 2 解齐次线性方程组 $\begin{cases} x_1-x_2+5x_3-x_4=0 \\ x_1+x_2-2x_3+3x_4=0 \\ 3x_1-x_2+8x_3+x_4=0 \end{cases}$.

解 对方程组的系数矩阵进行初等行变换

$$\boldsymbol{A}=\begin{pmatrix} 1 & -1 & 5 & -1 \\ 1 & 1 & -2 & 3 \\ 3 & -1 & 8 & 1 \end{pmatrix} \xrightarrow[-3r_1+r_3]{-r_1+r_2} \begin{pmatrix} 1 & -1 & 5 & -1 \\ 0 & 2 & -7 & 4 \\ 0 & 2 & -7 & 4 \end{pmatrix} \xrightarrow{-r_2+r_3} \begin{pmatrix} 1 & -1 & 5 & -1 \\ 0 & 2 & -7 & 4 \\ 0 & 0 & 0 & 0 \end{pmatrix},$$

显然，$r(\boldsymbol{A})=2<4$，所以方程组有无穷多解，对阶梯矩阵继续化为简化阶梯形矩阵，

$$\xrightarrow{\frac{1}{2}\times r_2} \begin{pmatrix} 1 & -1 & 5 & -1 \\ 0 & 1 & -\frac{7}{2} & 2 \\ 0 & 0 & 0 & 0 \end{pmatrix} \xrightarrow{r_2+r_1} \begin{pmatrix} 1 & 0 & \frac{3}{2} & 1 \\ 0 & 1 & -\frac{7}{2} & 2 \\ 0 & 0 & 0 & 0 \end{pmatrix},$$

对应的同解方程组为

$$\begin{cases} x_1 + \frac{3}{2}x_3 + x_4 = 0 \\ x_2 - \frac{7}{2}x_3 + 2x_4 = 0 \end{cases}.$$

令 $x_3 = c_1, x_4 = c_2$，所以齐次方程组的全部解为

$$\begin{cases} x_1 = -\frac{3}{2}c_1 - c_2 \\ x_2 = \frac{7}{2}c_1 - 2c_2 \\ x_3 = c_1 \\ x_4 = c_2 \end{cases} \quad (\text{其中 } c_1, c_2 \text{ 为任意常数}).$$

注：上述方程 $r(\mathbf{A}) = 2 < 4$，故齐次方程组有自由未知量，故方程组有无穷多解.

习题 7.3

1. 求解下列齐次线性方程组.

(1) $\begin{cases} x_1 + x_2 - x_3 + 2x_4 + x_5 = 0 \\ x_3 + 3x_4 - x_5 = 0 \\ 2x_3 + x_4 - 2x_5 = 0 \end{cases}$；　(2) $\begin{cases} x_1 + 2x_2 - 3x_3 = 0 \\ 2x_1 + 5x_2 + 2x_3 = 0 \\ 3x_1 - x_2 - 4x_3 = 0 \end{cases}$；

(3) $\begin{cases} x_1 - 3x_2 + x_3 - 2x_4 = 0 \\ -5x_1 + x_2 - 2x_3 + 3x_4 = 0 \\ -x_1 - 11x_2 + 2x_3 - 5x_4 = 0 \\ 3x_1 + 5x_2 + x_4 = 0 \end{cases}$；　(4) $\begin{cases} 2x_1 + 3x_2 - x_3 + 5x_4 = 0 \\ 3x_1 + x_2 + 2x_3 - 7x_4 = 0 \\ 4x_1 + x_2 - 3x_3 + 6x_4 = 0 \\ x_1 - 2x_2 + 4x_3 - 7x_4 = 0 \end{cases}$.

2. 给定齐次线性方程组 $\begin{cases} kx + y + z = 0 \\ x + ky - z = 0 \\ 2x - y + z = 0 \end{cases}$，$k$ 取什么值时，方程组有非零解？k 取什么值时，仅有零解？

3. 当 k 取何值时，齐次线性方程组 $\begin{cases} 3x_1 + 2x_2 - 3x_3 = 0 \\ x_1 + kx_2 - x_3 = 0 \\ 2x_1 - x_2 + x_3 = 0 \end{cases}$ 有非零解？

4. 现有一个木工，一个电工和一个油漆工，三个人相互同意彼此装修他们自己的房子. 在装修之前，他们达成了如下协议：(1)每人总共工作 10 天(包括给自己家干活在内)；(2)每人的日工资根据一般的市价在 60～80 元；(3)每人的日工资数应使得每人的总收入与总支出相等. 下表是他们协商后制定出的工作天数的分配方案，如何计算出他们每人应得的工资？

工种 天数	木工	电工	油漆工
在木工家的工作天数	2	1	6
在电工家的工作天数	4	5	1
在油漆工家的工作天数	4	4	3

综合练习七

1. 填空题

(1) 非齐次线性方程组 $\boldsymbol{AX}=\boldsymbol{B}$ 有唯一解、无解、无穷多解的充分必要条件分别是________________________________.

(2) 齐次线性方程组 $\boldsymbol{AX}=\boldsymbol{O}$ 有唯一零解与非零解的充分必要条件分别是__________.

(3) 若齐次线性方程组 $\boldsymbol{A}_{4\times3}\boldsymbol{X}_{3\times1}=\boldsymbol{O}$ 有非零解 $\boldsymbol{X}=c_1\xi_1+c_2\xi_2$，其中 c_1,c_2 为任意常数，则 $r(\boldsymbol{A})=$__________.

(4) 设线性方程组 $\boldsymbol{A}_{3\times4}\boldsymbol{X}_{4\times1}=\boldsymbol{O}$，如果 $r(\boldsymbol{A})=2$，则自由变量有__________个.

(5) 当 $\lambda=$__________时，齐次线性方程组 $\begin{cases}x_1+x_2=0\\ \lambda x_1+x_2=0\end{cases}$ 有非零解.

2. 选择题

(1) 若 $\boldsymbol{A}$ 是(　　)，则 $\boldsymbol{A}$ 必为方阵.

A. 零矩阵　　B. 转置矩阵

C. 可逆矩阵　　D. 线性方程组的系数

(2) 若 $x_0=\begin{pmatrix}1\\0\end{pmatrix}$ 为线性方程组 $\boldsymbol{AX}=\boldsymbol{b}$ 的解，其中 $\boldsymbol{A}=\begin{pmatrix}1&0\\-2&1\end{pmatrix}$，则 $\boldsymbol{b}=$(　　).

A. $\begin{pmatrix}1\\0\end{pmatrix}$　　B. $\begin{pmatrix}1\\-2\end{pmatrix}$　　C. $\begin{pmatrix}0\\1\end{pmatrix}$　　D. $\begin{pmatrix}1\\2\end{pmatrix}$

(3) 齐次方程组 $\boldsymbol{AX}=0$ 有非零解，则其系数矩阵的秩 $r(\boldsymbol{A})$(　　)未知量的个数 n.

A. $<$　　B. $=$　　C. $>$　　D. 不等于

(4) 若线性方程组的增广矩阵为 $\boldsymbol{A}=\begin{pmatrix}1&a&2\\2&2&4\end{pmatrix}$，则当 $a=$(　　)时，线性方程组有无穷多解.

A. 0　　B. 1　　C $\frac{1}{2}$　　D. 3

(5) 线性方程组的增广矩阵为 $\overline{\boldsymbol{A}}=\begin{pmatrix}1&\lambda&2\\2&1&4\end{pmatrix}$，则当 $\lambda=$(　　)时线性方程组有无穷多解.

A. 1　　B. 4　　C. 2　　D. $\frac{1}{2}$

(6) 设线性方程组 $\boldsymbol{AX}=\boldsymbol{b}$ 的增广矩阵通过初等行变换为 $\begin{pmatrix}1&3&1&2&6\\0&-1&3&1&4\\0&0&0&2&-1\\0&0&0&0&0\end{pmatrix}$，则此线性方程组的一般解中自由未知量的个数为(　　).

A. 1　　B. 2　　C. 3　　D. 4

(7) 设线性方程组 $\boldsymbol{A}_{n\times m}\boldsymbol{X}=\boldsymbol{b}$,则方程组有无穷多解的必要条件是(　　).

A. $r(\boldsymbol{A})<m$　　B. $r(\boldsymbol{A})<n$　　C. $r(\boldsymbol{A})\leqslant n$　　D. $r(\boldsymbol{A})\leqslant m$

(8) 设线性方程组 $\begin{cases}x_1+x_2=a_1\\ x_2+x_3=a_2\\ x_1+2x_2+x_3=a_3\end{cases}$,则方程组有解的充分必要条件为(　　).

A. $a_1+a_2+a_3=0$　　B. $a_1-a_2+a_3=0$

C. $a_1+a_2-a_3=0$　　D. $-a_1+a_2+a_3=0$

3. 计算题

(1) 求非齐次线性方程组的全部解 $\begin{cases}2x_1+5x_2+x_3+15x_4=7\\ x_1+2x_2-x_3+4x_4=2\\ x_1+3x_2+2x_3+11x_4=5\end{cases}$.

(2) 求齐次线性方程组的非零解 $\begin{cases}x_1-x_2+5x_3-x_4=0\\ x_1+3x_2-9x_3+7x_4=0\\ 2x_1-2x_2+10x_3-2x_4=0\\ 3x_1-x_2+8x_3+x_4=0\end{cases}$.

(3) 用消元法解下列方程组.

① $\begin{cases}x_1+2x_2-3x_3=0\\ 2x_1+5x_2+2x_3=0\\ 3x_1-x_2-4x_3=0\end{cases}$;　　② $\begin{cases}2x_1+3x_2-x_3+5x_4=0\\ 3x_1+x_2+2x_3-7x_4=0\\ 4x_1+x_2-3x_3+6x_4=0\\ x_1-2x_2+4x_3-7x_4=0\end{cases}$;

③ $\begin{cases}2x+3y+z=4\\ x-2y+4z=-5\\ 3x+8y-2z=13\\ 4x-y+9z=-6\end{cases}$;　　④ $\begin{cases}2x_1+3x_2+5x_3+x_4=3\\ 3x_1+4x_2+2x_3+3x_4=-2\\ x_1+2x_2+8x_3-x_4=8\\ 7x_1+9x_2+x_3+8x_4=0\end{cases}$.

提高题七

一、填空题(本题共30分,每小题3分)

1. 若齐次线性方程组中方程个数 m 小于未知数个数 n,则该齐次线性方程组______________.

2. 矩阵 $\boldsymbol{A}$ 的秩 $r(\boldsymbol{A})$ 是指其对应的阶梯形矩阵中______________.

3. 非齐次线性方程组 $\boldsymbol{A}_{m\times n}\boldsymbol{X}=\boldsymbol{B}$ 有唯一解,则齐次线性方程组 $\boldsymbol{A}_{m\times n}\boldsymbol{X}=\boldsymbol{O}$ ________解.

4. 若非齐次线性方程组 $\boldsymbol{A}_{m\times n}\boldsymbol{X}=\boldsymbol{B}$ 满足____________,则该方程组无解.

5. 若线性方程组 $\begin{cases}3x_1-2x_2=0\\ \lambda x_1+2x_2=0\end{cases}$ 有非零解,则 $\lambda=$____________.

6. 设 $r(\overline{\boldsymbol{A}})=4$,$r(\boldsymbol{A})=3$,则线性方程组 $\boldsymbol{AX}=\boldsymbol{B}$ __________.

7. 若线性方程组 $\boldsymbol{AX}=\boldsymbol{B}$ 的增广矩阵 $\overline{\boldsymbol{A}}$ 化为阶梯矩阵后为

$$\overline{\boldsymbol{A}}=\begin{pmatrix}1&2&0&1&0\\0&4&2&-1&0\\0&0&0&0&d+1\end{pmatrix},$$

则当 $d=$__________时,方程组 $\boldsymbol{AX}=\boldsymbol{B}$ 有解且有无穷多解.

8. 设线性方程组 $\boldsymbol{A}_{m\times n}\boldsymbol{X}=\boldsymbol{O}$,若____________,则方程组有非零解．

9. 设线性方程组 $\boldsymbol{A}_{m\times n}\boldsymbol{X}=\boldsymbol{B}$,若____________,则方程组有唯一解．

10. 设线性方程组 $\boldsymbol{A}_{m\times n}\boldsymbol{X}=\boldsymbol{B}$,若____________,则方程组有无穷多解．

二、填空题(本题共 10 分,每小题 2 分)

1. 线性方程组$\begin{cases}x_1+x_2=1\\x_3+x_4=0\end{cases}$解的情况是(　　).

A. 无解　　B. 只有零解

C. 有唯一解　　D. 有无穷多解

2. 线性方程组 $\boldsymbol{AX}=\boldsymbol{O}$ 只有零解,则 $\boldsymbol{AX}=\boldsymbol{B}(\boldsymbol{B}\neq\boldsymbol{O})$解的情况是(　　).

A. 有唯一解　　B. 可能无解

C. 有无穷多解　　D. 无解

3. 当(　　)时,线性方程组 $\boldsymbol{AX}=\boldsymbol{B}(\boldsymbol{B}\neq\boldsymbol{O})$有唯一解,其中 n 是未知量个数.

A. $r(\boldsymbol{A})=r(\overline{\boldsymbol{A}})$　　B. $r(\boldsymbol{A})=r(\overline{\boldsymbol{A}})-1$

C. $r(\boldsymbol{A})=r(\overline{\boldsymbol{A}})=n$　　D. $r(\boldsymbol{A})=n,r(\overline{\boldsymbol{A}})=n+1$

4. 线性方程组的增广矩阵为$\overline{\boldsymbol{A}}=\begin{pmatrix}1&\lambda&2\\2&1&4\end{pmatrix}$,则当 $\lambda=$(　　)时,线性方程组有无穷多解.

A. 1　　B. 4　　C. 2　　D. $\frac{1}{2}$

5. 以下说法正确的是(　　).

A. 方程个数小于未知量个数的线性方程组一定有解

B. 方程个数等于未知量个数的线性方程组一定有唯一解

C. 方程个数大于未知量个数的线性方程组一定无解

D. 以上说法都不对

三、解答题(本题共 60 分,每小题 15 分)

1. 非齐次线性方程组$\begin{cases}x_1-2x_2-x_3=1\\3x_1-x_2-3x_3=-2\\2x_1+x_2+ax_3=b\end{cases}$,讨论当 a,b 为何值时,线性方程组

(1)无解;(2)有唯一解;(3)有无穷多解,在有无穷多解时写出其通解.

2. 当 λ 为何值时齐次线性方程组$\begin{cases}\lambda x_1+x_2-x_3=0\\x_1+\lambda x_2-x_3=0\\x_1-x_2+x_3=0\end{cases}$有非零解.

3. 非齐次线性方程组$\begin{cases}x_1+2x_2-2x_3+2x_4=2\\x_2-x_3-x_4=1\\x_1+x_2-x_3+3x_4=a\\x_1-x_2+x_3+5x_4=b\end{cases}$,确定 a,b 的值使其有解,并求其解.

4. 若$\begin{cases}\lambda x_1+x_2+x_3=1\\x_1+\lambda x_2+x_3=\lambda\\x_1+x_2+\lambda x_3=\lambda^2\end{cases}$,当 λ 取何值时,该非齐次线性方程组有唯一解、无解或有无穷多解?并在有无穷多解时求出其解.

第8章　概率论与数理统计初步

【导学】 概率论是研究现实世界中随机现象的规律性的一门科学.本章将讨论概率论中最基本的概念随机事件及其概率、随机变量及其分布和数字特征.

8.1　随机事件

【教学要求】 本节要求学生了解随机现象和随机试验,掌握随机事件和样本空间的概念及事件间的关系.

8.1.1　随机现象

正如法国数学家拉普拉斯所说:"生活中最重要的问题,其中绝大多数在实质上只是概率的问题."人们对客观世界中随机现象的分析产生了概率论.在社会科学领域,特别是经济学中研究最优决策和经济的稳定增长等问题,都大量使用概率统计方法.目前,概率统计理论进入其他自然科学领域的趋势还在不断发展.

在自然界及人类社会活动中所发生的现象多种多样,若从结果能否准确预知的角度来划分,可以分成两大类:一类现象是可以预言其结果的,例如,在标准大气压下,水在 100 ℃一定沸腾;每天太阳一定从东方升起;向空中抛一石块一定落地,等等,像这种在一定条件下一定会发生的现象,我们称之为**确定性现象**.而在自然界和人类社会中,我们遇到更多的却往往是另一类现象,例如,明天早晨 7:30 在学校食堂用餐的人数有多少?你购买的本期福利彩票是否能中奖?我们走到某十字路口时,正好遇到的是红灯还是绿灯、黄灯?显然,这些问题的答案都是不确定的、偶然的,事情发生前难以给出准确的回答.在一定条件下,可能发生也可能不发生的现象,我们称之为**不确定性现象**,又称**随机现象**.

人们经过长期实践并对随机现象进行深入研究之后,发现这类现象虽然就每次试验或观测结果而言,具有不确定性,但在大量重复试验或观测下,其结果却能够呈现出某种规律性.例如,多次重复投掷一枚硬币,得到正面向上的次数大致占总投掷次数的 50%左右;同一门炮在相同条件下向同一目标多次射击,弹着点散布在一定的范围内并按照一定规律分布,等等,我们把这种在大量重复试验或观测下,其结果所呈现出的固有规律性,称为**统计规律性**.概率论实际上就是研究随机现象统计学规律的一门数学学科.

8.1.2　随机试验与样本空间

为了研究随机现象所做的试验,我们称之为随机试验.

定义 1　在相同条件下,重复进行的试验,虽然每一次的结果不能完全预知,但其全部可能的结果是已知的,我们称这种试验为**随机试验**. 我们将随机试验的全部可能结果构成的集合称为**样本空间**,用Ω表示. 随机试验的每一个可能的结果称为一个**样本点**,因而一个随机试验的所有样本点也是明确的,用ω表示. 即$\Omega=\{\omega_i\}(i=1,2,\cdots)$.

例 1 我们走到某十字路口,观察遇到的红绿灯情况.

解 样本空间由 3 个样本点组成,即$\Omega=\{$红灯,绿灯,黄灯$\}$. 其中样本点"红灯"表示巧遇红灯.

例 2 将一枚硬币连抛三次,观察其正面与反面出现的情况.

解 其样本空间由 8 个样本点组成,即

$$\Omega=\left\{\begin{array}{l}(\text{正},\text{正},\text{正}),(\text{正},\text{正},\text{反}),(\text{正},\text{反},\text{正}),(\text{正},\text{反},\text{反}),\\(\text{反},\text{正},\text{正}),(\text{反},\text{正},\text{反}),(\text{反},\text{反},\text{正}),(\text{反},\text{反},\text{反})\end{array}\right\}.$$

例 3 向实数轴的(0,1)区间上随意地投掷一个点.

解 在(0,1)区间中的每一个点是一个样本点,而所有点的集合构成一个样本空间.

样本空间可以是有限集. 如例 1、例 2;样本空间也可以是无限集,如例 3.

显而易见,随机试验具有以下三个**特征**:

重复性 试验可在相同条件下重复进行;

观察性 试验结果是可观察的,并且所有可能的结果是明确的;

随机性 每一次试验之前无法确切知道哪一种结果会出现.

8.1.3 随机事件及事件间关系

1. 随机事件

在随机试验中,我们时常会关心试验的某一可能结果是否出现,例如在"掷一颗骰子"的试验中,出现"1 点""2 点""3 点""4 点""5 点""6 点"都是不能再细分的事件,此类事件被称为**基本事件**. 基本事件是由一个样本点组成的单点集. 而出现"偶数点"事件,是由出现"2 点""4 点""6 点"三个基本事件复合而成的,由若干基本事件复合而成的事件称为**复合事件**. 在一次试验中,当且仅当给定子集中的一个样本点出现时,就称这一事件发生.

定义 2 在一次试验中可能发生也可能不发生的事件,称为**随机事件**,简称**事件**. 一般用大写字母$A,B,C,\cdots$表示.

例如,在掷骰子试验中,观察出现的点数,样本空间$\Omega=\{1,2,3,4,5,6\}$,而事件$A=\{$掷出奇数点$\}$,即$A=\{1,3,5\}$,可见$A\subset\Omega$. 事件可以表示为样本空间的子集.

在一个随机试验中,一般有很多随机事件,通过对简单事件的分析研究掌握复杂事件,我们需要了解事件之间的关系和运算.

2. 事件间的关系

由于事件A是一个集合,所以随机事件之间的关系和运算实际上可以用集合之间的关系和运算表示. 下面就给出集合关系与运算在概率论中的含义.

(1) 包含关系

设A,B为两个事件,若"A发生必然导致B发生",则称事件B**包含**事件A,或称事件A包含于事件B,记作$A\subset B$或$B\supset A$. 如图 8-1 所示,显然有$\varnothing\subset A\subset B$.

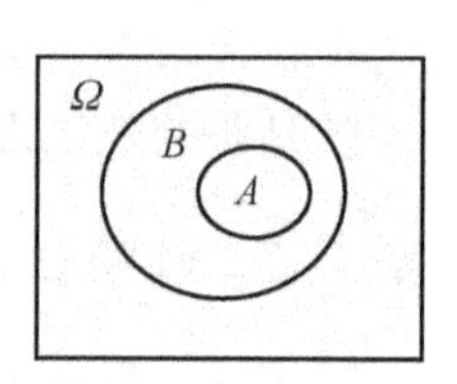

图 8-1

(2) 相等关系

设A,B为两个事件,若事件A包含于事件B,且事件B包含于

事件 A，即 $A\subset B$ 和 $B\subset A$ 同时成立，则称事件 B 与事件 A **相等**，记作 $A=B$.

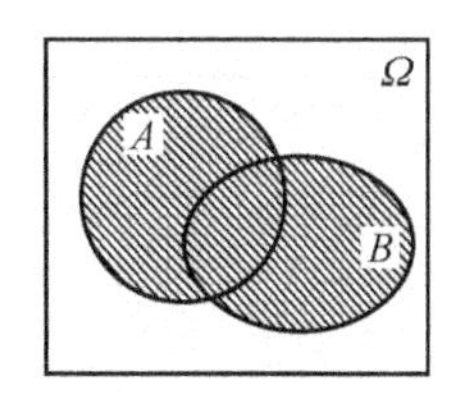

图 8-2

（3）事件的和（并）

"事件 A 与事件 B 中至少有一个发生"的事件，称为事件 A 和事件 B 的**和或并**，记作 $A\cup B$ 或 $A+B$，如图 8-2 所示.

$A\cup B$ 发生意味着事件 A 发生，或事件 B 发生，或 A,B 都发生. 显然有①$A\subset A\cup B, B\subset A\cup B$；②若 $A\subset B, A\cup B=B$.

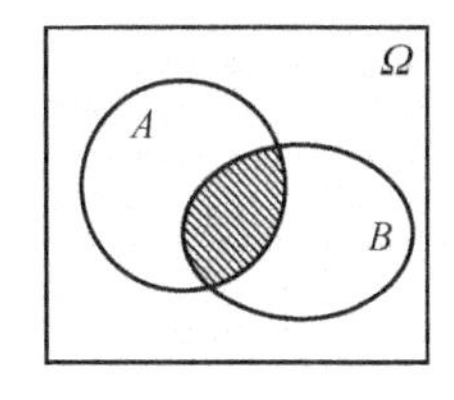

图 8-3

（4）事件的积（交）

"事件 A 与事件 B 同时发生"的事件，称为事件 A 与事件 B 的**积或交**，记作 $A\cap B$ 或 AB，如图 8-3 所示.

事件 AB 发生意味着事件 A 发生且事件 B 也发生，也就是说 A,B 同时发生. 显然有①$AB\subset A, AB\subset B$；②若 $A\subset B$，则 $AB=A$.

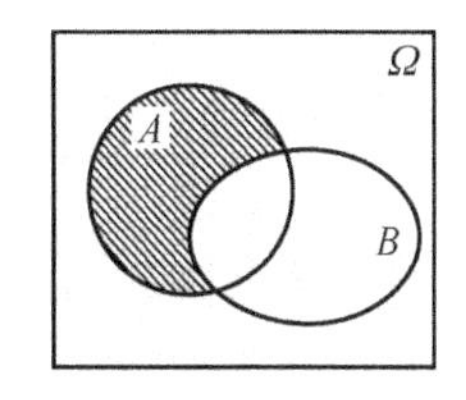

图 8-4

（5）事件的差

"事件 A 发生而 B 不发生"构成的事件，称为事件 A 与事件 B 的差，记作 $A-B$，如图 8-4 所示. 显然有 $A-B\subset A$.

（6）互斥事件（互不相容事件）

若"事件 A 与事件 B 不能同时发生"，即 $AB=\varnothing$，则称事件 A 与事件 B 是互不相容的两个事件，简称 A 与 B 互不相容（或互斥）. 如图 8-5 所示.

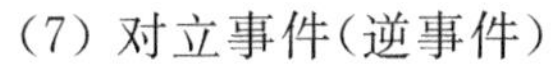

（7）对立事件（逆事件）

"事件 A 不发生"称为事件 A 的对立事件或逆事件，记作$\overline{A}$.

如图 8-6 所示.

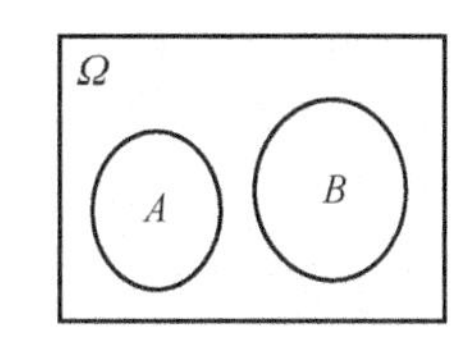

图 8-5

例如，在掷骰子的试验中，记 A 表示"出现奇数点"，B 表示"出现的点数不小于 3"，即 $A=\{1,3,5\}$，$B=\{3,4,5,6\}$，$C=\{2\}$，则 $A\cup B=\{1,3,4,5,6\}$，$A\cap B=AB=\{3,5\}$，$A-B=\{1\}$，事件 A 与事件 C 互斥，$\overline{A}=\{2,4,6\}$.

（8）完备事件组

设 n 个事件 $A_1,A_2,A_3,\cdots A_n$ 两两互斥且其和是必然事件，即

①$A_iA_j=\varnothing(i\neq j, i,j=1,2,3,\cdots n)$；

② $\bigcup\limits_{i=1}^{n} A_i=\Omega$，

则称这 n 个事件构成完备事件组.

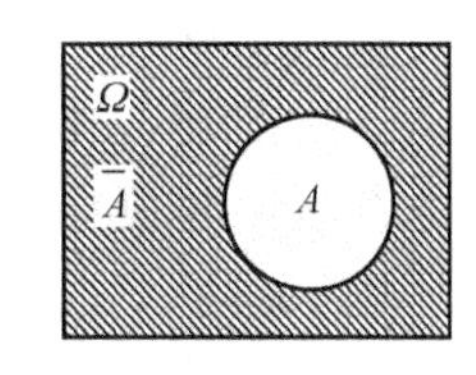

图 8-6

n 个事件 $A_1,A_2,A_3,\cdots A_n$ 是一个完备事件组，是指在一次试验中，这 n 个事件有且仅有一个发生.

显然事件 A 与对立事件$\overline{A}$构成一个完备事件组.

为了帮助大家理解上述概念，我们给出集合论与概率论中相关概念的对应情况，如表 8-1 所示.

表 8-1　集合论与概率论中相关概念的对应表

符号	集合论	概率论
Ω	全集	样本空间;必然事件
$\varnothing$	空集	不可能事件
$\omega\in\Omega$	Ω 中的点(或称元素)	样本点
$\{\omega\}$	单点集	基本事件
$A\subset\Omega$	Ω 的子集 A	事件 A
$A\subset B$	集合 A 包含在集合 B 中	事件 A 包含于事件 B 中
$A=B$	集合 A 与集合 B 相等	事件 A 与事件 B 相等
$A\cup B$	集合 A 与集合 B 的并	事件 A 与 B 至少有一个发生
$A\cap B$	集合 A 与集合 B 的交	事件 A 与事件 B 同时发生
$\overline{A}$	集合 A 的余集	事件 A 的对立事件
$A-B$	集合 A 与集合 B 的差	事件 A 发生而 B 不发生
$A\cap B=\varnothing$	集合 A 与 B 没有公共元素	事件 A 与 B 互不相容(互斥)

3. 随机事件的运算规律

(1) 交换律：$A\cup B=B\cup A, A\cap B=B\cap A$.

(2) 结合律：$(A\cup B)\cup C=A\cup(B\cup C)$.

$(A\cap B)\cap C=A\cap(B\cap C)$.

(3) 分配律：$A\cup(B\cap C)=(A\cup B)\cap(A\cup C)$.

$A\cap(B\cup C)=(A\cap B)\cup(A\cap C)$.

(4) 对合律：$\overline{\overline{A}}=A$.

(5) 对偶律：$\overline{A\cup B}=\overline{A}\cap\overline{B}, \overline{A\cap B}=\overline{A}\cup\overline{B}$.(德摩根公式)

例 4　甲、乙两人对同一目标射击一次，若用 A 表示“甲击中目标”，用 B 表示“乙击中目标”，现给出事件 $A+B, AB, \overline{A}B, \overline{A}\ \overline{B}, \overline{A}+\overline{B}$. (1)说出上述各事件的意义；(2)指出哪两个事件是对立事件.

解　(1) $A+B$ 表示“甲、乙二人至少有一人击中目标”，即甲击中目标，或乙击中目标，或甲、乙都击中目标；

AB 表示“甲、乙二人都击中目标”；

$\overline{A}B$ 表示“甲没有击中目标，乙击中目标”；

$\overline{A}\,\overline{B}$表示“甲、乙二人都没有击中目标”；

$\overline{A}+\overline{B}$表示“甲、乙二人至少有一人没有击中目标”，即甲没有击中目标，或乙没有击中目标，或甲、乙都没有击中目标.

(2) 因为$\overline{A+B}=\overline{A}\,\overline{B}$，而$\overline{A+B}$与 $A+B$ 是对立事件，故 $A+B$ 与$\overline{A}\,\overline{B}$是对立事件. 又因为$\overline{AB}=\overline{A}+\overline{B}$，而$\overline{AB}$与 AB 是对立事件，故 AB 与$\overline{A}+\overline{B}$是对立事件.

习题 8.1

1. 写出下列随机试验的样本空间 Ω.

(1) 口袋中有 3 个红球 2 个白球，现从中任取两球，观察其颜色；

(2) 将一枚硬币连续抛掷两次，设 H 表示“出现正面”，T 表示“出现反面”，观察正、反面出现的情况.

2. 设某试验的样本空间 $\Omega=\{1,2,3,4,5,6,7,8,9\}$，事件 $A=\{2,4,7\}$，事件 $B=\{1,4,7,8\}$，事件 $C=\{1,5,6,7\}$，试用相应的样本点表示下列事件.

(1) AB；(2) $A\overline{B}$；(3) $\overline{BC}$；(4) $A\cup B$；(5) $\overline{A(B\cup C)}$.

3. 口袋中装有三个球，编号为 1,2,3，从中任意取出一个球，观察其号码，设 A 表示“取到的球号码小于 3”，B 表示“取到的球号码是 2”，C 表示“取到的球号码是 3”，回答下列问题：

(1) A 与 B，A 与 C，B 与 C 中哪对互斥？哪对对立？

(2) $A+B$，$A+C$ 是什么事件？

(3) AB，AC 是什么事件？

4. 设 A、B、C 为三个事件，判断下列各式哪些正确.

(1)$\overline{ABC}=\overline{A}\,\overline{B}\,\overline{C}$；(2)$A-B=A\overline{B}$；

(3)$(\overline{A+B})B=\overline{A}$；(4)$(AB)(A\overline{B})=\varnothing$.

5. 设 A、B、C 为任意三个事件，试用 A、B、C 的运算关系表示下列各事件：

(1) 三个事件中至少一个发生；

(2) 没有一个事件发生；

(3) 恰有一个事件发生；

(4) 至多有两个事件发生(考虑其对立事件)；

(5) 至少有两个事件发生 .

6. 随机抽检三件产品，设 A 表示“三件中至少有一件是废品”；B 表示“三件中至少有两件是废品”；C 表示“三件都是正品”. 问：

(1) $\overline{A}$表示什么事件？

(2) $\overline{B}$表示什么事件？

(3) $\overline{C}$表示什么事件？

(4) AC 表示什么事件？

8.2　随机事件的概率

【教学要求】 本节要求学生理解频率和概率的概念与性质，掌握古典概型和概率的基本公式以及全概率公式，并掌握事件的独立性，理解伯努利试验.

8.2.1　随机事件的概率

1. 事件的频率

在一次试验中，随机事件可能发生也可能不发生，具有偶然性和不确定性. 但是，人们从实践中认识到，在相同的条件下，进行大量的重复试验中，试验的结果具有某种内在的规律性，即随机事件发生的可能性大小是可以比较的，例如，在投掷一枚均匀的骰子试验中，事件 A 表示“掷出偶数点”，B 表示“掷出 2 点”，显然事件 A 发生的可能性比事件 B 发生的可能性要大. 这种可能性是可以用一个数值进行度量的. 在随机试验中，事件是否发生固然重要，但更重要的是事件发生的可能性到底有多大.因为知道这个数值的大小,对我们的现实生活具有重大的意义.例如,(1)保险公司需要预先知道发生人身意外事故的可能性大小,确定保险金额;(2)交通管理部门需要预先知道某路段发生交通事故的可能性大小,合理配置管理人员.为了能对这种可能性大小进行定量描述,我们先介绍事件的频率的概念.

定义 1 设事件 A 在 n 次重复进行的试验中发生了 m 次,则称 $\frac{m}{n}$ 为事件 A 发生的**频率**.记作 $f_n(A)$. m 称为事件 A 发生的**频数**.

由频率的定义可以推出**频率的重要性质**:

性质 1(非负性) 对任意事件 A, $0\leqslant f_n(A)\leqslant 1$.

性质 2(规范性) $f_n(\Omega)=1$.

性质 3(可加性) 若 A,B 是两个互不相容的事件,则有 $f_n(A\cup B)=f_n(A)+f_n(B)$.

请看下面的“抛硬币随机试验”.

表 8-2 列出 Buffon 等人连续抛掷均匀硬币所得的结果.

表 8-2 抛硬币试验

试验者	抛硬币次数	出现正面次数	出现正面频率
Buffon(蒲丰)	4 040	2 048	0.506 9
De Morgan(德摩尔根)	4 092	2 048	0.500 5
Pearson(皮尔逊)	12 000	6 019	0.501 6
Pearson(皮尔逊)	24 000	12 012	0.500 5
Vigriy(维尼)	30 000	14 994	0.499 8

从表中的数据可以看到,当抛掷次数很大时,正面出现的频率非常接近 0.5,就是说,出现正面与出现反面的机会差不多各占一半.

上面试验的结果表明,在相同条件下,大量地重复某一随机试验时,各种可能结果出现的频率稳定在某个确定的数值附近,称这种性质为频率的稳定性.而这个确定的数值常用来刻画随机事件发生的可能性大小,称为事件 A 的**概率**.

2. 事件的概率

定义 2 在一个随机试验中,如果随着试验次数的增大,事件 A 出现的频率 $\frac{m}{n}$ 在某个常数 p 附近摆动,那么定义事件 A 的**概率**为 p,记作 $P(A)=p$.

概率的这种定义也称为概率的**统计定义**.概率的统计定义实际上给出了一个近似计算随机事件概率的方法:当试验重复多次时,随机事件 A 的频率 $\frac{m}{n}$ 可以作为随机事件 A 的概率 $P(A)$ 的近似值.

由概率的定义可以推出**概率的重要性质**:

性质 1(非负性) 对任意事件 A,有 $0\leqslant P(A)\leqslant 1$.

性质 2(规范性) 不可能事件的概率是 0,必然事件的概率是 1,即 $P(\varnothing)=0$, $P(\Omega)=1$.

特别注意,任意事件 A 发生的概率介于 0 与 1 之间,即 $0\leqslant P(A)\leqslant 1$.

8.2.2 古典概型

观察分析“投掷硬币”“掷骰子”等试验,发现它们具有以下共同特点:

(1) 基本事件的总个数是有限的；

(2) 每个基本事件发生的可能性是相同的；

(3) 在任一次试验中，只能出现一个结果，即基本事件之间是两两互斥的.

满足上述条件的试验模型称为**古典概型**. 古典概型也叫作**等可能概型**.

生活中古典概型的例子很多，例如袋中摸球，产品质量检测等试验，都属于古典概型.

定义 3　在古典概型中，如果样本空间 Ω 中的基本事件总数为 n，事件 A 中包含的基本事件个数为 m，则事件 A 发生的概率为

$$P(A)=\frac{m}{n}=\frac{\text{事件 }A\text{ 中所包含的基本事件个数}}{\text{样本空间中所有基本事件总数}}.$$

这种概率称为**古典概率**.

例 1　某号码锁有 6 个拨盘，每个拨盘上有从 0 到 9 共十个数字，当 6 个拨盘上的数字组成某一个六位数字号码(开锁号码)时，锁才能打开. 如果不知道开锁号码，试开一次就把锁打开的概率是多少？

解　号码锁的每个拨盘上的数字，从十个数字中选取. 6 个拨盘上的各一个数字排在一起，就是一个六位数字号码. 根据乘法原理，这种号码共有 $n=10^6$ 个，而 $m=1$，

试开一次就把锁打开的概率为 $p=\frac{1}{1\ 000\ 000}$.

例 2　设盒中有 8 个球，其中红球 3 个，白球 5 个.

(1) 若从中随机取出一球，用 A 表示{取出的是红球}，B 表示{取出的是白球}，求 $P(A)$，$P(B)$.

(2) 若从中随机取出两球，设 C 表示{两个都是白球}，D 表示{一红一白}，求 $P(C)$，$P(D)$.

(3) 若从中随机取出 5 球，设 E 表示{取到的 5 个球中恰有 2 个白球}，求 $P(E)$.

解　(1) 从 8 个球中随机取出 1 个球，取出方式有 C_8^1 种，即基本事件的总数为 C_8^1，事件 A 包含的基本事件的个数为 C_3^1，事件 B 包含的基本事件的个数为 C_5^1，故

$$P(A)=\frac{m}{n}=\frac{C_3^1}{C_8^1}=\frac{3}{8},P(B)=\frac{m}{n}=\frac{C_5^1}{C_8^1}=\frac{5}{8}.$$

(2) 从 8 个球中随机取出 2 球，基本事件的总数为 C_8^2，事件 C 包含的基本事件的个数为 C_5^2，故

$$P(C)=\frac{C_5^2}{C_8^2}=\frac{5\times4}{8\times7}=\frac{5}{14}\approx0.357.$$

事件 D 包含的基本事件的个数为 $C_3^1C_5^1$，故

$$P(D)=\frac{C_3^1C_5^1}{C_8^2}=\frac{3\times5\times2\times1}{8\times7}\approx0.536.$$

(3) 从 8 个球中任取 5 个球，基本事件的总数为 C_8^5，事件 E 包含的基本事件的个数为 $C_3^3C_5^2$，因此

$$P(E)=\frac{C_3^3\times C_5^2}{C_8^5}=\frac{5\times4\times3\times2\times1}{8\times7\times6\times5\times4}\approx0.179.$$

在概率论中，我们把概率很接近于零的事件称为小概率事件，如买福利彩票中一等奖的概率，飞机在空中相撞事件，列车出轨等事件都是小概率事件. 由于小概率事件在一次试验中发生的可能性非常小，人们往往忽视它的存在，没有人因为担心出事永远待在家中. 但在大量试

验中，小概率事件必然发生，这也是我们能够听到某人因车祸而失去生命，某人因购买彩票而中了大奖的原因.

8.2.3 概率的基本公式

1. 加法公式

统计资料表明，某地有 70%的住户有电视机，80%的住户有电冰箱，60%的住户既有电视机又有电冰箱，我们想知道该地区住户至少有这两种电器中一种的百分比.

用数学语言表述上述问题，A 表示“住户有电视机”，B 表示“住户有电冰箱”，AB 表示“住户既有电视机又有电冰箱”，已知 $P(A)=0.7$，$P(B)=0.8$，$P(AB)=0.6$，求 $P(A\cup B)$.

定理 1(加法公式)

(1) 任意事件和的概率

对任意两个事件 A,B 有

$P(A\cup B)=P(A)+P(B)-P(AB)$.

上面公式可用图形面积来验证(图 8-7)，$P(A\cup B)$ 表示 $A\cup B$ 的面积，它从图形上看应等于 A 的面积 $P(A)$ 加上 B 的面积 $P(B)$，再减去重叠部分面积 $P(AB)$.

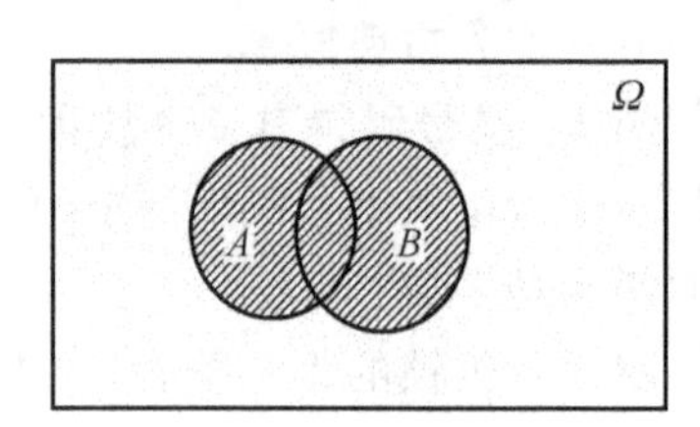

图 8-7

因此，前面问题的答案是

$$P(A\cup B)=P(A)+P(B)-P(AB)=0.7+0.8-0.6=90\%.$$

定理 1 的结论也可以推广到任意三个随机事件相加的情形.

推论 1 (任意三个随机事件的加法公式)

$P(A\cup B\cup C)=P(A)+P(B)+P(C)-P(AB)-P(BC)-P(AC)+P(ABC)$.

例 3 某地有甲、乙、丙三种报纸，该地成人中有 20%订甲报，16%订乙报，有 14%订丙报；兼订甲乙两种报纸的有 8%，兼订甲丙两种报纸的有 5%，兼订乙丙两种报纸的有 4%，三种报纸都订的有 2%，问该地成人中有百分之几的人至少订一种报纸.

解 设 A 表示“订甲报的人”，B 表示“订乙报的人”，C 表示“订丙报的人”，依题意有 $P(A)=0.2$，$P(B)=0.16$，$P(C)=0.14$，$P(AB)=0.08$，$P(AC)=0.05$，$P(BC)=0.04$，$P(ABC)=0.02$.

由概率的加法公式，得

$$\begin{aligned}P(A\cup B\cup C)&=P(A)+P(B)+P(C)-P(AB)-P(BC)-P(AC)+P(ABC)\\&=0.20+0.16+0.14-0.08-0.05-0.04+0.02\\&=0.35=35\%.\end{aligned}$$

下面给出加法公式的两种特殊情况.

推论 2 (互斥事件概率的加法公式)

若事件 A 与 B 是两个互斥事件，即 $AB=\varnothing$，则 $P(A\cup B)=P(A)+P(B)$. 即互斥事件之和的概率等于事件的概率之和.

推论 3 (对立事件的概率公式)

设 A 为任一随机事件，则 $P(\overline{A})=1-P(A)$.

例 4 设有彩券 20 张，其中一等奖 3 张，二等奖 5 张，先从中任意收取两张，求下列事件的概率：(1)两张都是一等奖或二等奖；(2)两张中至少有一张是中奖彩券.

解 基本事件总数 $n=C_{20}^{2}=190$.

(1) 设 A 表示“两张彩券都是一等奖”,B 表示“两张彩券都是二等奖”.

事件 A 中包含的基本事件总数 $m_A=C_3^2=3$,事件 B 中包含的基本事件总数 $m_B=C_5^2=10$,因事件 A 与事件 B 互斥,则 $P(A+B)=P(A)+P(B)=\frac{3}{190}+\frac{10}{190}=\frac{13}{190}$.

(2) 设 A 表示“两张中至少有一张是中奖彩券”,A 的对立事件$\overline{A}$是“两张均不是中奖彩卷”,$\overline{A}$中包含的基本事件总数 $m_{\overline{A}}=C_{12}^2=66$,由对立事件的概率公式

$$P(A)=1-P(\overline{A})=1-\frac{66}{190}=\frac{62}{95}.$$

2. 条件概率

先来看一个引例,设有甲、乙两家工厂生产同类产品,记录如表 8-3 所示.

表 8-3

生产厂 \ 产品数	正品数	次品数	合计
甲厂	65	5	70
乙厂	28	2	30
合计	93	7	100

求从中任取一件正品是甲厂产品的概率.

解　设事件 $A=\{$取一件是甲厂产品$\}$,事件 $B=\{$取一件是正品$\}$,则事件“取一件正品是甲厂产品”指在事件 B 发生条件下事件 A 发生,其概率记作 $P(A|B)$.

本问题属于古典概型问题,试验是在“从中任取 1 件正品”的条件下进行的,因此基本事件总数是正品数 93,而不是产品总数 100.“取 1 件正品是甲厂产品”包含的事件数应是既为正品又是甲厂产品的个数,由表 8-3 可查得是 65,于是 $P(A|B)=\frac{65}{93}$.

定义 4　在事件 B 已发生的条件下,事件 A 发生的概率称为**条件概率**,记作 $P(A|B)$.

从上例中可以得到条件概率的计算公式

$$P(A|B)=\frac{P(AB)}{P(B)}, \tag{1}$$

或

$$P(B|A)=\frac{P(AB)}{P(A)}. \tag{2}$$

例 5　某种元件用满 6 000 小时未坏的概率是$\frac{3}{4}$,用满 10 000 小时未坏的概率是$\frac{1}{2}$,现有一个此种元件,已经用过 6 000 小时未坏,问它能用到 10 000 小时的概率.

解　设 $A=\{$用满 10 000 小时未坏$\}$,$B=\{$用满 6 000 小时未坏$\}$,则

$$P(B)=\frac{3}{4}, P(A)=\frac{1}{2}.$$

由于 $A\subset B$,$AB=A$,因而 $P(AB)=P(A)=\frac{1}{2}$,由条件概率计算公式(2)可得

$$P(A|B)=\frac{P(AB)}{P(B)}=\frac{P(A)}{P(B)}=\frac{2}{3}.$$

3. 乘法公式

设 A,B 是一随机试验中的两个事件,若 $P(B)>0$,由条件概率公式(1)得

$$P(AB)=P(B)P(A|B).$$

若 $P(A)>0$,由条件概率公式(2)得

$$P(AB)=P(A)P(B|A).$$

推广 $P(ABC)=P(A)P(B|A)P(C|AB)\quad (P(A)>0,P(AB)>0)$.

例 6 盒子中装有 10 只电子元件,其中 6 只正品,从其中不放回地任取两次,每次取一只,问两次都取到正品的概率是多少?

解 设 A 为{第一次取到正品},B 为{第二次取到正品},则

$$P(A)=\frac{6}{10}=\frac{3}{5},\qquad P(B|A)=\frac{5}{9}.$$

两次都取到正品的概率为

$$P(AB)=P(A)P(B|A)=\frac{3}{5}\times\frac{5}{9}=\frac{1}{3}.$$

例 7 库房中有 52 件产品,其中有 13 件一等品,从中无放回地依次取 3 件产品,求下列事件的概率:(1)3 件产品都是一等品;(2)前两件是一等品,第 3 件不是一等品.

解 设 A_i 表示"第 i 次取到正品"$(i=1,2,3)$.

(1)"3 件产品都是一等品"可表示为 $A_1A_2A_3$,

$$P(A_1A_2A_3)=P(A_1)P(A_2|A_1)P(A_3|A_1A_2)=\frac{12}{52}\cdot\frac{12}{51}\cdot\frac{11}{50}=0.0129.$$

(2)"前两件是一等品,第 3 件不是一等品"可表示为 $A_1A_2\overline{A_3}$,

$$P(A_1A_2\overline{A_3})=P(A_1)P(A_2|A_1)P(\overline{A_3}|A_1A_2)=\frac{13}{52}\cdot\frac{12}{51}\cdot\frac{39}{50}=0.0459.$$

8.2.4 全概率公式

定义 5 如果 n 个事件 $A_1,A_2,\cdots,A_n$ 满足下列两个条件:

(1) $A_1,A_2,\cdots,A_n$ 两两互不相容;

(2) $\bigcup\limits_{i=1}^{n}A_i=\Omega(i=1,2,\cdots,n)$,

我们称这 n 个事件 $A_1,A_2,\cdots,A_n$ 构成样本空间 Ω 的一个划分,也称构成一个**完备事件组**.

定义 6 设 n 个事件 $A_1,A_2,\cdots A_n$ 构成一个完备事件组,B 为任意事件,当 $P(B)>0$,$P(A_i)>0$,$(i=1,2,\cdots,n)$时,则有

$$P(B)=\sum_{i=1}^{n}P(A_i)P(B\mid A_i).$$

这个公式称为**全概率公式**.

所谓全概率公式是指求事件 B 的全部概率.应用全概率公式的意义在于将一个求比较复杂事件的概率,分解为求若干个较简单且互斥事件的概率.

在很多实际问题中,由于随机事件的复杂性,很难直接求得,但却很容易找到 Ω 的一个完备事件组 $A_1,A_2,\cdots,A_n$,当 $P(A_i)$ 和 $P(B|A_i)$ 已知或比较容易计算时,可利用全概率公式求出 $P(B)$.

例 8 一批产品,第一、第二、第三车间分别生产其中的 25%,35%和 40%,已知每个车间生产的产品中"次品率"分别占 5%,4%和 2%,现从这批产品中任取 1 件,求它是次品的概率是多大?

解　B 表示"取 1 件次品"，A_i 表示"产品由第 i 车间生产"（$i=1,2,3$）.

已知 $P(A_1)=0.25$，$P(A_2)=0.35$，$P(A_3)=0.40$，而 $P(B|A_1)=0.05$，$P(B|A_2)=0.04$，$P(B|A_3)=0.02$，则有

$$P(B)=P(A_1)P(B|A_1)+P(A_2)P(B|A_2)+P(A_3)P(B|A_3)$$
$$=0.25\cdot 0.05+0.35\cdot 0.04+0.40\cdot 0.02=0.0345.$$

所以，从这批产品中任取 1 件，恰好是次品的概率为 3.45%.

8.2.5　事件的独立性

1. 独立事件

我们先看一个事例，甲、乙两个人分别投篮一次，用 A 表示"甲投中篮筐"，用 B 表示"乙投中篮筐"，一般情况下，甲投中篮筐与否，不会影响乙. 对于两个随机事件 A 与 B，如果事件 A 发生与否，不影响事件 B 发生的概率，而事件 B 发生与否，也不影响事件 A 发生的概率，这时，称事件 A 与事件 B 是相互独立的.

定义 7　两个事件 A 与 B，若其中任一事件发生的概率不受另一事件发生与否的影响，则称事件 A 与事件 B 是**相互独立**的.

由定义 7 可知，若 $P(A)>0$，$P(B)>0$，则事件 A 与事件 B 是**相互独立**.

与 $P(A|B)=P(A)$ 或 $P(B|A)=P(B)$ 彼此是等价的.

独立事件的性质如下：

(1) 两个事件 A，B 相互独立的充分必要条件是 $P(AB)=P(A)P(B)$.

(2)（四对事件同时相互独立）

若事件 A，B 相互独立，则事件 $\overline{A}$ 与 $\overline{B}$、A 与 $\overline{B}$、$\overline{A}$ 与 B 也相互独立.

(3) 独立事件的加法：

$$P(A\cup B)=P(A)+P(B)-P(A)P(B) \text{或} P(A\cup B)=1-P(\overline{A})P(\overline{B}).$$

例 9　一个自动报警器由雷达和计算机两部分组成，两部分有任何一个失灵，这个报警器就失灵，若使用 100 小时后，雷达失灵的概率为 0.1，计算机失灵的概率为 0.3，且两部分失灵与否是独立的，求这个报警器使用 100 小时而不失灵的概率.

解　记事件 A 为"报警器使用 100 小时雷达失灵"，事件 B 为"报警器使用 100 小时计算机失灵"，依题意 $P(A)=0.1$，$P(B)=0.3$，则

$$P(\overline{A}\,\overline{B})=P(\overline{A})P(\overline{B})=(1-0.1)(1-0.3)=0.63.$$

例 10　甲、乙两人考大学，甲考上的概率是 0.7，乙考上的概率是 0.8，问(1)甲、乙两人都考上的概率是多少？(2)甲、乙两人至少一人考上大学的概率是多少？

解　设 A 表示{甲考上大学}，B 表示{乙考上大学}，则 $P(A)=0.7$，$P(B)=0.8$.

(1) 甲、乙两人考上大学的事件是相互独立的，故甲、乙两人同时考上大学的概率为

$$P(AB)=P(A)P(B)=0.7\times 0.8=0.56.$$

(2) 甲、乙两人至少一人考上大学的概率为

$$P(A\cup B)=P(A)+P(B)-P(AB)=0.7+0.8-0.56=0.94$$

或

$$P(A\cup B)=1-P(\overline{A})P(\overline{B})=1-0.3\times 0.2=1-0.06=0.94.$$

2. 多个事件的独立性

定义 8　若 n 个事件 $A_1,A_2,\cdots A_n$ 中的任何一个事件发生的概率，都不受其他一个或几

个事件是否发生的影响，则称这 n 个事件是相互独立的.

若 n 个事件相互独立，概率的乘法公式和概率的加法公式为

$$P(A_1A_2\cdots A_n)=P(A_1)P(A_2)\cdots P(A_n).$$

$$P(A_1+A_2+\cdots+A_n)=1-P(\overline{A_1})P(\overline{A_2})\cdots P(\overline{A_n}).$$

例 11 某商场有 100 个柜台，每个柜台受到消费者投诉的概率为 0.4%，求该商场受到消费者投诉的概率.

解 设 $A_i(i=1,2,\cdots 100)$ 表示"第 i 个柜台受到消费者投诉"，则

$$P(A_i)=0.004(i=1,2,\cdots 100),$$

$$\begin{aligned}P(A_1+A_2+\cdots+A_{100})&=1-P(\overline{A_1})P(\overline{A_2})\cdots P(\overline{A_{100}})\\&=1-(1-0.004)^{100}=1-0.996^{100}\approx 0.3302=33.02\%.\end{aligned}$$

3. 伯努利(Bernoulli)试验

我们拿一串钥匙试着打开一扇门，每一次尝试，只有成功或失败两种结果.

定义 9 若一个试验只有两个结果：事件 A 发生或不发生，这样的试验称为伯努利(Bernoulli)试验；试验在相同的条件下可以重复进行 n 次，且每次试验的结果互不影响，每次试验可能的结果有对立的两种：事件 A 发生或不发生，每次试验事件 A 发生的概率都是 $P(A)=p,(0<p<1)$，事件 A 不发生的概率都是 $P(\overline{A})=1-p$，称这样的试验为 **n 重伯努利试验或独立试验序列概型**，这时讨论的问题称为**伯努利概型**.

例 12 某人进行射击，每次射击的命中率为 0.2，独立射击 3 次，试求他击中 1 次的概率.

解 设 $A_i(i=1,2,3)$ 表示在"第 i 次射击中击中目标"，$\overline{A}_i$ 表示在"第 i 次射击中没有击中目标"，$P(A_i)=0.2,P(\overline{A}_i)=1-0.2=0.8(i=1,2,3)$，用 B_1 表示"某人三次射击中 1 次击中目标"，在 3 重伯努利试验中，求事件 A 发生一次的概率问题. 则

$$\begin{aligned}P(B_1)&=P(A_1)P(\overline{A_2})P(\overline{A}_3)+P(\overline{A}_1)P(A_2)P(\overline{A}_3)+P(\overline{A}_1)P(\overline{A}_2)P(A_3)\\&=0.2\times0.8\times0.8+0.8\times0.2\times0.8+0.8\times0.8\times0.2=3\times0.2\times0.8^2=0.384.\end{aligned}$$

$P(B_1)=3\times0.2\times0.8^2=C_3^1p(1-p)^{3-1}$，我们如何求他击中 2 次的概率？

$$\begin{aligned}P(B_2)&=P(\overline{A}_1)P(A_2)P(A_3)+P(A_1)P(\overline{A}_2)P(A_3)+P(A_1)P(A_2)P(\overline{A}_3)\\&=0.8\times0.2\times0.2+0.2\times0.8\times0.2+0.2\times0.2\times0.8=3\times0.2^2\times0.8=0.096.\end{aligned}$$

$$P(B_2)=3\times0.2^2\times0.8=C_3^2p^2(1-p)^{3-2}.$$

将例 12 的结论一般化，便得出关于 **n 重伯努利试验的结论**：

对 n 重伯努利试验，若某事件 A 发生的概率为 $p(0<p<1)$，事件 A 发生 k 次的概率为 $P\{A\text{ 发生 }k\text{ 次}\}=C_n^kp^k(1-p)^{n-k}\quad(k=0,1,2,\cdots n)$.

例 13 一批电子元件，一级品率为 0.2，任意收取 10 件，求恰好有 6 件一级品的概率.

解 可以看作是 10 重伯努利试验，所求概率为

$$P\{\text{恰有 6 件一级品}\}=C_{10}^6 0.2^6 0.8^4=0.0055.$$

习题 8.2

1. 同时掷两颗质地均匀的骰子，求两颗骰子点数之和大于 10 的概率.

2. 在 100 件产品中，有 95 件合格品，5 件次品. 从中任取两件，计算

(1) 两件都是合格品的概率；

(2) 两件都是次品的概率；

(3) 一件是合格品、一件是次品的概率；

(4) 两件中最多有一件次品的概率；

(5) 至少有一件次品的概率.

3. 某城市发行的报纸中，经调查订阅 A,B,C 三种报纸的比例是 0.5，0.35，0.4，同时订阅两种报纸 AB,AC,BC 的比例分别是 0.10，0.15，0.08，同时订阅三种报纸 ABC 的比例是 0.04，求“至少订阅一种报纸”的概率.

4. 某人独立地射击，设每次射击的命中率为 0.2，射击 40 次，求至少击中目标两次的概率.

5. 已知 100 件产品中有 5 件次品，现从中连续取 3 次，每次任取 1 个，求在下列两种不同取法情况下“恰有 2 件次品”的概率.

(1) “有放回“地抽取 3 次；

(2) “无放回“地抽取 3 次.

6. 设 $P(A)=0.5,P(B)=0.4,P(AB)=0.2$，求(1) $P(A|B)$；(2) $P(B|A)$；(3)$P(A|A\cup B)$.

7. 临床统计表明，利用血清甲胎蛋白的方法诊断肝癌很有效，对患者使用该种方法有 95%的把握将其诊断出来，而当一个健康人接受这种诊断时，误诊此人为肝癌患者(假阳性)的概率仅有 1%，设肝癌在某地区的发病率为 0.5%，若用这种方法在该地区进行肝癌普查，从该地区人群中抽取一人接受检查，求此人被诊断为肝癌的概率.

8. 市场供应的热水器中，甲厂产品占 50%，乙厂产品占 30%，丙厂产品占 20%，甲厂产品的合格率为 90%，乙厂为 85%，丙厂为 80%，求买到的热水器是合格品的概率.

9. 甲、乙、丙三组工人加工同一种零件，他们出现次品的概率分别是 0.01，0.02 和 0.03；又知甲组加工出的零件数是乙组的 2 倍，是丙组的 4 倍，现将他们加工的零件混放在一起，从中抽取 1 件，求它不是次品的概率.

10. 甲、乙两名射击手同时向一个目标各射击一次，命中率分别为 0.7，0.8，求下列事件的概率：(1)两人同时命中；(2)甲命中、乙没命中；(3)甲、乙恰有一人命中；(4)至少有一人命中.

11. 第一台、第二台机器生产一级品零件的概率分别为 70%和 80%，第一台生产零件 2 个，第二台生产零件 3 个，且两台机器生产出的一级品是相互独立的，求所生产的 5 个零件全是一级品的概率.

12. 在相同的条件下某篮球运动员投篮 5 次，每次投中的概率为 0.7，求恰好投中 4 次的概率.

13. 对次品为 20%的一批产品进行放回抽样检查，共取 5 件样品，计算 5 件样品中(1)恰有 2 件次品的概率；(2)至少有 2 件次品的概率.

14. 某厂有四条流水线生产同一产品，该四条流水线的产量分别占总量的 15%，20%，30%，35%，各流水线的次品率分别为 0.05，0.04，0.03，0.02，从出厂产品中随机抽取一件，求此产品为次品的概率.

8.3 随机变量及分布

【教学要求】 理解离散型随机变量及其概率分布的概念,连续型随机变量的概率密度函数的概念,掌握0—1分布、二项分布、均匀分布、指数分布和正态分布及应用.

8.3.1 随机变量的概念

为了深入研究随机现象,便于数学处理,我们需要将随机试验的结果数量化.

事实上,有一些随机试验的结果,本来就需要用数量来描述.

例如,从一批有3件废品,7件正品的产品中,有放回地抽取3次,每次取一件产品,如果用变量 X 表示取到废品的次数,那么 X 的取值$\{0,1,2,3\}$依赖于试验结果,当试验结果确定了,X 的取值也就随之确定了. 还有一些随机试验的结果,虽然不用数量来描述,但是可以人为地规定用数量来描述它.

例如,掷一枚匀称的硬币,观察正面、背面的出现情况. 这一试验的样本空间为{正,反}. 如果引入变量 X 描述试验的两个结果,用$\{X=1\}$表示"正面朝上",用$\{X=2\}$表示"背面朝上". 将 X 的取值范围定义为$\{1,2\}$,一旦试验的结果确定了,X 的取值也就随之确定了.

我们可以看出,无论随机试验的结果本身与数量有无联系,我们都能把随机试验的结果与实数对应起来,即可以把试验的结果数量化. 由于这样的数量依赖试验的结果,而对随机试验来说,在每次试验之前无法断言会出现何种结果,因而也就无法确定它会取什么值,即它的取值具有随机性,我们称这样的变量为随机变量.

事实上,随机变量就是一个根据随机试验结果而变化的量. 因此可以说,随机变量是随机试验结果的函数.

定义1 如果对于试验的样本空间 Ω 中的每一个样本点 ω,变量 X 都有一个确定的实数值与之对应,则变量 X 是样本点 ω 的实函数,记作 $X=\omega$,我们称这样的变量 X 为**随机变量**. 随机变量通常用大写的字母 $X,Y,Z,\cdots$ 表示,也可以用 $\xi,\eta,\cdots$ 表示. 而表示随机试验的取值时,一般用小写字母 $a,b,x,y,\cdots$ 表示.

1. 随机变量的特性

设 X 是一个变量,这个量的取值是由随机试验的结果而定,即它的取值具有随机性;而且它取得每一个值的概率是确定的.

(1) 取值的**随机性**:它所取得不同数值要由随机试验的结果而定.

(2) 概率的**确定性**:它取每一个值或在某一区间内取值的概率是确定的.

既然随机变量的取值由随机试验的结果而定,随机变量不是自变量,而是因变量,即它是以随机事件为自变量的函数.

例如,在某城市中考察人口的年龄结构,年龄在80岁以上的长寿者,年龄介于18岁至35岁之间的年轻人,不到12岁的儿童,它们各自的比率如何?

从表面上看,这些是孤立事件,但若我们引进一个变量 X,X 表示随机抽取一个人的年龄,那么 $X>80$ 表示年龄在80岁以上的长寿者;$18\leqslant X\leqslant 35$ 表示年龄介于18岁至35岁之间的年轻人;$X<12$ 表示不到12岁的儿童,变量 X 就是一个随机变量.

2. 随机变量的分类

(1) 离散型随机变量:随机变量 X 的所有可能的取值可以一一列举出来.

(2) 非离散型随机变量:随机变量 X 的所有可能的取值不能一一列举出来.

我们研究最常见的非离散型随机变量是连续型随机变量.

随机变量的引入,使得随机试验中的各种事件可以通过随机变量的关系式表达出来,对随机现象统计规律的研究,就由对事件及事件概率的研究转化为对随机变量及其取值规律的研究,使人们可以利用数学分析的方法对随机试验的结果进行广泛而深入的研究.

8.3.2 离散型随机变量及分布律

1. 离散型随机变量的概率分布

定义 2 若离散型随机变量 X 的全部可能取值为 $x_1,x_2,\cdots,x_i,\cdots$,且 X 取 x_i 的概率为 $p_i(i=1,2,3,\cdots)$,则称 $P\{X=x_i\}=p_i(i=1,2,3,\cdots)$ 为 X 的**概率分布或分布律**.

为了直观起见,常用下表来表示离散型随机变量 X 的分布律.

X	x_1	x_2	$\cdots$	x_n	$\cdots$
P	p_1	p_2	$\cdots$	p_n	$\cdots$

此表称为离散型随机变量 X 的**概率分布表**.

由概率的定义知,离散型随机变量 X 的分布律满足如下**两个性质**:

(1) (非负性)$0\leqslant p_i\leqslant 1\quad(i=1,2,3,\cdots)$;

(2) (归一性)$\sum\limits_{i=1}^{\infty}p_i=1$.

例 1 设有 10 件产品,其中有 7 件正品,3 件次品,如果从这 10 件产品中任取 3 件,若用随机变量 X 表示抽得的"次品数",试求 X 的分布律.

解 X 的可能取值为 0,1,2,3,此时,由古典概率容易求得

$$P\{X=0\}=\frac{C_7^3C_3^0}{C_{10}^3}=\frac{35}{120},\ P\{X=1\}=\frac{C_7^2C_3^1}{C_{10}^3}=\frac{63}{120},$$

$$P\{X=2\}=\frac{C_7^1C_3^2}{C_{10}^3}=\frac{21}{120},\ P\{X=3\}=\frac{C_7^0C_3^3}{C_{10}^3}=\frac{1}{120}.$$

所以,X 的分布律为

X	0	1	2	3
P	$\frac{35}{120}$	$\frac{63}{120}$	$\frac{21}{120}$	$\frac{1}{120}$

.

2. 几种常见的离散型随机变量的概率分布

(1) 两点分布(0—1 分布)

定义 3 若随机变量 X 的可能取值只有 0 和 1,其分布律为

X	0	1
P	$1-p$	p

,

则称随机变量 X 服从**两点分布或 0—1 分布**.

例 2 超市收到 1 000 瓶矿泉水,在运输过程中有 3 瓶破损,从中随机抽取一瓶,令

$$X=\begin{cases}0,\text{取到破损矿泉水}\\1,\text{取到完好矿泉水}\end{cases},$$

考察 X 的概率分布.

解　由于 $P\{X=0\}=\frac{3}{1000}$,$P\{X=1\}=\frac{997}{1000}$,所以 X 的分布律为

X	0	1
P	$\frac{3}{1000}$	$\frac{997}{1000}$

一次试验只有两种可能结果的概率分布都可以用 0－1 分布来描述. 例如,在射击试验中若只考虑中靶和不中靶两种情况,则可以令随机变量 X 取"1"表示"中靶",取"0"表示"没有中靶";若规定电子元件的寿命大于 1 000 小时为合格品,其余为不合格品,而我们只关心产品是否为合格品,则可以规定随机变量 X 取值为"0"与"1"分别表示"不合格品"和"合格品",那么,X 服从 0—1 分布. 0—1 分布是生活中经常遇到的一种分布.

(2) 二项分布

伯努利试验是一种很重要的数学模型,它有广泛的应用,是概率中研究得最多的模型之一.

定义 4　若某事件 A 发生的概率为 p,在重复试验 n 次,该事件 A 发生 k 次,随机变量 X 取整数值 k 的概率为

$$P\{X=k\}=C_n^k P^k(1-P)^{n-k}(k=0,1,2,\cdots,n),\text{其中 } 0<p<1,$$

则称随机变量 X 服从参数为 n,p 的**二项分布**,记作 $X\sim B(n,p)$.

其中 $n=1$ 的二项分布就是两点分布. 也称 X 服从 0－1 分布. 随机变量 X 的概率为

$$P\{X=0\}=1-P,P\{X=1\}=P.$$

例 3　某车间有 8 台 5.6 千瓦的车床,每台车床由于工艺上的原因,常要停车. 设各车床是否停车是相互独立的,每台车床平均每小时停车 12 分钟.

(1) 求在某一指定的时刻车间恰有两台车床停车的概率.

(2) 全部车床用电超过 30 千瓦的可能有多大?

解　(1) 由于每台车床使用是独立的,而且每台车床只有开车与停车两种情况,且停车的概率为 $p=\frac{12}{60}=0.2$,因此这是一个 $n=8$ 的伯努利试验.

若用 X 表示任意时刻同时停车的车床数,$X\sim B(8,0.2)$,则 X 分布律为

$$P\{X=k\}=C_8^k 0.2^k 0.8^{8-k}\quad (k=0,1,2,\cdots,8).$$

所求概率为

$$P\{X=2\}=C_8^2 0.2^2 0.8^6=0.293\ 6.$$

(2) 由于 30 千瓦的电量只能供 5 台车床同时工作,"用电超过 30 千瓦"意味着有 6 台或 6 台以上的车床同时工作,这一事件的概率为 $P\{X=0\}+P\{X=1\}+P\{X=2\}=0.796\ 9$.

例 4　有甲乙两种味道和颜色都极为相似的名酒各 4 杯,如果从中挑 4 杯,能将甲种酒全部挑出来,算是试验成功一次.

(1) 某人随机地去试,问他试验成功一次的概率是多少?

(2) 某人声称他通过品尝能区分两种酒,他连续试验 10 次,成功 3 次,试推断他是猜对的,还是他确有区分的能力(各次试验是相互独立的).

解　(1) $P\{\text{试验成功一次}\}=\frac{C_4^4}{C_8^4}=\frac{1}{70}$.

(2) 设 X 表示品尝试验中成功的次数，则 $X \sim B(10, \frac{1}{70})$.

$$P\{X=3\}=C_{10}^{3}\left(\frac{1}{70}\right)^{3}\left(1-\frac{1}{70}\right)^{7} \approx 3 \times 10^{-4}=0.0003.$$

因为他猜对的概率仅有万分之三，按实际推断原理，可以断定他有区分能力.

(3) 泊松分布

定义 5　若随机变量 X 的概率分布为

$$P\{X=k\}=\frac{\lambda^{k}}{k!} \mathrm{e}^{-\lambda} \quad (k=0,1,2 \cdots),$$

其中 $\lambda>0$，则称 X 服从参数 λ 的**泊松分布**，记作 $X \sim P(\lambda)$.

泊松分布是一种常见的分布，大量实践表明，在任意给定的一段时间内，来到某公共设施要求得到服务的人数；在任意给定的一段时间内，事故、错误及其他灾难性事件发生的次数，都服从泊松分布.

例 5　电话交换台每分钟接到的呼唤次数 X 服从参数为 3 的泊松分布，求下列事件的概率：(1)在一分钟内恰好接到 6 次呼唤；(2)在一分钟内接到呼唤次数不超过 5 次；(3)在一分钟内接到呼唤次数超过 5 次.

解　因为 $X \sim P(3)$，所以 $P\{X=k\}=\frac{3^{k}}{k!} \mathrm{e}^{-3}(k=0,1,2, \cdots)$.

由附录 2 可得

(1) $P\{X=6\}=\frac{3^{6}}{6!} \mathrm{e}^{-3}=0.050409$；

(2) $$\begin{aligned} P\{X \leqslant 5\} &= \sum_{k=0}^{5} P\{X=k\}=\sum_{k=0}^{5} \frac{3^{k}}{k!} \mathrm{e}^{-3} \\ &= 0.049787+0.149361+0.224042+0.224042+0.168031+0.100819 \\ &= 0.916082. \end{aligned}$$

(3) $P\{X>5\}=1-P\{X \leqslant 5\}=1-0.916082=0.083918$.

当 n 很大时，按二项分布公式计算概率是比较困难的，可以证明，在二项分布中，当 n 很大 p 很小时，取 $\lambda=np$，可以用泊松分布近似计算二项分布，即有近似公式

$$P\{X=k\}=C_{n}^{k} p^{k}(1-p)^{n-k} \approx \frac{\lambda^{k}}{k!} \mathrm{e}^{-\lambda}.$$

在实际问题中，一般当 $\lambda=np<5$ 时，便可以应用该近似公式进行计算.

例 6　某单位订购 1 000 只灯泡，在运输途中，灯泡被打破的概率为 0.003，设 X 为收到灯泡时，被打破的灯泡数，试求 $P\{X=2\}$.

解　$X \sim B(1000, 0.003)$，$n=1000$，$p=0.003$，取 $\lambda=np=3$. 可以用泊松分布近似计算二项分布，即有近似计算公式

$$P\{X=k\}=C_{n}^{k} p^{k}(1-p)^{n-k} \approx \frac{\lambda^{k}}{k!} \mathrm{e}^{-\lambda}.$$

$$P\{X=2\}=C_{1000}^{2} 0.003^{2}(1-0.003)^{998} \approx \frac{3^{2}}{2!} \mathrm{e}^{-3}=\frac{9}{2 \mathrm{e}^{3}} \approx 0.224.$$

8.3.3 连续型随机变量及概率密度

1. 连续型随机变量的概率密度

非离散型随机变量 X 的所有可能取值无法像离散型随机变量那样一一列出，因而也就不能用离散型随机变量的分布律来描述它的概率分布，刻画这种随机变量的概率分布可以用分布函数，但在理论上和实际中更常用的方法是用概率密度来描述. 下面我们研究非离散型随机变量中最重要的一种**连续型随机变量**.

定义 6 设 X 是随机变量，若存在定义在整个实数轴上的函数 $f(x)$ 满足三个条件：

(1) $f(x)\geqslant 0$；

(2) $\int_{-\infty}^{+\infty} f(x)\mathrm{d}x = 1$；

(3) 对于任意两个实数 a,b，a 可以视为 $-\infty$，b 可以视为 $+\infty$，有

$$P\{a \leqslant x \leqslant b\} = \int_a^b f(x)\mathrm{d}x,$$

则称 X 为**连续型随机变量**. 并称函数 $f(x)$ 为 X 的**概率密度函数**，简称**概率密度**.

按定义，X 在实轴的任一区间上取值的概率都能通过 $f(x)$ 在该区间上的积分得到，从这一意义上来说，$f(x)$ 完整地描述了连续型随机变量 X.

从几何上看，对于任一连续型随机变量 X，分布密度函数与数轴所围成的面积是 1，如图 8-8 所示. 随机变量 X 在实数轴上任意区间 $[a,b]$ 上取值的概率可以通过计算 $f(x)$ 在该区间上的积分得到，$P\{a\leqslant x\leqslant b\} = \int_a^b f(x)\mathrm{d}x$，如图 8-9 所示. $f(x)$ 可以完整描述连续型随机变量 X 的特征.

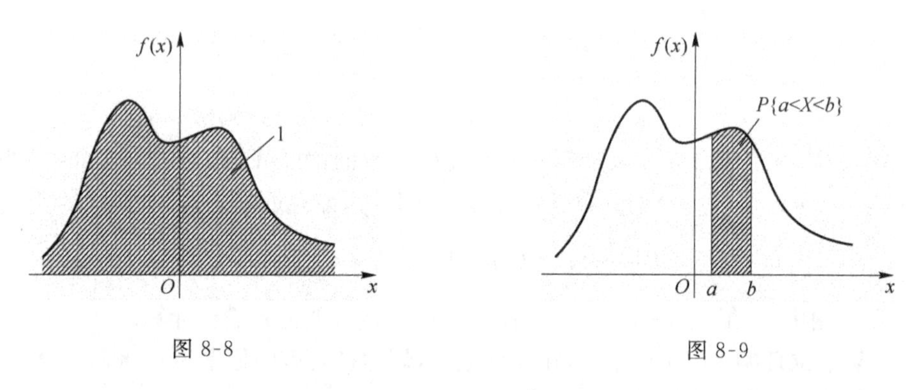

图 8-8　　　　图 8-9

在定义 6 的(3) 中，令 $b=a$，得到 $P\{X=a\} = \int_a^a f(x)\mathrm{d}x = 0$. 即连续型随机变量在任意特定值 a 处的概率为 0，于是对于连续型随机变量及任意实数 $a,b(a<b)$ 有

$$P\{a<X<b\}=P\{a\leqslant X<b\}=P\{a<X\leqslant b\}=P\{a\leqslant X\leqslant b\}.$$

从而可以得出结论：计算连续型随机变量 X 落在某一区间的概率时，可以不必区分该区间是开区间、闭区间，还是半开半闭区间.

例 7 设连续型随机变量 X 的概率密度为 $f(x)=\begin{cases} Ax, & 0\leqslant x\leqslant 1 \\ 0, & \text{其他} \end{cases}$，(1)试确定常数 A；(2)求 $P\{-1<x\leqslant\frac{3}{4}\}$； (3)求 $P\{x\geqslant\frac{1}{2}\}$.

解　(1) 由连续型随机变量 X 的概率密度的性质 $\int_{-\infty}^{+\infty} f(x)\mathrm{d}x = 1$ 有

$$1 = \int_{-\infty}^{+\infty} f(x)\mathrm{d}x = \int_{-\infty}^{0} 0\mathrm{d}x + \int_{0}^{1} Ax\,\mathrm{d}x + \int_{1}^{+\infty} 0\mathrm{d}x = \frac{A}{2}x^2\Big|_0^1 = \frac{A}{2},$$

解得 $A = 2$.

(2) $P\{-1 < x \leqslant \frac{3}{4}\} = \int_{-1}^{0} 0\mathrm{d}x + \int_{0}^{\frac{3}{4}} 2x\mathrm{d}x = x^2\Big|_0^{\frac{3}{4}} = \frac{9}{16}$.

(3) $P\{ x \geqslant \frac{1}{2}\} = \int_{\frac{1}{2}}^{+\infty} f(x)\mathrm{d}x = \int_{\frac{1}{2}}^{1} 2x\mathrm{d}x + \int_{1}^{+\infty} 0\mathrm{d}x = x^2\Big|_{\frac{1}{2}}^{1} = \frac{3}{4}$.

2. 几种常见的连续型随机变量的分布

(1) 均匀分布

定义 7　如果随机变量 X 的概率密度为

$$f(x)=\begin{cases}\frac{1}{b-a}, & a<x<b \\ 0, & \text{其他}\end{cases},$$

则称 X 服从$[a,b]$上的均匀分布，记作 $X\sim U(a,b)$.

如果 X 服从$[a,b]$上的均匀分布，那么对于任意 c,d 满足 $a\leqslant c<d\leqslant b$，应有

$$P\{c < x \leqslant d\} = \int_{c}^{d} f(x)\mathrm{d}x = \int_{c}^{d} \frac{1}{b-a}\mathrm{d}x = \frac{d-c}{b-a}.$$

该式说明，X 取值于$[a,b]$中任意小区间$[c,d]$的概率与该小区间的长度成正比，而与该小区间的具体位置无关. 这就是均匀分布的概率意义.

例 8　某公共汽车站从 7:00 起，每 15 分钟来一班车，如果某乘客到达此站的时间是 7:00 到 7:30，得均匀随机变量，试求他候车时间少于 5 分钟的概率.

解　设 X 表示候车时间，$X \sim U(0,30)$ 则 $f(x) = \begin{cases}\frac{1}{30}, & 0 < x < 30 \\ 0, & \text{其他}\end{cases}$，$P\{X < 5\} =$ $P\{10 \leqslant X \leqslant 15\} + P\{25 \leqslant X \leqslant 30\} = \int_{10}^{15} \frac{\mathrm{d}x}{30} + \int_{25}^{30} \frac{\mathrm{d}x}{30} = \frac{1}{3}$.

(2) 指数分布

定义 8　如果随机变量 X 的概率密度为

$$f(x)=\begin{cases}\lambda \mathrm{e}^{-\lambda x}, & x\geqslant 0 \\ 0, & x<0\end{cases},$$

则称 X 服从指数分布(参数为 λ)，记作 $X\sim E(\lambda)$.

例 9　假设打一次电话所用的时间 X(单位：分)服从参数 $\lambda=\frac{1}{10}$的指数分布. 试求在排队打电话的人中，后一个人等待前一个人的时间(1)超过 10 分钟；(2)10 分钟到 20 分钟之间的概率.

解　由题设可知 $X\sim E\left(\frac{1}{10}\right)$，则所求概率为

(1)　$$P\{X > 10\} = \int_{10}^{+\infty} \frac{1}{10}\mathrm{e}^{-\frac{x}{10}}\mathrm{d}x = \mathrm{e}^{-1} \approx 0.368.$$

(2)　$$P\{10 \leqslant X \leqslant 20\} = \int_{10}^{20} \frac{1}{10}\mathrm{e}^{-\frac{1}{10}x}\mathrm{d}x = \mathrm{e}^{-1} - \mathrm{e}^{-2} \approx 0.233.$$

指数分布可以用来表示独立随机事件发生的时间间隔，如旅客进机场的时间间隔等. 指数分布也被称为寿命分布，如电子元件的寿命，电话通话的时间，随机服务系统的服务时间等都可近似看作是服从指数分布.

连续型随机变量中，最重要、最常见的是正态分布. 下面我们就专门介绍正态分布.

8.3.4 正态分布

每一次考试后，教师在进行成绩分析时总是发现，多数学生的分数是集中在几个分数段上，高分数和低分数的学生是少数，这种中间大两边小的现象可以用柱状图描述，如图 8-10(a)所示. 我们设想，如果观察的数据逐渐增多，柱状图变为如图 8-10(b)所示的图. 顶端的连线就会逐渐形成一条高峰位于中央，两侧逐渐降低且左右对称，不与横轴相交的光滑曲线，如图 8-10(c)所示.

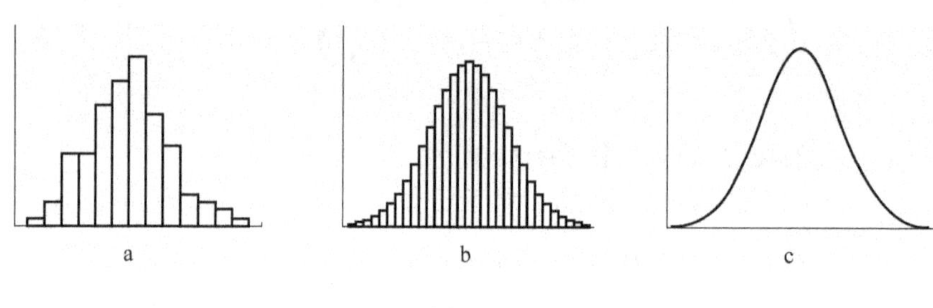

图 8-10

定义 9 如果随机变量 X 的密度函数为

$$f(x)=\frac{1}{\sqrt{2\pi}\sigma}e^{-\frac{(x-\mu)^2}{2\sigma^2}}\ (-\infty<x<+\infty),$$

其中 $\sigma>0$，μ 为任意常数，则称 X 服从参数为 μ，σ^2 的**正态分布**，记作 $X\sim N(\mu,\sigma^2)$.

正态分布密度函数 $f(x)$ 的图像称为**正态曲线**（或**高斯曲线**），如图 8-10(c)所示.

1. 正态曲线的图形特征

[特征 1]正态曲线关于直线 $x=\mu$ 对称.

[特征 2]参数 μ 决定曲线的位置，当 $x=\mu$ 时，$f(x)$ 达到最大值 $\frac{1}{\sigma\sqrt{2\pi}}$，如图 8-11 所示.

[特征 3]参数 σ 决定曲线的形状，当 μ 不变，σ 越大时，曲线越平缓，σ 越小时，曲线越陡峭，如图 8-12 所示.

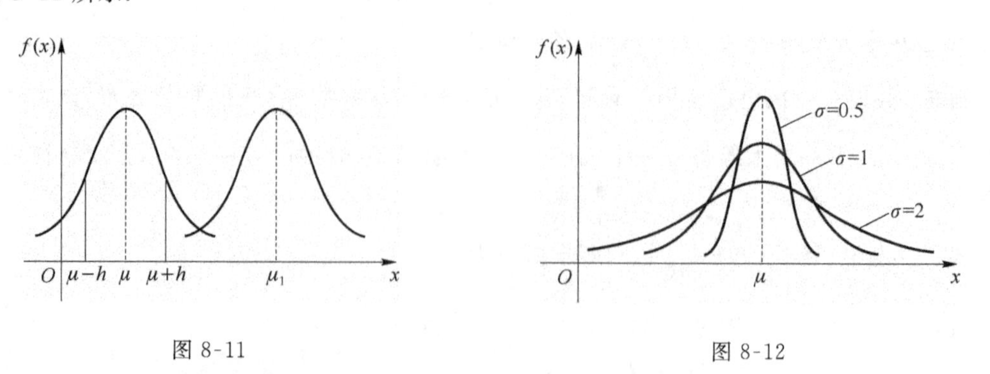

图 8-11　　图 8-12

[特征 4]正态曲线以 X 轴为水平渐近线 $y=0$.

[特征 5]正态分布密度函数 $f(x)$满足连续型随机变量密度函数的性质：

(1) $f(x)=\frac{1}{\sqrt{2\pi}\sigma}e^{-\frac{(x-\mu)^2}{2\sigma^2}}>0 \quad (-\infty<x<+\infty)$；

(2) $\int_{-\infty}^{+\infty}f(x)\mathrm{d}x=1$.

正态分布是概率论中最重要和最常见的一个分布，许多随机现象，如测量误差，人的身高、体重、智商，一个地区的年降雨量，某城市每日的用水量、用电量和用气量，射击时弹着点与靶心的距离等都可以用正态分布或近似正态分布来描述.

2. 标准正态分布

定义 10　如果随机变量 X 的密度函数为

$$\varphi(x)=\frac{1}{\sqrt{2\pi}}e^{-\frac{x^2}{2}} \quad (-\infty<x<+\infty),$$

其中 $\mu=0,\sigma=1$ 时，则称 X 服从**标准正态分布**，记作 $X\sim N(0,1)$，如图 8-13 所示.

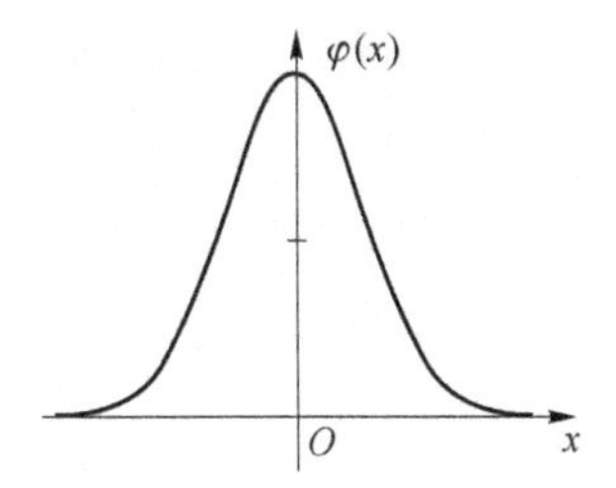

图 8-13

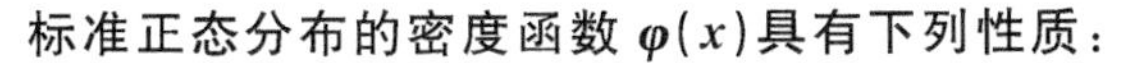
标准正态分布的密度函数 $\varphi(x)$ 具有下列性质：

性质 1　密度函数 $\varphi(x)$是偶函数，即 $\varphi(-x)=\varphi(x)$，则它的图像关于 Y 轴对称.

性质 2　$\varphi(x)$在$(-\infty,0)$内单调增加，在$(0,+\infty)$内单调减少. 在 $x=0$ 处取得最大值.

$$\varphi(0)=\frac{1}{\sqrt{2\pi}}\approx 0.398\ 9.$$

性质 3　$\varphi(x)$的图像在 $x=\pm1$ 处有拐点，为$\left(-1,\frac{1}{\sqrt{2\pi e}}\right)$和$\left(1,\frac{1}{\sqrt{2\pi e}}\right)$(其中$\frac{1}{\sqrt{2\pi e}}\approx 0.242$).

性质 4　$\varphi(x)$的图形以 X 轴为水平渐近线，即$y=\lim\limits_{x\to\infty}\varphi(x)=\lim\limits_{x\to\infty}\frac{1}{\sqrt{2\pi}}e^{-\frac{x^2}{2}}=0$.

3. 正态分布概率的计算

(1) 标准正态分布概率的计算

若 $\Phi(x)=P\{X\leqslant x\}=\int_{-\infty}^{x}\frac{1}{\sqrt{2\pi}}e^{-\frac{t^2}{2}}\mathrm{d}t \quad (-\infty<x<+\infty)$，则 $\Phi(x)$ 表示服从标准正态分布的随机变量 X 在区间$(-\infty,x]$ 内取值的概率.

由于实际中经常需要用到标准正态分布 $\Phi(x)$的值，附录 2 中附表 1(标准正态分布表)已给出了 $x\geqslant0$ 时 $\Phi(x)$的值，其几何意义是图中阴影部分的面积，如图 8-14 所示.

结论　设 $X\sim N(0,1)$，由附录 2 可计算出随机变量 X 落在任一区间上的概率.

$X\sim N(0,1)$，设 $a\geqslant0$，且 $a<b$，一般有以下三个公式：

① $P\{a\leqslant X<b\}=\Phi(b)-\Phi(a)$；

② $P\{X<b\}=\Phi(b)$；

③ $P\{X\geqslant a\}=1-\Phi(a)$. 如图 8-15 所示.

用标准正态分布表时，因表中 x 的取值范围为$[0,3)$，故当 $x\in[0,3)$时，可直接查表；而当 $x\geqslant3$，取 $\Phi(x)\approx1$.

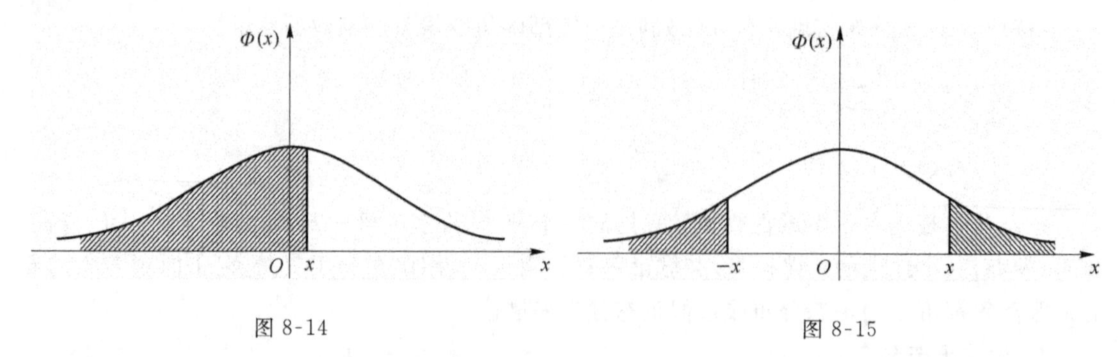

图 8-14　　　　图 8-15

例 10　设 $X\sim N(0,1)$，求① $P\{1<X\leqslant 3\}$；② $P\{|X|\leqslant 2\}$.

解　① $P\{1<X\leqslant 3\}=\Phi(3)-\Phi(1)=0.9987-0.8413=0.1574$.

② $P\{|X|\leqslant 2\}=\Phi(2)-\Phi(-2)=2\Phi(2)-1=0.9545$.

(2) 正态分布概率的计算

定理 1　设 $X\sim N(\mu,\sigma^2)$，则 $\eta=\dfrac{X-\mu}{\sigma}\sim N(0,1)$，则称 $\eta=\dfrac{X-\mu}{\sigma}$ 为服从正态分布的随机变量 X 的**标准化变换**.

由定理 1 可知，可将正态分布 $N(\mu,\sigma^2)$ 概率的计算化为标准正态分布 $N(0,1)$ 概率的计算. 即若 $X\sim N(\mu,\sigma^2)$，则有 $\dfrac{X-\mu}{\sigma}\sim N(0,1)$.

当 $X\sim N(\mu,\sigma^2)$ 时，一般有下述三个公式来计算 X 落在任一区间上的概率：

(1) $P\{a<X<b\}=\Phi\left(\dfrac{b-\mu}{\sigma}\right)-\Phi\left(\dfrac{a-\mu}{\sigma}\right)$；

(2) $P\{X<b\}=\Phi\left(\dfrac{b-\mu}{\sigma}\right)$；

(3) $P\{X\geqslant a\}=1-\Phi\left(\dfrac{a-\mu}{\sigma}\right)$.

例 11　设 $X\sim N(1,4)$，求 (1) $P\{X<2\}$；(2) $P\{X>1\}$；(3) $P\{3\leqslant X\leqslant 5\}$.

解　$\mu=1,\sigma=2$.

(1) $P\{X<2\}=\Phi\left(\dfrac{2-1}{2}\right)=\Phi\left(\dfrac{1}{2}\right)=0.6915$.

(2) $P\{X>1\}=1-P\{X\leqslant 1\}=1-\Phi\left(\dfrac{1-1}{2}\right)=1-\Phi(0)=1-0.5=0.5$.

(3) $P\{3\leqslant X\leqslant 5\}=\Phi\left(\dfrac{5-1}{2}\right)-\Phi\left(\dfrac{3-1}{2}\right)$.

$$=\Phi(2)-\Phi(1)=0.9772-0.8413=0.1357.$$

例 12　某人去火车站乘车，有两条路可以走，第一条路程较短，但交通拥挤，所需时间(单位：分钟)服从正态分布 $N(40,100)$；第二条路程较长，但意外阻塞较少，所需时间(单位：分钟)服从正态分布 $N(50,16)$，求(1)若动身时离火车开车时间只有 60 分钟，应走哪一条路线？(2)若动身时离火车开车时间只有 45 分钟，应走哪一条路线？

解　设 X,Y 分别表示某人走第一、第二条路线到达火车站所用时间，则 $X\sim N(40,10^2)$，$Y\sim N(50,4^2)$，哪一条路线在开车前到达火车站的可能性大就走哪一条路线.

(1)
$$P\{X<60\}=\Phi\left(\frac{60-40}{10}\right)=\Phi(2)=0.97725,$$

$$P\{Y<60\}=\Phi\left(\frac{60-50}{4}\right)=\Phi(2.5)=0.99379,$$

所以只有 60 分钟时应走第二条路线.

(2)
$$P\{X<45\}=\Phi\left(\frac{45-40}{10}\right)=\Phi(0.5)=0.6915,$$

$$P\{Y<45\}=\Phi\left(\frac{45-50}{4}\right)=\Phi(-1.25)=1-\Phi(1.25)=0.1056,$$

所以只有 45 分钟时应走第一条路线.

例 13　某地抽样调查表明,考生的外语成绩(百分制)近似服从正态分布,平均成绩为 72 分,96 分以上的考生占考生总数的 2.3%,试求考生的外语成绩在 60～84 分的概率.

解　设 X 为考生的外语成绩,由题设知,$X\sim N(72,\sigma^2)$,而

$$0.023=P\{X\geqslant 96\}=1-P\{X<96\}=1-\Phi\left(\frac{96-72}{\sigma}\right)$$

$$0.023=1-\Phi\left(\frac{24}{\sigma}\right)$$

即
$$\Phi\left(\frac{24}{\sigma}\right)=0.977.$$

由于 $\Phi(2)=0.9772$ 的数指标,可见 $\frac{24}{\sigma}=2$,故 $\sigma=12$,这样 $X\sim N(72,12^2)$,所求概率为

$$P\{60\leqslant X\leqslant 84\}=\Phi\left(\frac{84-72}{12}\right)-\Phi\left(\frac{860-72}{12}\right)=\Phi(1)-\Phi(-1)$$
$$=2\Phi(1)-1=2\times 0.841-1=0.682.$$

例 14　设 $\xi\sim N(\mu,\sigma^2)$,求(1) $P\{|\xi-\mu|\leqslant\sigma\}$;(2) $P\{|\xi-\mu|\leqslant 2\sigma\}$;(3) $P\{|\xi-\mu|\leqslant 3\sigma\}$.

解　(1) $P\{|\xi-\mu|\leqslant\sigma\}=P\{\frac{|\xi-\mu|}{\sigma}\leqslant 1\}=\Phi(1)-\Phi(-1)=2\Phi(1)-1=0.6826$;

(2) $P\{|\xi-\mu|\leqslant 2\sigma\}=P\{\frac{|\xi-\mu|}{\sigma}\leqslant 2\}=2\Phi(2)-1=0.9545$;

(3) $P\{|\xi-\mu|\leqslant 3\sigma\}=P\{\frac{|\xi-\mu|}{\sigma}\leqslant 3\}=2\Phi(3)-1=0.9973$.

上式表明,服从正态分布的随机变量有 99.73% 的可能性落在 $(\mu-3\sigma,\mu+3\sigma)$ 之间,也就是说正态随机变量几乎都分布在 $(\mu-3\sigma,\mu+3\sigma)$ 之中,这在统计学上称为"3σ 准则".

习题 8.3

1. 已知 10 件产品中有 3 件"次品",现从中不放回地任取 2 件,用 X 表示取到次品的个数,求 X 的概率分布律.

2. 设一个盒子中有标号为 1,2,3,4,5 的 5 个球,从中等可能地任取 3 个,用 X 表示取出球的最大号码,求随机变量 X 的分布律.

3. 一批零件中有 13 件正品,2 件次品,从中任取 3 个,如果取出次品不再放回,求取到次品数 X 的分布律.

4. 设随机变量 X 的分布律为

X	-2	-1	0	1	2
P	a	0	$2a$	0.2	0.2

,

求(1)a 的值;(2)X^2 及 $2X+1$ 的分布律.

5. 设连续型随机变量 X 的概率密度为 $f(x)=\begin{cases}2x, & 0<x<1 \\ 0, & \text{其他}\end{cases}$,求(1)$P\{X\leqslant 0.5\}$;(2)$P\{X=0.5\}$.

6. 我们每次从手表上看时间,秒针所处的位置 X 显然是在$[0,12]$上服从均匀分布的随机变量,其概率密度为 $f(x)=\begin{cases}\dfrac{1}{12}, & 0\leqslant x\leqslant 12 \\ 0, & \text{其他}\end{cases}$,求 $P\{X\geqslant 4\}$.

7. 设电视机的寿命 X(以年记)具有以下的概率密度函数

$$f(x)=\begin{cases}\dfrac{1}{12}e^{-\frac{t}{12}}, & t>0 \\ 0, & t\leqslant 0\end{cases},$$

求(1)电视机的寿命最多为 6 年的概率;(2)寿命在 5 到 10 年之间的概率.

8. 设随机变量 $X\sim N(0,1)$,求(1)$P(X>2.2)$;(2)$P(|X-1|\leqslant 1)$.

9. 已知随机变量 $X\sim N(2,9)$ 求(1) $P\{X\leqslant 4\}$; (2) $P\{X>10\}$;(3) $P\{2<X\leqslant 6\}$.

8.4 随机变量的数字特征

【教学要求】 要求学生理解数学期望与方差的概念,能熟练计算常见随机变量(两点、二项、均匀、正态)的数学期望与方差.

在一些实际问题中,我们只关心随机变量的某些统计特征.例如,在检查一批灯管的质量时,只需要注意灯管的平均使用寿命,以及使用寿命与平均寿命的偏离程度,如果平均寿命越长、偏离程度越小,灯管的质量就越好.这里平均寿命和偏离程度描述了随机变量在某些方面的重要特征.这些与随机变量有关的数字,虽然不能完整地描述随机变量,但能概括描述它的基本面貌.这些能代表随机变量的主要特征的数字称为数字特征.本节介绍随机变量的常用数字特征:数学期望、方差.

8.4.1 数学期望

1. 离散型随机变量的数学期望

例如,某年级有 100 名学生,17 岁的有 2 人,18 岁的有 2 人,19 岁的有 30 人,20 岁的有 56 人,21 岁的有 10 人.则该年级学生的平均年龄为

$$\bar{g}=\frac{17\times 2+18\times 2+19\times 30+20\times 56+21\times 10}{100}$$

$$=17\times\frac{2}{100}+18\times\frac{2}{100}+19\times\frac{30}{100}+20\times\frac{56}{100}+21\times\frac{10}{100}=19.7.$$

事实上我们在计算中是用频率权重的加权平均,对于一般的离散型随机变量,其定义如下.

定义 1 如果离散型随机变量 X 的分布律为

$$\begin{array}{c|ccccc} X & x_1 & x_2 & \cdots & x_n & \cdots \\ \hline P & p_1 & p_2 & \cdots & p_n & \cdots \end{array},$$

若 $\sum\limits_{n=1}^{\infty} x_n p_n$ 存在，则称 $\sum\limits_{n=1}^{\infty} x_n p_n$ 为随机变量 X 的**数学期望**(简称**期望**或**均值**)，记作 $E(X)$，即

$$E(X) = \sum_{i=1}^{n} x_i p_i.$$

数学期望 $E(X)$ 作为随机变量 X 的一个数字特征，是一个确定的常数，它是 X 的所有可能的取值以各自相应概率为权(即占的比重)的加权平均.在没有掌握随机变量 X 的概率分布时，数学期望是无法准确求出的，因此，数学期望是随机变量 X 所有可能取值的理论上的平均.

例 1　一批产品有一、二、三等品，等外品及废品 5 种，所占比例分别为 70%，10%，10%，6%，4%，各级产品的出厂价分别为 6 元，5.4 元，4.8 元，4 元，0 元，求产品的平均出厂价.

解　由题意产品的平均出厂价为

$$E(X)=6\times 0.7+5.4\times 0.1+4.8\times 0.1+4\times 0.06+0\times 0.04=5.46 \text{ 元},$$

所以产品的平均出厂价为 5.46 元.

常见离散型随机变量的数学期望如下.

(1) **二点分布**的数学期望：$E(X)=p$.

(2) **二项分布**的数学期望：若随机变量 $X\sim B(n,p)$，其概率分布为

$$P\{x=k\}=C_n^k p^k(1-p)^{n-k}(k=1,2,\cdots n),$$

则 $E(X)=np$. 由此可知，二项分布的数学期望 $E(X)$ 正是其两个参数的乘积.

2. 连续型随机变量的数学期望

对于连续型随机变量 X，若它的概率密度函数为 $f(x)$，由于 $f(x)\mathrm{d}x$ 表示 X 的取值落在小区间 $[x,x+\mathrm{d}x]$ 内的概率，即 $P\{x<X\leqslant x+\mathrm{d}x\}$，因此它的作用相当于离散型随机变量中的 p_k(离散型随机变量 X 取值 x_k 的概率 $P\{X=x_k\}=p_k$)，而求和符号换成定积分符号，自然有如下数学期望的定义.

定义 2　设连续型随机变量 X 的分布密度函数为 $f(x)$，若积分 $\int_{-\infty}^{+\infty} xf(x)\mathrm{d}x$ 称为随机变量 X 的**数学期望**，简称**期望**或**均值**. 记为 $E(X)$，即

$$E(X) = \int_{-\infty}^{+\infty} xf(x)\mathrm{d}x.$$

例 2　已知随机变量 X 的密度函数为

$$f(x) = \begin{cases} 2x, & 0 \leqslant x \leqslant 1 \\ 0, & \text{其他} \end{cases},$$

求 X 的数学期望 $E(X)$.

解　根据连续型随机变量 X 的数学期望的定义，

$$E(X) = \int_{-\infty}^{+\infty} xf(x)\mathrm{d}x = \int_0^1 x\cdot 2x\mathrm{d}x = \frac{2}{3}.$$

例 3　设随机变量 X 服从均匀分布，其概率密度为

$$f(x) = \begin{cases} \dfrac{1}{b-a}, & a < x < b \\ 0, & \text{其他} \end{cases},$$

求 $E(X)$.

解 $E(X)=\int_{-\infty}^{+\infty}xf(x)\mathrm{d}x=\int_{a}^{b}\frac{x\mathrm{d}x}{b-a}=\frac{1}{2}(a+b)$.

例 4 一种无线电元件的使用寿命 X 是一个随机变量,其概率密度为

$$f(x)=\begin{cases}\lambda e^{-\lambda x}, & x\geqslant 0\\ 0, & x<0\end{cases},$$

其中 $\lambda>0$,求这种元件的平均使用寿命.

解 X 服从参数为 λ 的指数分布,

$$E(X)=\int_{-\infty}^{+\infty}xf(x)\mathrm{d}x=\int_{0}^{+\infty}x\lambda e^{-\lambda x}\mathrm{d}x=\frac{1}{\lambda}.$$

说明:服从参数为 λ 的指数分布的数学期望是其参数的倒数.

对于正态分布 $X\sim N(\mu,\sigma^2)$ 的密度函数为

$$f(x)=\frac{1}{\sqrt{2\pi}\sigma}e^{-\frac{(x-\mu)^2}{2\sigma^2}}(-\infty<x<+\infty),$$

则 $E(X)=\mu$.

特别地,对于标准正态分布 $X\sim N(0,1)$,则 $E(X)=0$.

3. 数学期望的性质

设 C 是常数,X 与 Y 是随机变量.

性质 1 常数的数学期望就是这个常数. 即 $E(C)=C$.

性质 2 和的数学期望等于数学期望的和. 即 $E(X+Y)=E(X)+E(Y)$.

性质 3 若 X 与 Y 相互独立,则乘积的数学期望等于数学期望的乘积.

即 $E(XY)=E(X)E(Y)$.

特别地,$E(CX)=CE(X)$.

8.4.2 方差

前面曾提到在检验灯泡的质量时,既要注意灯泡的使用寿命的平均长度,还要注意灯泡的使用寿命与平均寿命的偏离程度.那么,用什么样的量能度量这个偏离程度呢?用 $X-E(X)$ 来描述是不行的,因为这时正负偏差会抵消;用 $|X-E(X)|$ 来描述原则上是可以的,但是绝对值不便计算,因此,通常用 $[X-E(X)]^2$ 的平均值来描述随机变量与均值的偏离程度.

1. 方差的概念

定义 3 设离散型随机变量 X 的分布律为

X	x_1	x_2	$\cdots$	x_n	$\cdots$
P	p_1	p_2	$\cdots$	p_n	$\cdots$

,

其数学期望为 $E(X)$,若 $\sum_{n=1}^{\infty}[x_n-E(X)]^2p_n$ 存在,则称 $\sum_{n=1}^{\infty}[x_n-E(X)]^2p_n$ 为离散型随机变量 X 的方差,记作 $D(X)$,即

$$D(X)=\sum_{n=1}^{\infty}[x_n-E(X)]^2p_n.$$

定义 4　设连续型随机变量 X 的概率密度为 $f(x)$，其数学期望为 $E(X)$，若 $\int_{-\infty}^{+\infty}[x-E(X)]^2 f(x)\mathrm{d}x$ 存在，则称 $\int_{-\infty}^{+\infty}[x-E(X)]^2 f(x)\mathrm{d}x$ 为连续型随机变量 X 的方差，记作 $D(X)$，即

$$D(X)=\int_{-\infty}^{+\infty}[x-E(X)]^2 f(x)\mathrm{d}x.$$

随机变量 X 的方差的算术根，称为随机变量 X 的**标准差**(或称**均方差**)，记作 $\sigma(X)$，即

$$\sigma(X)=\sqrt{D(X)}.$$

方差(或标准差)是描述随机变量取值集中(或分散)程度的一个数字特征，方差越小，取值越集中；方差越大，取值越分散.

2. 方差的计算

对于方差的计算除定义以外，我们还常用到公式

$$D(X)=E(X^2)-[E(X)]^2. \quad \text{(证明略)}$$

即求一个随机变量的方差只需要求这个随机变量本身的期望和它的平方的期望.

若 X 是离散型随机变量，其概率分布为 $P\{X=x_k\}=p_k$，则 $E(X^2)=\sum_k x_k^2 p_k$.

若 X 是连续型随机变量，它的分布密度为 $f(x)$，则 $E(X^2)=\int_{-\infty}^{+\infty}x^2 f(x)\mathrm{d}x$.

例 5　甲、乙两名射手在一次射击中的得分情况分别为随机变量，已知它们的分布律为

X	0	1	2	3
P	0.60	0.15	0.13	0.12

，

X	0	1	2	3
P	0.50	0.25	0.20	0.05

，

试比较他们射击水平的高低.

解　计算均值

$$E(X)=0\times0.60+1\times0.15+2\times0.13+3\times0.12=0.77.$$

$$E(Y)=0\times0.50+1\times0.25+2\times0.20+3\times0.05=0.80.$$

因为 $E(X)<E(Y)$，从均值来看，乙的射击水平较高.

计算方差

$$E(X^2)=0^2\times0.60+1^2\times0.15+2^2\times0.13+3^2\times0.12=1.75.$$

$$E(Y^2)=0^2\times0.50+1^2\times0.25+2^2\times0.20+3^2\times0.05=1.5.$$

$$D(X)=E(X^2)-[E(X)]^2=1.75-0.77^2=1.1571.$$

$$D(Y)=E(Y^2)-[E(Y)]^2=1.5-0.8^2=0.86.$$

因为 $D(X)>D(Y)$，从方差来看，乙的射击技术比甲稳定.

例 6　设随机变量 X 的密度函数为 $f(x)=\begin{cases}2x, & 0\leqslant x\leqslant 1\\ 0, & \text{其他}\end{cases}$ 求均值和方差.

解　$E(X)=\int_{-\infty}^{+\infty}xf(x)\mathrm{d}x=\int_0^1 2x^2\mathrm{d}x=\frac{2}{3}$，$E(X^2)=\int_{-\infty}^{+\infty}x^2 f(x)\mathrm{d}x=\int_0^1 2x^3\mathrm{d}x=\frac{1}{2}$.

故

$$D(X)=E(X^2)-[E(X)]^2=\frac{1}{2}-\left(\frac{2}{3}\right)^2=\frac{1}{18}.$$

可以算出

(1) 随机变量 X 服从二项分布，$X\sim B(n,p)$，则 $D(X)=np(1-p)$.

(2) 随机变量 X 均匀分布，密度函数为

$$f(x)=\begin{cases}\dfrac{1}{b-a}, & a\leqslant x\leqslant b\\ 0, & 其他\end{cases},$$

则 $D(X)=\dfrac{1}{12}(b-a)^2$.

(3) 随机变量 X 服从指数分布，密度函数为 $f(x)=\begin{cases}\lambda e^{-\lambda x}, & x\geqslant 0\\ 0, & x<0\end{cases}$，则 $D(X)=\dfrac{1}{\lambda^2}$.

(4) 随机变量 X 服从正态分布 $X\sim N(\mu,\sigma^2)$，密度函数为

$$f(x)=\frac{1}{\sqrt{2\pi}\sigma}e^{-\frac{(x-\mu)^2}{2\sigma^2}}\quad(-\infty<x<+\infty),$$

则 $D(X)=\sigma^2$.

为使用方便，表 8-4 给出了几个常用分布的数学期望和方差.

表 8-4

名称	分布表达式	$E(X)$	$D(X)$
两点分布	$\begin{array}{c\|cc} X & 0 & 1 \\ \hline P & 1-p & p \end{array}$	p	$p(1-p)$
二项分布	$P\{X=k\}=C_n^k p^k(1-p)^{n-k} k=0,1,2,\cdots,n$	np	$np(1-p)$
均匀分布	$f(x)=\begin{cases}\dfrac{1}{b-a}, & a<x<b\\ 0, & 其他\end{cases}$	$\dfrac{a+b}{2}$	$\dfrac{(b-a)^2}{12}$
正态分布	$f(x)=\dfrac{1}{\sqrt{2\pi}\sigma}e^{-\frac{(x-\mu)^2}{2\sigma^2}}$	μ	σ^2

3. 方差的性质

设 C 为常数，X,Y 为随机变量，

性质 1 常数的方差为零．即 $D(C)=0$.

性质 2 CX 的方差等于 C^2 与 X 的方差的乘积. 即 $D(CX)=C^2D(X)$.

性质 3 若 X 与 Y 相互独立，则 $D(X+Y)=D(X)+D(Y)$. 特别地，$D(X+C)=D(X)$.

例 7 已知 $X\sim N(2,9)$，求 $E(2X-1)$，$D(3X+2)$.

解 由已知条件可知，$E(X)=2$，$D(X)=9$.

$$E(2X-1)=2E(X)-1=2\times 2-1=3.$$

$$D(3x+2)=9D(X)=9\times 9=81.$$

习题 8.4

1. 已知随机变量 X 的概率分布为

X	-2	-1	1	2
P	$2a$	$\frac{3}{8}$	a	$\frac{2}{8}$

求(1) a;(2) $P\{-1\leqslant X<2\}$;(3) $E(X)$;(4) $D(X)$.

2. 已知离散型随机变量 X 的分布律如下表:

X	-2	0	1	2
P	0.2	0.4	0.1	0.3

求(1) $P\{X\leqslant 1\}$,$P\{X>0\}$,$P\{-2<X<2\}$;(2) X 的数学期望 $E(X)$ 和方差 $D(X)$.

3. 甲、乙两人打靶,得分分别用随机变量 X,Y 表示,其概率分布分别是:

X	0	1	2
P	0.30	0.45	0.25

Y	0	1	2
P	0.15	0.80	0.05

其中脱靶得 0 分,1～5 环得 1 分,6～10 环得 2 分,试问谁的射击水平高些?

4. 设随机变量 X 的密度函数为 $f(x)=\begin{cases}\frac{x}{2}, & 0\leqslant x\leqslant 2\\ 0, & 其他\end{cases}$,求 $E(X)$;$D(X)$.

5. 设随机变量 X 的密度函数为 $f(x)=\begin{cases}1+x, & -1\leqslant x\leqslant 0\\ 1-x, & 0<x\leqslant 1\\ 0, & 其他\end{cases}$,求(1)$E(X)$;(2)$E(2X+1)$;(3)$D(X)$;(4) $D(1-2X)$.

8.5　数理统计初步

数理统计是以概率论为理论基础的应用非常广泛的一个数学分支.它是运用概率论的知识,研究如何从试验资料出发,对随机变量的概率分布或某些特征(如数字特征)做出推断的一门学科.数理统计的这种通过从局部观察去推断整体的方法具有普遍的意义,因此应用数理统计的方法,可以研究大量的自然现象和社会现象的规律性.

在数理统计中总体、样本、统计量等是最基本的概念.本节只介绍一些基本概念.

8.5.1　总体与样本

在大量的重复试验下,任何随机现象都会呈现出其确定的统计规律性,而实际中允许大量重复的试验又总是有限的,所以从全部研究对象中抽取一部分个体,并通过这一部分个体的特性去推断总体的特性,便成了数理统计的重要任务之一.

定义 1　在数理统计中把研究对象的全体称为**总体**.把组成总体的每一个研究对象称为

个体.

例 1 在人口普查中,全部人口就是总体,而其中每一个人就是一个个体.

例 2 研究灯泡的质量时,所有的灯泡是总体,而每一个灯泡都是个体.

根据总体所包含的个体的个数多少,可以把总体分为有限总体和无限总体. 如我们要研究 6 月份生产的灯泡,这是有限总体;研究的是这个工厂生产的所有灯泡,则可以看成无限总体.

在实际应用中,人们所关心的不是总体中每个个体的具体性能,而是它的某一个或几个数量指标,如灯泡的使用寿命. 对于一个确定的由数量指标构成的总体来说,由于每个个体的取值是不同的,所以总体的任何一个数量指标都是一个随机变量. 因此,通常用随机变量 X 表示总体,即总体是指某个随机变量 X 可能取值的全体.

但在实际当中,由于有些测试具有破坏性,我们不可能对所有个体进行研究. 例如,研究某厂生产的灯泡的平均寿命,由于测试灯泡的寿命是具有破坏性的,因此,我们只能从所有产品中抽取一部分来进行测试,然后再根据这部分灯泡的寿命数据对所有灯泡的平均寿命进行推断;有些测试虽然不具有破坏性,但由于个体数目很大,人力、物力和财力等都不允许我们对所有个体进行研究,我们也只能从中抽取小部分来进行研究或测试.

定义 2 从总体中抽取 n 个个体进行观察,然后通过这 n 个个体的性质来推断总体的性质的方法称为**抽样观察**.

定义 3 我们把被抽取的 n 个个体叫做总体的一个**样本**,n 叫做**样本容量**.

在总体 X 中每抽取一个个体,就是对随机变量 X 进行一次观察,试验结果是 X 的这个个体的观察值. 抽取 n 个个体就是对 X 进行 n 次观察,试验结果就得到这 n 个个体的观测值. 就是说,记 X_i 表示抽取的第 i 个个体($i=1,2,\cdots,n$),则 $X_1,X_2,\cdots,X_n$ 是容量为 n 的样本,记 x_i 为相应于 $X_i(i=1,2,\cdots,n)$ 的观测值,则 $x_1,x_2,\cdots,x_n$ 为样本 $X_1,X_2,\cdots,X_n$ 的一组观测值.

由于要从样本来推断总体的分布并进行各种分析,因此要求样本能够很好地反映总体的特征.

定义 4 对总体 X 进行独立的重复试验,得到容量为 n 的样本 $X_1,X_2,\cdots,X_n$,若满足下面两个条件:

(1) 样本 $X_1,X_2,\cdots,X_n$ 与总体 X 有相同的分布;

(2) $X_1,X_2,\cdots,X_n$ 两两相互独立,

则称这样的样本为**简单随机样本**(简称**样本**),以后所提的样本都是指这种样本.

8.5.2 统计量

样本是进行统计推断的依据,但在应用中往往不是直接利用样本本身,而是针对样本进行"加工"和"提炼",把样本中值得关心的有关信息集中起来构成关于样本的适当函数,利用这些样本的函数进行统计推断. 这种样本函数称为统计量,其定义为

定义 5 设 $X_1,X_2,\cdots,X_n$ 为总体 X 的一个样本,$g(X_1,X_2,\cdots,X_n)$ 为一连续函数,且不含任何未知参数,则称 $g(X_1,X_2,\cdots,X_n)$ 为样本 $X_1,X_2,\cdots,X_n$ 的一个统计量.

例 3 $X_1^2+X_2^2+\cdots+X_n^2$ 是统计量,而 $X_1+X_2\cdots+X_n+a$(a 未知)就不是统计量.

显然,统计量也是一个随机变量,如果 $x_1,x_2,\cdots,x_n$ 是样本 $X_1,X_2,\cdots,X_n$ 的一组观测值,则 $g(x_1,x_2,\cdots,x_n)$ 是统计量 $g(X_1,X_2,\cdots,X_n)$ 的一组观测值.

下面介绍几个常用的统计量.

设 $X_1,X_2,\cdots,X_n$ 为总体 X 的一个样本，$x_1,x_2,\cdots,x_n$ 是样本 $X_1,X_2,\cdots,X_n$ 的一组观测值.

(1) 样本均值

$$\overline{X}=\frac{1}{n}\sum_{i=1}^{n}X_i,$$

它的一个观测值为

$$\overline{x}=\frac{1}{n}\sum_{i=1}^{n}x_i.$$

(2) 样本方差

$$S^2=\frac{1}{n-1}\sum_{i=1}^{n}(X_i-\overline{X})^2,$$

它的一个观测值为

$$s^2=\frac{1}{n-1}\sum_{i=1}^{n}(x_i-\overline{x})^2.$$

(3) 样本标准差

$$S=\sqrt{\frac{1}{n-1}\sum_{i=1}^{n}(X_i-\overline{X})^2},$$

它的一个观测值为

$$s=\sqrt{\frac{1}{n-1}\sum_{i=1}^{n}(x_i-\overline{x})^2}.$$

例 4　从总体 $X\sim N(\mu,\sigma^2)$ 中抽出一个容量为 6 的样本，其一组样本观测值为

$$14.8,15.1,14.9,14.8,15.2,15.2.$$

试计算样本均值 $\overline{x}$ 和样本方差 s^2.

解　样本均值为

$$\overline{x}=\frac{1}{6}\sum_{i=1}^{6}x_i=\frac{1}{6}\times(14.8+15.1+14.9+14.8+15.2+15.2)=15.$$

样本方差为

$$\begin{aligned}s^2&=\frac{1}{5}\sum_{i=1}^{6}(x_i-\overline{x})^2\\&=\frac{1}{5}[(14.8-15)^2+(15.1-15)^2+(14.9-15)^2+(14.8-15)^2+(15.2-15)^2+\\&\quad(15.2-15)^2]\\&=\frac{1}{5}\times(0.04+0.01+0.01+0.04+0.04+0.04)=\frac{1}{5}\times0.18=0.036.\end{aligned}$$

8.5.3　直方图

随机变量的引入，可以将随机试验的结果数量化，这为我们利用数学方法研究随机试验提供了有力的工具. 那么如何描述随机试验中各种试验结果发生的可能性大小，即如何描述随机变量的概率分布情况？我们已经知道，事件的频率可以作为其概率的近似值，因此利用事件的频率构建直方图，借助于直方图可以大致了解随机变量的概率分布.

先来看一个实际例子.

例 5 表 8-5 所示为本市今年新升入大学的 100 名男生的身高(单位:厘米)的原始数据,记身高为 X.

表 8-5

165	163	150	169	157	170	170	173	152	167	173	156	160
163	179	166	173	169	157	179	168	180	164	165	175	167
178	155	169	164	170	175	176	167	181	168	153	171	170
164	175	159	170	177	169	164	184	167	164	181	155	175
174	163	167	165	160	170	157	166	168	147	172	167	
159	170	172	155	170	165	179	167	159	170	172	171	
174	169	164	175	161	160	176	163	153	174	158	172	
154	168	171	164	165	165	160	169	179	165	161	174	

试作随机变量 X 的直方图.

解 (1) 先找出这 100 个数据中的最大值 $M=180$ 和最小值 $m=147$.

(2) 取区间 $I=(145.5,185.5)$,使得所有实测数据都落在区间 I 上,并将区间 I 分为 8 个小区间(即分组),小区间的长度(称为组距)为 5.

(**注**:为使分组数据的统计图和表能反映出其分布趋势,分组多少应与数据个数 n 相适应,使每组中所含数据个数既不太多,也不太少.在本例中 $n=100$,不妨分成 8 组,另外,分点要比观察值多取一位小数).

(3) 求出第 i 组的频数 u_i,第 i 组的频率 f_i,$f_i=\frac{u_i}{n}$(此例中 $n=100,i=1,2,\cdots 8.$),如表 8-6 所示.并计算出 $y_i=\frac{f_i}{\Delta t}=\frac{f_i}{t_i-t_{i-1}}$,$(i=1,2,\cdots,8)$.

表 8-6

组号	分组区间	原始数据	频数 u_i	频率 $f_i=\frac{u_i}{n}$
1	145.5~150.5	150,147	2	0.02
2	150.5~155.5	152,155,153,155,153,154,153	6	0.06
3	155.5~160.5	157,158,157,156,159,160,160,157,159,160,160	11	0.11
4	160.5~165.5	165,163,165,163,164,161,164,165,164,164,164,163,165,161,161,165,164,161,163,164,165,165	22	0.22
5	165.5~170.5	169,170,170,167,166,169,168,169,170,167,168,170,169,167,167,170,166,168,167,166,170,167,170,170,169,167,168,169	28	0.28
6	170.5~175.5	173,171,173,173,172,175,174,175,175,174,171,175,172,174,175,174,172,175,171	19	0.19
7	175.5~180.5	179,179,180,178,176,177,179,176,179	9	0.09
8	180.5~185.5	181,184,181	3	0.03

(4) 记 8 个子区间为$(t_{i-1},t_i]$，$i=1,2,\cdots,8$，其中 $t_0=145.5$，$t_8=185.5$.

然后在平面直角坐标系中，以每一个子区间$(t_{i-1},t_i]$为底，以 $y_i=\dfrac{f_i}{\Delta t}(i=1,2,\cdots 8)$为高作 8 个矩形，便得到频率直方图(图 8-16).

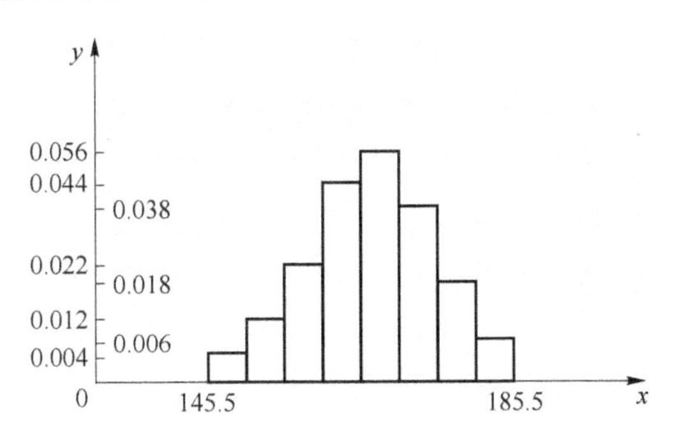

图 8-16

由此可以看到每个小区间$(t_{i-1},t_i]$所对应的小矩形面积正好等于事件$\{t_{i-1}<X\leqslant t_i\}$在 n 次试验中发生的频率 f_i，若这个小矩形的面积越大，说明这个事件发生的可能性越大. 而所有小矩形的面积之和为 1.

作直方图的步骤总结如下：

设 $x_1,x_2,\cdots,x_n$ 是样本的 n 个观察值.

(1) 求出 $x_1,x_2,\cdots,x_n$ 中的最小者 $x_{(1)}$ 和最大者 $x_{(n)}$.

(2) 选取常数 a(略小于 $x_{(1)}$)和 b(略大于 $x_{(n)}$)，并将区间$[a,b]$等分成 m 个小区间(一般取 m 使$\dfrac{m}{n}$在$\dfrac{1}{10}$左右)：

$$(t_{i-1},t_i],i=1,2,\cdots,m,\Delta t=\frac{b-a}{m}.$$

(3) 记 u_i 为落在小区间$(t_{i-1},t_i]$，$i=1,2,\cdots,m$，中观察值的个数，称为频数 u_i，计算出频率 $f_i=\dfrac{u_i}{n}$以及 $y_i=\dfrac{f_i}{\Delta t}=\dfrac{f_i}{t_i-t_{i-1}}$，$(i=1,2,\cdots,m)$.

(4) 在平面直角坐标系中，以每一个子区间$(t_{i-1},t_i]$为底，以 $y_i=\dfrac{f_i}{\Delta t}(i=1,2,\cdots 8)$为高作小矩形，其面积恰为 f_i，所有小矩形合在一起就构成了频率直方图.

习题 8.5

1. 设 $X\sim N(\mu,\sigma^2)$，且 μ 已知，(X_1,X_2,X_3,X_4)是总体 X 的一个容量为 4 的样本，指明下列哪些是统计量？

(1) X_1+5X_4；　　(2) $X_1-\sigma$；

(3) $\sum\limits_{i=1}^{4}X_i-\mu$；　　(4) $\sum\limits_{i=1}^{4}X_i^4$.

2. 设对总体 X 得到一个容量为10的样本值：

$$4.5,2.0,1.0,1.5,3.5,4.5,6.5,5.0,3.5,4.0,$$

试计算样本均值$\overline{x}$、样本方差 s^2 及样本标准差 s.

3. 对下列各组样本值，计算样本均值和样本方差.

(1) 99.3,98.7,100.05,101.2,98.3,99.7,99.5,102.1,100.5；

(2) 54,67,68,78,70,66,67,70,65,69.

4. 某教育管理部门对某次单科统一考试试卷随机抽取70份，其成绩如下.

57,58,61,63,65,66,67,67,68,68,70,71,71,71,72,72,72,72,73,73,74,74,75,75,75,76,76,76,77,77,77,77,78,78,78,79,79,79,79,79,79,79,80,80,80,80,80,80,81,81,81,82,82,84,84,84,84,85,85,85,85,87,87,88,88,88,90,90,93,94,

试将这些数据分成7组，在区间[55.5,95.5]上作频率直方图.

综合练习八

1. 填空题

(1) 设 A,B 为两个随机事件，则事件 $A+B$ 的对立事件是________.

(2) $P(A)=0.4,P(B)=0.3$，若 A 与 B 独立，则 $P(A+B)=$__________.

若已知 A,B 中至少有一个事件发生的概率为0.6，则 $P(AB)=$________.

(3) 设事件 A,B 互不相容，且 $P(A)=p,P(B)=q$，则 $P(\overline{A}\overline{B})=$__________.

(4) 袋子中装有零件，其中10件正品，2件次品，每次取1件，写出下列情况抽取次数 X 的概率分布表达式：若有放回的抽取，直到取到次品为止，则 $P\{X=3\}=$______. 无放回的抽取，直到取到次品为止，则 $P\{X=3\}=$________.

(5) 设离散型随机变量 $X\sim B(2,p)$，且 $P\{X\geqslant1\}=\dfrac{5}{9}$，则 $P(X=2)=$__________.

(6) 确定函数 $f(x)$中的常数 a，使之成为连续型随机变量的密度函数，若 $f(x)=\dfrac{a}{1+x^2}$，$x\in(-\infty,+\infty)$，则 $a=$____________.

(7) 设连续型随机变量 X 在区间[1,4]上服从均匀分布，其密度函数为 $f(x)=$ ____________，则$\int_{-\infty}^{+\infty}xf(x)\mathrm{d}x=$______________.

(8) 设随机变量 $X\sim U(2,6)$，则 $E(X)=$________，$D(X)=$__________，$E(-3X+2)=$ ____________，$D(5-3X)=$__________.

(9) 设连续型随机变量 X 密度函数为 $f(x)=\dfrac{1}{2\sqrt{2\pi}}\mathrm{e}^{-\frac{(x-1)^2}{8}}$，则密度函数 $f(x)$的图像关于直线________对称，$f(x)$的最大值为________.

(10) 设随机变量 X 密度函数为 $f(x)=\dfrac{1}{\sqrt{8\pi}}\mathrm{e}^{-\frac{x^2-6x+9}{8}}$，则 $E(X)=$______，$D(X)=$______.

2. 单选题

(1) 若事件 A,B，若 $A\subset B$，则正确的是(　　).

(A) B 发生,A 必发生　　(B) $B=\overline{A}+AB$

(C) $B=A+A\overline{B}$　　(D) $B=A+\overline{A}B$

(2) 若 A,B 为两事件,则 $AB\cup A\overline{B}=$(　　).

(A) Ω(必然事件)　　(B) $\varnothing$(不可能事件)

(C) A　　(D) $A\cup B$

(3) 若事件 A 与 B 互斥,则 $P[A|(A+B)]=$(　　).

(A) $\dfrac{P(A)}{1-P(\overline{A}\overline{B})}$　　(B) $\dfrac{P(B)}{P(A)+P(B)}$

(C) $\dfrac{P(A)}{1-P(\overline{A})P(\overline{B})}$　　(D) $\dfrac{P(B)}{1-P(\overline{A}\overline{B})}$

(4) 若 $P(A)>0, P(B|A)=P(B)$,则正确的是(　　).

(A) $AB=\varnothing$　　(B) $P(\overline{A}\overline{B})=P(\overline{A})P(\overline{B})$

(C) A 与 B 对立　　(D) $P(\overline{A}B)\neq P(\overline{A})P(B)$

(5) 设离散型随机变量 X 的概率分布为 $P\{X=k\}=ak(k=1,2,\cdots,5)$,则 $a=$(　　).

(A) $a=15$　　(B) $a=\dfrac{1}{15}$　　(C) $a=\dfrac{3}{5}$　　(D) $a=1$

(6) 设 X 是离散型随机变量,则它的分布律是(　　).

(A)

X	0	1	2
P	-0.5	1	0.5

(B)

X	0	1	2
P	$\frac{1}{6}$	$\frac{1}{3}$	$\frac{1}{2}$

(C)

X	0	1	2
P	$\frac{1}{4}$	$\frac{1}{4}$	$\frac{3}{2}$

(D)

X	0	1	2
P	$\frac{1}{3}$	$\frac{1}{3}$	$\frac{1}{4}$

.

(7) 每次试验的成功率为 0.7,重复试验 5 次,若失败次数为 X,则下列描述错误的是(　　).

(A) $X\sim B(5,0.7)$　　(B) $X\sim B(5,0.3)$

(C) $P\{X=0\}=0.7^5$　　(D) $P\{X=5\}=0.3^5$

(8) 设 $X\sim N(0,1)$,密度函数为 $\varphi(x)$,则 $\Phi(x)=\int_{-\infty}^{x}\varphi(t)\mathrm{d}t, x\in(-\infty,+\infty)$,则不正确的是(　　).

(A) 若 $X\neq 0$,则 $\varphi(0)>\varphi(x)$　　(B) $\varphi(-x)=\varphi(x)$

(C) $\Phi(-x)=\Phi(x)$　　(D) $\Phi(x)=1-\Phi(-x)$

(9) 设随机变量 X,Y 服从区间$[0,2]$上的均匀分布,则 $E(X+Y)=$(　　).

(A) 0.5　　(B) 1　　(C) 1.5　　(D) 2

(10) 设随机变量 X,则下列各式中正确的是(　　).

(A) $E[X-E(X)]=0$　　(B) $E[X-E(X)]<0$

(C) $D[X-E(X)]>D(X)$　　(D) $D[X-E(X)]<D(X)$

3. 解答题

(1) 一批有一等品 4 件,二等品 6 件,三等品 5 件的产品中,从中任取 3 件,求下列事件的概率:①一等品,二等品,三等品各一件;②有两件一等品;③至少有两件二等品.

(2) 甲、乙两人射击,甲击中的概率是 0.8,乙击中的概率是 0.7,两人同时射击,并假设两人是否打中靶是相互独立的，求①两人都中靶的概率；②求甲中乙不中的概率.

(3) 某单位有 50 名职工，其中会英语的有 35 名，会日语的有 25 名，既会英语又会日语的有 18 名，现从单位任选一名职工，求他既不会英语，也不会日语的概率.

(4) 设随机变量 X 的分布律为 $P\{X=k\}=\frac{k}{21}(k=1,2,\cdots 6)$，求①$P\{3\leqslant X\leqslant 6\}$；②$P\{\frac{1}{3}<X\leqslant\frac{11}{2}\}$.

(5) 在一个汽车站上，某路公共汽车每 5 分钟有一辆汽车到达，乘客在 5 分钟内任一时刻到达车站是等可能的，求①乘客候车时间超过 4 分钟的概率；②乘客每次等车时间超过 4 分钟就离开，计算 5 位乘客只有一人等车时间超过 4 分钟的概率.

(6) 设随机变量 X 概率密度为 $f(x)=\begin{cases}ax(1-x), & 0\leqslant x\leqslant 1\\ 0, & \text{其他}\end{cases}$，求①常数 a；②$P\{X\leqslant 0.5\}$.

(7) 设 $X\sim N(0,1)$，求①$P\{X<2.4\}$；②$P\{1.06<X\leqslant 2.38\}$；③$P\{|X|>2\}$.

(8) 已知随机变量 X 的分布列为 $\begin{array}{c|ccc} X & 0 & 1 & 2 \\ \hline P & \frac{2}{c} & \frac{1}{c} & \frac{3}{c}\end{array}$，求①常数 c；②$P\{0\leqslant X<2\}$；③$E(X)$；④$D(X)$.

(9) 已知 $X\sim B\left(8,\frac{1}{4}\right)$，求解①$E(X)$，$D(X)$；②若 $Y=6X$，求解 $E(Y)$.

(10) 设 $X\sim N(2,9)$，求①$E(X)$；②$D(X)$；③$E(3X+2)$；④$D(2X-1)$.

(11) 下面是 100 个学生身高的测量情况(单位：cm)，试作出学生身高的频率直方图，并用直方图估计学生身高在 160～175 之间的概率.

身高	154～158	158～162	162～166	166～170	170～174	174～178	178～182
学生人数	10	14	26	28	12	8	2

提高题八

一、填空题(本题共 30 分，每小题 3 分)

1. 设 A，B 为两个随机事件，则事件 $\overline{A}B+A\overline{B}$ 的对立事件是________.

2. 设 $P(A)=\frac{1}{2}$，$P(B)=\frac{1}{3}$，若 A 与 B 互斥，$P(A+B)=$________；$P(AB)=$________.

3. 设 $P(A)=\frac{1}{2}$，$P(B)=\frac{1}{3}$，若 A 与 B 相互独立时，$P(A+B)=$________；$P(AB)=$________.

4. 盒中有 4 个新乒乓球，2 个旧球，甲从中任取一个，用过后放回(用过后放回去，下一次再取球就算旧球)，乙再从中任取一个：甲取到新球的概率为________；甲取到新球的情况下，乙取到新球的概率为________；甲、乙都取到新球的概率为________；乙取到新球的概率为________；甲、乙两人至少有一人取到新球的概率为________.

5. 设离散型随机变量 $X\sim B(4,0.6)$，则 $P(X\geqslant 3)=$________.

6. 某航线的航班常常有旅客预订票后又临时取消，每班平均为 4 人，若预订了票又取消的人数服从以平均人数为参数的泊松分布，则恰好有 4 人取消票的概率为________.

7. 设连续型随机变量 X 服从参数为 λ 的指数分布，其密度函数为 $f(x)$，则 $P\{X>\frac{1}{\lambda}\}=$ ________.

8. 设 $X\sim N(\mu,\sigma^2)$，且 $P\{X<2\}=P\{X\geqslant 2\}$，$P\{2<X<4\}=0.3$，则 $\mu=$________；$P\{X>0\}=$________.

9. 某人射击直到中靶为止，已知每次射击中靶的概率为 0.75. 则射击次数的数学期望与方差分别为 $E(X)=$__________，$D(X)=$__________.

10. 设连续型随机变量 X 与 Y 的密度函数分别为 $f_X(x)=\begin{cases}2e^{-2x}, & x\geqslant 0\\ 0, & x<0\end{cases}$，$f_Y(y)=\begin{cases}4e^{-4y}, & y\geqslant 0\\ 0, & y<0\end{cases}$，则 $E(X)=$__________，$D(X)=$________，$E(X+Y)=$________.

二、单选题(本题共 14 分，每小题 2 分)

1. 设随机事件 A,B 互斥，则 $P\,\overline{(A\cup B)}=$(　　).

A. $1-P(A)-P(B)$　　B. $1-P(A)$

C. $P(\overline{A})+P(\overline{B})$　　D. $P(\overline{A})P(\overline{B})$

2. 设每次试验成功的概率为 $p(0<p<1)$，重复进行试验直到第 n 次才取得 $r(1\leqslant r\leqslant n)$ 次成功的概率为(　　).

A. $C_{n-1}^{r-1}p^{r-1}(1-p)^{n-r+1}$　　B. $C_n^r p^r(1-p)^{n-r}$

C. $C_{n-1}^{r-1}p^r(1-p)^{n-r}$　　D. $p^r(1-p)^{n-r}$

3. 如果在一百张有奖储蓄的奖券中，只有一、二、三等奖，其中一等奖 1 个，二等奖 5 个，三等奖 10 个，买一张奖券，中奖的概率为(　　).

A. 0.10　　B. 0.12　　C. 0.16　　D. 0.18

4. 甲、乙、丙三人各自独立地向某一目标射击一次，三人的命中率分别为 0.5，0.6 和 0.7，则至多有两人击中目标的概率为(　　).

A. 0.09　　B. 0.21　　C. 0.44　　D. 0.79

5. 已知随机变量 $X\sim B(n,p)$，且已知 $E(X)=6$，$D(X)=2$，则 $P(X\geqslant 1)=$(　　).

A. $1-\left(\frac{2}{3}\right)^9$　　B. $\left(\frac{2}{3}\right)^9$　　C. $1-\left(\frac{1}{3}\right)^9$　　D. $\left(\frac{1}{3}\right)^9$

6. 每个粮仓的老鼠数量服从泊松分布，若已知一个粮仓内，有一只老鼠的概率为有两只老鼠概率的两倍，则粮仓内无老鼠的概率是(　　).

A. $\frac{1}{e^4}$　　B. $\frac{1}{e^3}$　　C. $\frac{1}{e^2}$　　D. $\frac{1}{e}$

7. 设 $X\sim N(\mu,\sigma^2)$，$Y\sim N(\mu,\sigma^2)$，且 X 与 Y 相互独立，则下列各式中正确的是(　　).

A. $E[X-Y]=\mu$　　B. $E[X-Y]=2\mu$

C. $D[2X-Y]=\sigma^2$　　D. $D[X-Y]=2\sigma^2$

三、解答题(本题共 56 分，每小题 8 分)

1. 制造一种零件可采用两种工艺，第一种工艺有三道工序，每道工序的废品率分别是 0.1，0.2 和 0.3；第二种工艺有两道工序，每道工序的废品率都是 0.3；若用第一种工艺，在合格品的零件中，一级品率为 0.9，而用第二种工艺，在合格品的零件中，一级品率为 0.8. 试问哪一种工艺保证得到一级品率较高？

2. 某商场购进甲厂生产的产品 30 箱，乙厂生产的同种产品 20 箱；甲厂产品每箱装 100 件，废品率为 0.06，乙厂产品每箱装 120 件，废品率为 0.05，求下列事件的概率：(1)任取一箱，从中任取一件恰好为废品；(2)若将所有产品开箱混放，任取一件恰好为废品.

3. 设每次试验成功率为 0.7，进行重复试验，求直到第十次试验才取得 4 次成功的概率.

4. 某地区位于甲、乙两河汇合处，当任一河流泛滥时，该地区遭受水灾，设某一时期甲河流泛滥的概率为 0.1，乙河流泛滥的概率为 0.2，当甲河流泛滥时乙河流泛滥的概率为 0.3，求下列事件的概率：(1)该时期内这一地区遭受水灾；(2)当乙河流泛滥时甲河流泛滥.

5. 设 $X \sim N(2,9)$，求(1) $P\{-5 < X \leqslant 2\}$；(2) $P\{X \leqslant -2.8\}$；(3) $P\{|X| \leqslant 3\}$；(4) $P\{|X-1| < 1\}$.

6. 已知离散型随机变量的 X 的分布列为：

X	1	2	3	4
P	$\frac{1}{6}$	$\frac{1}{3}$	$\frac{1}{6}$	a

(1)求常数 a；(2)求 $E(X)$；(3)若 $Y=2X+3$，求 $E(Y)$.

7. 已知随机变量 X 的概率密度函数为 $f(x)=\begin{cases} x, & 0 \leqslant x < 1 \\ 2-x, & 1 \leqslant x \leqslant 2 \\ 0, & x<0 \text{ 或 } x>2 \end{cases}$.

求解：(1) $E(X)$；(2) $E(3X+1)$；(3) $E(X^2)$；(4) $D(X)$.

第9章 拓展知识

拓展模块1 数学软件介绍

9.1 Mathematica 基本命令使用及技巧

Mathematica 是由美国的 Wolfram 公司开发的一个功能强大的计算机数学系统，以符号演算见长，也具有高精度的数值计算功能和强大的绘图功能. 数学实验的大部分计算和绘图作业都需要使用 Mathematica 辅助完成. 本章介绍的命令可以适用于 Windows 操作系统下的 Mathematica 5.0 及以上的版本，本书均以 Mathematica 5.0 为例.

如果你的计算机已经安装了 Mathematica 5.0，系统会在 Windows“开始”菜单的“程序”子菜单中加入启动 Mathematica 5.0 的菜单项，用鼠标单击它就可以启动 Mathematica 5.0，进入 Mathematica 5.0 的系统工作界面.

Mathematica 5.0 系统工作界面是 Mathematica5.0 与用户的接口，是 Mathematica 5.0 的工作屏幕. 界面上方的主菜单类似于 Windows 中的 Word 软件，其中的空白位置称为 Notebook 用户区，在这里可以输入文本、命令和程序等来达到使用 Mathematica 5.0 的目的. 在用户区输入的内容被 Mathematica 5.0 用一个扩展名为“.nb”的文件来记录，该文件名是退出 Mathematica 5.0 时保存用户区输入内容的默认文件名，一般是“Untitled-1.nb”.

退出 Mathematica 5.0 系统像关闭 Word 软件一样，只要用鼠标单击 Mathematica 5.0 系统集成界面右上角的“关闭”按钮即可. 关闭前，屏幕会出现一个对话框，询问是否保存用户区的内容，如果单击对话框的“Save”按钮，则出现“另存为”对话框，在对话框中填上合适的路径及文件名后，单击“保存”按钮，用户区中的内容便以给定文件名存盘并退出 Mathematica 5.0 系统；如果单击对话框的“Don't Save”按钮，则不保存用户区的内容，直接退出 Mathematica 5.0 系统.

9.1.1 系统的算术运算

向 Notebook 用户区写入文字和数学表达式的方式是用键盘直接输入，同时按下“Shift”与“Enter”键即可执行命令，若要终止正在执行的命令，需同时按下“Alt”与“.”键.

例1 计算 18! 和 66+88.

解 在工作窗口中输入

```
18!
66 + 88
```

同时按下“Shift”键和“Enter”键进行计算.

系统完成计算后,会输出结果并自动在输入行加入显示标记“In[1]:=”,在输出行加入显示标记“Out[1]=”“Out[2]=”.如

```
In[1]:= 18!
        66 + 88
Out[1]= 6402373705728000
Out[2]= 154
```

9.1.2 代数式与代数运算

1. Mathematica 5.0 中的数据类型

整数型:可以表示任意长度的精确整数,如 31 558;

有理数型:可以表示任意的既约分数,如 2/3;

实数型:可以表示任意精确度的近似实数,如 E;

复数型:可以表示复数,如 2－3I.

2. 四则运算

四则运算符号与函数如表 9-1 所示,运算的优先级为乘方>乘、除>加、减,括号的优先级最高.

表 9-1

运　算	符　号	对应函数
加	＋	Plus
减	－	Minus
乘	*	Times
除	/	Divide
乘方	^	Power

例 2　计算 $3\times(5-2)+4^{\frac{6-3}{2}}$.

解
```
In[1]:= 3 * (5 - 2) + 4^(6 - 3)/2
Out[1]= 41
```

在 Mathematica 软件中,若输入的数据是精确的,计算结果保留精确数字.若要计算近似值,可用命令:N[x]表示 x 的近似值,默认保留 6 位有效数字;N[x,n]给出 x 的 n 位有效数字.

例 3　计算 $3^{\frac{1}{3}}$,分别保留 6 位和 8 位有效数字.

解
```
In[1]:=  N[3^(1/3)]
Out[1]=  1.44225
In[2]:=  N[3^(1/3), 8]
Out[2]=  1.4422496
```

若采用浮点数输入,则计算结果为近似值,见例 4.

例 4　In[1]:=　1./3+2/5

Out[1]=　0.733333

3. 系统中的数学常数

系统中的数学常数如表 9-2 所示.

表 9-2

符　号	功　能
Pi	圆周率 π
E	自然对数的底 e
Degree	度
Infinity	无穷大∞
－ Infinity	负无穷大$-\infty$
I	虚数单位 i

例 5　计算圆周率 π,保留 30 位有效数字.

解　In[1]:=　N[Pi,30]

Out[1]:=　3.14159265358979323846264338328

9.1.3　变量与函数

1. 变量与函数的命名规则

(1) 变量名与函数名不能以数字开头,可以是任意长度的字符串或数字串,但其中不能有空格及其他的运算符号.

(2) 系统区分大小写,在变量名中,字母大小写的意义不同,一般规定系统变量名和系统函数名以大写字母开头,复合词的每个字头都大写.为与系统变量和系统函数区别,自定义的变量与函数名一般用小写字母开头.

(3) 变量名与函数名一般采用完整的英语单词.

一个变量在参与表达式运算或输出之前,必须先获得确定的值,可通过变量赋值或变量替换来实现,如表 9-3 所示.

表 9-3

格　式	功　能
x=6	赋值(将数值 6 赋予变量 x)
x=表达式	赋值(将表达式的值赋予变量 x)
x=.	取消赋值
表达式/. x－>6	变量替换(计算时暂时用 6 替换表达式中的 x)
Clear[x]	清除 x 的定义及其赋值

2. Mathematica 5.0 常用数学函数表

Mathematica 软件提供许多数学上的函数,表 9-4 给出了一些常用的函数,具体的使用方法见例 6.

例 6　In[1]:=　Sin[Pi/6]

```
Out[1]:=   1/2
In[2]:=   Sqrt[3.3 + 1.51]
Out[2]:=   1.86077 + 0.4030591
In[3]:=   Log[10,2.0]
Out[3]:=   0.30103
```

表 9-4

函数	功能
Sqrt[x]	x 的算术平方根
Log[x]	x 的自然对数 $\ln x$
Log[b,x]	以 b 为底 x 的对数 $\log_b x$
Sin[x]	x 的正弦 $\sin x$
Cos[x]	x 的余弦 $\cos x$
Tan[x]	x 的正切 $\tan x$
Cot[x]	x 的余切 $\cot x$
Sec[x]	x 的正割 $\sec x$
Csc[x]	x 的余割 $\csc x$
ArcSin[x]	x 的反正弦 $\arcsin x$
ArcCos[x]	x 的反余弦 $\arccos x$
ArcTan[x]	x 的反正切 $\arctan x$
ArcCot[x]	x 的反余切 $\mathrm{arccot}\, x$
Abs[x]	x 的绝对值 $\|x\|$
Exp[x]	以 e 为底的指数函数 e^x
Sign[x]	符号函数 $\mathrm{sgn}\, x$
Round[x]	接近 x 的整数(四舍五入)
Max[x_1, x_2, x_3…]	$x_1,x_2,x_3\cdots$中的最大值
Min[x_1, x_2, x_3…]	$x_1,x_2,x_3\cdots$中的最小值
GCD[n_1, n_2, n_3…]	$n_1,n_2,n_3\cdots$的最大公约数
LCM[n_1, n_2, n_3…]	$n_1,n_2,n_3\cdots$的最小公倍数
n!	n 的阶乘
n!!	n 的双阶乘
Mod[m,n]	m 被 n 整除的余数,余数与 n 的符号相同
Quotient[m,n]	m/n 的整数部分
Random[]	产生 0～1 之间的随机数
Random[Real,x]	产生 0～x 之间的随机数
Random[Real,{x_1, x_2}]	产生 x_1～x_2 之间的随机数
Floor[x]	不大于 x 的最大整数
Ceiling[x]	不小于 x 的最小整数

9.2　基础实验

9.2.1　一元函数的图形

(1) 在平面直角坐标系中作一元函数图形的命令 Plot,

```
Plot[f[x],{x,min,max},选项]
```

例 1　画出函数 $f(x)=e^{\sin x}$ 在区间[−1,1]上的图形.

解　输入　`Plot[Exp[Sin[x]],{x, - 1,1}]`

运行结果如图 9-1 所示.

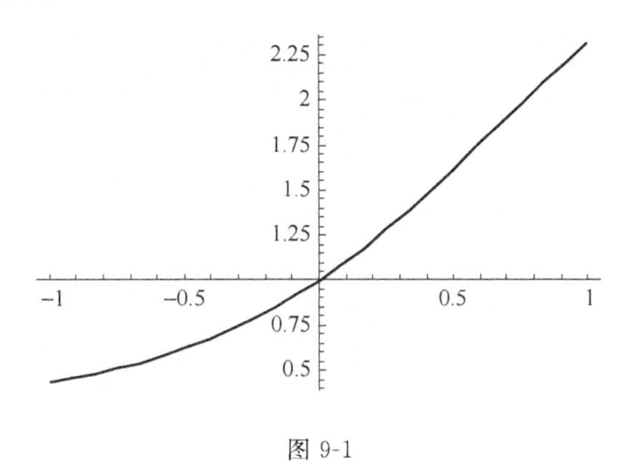

图 9-1

(2) Plot 有很多选项(Options),可满足作图时的种种需要

- AspectRatio 用来改变图形的高与宽之比. 如果不输入这个选项,则命令默认图形的高宽比为黄金分割值,即 0.618 : 1. 若指定其参数为 Automatic,则显示图形的真实比例.
- Frame 用来指定图形是否加边框,默认值为 False. 如果要加边框,可指定其参数为 True.
- PlotRange 用于指定图形在纵坐标方向上的范围,可取的值为 All——显示全部图形;Automatic——自动控制;{ymin,ymax}用于指定显示范围;默认为 All.
- PlotStyle－>RGBColor[1,0,0]使曲线采用某种颜色. 方括号内的三个数分别代表红、绿、蓝三原色,取值在 0~1 之间.
- PlotPoints 用于说明采样点的基本点数,系统默认为 12. 增加采样点会使图形更加精细.

例 2　请输出 $y=x^2$ 在区间 $-1\leqslant x\leqslant 1$ 上的图形,练习上述各参数的使用.

解　输入

```
Plot[x^2,{x, - 1,1},AspectRatio - >0.5,Frame - >True,PlotRange - >All,Plot-
Style - >RGBColor[1,0,0],PlotPoints - >30]
```

运行结果如图 9-2 所示.

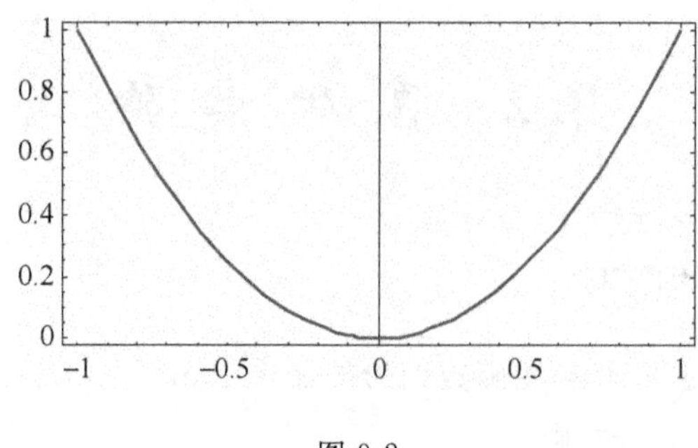

图 9-2

(3) Plot 命令也可在同一个坐标系内作出几个函数的图形

```
Plot[{f1[x],f2[x],…},{x,min,max},选项]
```

例 3 作出函数 $y=\sin x$ 和 $y=\csc x$ 的图形,并观察其周期性和变化趋势.

解 为了比较,我们把它们的图形放在一个坐标系中.输入如下语句,

```
Plot[{Sin[x],Csc[x]},{x,-2Pi,2Pi},PlotRange->{-2Pi,2Pi}, AspectRatio->1]
```

运行结果如图 9-3 所示.

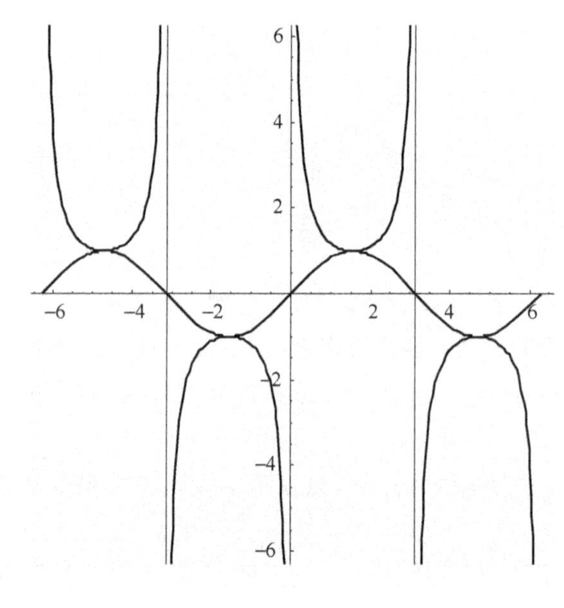

图 9-3

另外,Show[…]命令可以把多个图形组合起来一起显示.

例 4 将函数 $y=\sin x$,$y=x$,$y=\arcsin x$ 的图形作在同一坐标系内,观察直接函数和反函数的图形间关系.

解 输入命令

```
p1 = Plot[ArcSin[x],{x,-1,1}];
p2 = Plot[Sin[x],{x,-Pi/2,Pi/2}];
px = Plot[x,{x,-Pi/2,Pi/2},PlotStyle->Dashing[{0.01}]];
Show[p1,p2,px,PlotRange->{{-Pi/2,Pi/2},{-Pi/2,Pi/2}},AspectRatio->1]]
```

运行结果如图 9-4 所示.

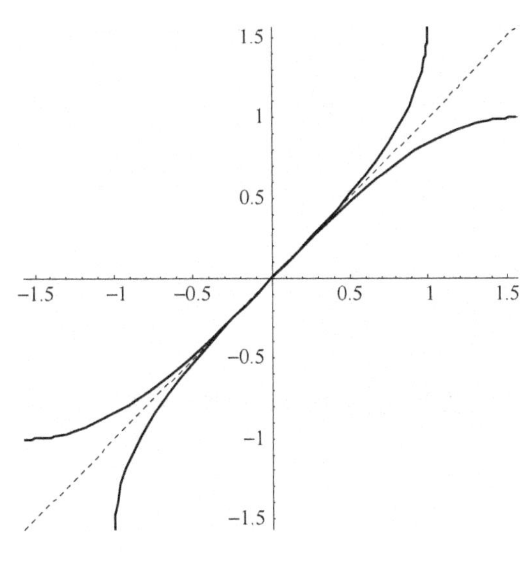

图 9-4

可以看到函数和它的反函数在同一个坐标系中的图形是关于直线 $y=x$ 对称的.

注:选项 PlotStyle－>Dashing[{0.01}]使曲线的线型是虚线.

(4) 隐函数作图命令 ImplicitPlot

这里要先打开作图软件包，输入

```
<<Graphics\ImplicitPlot.m
```

命令 ImplicitPlot 的基本格式为

ImplicitPlot[隐函数方程，自变量的范围，作图选项]

例 5　作出由方程 $x^3+y^3=3xy$ 所确定的隐函数的图形(笛卡儿叶形线).

解　输入命令

```
<<Graphics\ImplicitPlot.m
```

执行以后再输入

```
ImplicitPlot[x^3 + y^3 = = 3x * y,{x, - 3,3}]
```

输出为笛卡儿叶形线的图形,如图 9-5 所示.

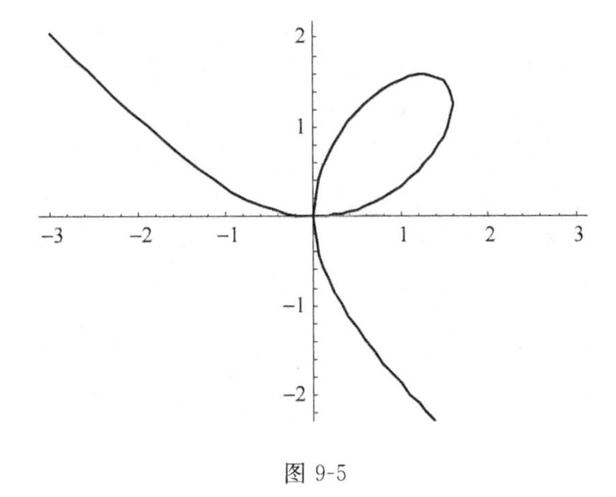

图 9-5

(5) 定义分段函数的命令 Which

命令 Which 的基本格式为

Which[测试条件 1，取值 1，测试条件 2，取值 2，…]

例 6 分别作出取整函数 $y=[x]$和函数 $y=x-[x]$的图形.

解 输入命令

```
Plot[Floor[x],{x,-4,4}]
```

可以观察到取整函数 $y=[x]$的图形是一条阶梯形曲线，如图 9-6(a)所示.

输入命令

```
Plot[x-Floor[x],{x,-4,4}]
```

得到函数 $y=x-[x]$的图形，如图 9-6(b)所示. 这是锯齿形曲线(注意：它是周期为 1 的周期函数.)

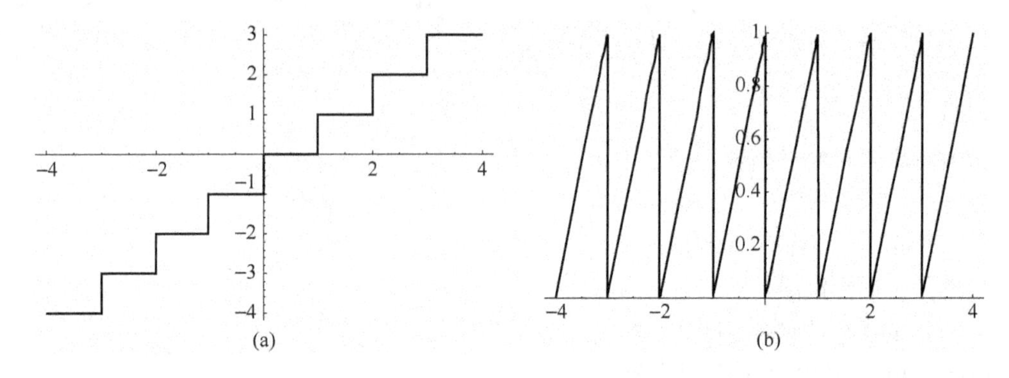

图 9-6

9.2.2 一元函数微积分实验

1. 极限命令 Limit

其基本格式为

```
Limit[f[x],x->a]
```

其中 f(x)是数列或者函数的表达式，x—>a 是自变量的变化趋势. 如果自变量趋向于无穷，用 x—>Infinity 表示.

对于单侧极限，通过命令 Limit 的选项 Direction 表示自变量的变化方向.

- 求右极限，$x\to a+0$ 时，用 Limit[f[x],x—>a,Direction—>—1]
- 求左极限，$x\to a-0$ 时，用 Limit[f[x],x—>a,Direction—>+1]
- 求 $x\to+\infty$时的极限，用 Limit[f[x],x—>Infinity,Direction—>+1]
- 求 $x\to-\infty$时的极限，用 Limit[f[x],x—>Infinity,Direction—>—1]

注：右极限用减号，表示自变量减少并趋于 a，同理，左极限用加号，表示自变量增加并趋于 a.

例 7 在区间[—4,4]上作出函数 $f(x)=\dfrac{x^3-9x}{x^3-x}$的图形，并研究 $\lim\limits_{x\to 1}f(x)$.

解 输入

```
Clear[f];
f[x_]:=(x^3-9x)/(x^3-x);
Plot[f[x],{x,-4,4}]
```

则输出 $f(x)$的图形,从图可判断 $\lim\limits_{x\to 1}f(x)$不存在.

2. 导数与微分命令

- D[f[x],x]　　　　求函数 $f(x)$对变量 x 的导数
- D[f[x],{x,n}]　　求函数 $f(x)$对变量 x 的 n 阶导数
- Dt[f[x]]　　　　求函数 $f(x)$对变量 x 的微分

例 8　定义函数 $f(x)=\sin 2x\cos 3x$,并求 $f'(x)$,$\mathrm{d}f(x)$,$f'\left(\frac{1}{a+b}\right)$.

解　输入
```
Clear[f]
f[x_]:= Sin[2x] * Cos[3x]
D[f[x],x]
Dt[f[x]]
D[f[x],x]/.x->1/(a+b)
```

运行结果为　2Cos[2x]Cos[3x] - 3Sin[2x]Sin[3x];

2Cos[2x]Cos[3x]Dt[x] - 3Dt[x]Sin[2x]Sin[3x];

$2\mathrm{Cos}\left[\frac{2}{a+b}\right]\mathrm{Cos}\left[\frac{3}{a+b}\right]-3\mathrm{Sin}\left[\frac{2}{a+b}\right]\mathrm{Sin}\left[\frac{3}{a+b}\right]$

例 9　求函数 $f(x)=\arctan x$ 的二阶导数.

解　输入　D[ArcTan[x],{x,2}]

运行结果为

$-\frac{2x}{(1+x^2)^2}$

例 10　求由方程 $2x^2-2xy+y^2+x+2y+1=0$ 确定的隐函数的导数.

解　输入语句　fun = D[2 x^2 - 2 x * y[x] + y[x]^2 + x + 2 y[x] + 1 == 0,x]

这里输入 y[x]以表示 y 是 x 的函数,输出为对原方程两边求导数后的方程 fun.

1 + 4x - 2y[x] + 2y′[x] - 2xy′[x] + 2y[x]y′[x] == 0

再解方程,输入语句

Solve[fun,y′[x]]

则输出所求结果为

$\left\{\left\{\mathrm{y}'[\mathrm{x}]\to-\frac{-1-4\mathrm{x}+2\mathrm{y}[\mathrm{x}]}{2(-1+\mathrm{x}-\mathrm{y}[\mathrm{x}])}\right\}\right\}$

3. 求积分命令

- Integrate[f[x],x]　　　　求函数 $f(x)$的不定积分
- Integrate[f[x],{x,a,b}]　　求函数 $f(x)$在区间$[a,b]$上的定积分
- NIntegrate[f[x],{x,a,b}]　求函数 $f(x)$在区间$[a,b]$上的定积分——数值结果

例 11　求$\int x^2(1-x^3)^5\mathrm{d}x$.

解　输入　Integrate[x^2 * (1 - x^3)^5,x]

运行结果为

$\frac{x^3}{3}-\frac{5x^6}{6}+\frac{10x^9}{9}-\frac{5x^{12}}{6}+\frac{x^{15}}{3}-\frac{x^{18}}{18}$

例 12　求$\int_1^2\sqrt{4-x^2}\mathrm{d}x$.

解　输入 Integrate[Sqrt[4 - x^2],{x,1,2}]

运行结果为

$\frac{1}{6}(-3\sqrt{3}-2\pi)+\pi$

例 13　求$\int_0^1 e^{-x^2}dx$.

解　输入　Integrate[Exp[-x^2],{x,0,1}]

运行结果为

$\frac{1}{2}\sqrt{\pi}$Erf[1]

其中 Erf 是误差函数，它不是初等函数.

改为求数值积分，输入

NIntegrate[Exp[-x^2],{x,0,1}]

则运行结果为数值解为 0.746824

9.2.3　矩阵与方程组求解实验

1. 矩阵的输入

- A={{a11,a12,…,a1n},{a21,a22,…,a2n},…,{am1,am2,…,amn}}——构造矩阵 $\boldsymbol{A}$
- MatrixForm[A]或 A//MatrixForm——以矩阵形式显示 $\boldsymbol{A}$

例 14　输入矩阵 $\boldsymbol{A}=\begin{pmatrix}1&2&3\\4&5&6\\7&8&9\end{pmatrix}$.

解　输入　A = {{1,2,3},{4,5,6},{7,8,9}}

MatrixForm[A]

运行结果为

$$\begin{pmatrix}1&2&3\\4&5&6\\7&8&9\end{pmatrix}$$

2. 提取和修改矩阵中的元素

- A[[i,j]]——提取矩阵 $\boldsymbol{A}$ 中第 i 行、第 j 列的元素 a_{ij}
- A[[i]]——提取矩阵 $\boldsymbol{A}$ 中第 i 行的元素
- A[[i,j]]=n——修改矩阵 $\boldsymbol{A}$ 的元素 a_{ij} 为 n

例 15　显示例 14 中矩阵 $\boldsymbol{A}$ 的(1)第 2 行的所有元素；(2)第 2 行、第 3 列的元素；(3)将第 2 行、第 2 列的元素修改为 0.

解　(1) 输入 A[[2]]

运行结果为{4,5,6}

(2) 输入 A[[2,3]]

运行结果为 6

(3) 输入 A[[2,3]] = 0

MatrixForm[A]

运行结果为

$$\begin{pmatrix} 1 & 2 & 3 \\ 4 & 5 & 0 \\ 7 & 8 & 9 \end{pmatrix}.$$

3. 几种特殊的矩阵

- Array[a,[m,n]]——构造一个以 a_{ij} 为元素的 $m \times n$ 矩阵
- IdentityMatrix[n]——构造一个 n 阶单位矩阵

例 16　(1)构造矩阵 $\boldsymbol{B}$,它是一个以 b_{ij} 为元素的 3×3 矩阵;(2)构造一个 4 阶单位矩阵.

解　(1)输入

```
B = Array[b,{3,4}]
MatrixForm[B]
```

运行结果为

```
{{b[1,1],b[1,2],b[1,3]},{b[2,1],b[2,2],b[2,3]},{b[3,1],b[3,2],b[3,3]}}
```

$$\begin{pmatrix} b[1,1] & b[1,2] & b[1,3] \\ b[2,1] & b[2,2] & b[2,3] \\ b[3,1] & b[3,2] & b[3,3] \end{pmatrix}$$

(2)输入

```
E4 = IdentityMatrix[4]
MatrixForm[E4]
```

运行结果为

```
{{1,0,0,0},{0,1,0,0},{0,0,1,0},{0,0,0,1}}
```

$$\begin{pmatrix} 1 & 0 & 0 & 0 \\ 0 & 1 & 0 & 0 \\ 0 & 0 & 1 & 0 \\ 0 & 0 & 0 & 1 \end{pmatrix}$$

4. 矩阵的基本运算

- $\boldsymbol{A}+\boldsymbol{B}/\boldsymbol{A}-\boldsymbol{B}$——矩阵的加、减法
- $\boldsymbol{K} * \boldsymbol{A}$——矩阵的数乘
- $\boldsymbol{A}.\boldsymbol{B}$——矩阵的乘法
- Transpose[A]——矩阵 $\boldsymbol{A}$ 的转置矩阵

例 17　设 $\boldsymbol{A}=\begin{pmatrix} -1 & 1 & 1 \\ 1 & -1 & 1 \\ 1 & 2 & 3 \end{pmatrix}$,$\boldsymbol{B}=\begin{pmatrix} 3 & 2 & 1 \\ 0 & 4 & 1 \\ -1 & 2 & -4 \end{pmatrix}$,求 $3\boldsymbol{AB}-2\boldsymbol{A}$ 及 $\boldsymbol{A}^{\mathrm{T}}\boldsymbol{B}$.

解　输入

```
A = {{-1,1,1},{1,-1,1},{1,2,3}}
MatrixForm[A]
B = {{3,2,1},{0,4,1},{-1,2,-4}}
MatrixForm[B]
3A.B - 2A//MatrixForm
Transpose[A].B//MatrixForm
```

输出 $3\boldsymbol{AB}-2\boldsymbol{A}$ 及 $\boldsymbol{A}^{\mathrm{T}}\boldsymbol{B}$ 的运算结果分别为

$$\begin{pmatrix} -10 & 10 & -14 \\ 4 & 2 & -14 \\ -2 & 44 & -33 \end{pmatrix},\begin{pmatrix} -4 & 4 & -4 \\ 1 & 2 & -8 \\ 0 & 12 & -10 \end{pmatrix}$$

5. 矩阵的初等行变换

- A[[j]]=k * A[[i]]+A[[j]]——将矩阵中第 i 行的 k 倍,加到第 j 行上
- k * A[[i]]——将矩阵中第 i 行,乘非零常数 k

例 18 已知 $\boldsymbol{A}=\begin{pmatrix}-1&0&1&2\\3&1&0&-1\\0&2&1&4\end{pmatrix}$,求 $r(\boldsymbol{A})$.

解 输入

```
A = {{-1,0,1,2},{3,1,0,-1},{0,2,1,4}}
A[[2]] = A[[2]] + 3 * A[[1]]
A[[3]] = -2 * A[[2]] + A[[3]]
MatrixForm[A]
```

运行结果为

$$\begin{pmatrix}-1&0&1&2\\0&1&3&5\\0&0&-5&-6\end{pmatrix}$$

从阶梯形矩阵中可以看出 $r(\boldsymbol{A})=3$.

6. 方阵的逆

- RowReduce[A]——将矩阵 $\boldsymbol{A}$ 化为行最简阶梯形矩阵
- Inverse[A]——求 $\boldsymbol{A}$ 的逆矩阵

例 19 分别用 RowReduce 和 Inverse 命令求 $\boldsymbol{A}=\begin{pmatrix}1&2&3\\2&2&1\\3&4&3\end{pmatrix}$的逆矩阵.

解 (1)输入

```
A = {{1,2,3},{2,2,1},{3,4,3}}
MatrixForm[A]
AE = Transpose[Join[Transpose[A],IdentityMatrix[3]]]
RowReduce[AE]//MatrixForm
```

运行结果为

$$\begin{pmatrix}1&0&0&1&3&-2\\0&1&0&-\frac{3}{2}&-3&\frac{5}{2}\\0&0&1&1&1&-1\end{pmatrix}$$

从而得知

$$\boldsymbol{A}^{-1}=\begin{pmatrix}1&3&-2\\-\frac{3}{2}&-3&\frac{5}{2}\\1&1&1\end{pmatrix}$$

(2) 输入

```
A = {{1,2,3},{2,2,1},{3,4,3}}
Inverse[A]//MatrixForm
```

运行结果为

$$\begin{pmatrix} 1 & 3 & -2 \\ -\frac{3}{2} & -3 & \frac{5}{2} \\ 1 & 1 & -1 \end{pmatrix}$$

7. 方程组求解

对于一般的线性方程组$\begin{cases} a_{11}x_1+a_{12}x_2+\cdots+a_{1n}x_n=b_1 \\ a_{21}x_1+a_{22}x_2+\cdots+a_{2n}x_n=b_2 \\ \vdots \\ a_{m1}x_1+a_{m2}x_2+\cdots+a_{mn}x_n=b_m \end{cases}$，若这 m 个方程分别记为 f1，f2…fm，则输入

- Solve[{f1,f2,…,fm},{x1,x2,…,xn}]——求解一般方程组
- Reduce 命令解带有参数的线性方程组

例 20 求解线性方程组$\begin{cases} x_1+5x_2-x_3-x_4=-1 \\ x_1-2x_2+x_3+3x_4=3 \\ 3x_1+8x_2-x_3+x_4=1 \end{cases}$的解.

解 输入

```
Solve[{x1 + 5x2 - x3 - x4 == 1,x1 - 2x2 + x3 + 4x4 == 3,3x1 + 8x2 - x3 + x4 == 1},{x1,x3,x3,x4}]
```

运行结果为

$\{\{x1\to-\frac{1}{2}(8+3x2), x3\to-\frac{1}{2}(18-7x2), x4\to4\}\}$

例 21 a 为何值时，线性方程组$\begin{cases} ax_1+x_2+x_3=1 \\ x_1+ax_2+x_3=a \\ x_1+x_2+ax_3=a^2 \end{cases}$有解、无解、有唯一解、有无穷多解？

解 输入

```
Reduce[{a * x1 + x2 + x3 == 1,x1 + a * x2 + x3 == a,x1 + x2 + a * x3 == a^2},{x1,x2,x3}]
```

运行结果为

a == 1 && x3 == 1 - x1 - x2 | | (-1 + a)(2 + a)≠0

&& $x1 == \frac{-1-a}{2+a}$ && x2 == 1 + x1 && x3 == 1 - ax1 - x2

输出结果分析：当 $a=1$ 时，线性方程组有无穷多解，$x_3=1-x_1-x_2$；当$(a-1)(a+2)\neq0$时，线性方程组有唯一解.

9.2.4 常微分方程实验

- DSolve[eqn,y[x],x]——求方程 eqn 的通解 $y(x)$，其中自变量为 x
- DSolve[{eqn,y[x_0]= =y_0},y[x],x]——求满足初始条件 $y(x_0)=y_0$ 的特解 $y(x)$
- DSolve[{eqn1,eqn2,…},{y_1[x],y_2[x],…},x]——求方程组的通解
- DSolve[{equ1,…,y_1[x_0]= =y_{10},…},{y_1[x],y_2[x],…},x]——求方程组的特解

例 22 解下列常微分方程(组).

(1)$y'=\dfrac{2y}{x+1}+(x+1)^{\frac{5}{2}}$；　(2)$y'=\dfrac{1+y^2}{(x+x^3)y}$；　(3)$\begin{cases}y'=z\\z'=-y\end{cases}$.

解　(1)输入 `DSolve[y'[x] == 2y[x]/(x + 1) + (x + 1)^(5/2), y[x], x]`
运行结果为

$$\left\{\left\{\text{y[x]}\to\frac{2}{3}(1+\text{x})^{\frac{7}{2}}+(1+\text{x})^2 c[1]\right\}\right\}$$

(2)输入 `DSolve[y'[x] == (1 + y[x]^2)/((x + x^3)y[x]), y[x], x]`
运行结果为

$$\left\{\left\{y[x]\to-\frac{\sqrt{-1-\frac{1}{x^2}+c[1]}}{\sqrt{1+\frac{1}{x^2}}}\right\},\left\{y[x]\to\frac{\sqrt{-1-\frac{1}{x^2}+c[1]}}{\sqrt{1+\frac{1}{x^2}}}\right\}\right\}$$

(3)输入 `DSolve[{y'[x] == z[x],z'[x] ==  - y[x]}, {y[x],z[x]},x]`
运行结果为

```
{{y[x]→C[1]Cos[x] + C[2]Sin[x],z[x]→C[2]Cos[x]- C[1]Sin[x]}}
```

例 23　求$\begin{cases}y'=z\\z'=-y\end{cases}$的通解及满足初始条件 $y(0)=0,z(0)=1$ 的特解.

解　输入

```
DSolve[{y'[x] === z[x],z'[x] == - y[x],y[0] == 0,z[0] == 1},{y[x],z[x]},x]
```

运行结果为

```
{{y[x]→Sin[x],z[x]→Cos[x]}}
```

习题 9.2

1. 选择合适的自变量区间及选项画出下列函数的图形(至少使用一种选项).

(1) $y=\cot x$；　(2) $y=\arctan x$；

(3) $y=1+\ln(x+2)$；　(4) $y=\cos x+e^x$；

(5) $y=\sin(\tan x)-\tan(\sin x)$；　(6) $y=\sqrt{x}+\sqrt[3]{x}+\sqrt[4]{x}$；

(7) $y=x^3+3x^2-12x+14$；　(8) $y=1+\dfrac{36x}{(1+3x)^2}$.

2. 在一张图上画出函数 $\sin x,\dfrac{1}{2}\sin 2x+\dfrac{1}{3}\sin 3x,\sin x+\dfrac{1}{2}\sin 2x+\dfrac{1}{3}\sin 3x$ 的图形,并用不同的线型和颜色表示不同曲线,说明它们的周期.

3. 画出函数 $y=x\left(\sqrt{1-\dfrac{1}{x}}-1\right)$在区间(0,10 000)上的图形,并研究这个函数在 $x\to\infty$时的极限.

4. 用 Mathematica 计算下列极限.

(1) $\lim\limits_{x\to0}\left(x\sin\dfrac{1}{x}+\dfrac{1}{x}\sin x\right)$；　(2) $\lim\limits_{x\to+\infty}\dfrac{x^2}{e^x}$；

(3) $\lim\limits_{x\to0}\dfrac{\tan x-\sin x}{x^3}$；　(4) $\lim\limits_{x\to0+}x^x$；

(5) $\lim\limits_{x\to 0+}\dfrac{\ln\cot x}{\ln x}$；　　(6) $\lim\limits_{x\to 0-}x^2\ln x$.

5. 用 Mathematica 计算下列导数与积分.

(1) $y=\dfrac{1}{2}\cot^2 x+\ln\sin x$，求 y'；　　(2) $y=\ln[\tan(\dfrac{x}{2}+\dfrac{\pi}{4})]$，求 y'；

(3) $y=x\sin x$，求 $y^{(100)}$；　　(4) $y=x^2\cos x$，求 $y^{(10)}$；

(5) 计算$\displaystyle\int\frac{\cos x}{a^2+\sin^2 x}\mathrm{d}x$；　　(6) 计算$\displaystyle\int \mathrm{e}^{-2x}\sin\frac{x}{2}\mathrm{d}x$；

(7) 计算$\displaystyle\int_0^{\frac{\pi}{2}}(1-\cos\theta)\sin^2\theta\mathrm{d}\theta$；　　(8) 计算$\displaystyle\int_0^1 x(2-x^2)^{12}\mathrm{d}x$.

6. 设 $\boldsymbol{A}=\begin{pmatrix}1&1&1\\1&1&-1\\1&-1&1\end{pmatrix}$，$\boldsymbol{B}=\begin{pmatrix}1&2&3\\-1&-2&4\\0&5&1\end{pmatrix}$，求 $3\boldsymbol{AB}-2\boldsymbol{A}$ 及 $\boldsymbol{A}^{\mathrm{T}}\boldsymbol{B}$.

7. 求矩阵 $\boldsymbol{A}=\begin{pmatrix}1&-1&2&1&0\\2&-2&4&-2&0\\3&0&6&-1&1\\2&1&4&2&1\end{pmatrix}$的秩.

8. 判断下列矩阵是否可逆，如可逆，求其逆矩阵.

(1) $\boldsymbol{A}=\begin{pmatrix}1&2&-1\\3&-1&0\\2&-3&1\end{pmatrix}$；(2) $\boldsymbol{A}=\begin{pmatrix}2&2&-1\\1&-2&4\\5&8&2\end{pmatrix}$.

9. 设 $\boldsymbol{A}=\begin{pmatrix}4&2&3\\1&1&0\\-1&2&3\end{pmatrix}$，且 $\boldsymbol{AB}=\boldsymbol{A}+2\boldsymbol{E}$，求 $\boldsymbol{B}$.

10. 解方程组$\begin{cases}x_1+2x_2+x_3-x_4=2\\x_1+x_2+2x_3+x_4=3\\x_1-x_2+4x_3+5x_4=2\end{cases}$.

11. 解方程组$\begin{cases}2x_1-4x_2+5x_3+3x_4=0\\3x_1-6x_2+4x_3+2x_4=0\\4x_1-8x_2+17x_3+11x_4=0\end{cases}$.

12. 当 a,b 为何值时，方程组$\begin{cases}x_1+x_2+x_3+x_4=0\\x_2+2x_3+2x_4=1\\-x_2+(a-3)x_3-2x_4=b\\3x_1+2x_2+x_3+ax_4=-1\end{cases}$有唯一解、无解、有无穷多解？

13. 求下列微分方程的解.

(1) $y'-xy=3x$；

(2) $y'-\mathrm{e}^{x-y}+\mathrm{e}^x=0$；

(3) $y'=ay$，$y(0)=5$.

9.3 提高实验

9.3.1 抵押贷款与分期付款购物分析

【实验目的】 掌握利用 Mathematica 解方程的方法，理解 Mathematica 解方程中符号解和数值解的区别.

【实验内容】 小李夫妇要购买一套一居室房子，申请 60 万元抵押贷款，月利率为 1%，期限为 25 年. 试问小李夫妇每月要还多少钱.

【问题分析】 时间单位为月，设抵押贷款期限为 n 个月，贷款额为 A_0，月利率为 R，按复利计算，每月还钱 X，还款约定从借款日的下一个月开始. 于是开始还款的第一个月还了 X 元后仍欠银行的钱数(简称第一个月还欠款，下同).

第一个月还欠款： $A_1=(1+R)A_0-X$；

第二个月还欠款： $A_2=(1+R)A_1-X$；

第三个月还欠款： $A_3=(1+R)A_2-X$；

$$\vdots$$

第 n 个月还欠款： $A_n=(1+R)A_{n-1}-X$，

这是一种特殊的数列. 逐项代入即得

$$A_n=A_0(1+R)^n-X[(1+R)^{n-1}+(1+R)^{n-2}+\cdots+(1+R)+1]$$

即

$$A_n=A_0(1+R)^n-X\frac{(1+R)^n-1}{R} \tag{1}$$

若 n 月还清，即 $A_n=0$，由式(1)可解出

$$X=\frac{A_0R(1+R)^n}{(1+R)^n-1} \tag{2}$$

对于小李夫妇来说，$A_0=600\,000$，$R=0.01$，$n=300$，所以每月还钱 $X=6\,319.34$ 元.

【问题求解】 利用 Mathematica 编程求解.

(1) Solve 求方程的符号解

输入命令

```
Solve[A * (1 + R)^n - X * ((1 + R)^n - 1)/R == 0,X]
```

运行结果：$\left\{\left\{X\to\frac{AR(1+R)^n}{-1+(1+R)^n}\right\}\right\}$，即得到式(2).

再带入 `A = 600000; R = 0.01; n = 300`，即可计算出`{{X→6319.34}}`.

(2) NSolve 求解方程的数值解

输入命令

```
A = 600 000; R = 0.01; n = 300
NSolve[A * (1 + R)^n - X * ((1 + R)^n - 1)/R == 0,X]
```

运行结果为

```
{{X→6319.34}}
```

9.3.2　雪球融化

【实验目的】 掌握利用 Mathematica 求导数的方法，了解 Mathematica 求解常微分方程特解的方法.

【实验内容】 假设雪球融化的速率与表面积成正比，若有一个半径为 10 cm 的雪球，在气温气压皆固定的情况之下，在 5 分钟后融化为一个半径 5 cm 的雪球，请问雪球完全融化需要多少时间?

【问题分析】 假设此雪球在时间 t 分钟时的半径为 $r(t)$ cm，由题意可知 $r(0)=10$，$r(5)=5$，又雪球融化的速率与表面积成正比，雪球融化的速率即雪球体积的变化率，雪球的体积为 $\frac{4}{3}\pi r^3(t)$，表面积为 $4\pi r^2(t)$，所以有

$$\left(\frac{4}{3}\pi r^3(t)\right)'=k4\pi r^2(t) \tag{1}$$

k 为比例常数，由于体积随时间经过而减少，可知 $k<0$.

【问题求解】

(1) 利用 Mathematica 求 $\frac{4}{3}\pi r^3(t)$ 的导数

输入命令

```
D[4Pi * r[t]^3/3 , t]
```

运行结果为

$4\pi r[t]^2 r'[t]$.

即，由式(1)可得

$$4\pi r^2(t)\cdot r'(t)=k\cdot 4\pi\cdot r^2(t),\Rightarrow r'(t)=k\Rightarrow r(t)=k\cdot t+c,$$

其中，c 为常数，由 $r(0)=10$，$r(5)=5$，可解出 $r(t)=-t+10$，由此可看出雪球的半径随时间经过等速率减少，雪球完全融化时 $r(t)=0$，$t=10$，所以雪球在 10 分钟后完全融化.

(2) 利用 Mathematica 求解微分方程

通过 Mathematica 求解微分方程的命令，求解式(1)所建立的微分方程在满足初始条件 $r(0)=10$ 时的特解.

输入命令

```
DSolve[{D[4Pi * r[t]^3/3,t] == 4 * k * Pi * r[t]^2,r[0] == 10},r[t],t]
```

运行结果

```
{{r[t]→10 + k t}}
```

可得特解为 $r(t)=kt+10$，再带入 $r(5)=5$，可得 $r(t)=-t+10$，即可得到雪球完全融化时 $r(t)=0$，$t=10$，所以雪球在 10 分钟后完全融化.

9.3.3　驳船的长度

【实验目的】 掌握一元函数求极值的方法——驻点法；学习 Mathematica 求极值的命令.

【实验内容】 有一艘宽度为 5 m 的驳船欲驶过某河道的直角弯，河道的宽度如图 9-7 所示. 试问要驶过直角弯，驳船的长度不能超过多少米?

【问题分析】 设驳船长度为 L，要使驳船能驶过直角弯，假定驳船外侧与河道的边沿刚好接触，则河道内侧的角点到驳船内侧的距离不能大于 5 m，否则无法通过.

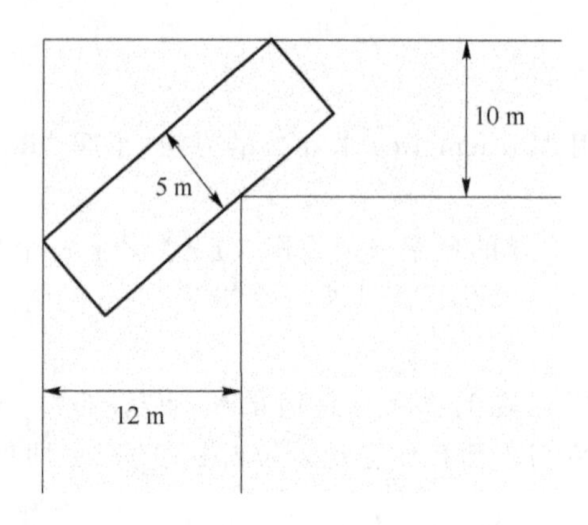

图 9-7

设驳船外侧与横轴的夹角为 x,在保证河道内侧的角点到驳船内侧的距离等于 5 m,即驳船刚好能通过的情况下,驳船的长度 L 与夹角 x 有关,

$$L=\frac{10}{\sin x}+\frac{12}{\cos x}-\frac{5}{\tan x}-5\tan x.$$

故数学模型建立如下,

$$\min:L=\frac{10}{\sin x}+\frac{12}{\cos x}-\frac{5}{\tan x}-5\tan x$$

$$\text{s. t. } 0<x<\frac{\pi}{2}.$$

【问题求解】

(1) 建立一元函数的极值模型

步骤 1:建立函数关系并画出函数图像

```
Clear[f]
f[x_]: = 10/Sin[x] + 12/Cos[x] - 5Tan[x] - 5/Tan[x]
Plot[f[x],{x,0,Pi/2},PlotRange→{ - 10,100}]
```

运行结果如图 9-8 所示.

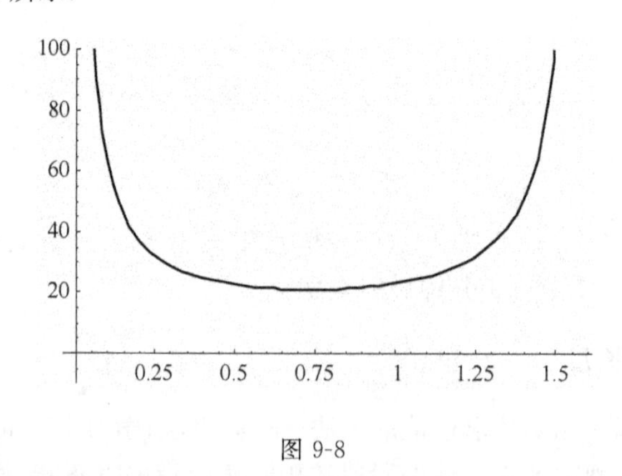

图 9-8

可以看出,函数有唯一的极值点,大约在 0.75 附近.

步骤 2:求出导函数

```
g[x_]: = D[f[x],x]
```

运行结果为

```
f´(x) = -10Cot[x]Csc[x] + 5Csc[x]^2 - 5Sec[x]^2 + 12Sec[x]Tan[x].
```

步骤3:求驻点

```
NSolve[g[x] == 0,x]
```

运行结果为

```
{{x→-0.449069-0.583988i},{x→-0.449069+0.583988i},{x→0.731998}}
```

唯一的驻点即

```
x = 0.731998
```

步骤4:求极值

```
Print["极小值是",f[0.731998]]
```

运行结果为

```
极小值是 21.0372
```

(2) 更有效的内部命令 FindMinimum[]

Findminimum[]命令的格式为

```
Findminimum[f[x],{x,x0}]
```

其中,x0 是极值点的近似值,从函数图像可以看出,本题的极值点在1附近. 用这个命令直接求实验题目的解为

```
FindMinimum[f[x],{x,1}]
{21.0372,{x→0.731998}}
```

习题 9.3

1. 针对9.3.1的抵押贷款问题,利用 Mathematica 解决以下问题.

(1) 若 $A_0=600\,000, R=0.015, N=300$.

(2) 若 $A_0=600\,000, R=0.01, N=240$.

(3) 若希望每月还的钱最少,应选择的利率大小和借期的最佳值应是什么?

(4) 如果小李夫妇每月只能归还5 000元,他应采取什么措施才能通过抵押贷款来购房.

2. 一条1米宽的通道与另一条2米宽的通道相交成直角,一个梯子需要水平绕过拐角,试问梯子的最大长度是多少?

3. 如果水平河道宽度为15米,而竖直河道宽度为10米,那么可通过的驳船最大长度是多少? 如果驳船的宽度为7米,情况又是怎样呢? 能否建立一个更一般的模型来讨论各种可能的情况?

4. 铁皮罐头的经济尺寸问题:设圆柱形铁皮罐头的体积为 V,高为 h,底面半径为 r. 若 V 给定,问高与半径的比 h/r 应等于多少,才能使罐头的表面积最小? 如果留意一下超市里的各种罐头,会发现罐头的高与半径的比值大致都在 2~3.8 之间,其中的道理何在?(提示:在实际生产中,下料时,还需要计算剩余边角料,如果罐头上、下底的圆片按外切正方形计算,则 h/r 约为2.55;如果罐头上、下底的圆片按外切正六边形计算,则 h/r 约为2.21.)

拓展模块2　数学建模

9.4　数学模型

9.4.1　前言

1. 数学史简介(包括数学建模史)

数学,作为一门研究现实世界数量关系和空间形式的科学,它的内容是从实际中抽象出来,与实际相脱离的,但在它生产和发展的历史长河中,一直和人们生活的实际需要密切相关.

数学具有三大特点

(1) 抽象性

(2) 严密性

(3) 应用的广泛性

数学的任务和发展动力

应用是数学的主要任务,也是数学发展的主要动力.

数学发展的主要阶段

数学发展经历了五个主要阶段,如表 9-5 所示.

表 9-5

<table>
<tr><th colspan="2">主要阶段</th><th>时期</th><th>主要成果</th><th>主要事件</th></tr>
<tr><td colspan="2">萌芽时期</td><td>公元前 3500～公元前 600 年</td><td>无演绎推理和公理法</td><td rowspan="7">三次数学危机发生在公元前 500 年、1754、1897 年</td></tr>
<tr><td rowspan="3">初等数学时期</td><td>希腊文明</td><td>公元前 600～641 年</td><td>论证数学逐渐形成[1]</td></tr>
<tr><td>中世纪</td><td>641～1300 年</td><td></td></tr>
<tr><td>文艺复兴</td><td>1300～1640 年</td><td>日心说动摇神学,自然科学解放[2]</td></tr>
<tr><td colspan="2">变量数学时期</td><td>1640～1920 年</td><td>微积分的诞生[3]</td></tr>
<tr><td colspan="2">近代数学时期</td><td>1920～1945 年</td><td></td></tr>
<tr><td colspan="2">现代数学时期</td><td>1945 至今</td><td></td></tr>
</table>

[1]雅典时期,泰勒斯、毕达哥拉斯开始对命题加以证明(勾股定理、无理数),没留下书籍;亚历山大时期,欧几里得、阿基米德、阿波罗尼、海伦、丢番图等做出了永载史册的功绩.

[2]三次四次方程的求根公式,韦达和符号代数学,三角的发展,小数与对数的发明.笛卡儿力求用代数的方法来解决几何问题,建立了解析几何,标志着变量数学时期的到来.

[3]牛顿和莱布尼茨创立了微积分,通过微积分的完善建立了分析数学.

数学建模是指用数学的语言和方法对实际问题进行近似地刻画和描述,数学建模并不是种新事物,自从有了数学并用数学去解决问题时,就有了数学建模.纵观人类历史上进行过的三次重大的科学技术革命,每一次都是渗透着数学的应用,都是数学建模过程.但将数学建模作为一门专门的学科和课程的历史还很短.

2. 数学建模教学的培养目标

(1) 培养翻译能力.

(2) 应用已学到的数学方法和思想进行综合应用和分析,并能学习新的数学知识,并能理解合理的抽象和简化,特别是进行数学分析的重要性.

(3) 发展联想能力.

(4) 逐渐发展形成一种洞察力.

(5) 熟练使用技术手段.

3. 数学建模竞赛(MCM)的由来和历史

1985 年以前,美国只有一种大学生数学竞赛(*The William Lowell Putnam Mathematical Monthly*,简称 *Putnam*(普特南)数学竞赛),自 1938 年起已举办 50 届,普特南数学竞赛在吸引青年人热爱数学从而走上数学研究的道路,鼓励各数学系更好地培养人才方面起了很大的作用,事实上一批优秀数学家就曾经是它的获奖者.

9.4.2　从现实对象到数学模型

本节先讨论原型和模型,特别是数学模型的关系,再介绍数学模型的意义.

1. 原型和模型

原型(Prototype)和模型(Model)是一对对偶体. **原型**指人们在现实世界里关心、研究或者从事生产、管理的实际对象. 在科技领域通常使用系统(System)、过程(Process)等词汇,如机械系统、电力系统、生态系统、生命系统、社会经济系统,又如钢铁冶炼过程、导弹飞行过程、化学反应过程、污染扩散过程、生产销售过程、计划决策过程等. 本书所述的现实对象、研究对象、实际问题等均指原型. **模型**则是指为某个特定目的将原型的某一部分信息减缩、提炼而构成的原型替代物.

特别强调构造模型的目的性. 模型不是原型原封不动的复制品,原型有各个方面和各种层次的特征,而模型只要求反映与某种目的有关的那些方面和层次. 一个原型,为了不同的目的可以有很多不同的模型,模型的基本特征是由构造模型的目的决定的.

例如:

展厅里的飞机模型:外形上逼真,但是不一定会飞;

航模竞赛的模型飞机:具有良好的飞行性能,在外观上不必苛求;

飞机设计、试制过程中用大的数学模型和计算机模拟:要求在数量规律上真实反映飞机的飞行动态特征,毫不涉及飞机的实体.

2. 模型的分类

用模型替代原型的方式来分类,模型可以分为**物质模型(形象模型)**和**理想模型(抽象模型)**. 前者包括直观模型、物理模型,后者包括思维模型、符号模型、数学模型.

直观模型　指那些供展览用的实物模型,以及玩具、照片等,通常是把原型的尺寸按比例缩小或放大,主要追求外观上的逼真. 这类模型的**效果**是一目了然的.

物理模型　主要指科技工作者为一定目的根据相似原理构造的模型,它不仅可以显示原型的外形或某些特征,而且可以用来进行模拟实验,间接地研究原型的某些规律. 如风洞中的飞机模型用来试验飞机在气流中的空气动力学特性. 这类模型应该注意验证原型与模型间的相似关系,以确定模拟实验结果的可靠性. 物理模型的**优点**是常可得到实用上很有价值的结果,但也存在成本高、时间长、不灵活等**缺点**.

思维模型　指通过人们对原型的反复认识，将获取的知识以经验的形式直接存于人脑中，从而可以根据思维或直觉做出相应的决策. 通常说的某些领导者凭经验作决策就是如此. 思维模型便于接受，也可以在一定条件下获得满意的结果，它往往带有模糊性、片面性、主观性、偶然性等**缺点**，难以对它的假设条件进行检验，并且不便于人们相互沟通.

符号模型　在一些约束或假设下借助于专门的符号、线条等，按一定形式组合起来描绘原型. 如地图、电路图、化学结构式等，具有简明、方便、目的性强及非量化等**特点**.

数学模型　是由数字、字母或其他数学符号组成的，描述现实对象数量规律的数学公式、图形或算法.

上面所示数学模型的概念还很模糊，下面仔细谈谈什么是数学模型.

3. 什么是数学模型

航行问题：甲乙两地相距 750 km，船从甲到乙顺水航行需 30 h，从乙到甲逆水航行需50 h，问船速，水速各多少?

用 x，y 分别代表船速和水速，则可以得到如下两个方程

$$(x+y)\cdot 30=750\ ,(x-y)\cdot 50=750.$$

实际上，这组方程就是上述航行问题的数学模型. 列出方程，原问题已转化为纯粹的数学问题. 方程的解为 $x=20$ km/h，$y=5$ km/h，最终给出了航行问题的答案.

可从上例中看出建立数学模型的基本内容.

4. 建立数学模型的基本内容

(1) 根据建立数学模型的目的和问题的背景做出必要的简化假设(上例中，假设航行中船速和水速为常数)；

(2) 用字母表示待求的未知量(上例中，x，y 代表船速和水速)；

(3) 利用相应的物理或其他规律(上例中，匀速运动的距离等于速度乘以时间)，列出数学式子(上例中，二元一次方程)；

(4) 求出数学上的解答(上例中，$x=20$，$y=5$)；

(5) 利用解答解释原问题(上例中，船速和水速分别为 20 km/h 和 5 km/h)；

(6) 最后利用实际现象来验证上述结果.

数学模型可以**描述为**对于现实世界的一个**特定对象**，为了一个**特定目的**，根据特有的**内在规律**，做出一些必需的**简化假设**，运用恰当的**数学工具**，得到的一个**数学结构**.

9.4.3　建模示例——椅子能在不平的地面上放稳吗?

问题：把椅子往不平的地面上一放，通常只有三只脚着地，放不稳，然而只需稍微挪动几次，就可以使四只脚同时着地，放稳了. 这个看来似乎与数学无关的现象能用数学语言加以表述，并用数学工具来证实吗?

模型假设

对椅子和地面作一些必要的假设.

(1) 椅子四条腿一样长，椅脚与地面接触处可视为一个点，四脚的连线呈正方形.

(2) 地面高度是连续变化的，沿任何方向都不会出现间断(没有像台阶那样的情况)，即地面可视为数学上的连续曲面.

(3) 对于椅脚的间距和椅脚的长度而言，地面是相对平坦的，使椅子在任何位置至少有三只脚同时着地.

模型构成

中心问题是用数学语言把椅子四只脚同时着地的条件和结论表示出来.

首先要用变量表示椅子的位置. 注意到椅脚连线呈正方形,以中心为对称点,正方形的中心的旋转正好代表了椅子位置的改变,于是可以用旋转角度这一变量表示椅子的位置. 在图 9-9 中椅脚连线为正方形 $ABCD$,对角线 AC 与 x 轴重合,椅子绕中心点 O 旋转角度 θ 后,正方形 $ABCD$ 转至 $A'B'C'D'$ 的位置,所以对角线 AC 与 x 轴的夹角 θ 表示了椅子的位置.

其次要把椅脚着地用数学符号表示出来. 如果用某个变量表示椅脚与地面的竖直距离,那么当这个距离为零时就是椅脚着地了. 椅子在不同位置时椅脚与地面的距离不同,所以这个距离是椅子位置变量 θ 的函数.

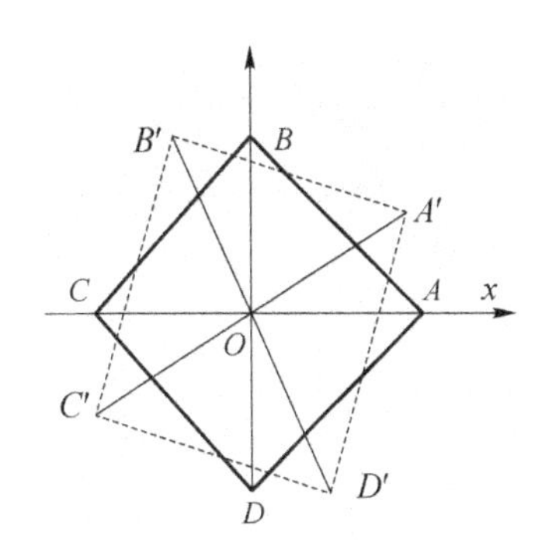

图 9-9　正方形椅子放稳

虽然椅子有四只脚,因而有四个距离,但是由于正方形的中心对称性,只要设两个距离函数就行了. 记 A,C 两脚与地面距离之和为 $f(\theta)$,B,D 两脚与地面距离之和为 $g(\theta)$($f(\theta),g(\theta)\geqslant 0$). 又假设(2),$f$ 和 g 是连续函数;又假设(3),椅子在任何位置至少有三只脚着地,所以对于任意的 θ,$f(\theta)$和 $g(\theta)$中至少有一个为零. 当 $\theta=0$ 时不妨设 $g(\theta)=0$,$f(\theta)>0$. 这样,改变椅子的位置使四只脚同时着地,就归结为证明如下的数学命题.

已知 $f(\theta)$和 $g(\theta)$是 θ 的连续函数,对任意 θ,$f(\theta)\cdot g(\theta)=0$,且 $g(0)=0$,$f(0)>0$. 证明存在 θ_0,使 $f(\theta_0)=g(\theta_0)=0$.

模型求解

上述命题有多种证明方法,这里介绍其中比较简单的一种.

将椅子旋转 90°,对角线 AC 与 BD 互换. 由 $g(0)=0$ 和 $f(0)>0$ 可知 $g\left(\frac{\pi}{2}\right)>0$ 和 $f\left(\frac{\pi}{2}\right)=0$.

令 $h(\theta)=f(\theta)-g(\theta)$,则 $h(0)>0$ 和 $h\left(\frac{\pi}{2}\right)<0$. 由 f 和 g 的连续性知 h 也是连续函数. 根据连续函数的基本性质,必存在 θ_0 $\left(0<\theta_0<\frac{\pi}{2}\right)$使 $h(\theta_0)=0$,即 $f(\theta_0)=g(\theta_0)$.

最后,因为 $f(\theta_0)\cdot g(\theta_0)=0$,所以 $f(\theta_0)=g(\theta_0)=0$.

由于这个实际问题非常直观和简单,模型的解释和验证就略去了.

注:这个模型的巧妙之处在于用一元变量 θ 表示椅子的位置,用 θ 的两个函数表示椅子四脚与地面的距离,进而把模型假设和椅脚同时着地的结论用简单、精确的数学语言表达出来,构成这个实际问题的数学模型.

9.4.4　建立数学模型的方法和步骤

数学建模乍一听起来似乎很高深,但实际上并非如此. 例如,在中学的数学课程中我们在应用题中列出的数学式子就是简单的数学模型,而做题的过程就是在进行简单的数学建模. 下面用一道代数应用题的求解过程来说明数学建模的步骤.

一个笼子里装有鸡和兔若干只,已知它们共有 8 个头和 22 只脚,问该笼子中有多少只鸡和多少只兔?

解　设笼中有鸡 x 只,有兔 y 只,由已知条件有

$$x+y=8,$$
$$2x+4y=22,$$

求解如上二元方程后，得解 $x=5$，$y=3$，即该笼子中有鸡 5 只，有兔 3 只. 将此结果代入原题进行验证可知所求结果正确.

根据例题可以得出如下的**数学建模步骤**：

(1) 根据问题的背景和建模的目的做出假设(本题隐含假设鸡兔是正常的，畸形的鸡兔除外)；

(2) 用字母表示要求的未知量；

(3) 根据已知的常识列出数学式子或图形(本题中常识为鸡兔都有一个头且鸡有 2 只脚，兔有 4 只脚)；

(4) 求出数学式子的解；

(5) 验证所得结果的正确性.

如果想对某个实际问题进行数学建模，通常要先了解该问题的实际背景和建模目的，尽量弄清要建模的问题属于哪一类学科的问题，然后通过互联网或图书馆查找搜集与建模要求有关的资料和信息为接下来的数学建模作准备. 这一过程称为**模型准备**. 由于人们所掌握的专业知识是有限的，而实际问题往往是多样和复杂的，模型准备对做好数学建模问题是非常重要的.

一个实际问题会涉及很多因素，如果把涉及的所有因素都考虑到，既不可能也没必要，而且还会使问题复杂化导致建模失败. 要想把实际问题变为数学问题还要对其进行必要合理的简化和假设，这一过程称为**模型假设**.

在明确建模目的和掌握相关资料的基础上，去除一些次要因素. 以主要矛盾为主来对该实际问题进行适当的简化并提出一些合理的假设可以为数学建模带来方便使问题得到解决. 一般，所得建模的结果依赖于对应的模型假设，究竟模型假设到何种程度，要根据经验和具体问题决定. 在整个建模过程中，模型假设可以在模型的不断修改中得到逐步完善.

有了模型假设后，就可以选择适当的数学工具并根据已知的知识和搜集的信息来描述变量之间的关系或其他数学结构(如数学公式、定理、算法等)了，这一过程称为**模型构成**. 做模型构成时可以使用各种各样的数学理论和方法，必要时还要创造新的数学理论和方法，但要注意的是，在保证精度的条件下尽量用简单的数学方法是建模时要遵循的一个原则. 要求建模人对所有数学学科都精通是做不到的，但做到了解这些学科能解决哪一类问题和大体上怎样解决的方法对开阔思路是很有帮助的. 此外，根据不同对象的一些相似性，借用某些学科中的数学模型，也是模型构成中常使用的方法. 模型构成是数学建模的关键.

在模型构成中建立的数学模型可以采用解方程、推理、图解、计算机模拟、定理证明等各种传统的和现代的数学方法对其进行求解，其中有些可以用计算机软件来实现. 建模的目的是解释自然现象、寻找规律以解决实际问题. 要达到此目的，还要对获得的结果进行数学上的分析，如分析变量之间的依赖关系和稳定状况等，这一过程称为**模型求解与分析**.

把模型在数学上分析的结果与研究的实际问题作比较以检验模型的合理性称为**模型检验**. 模型检验对建模的成败是很重要的，如果检验结果不符合实际，应该修改补充假设或改换其他数学方法重新做模型构成. 通常，一个模型要经过多次反复修改才能得到满意结果.

利用建模中获得的正确模型对研究的实际问题给出预报或对类似实际问题进行分析、解释和预报,以供决策者参考称为**模型应用**.

上面的论述可以用如下图示说明数学建模的一般步骤.

模型准备⇒模型假设⇒模型构成⇒模型求解与分析⇒模型检验⇒模型应用

数学建模的一般步骤

建模要经过哪些步骤并没有一定的模式,通常与问题的性质、建模目的等有关.

下面介绍的是机理分析方法建模的一般过程,如图 9-10 所示.

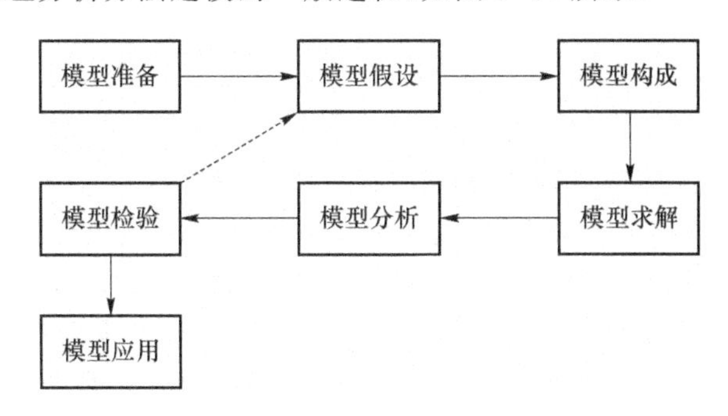

图 9-10

模型准备　了解问题的实际背景,明确建模的目的,搜集必要的信息如现象、数据等,尽量弄清对象的主要特征形成一个比较清晰的问题,由此初步确定用哪一类模型.情况明才能方法对.在模型准备阶段要深入调查研究,虚心向实际工作者请教,尽量掌握第一手资料.

模型假设　根据对象的特征和建模目的,抓住问题的本质,忽略次要因素,做出必要的、合理的简化假设.对于建模的成败,这是非常重要和困难的一步.假设作的不合理或太简单,会导致错误或无用的模型;假设作得过分详细,试图把复杂对象的众多因素都考虑进去,会使你很难或无法继续下一步的工作.常常需要在合理与简化之间做出恰当的折中.

模型构成　根据所作的假设,用数学的语言、符号描述对象的内在规律,建立包含常量、变量等的数学模型,如优化模型、微分方程模型、差分方程模型、图的模型等.建模时应遵循的一个原则是,尽量采用简单的数学工具,因为你的模型总希望更多的人了解和使用,而不是只供少数专家欣赏.

模型求解　可以采用解方程、画图形、优化方法、数值计算、统计分析等各种数学方法,特别是数学软件和计算机技术对数学模型进行求解.

模型分析　对求解结果进行数学上的分析,如结果的误差分析、统计分析、模型对数据的敏感性分析、对假设的强健性分析等.

模型检验　把求解和分析结果"翻译"回到实际问题,与实际的现象、数据比较,检验模型的合理性和适用性.如果结果与实际不符,问题常常出在模型假设上,应该修改、补充假设,重新建模,如图 9-10 中的虚线所示.这一步对于模型是否真的有用非常关键,要以严肃认真的态度对待.有些模型要经过几次反复,不断完善,直到检验结果获得某种程度上的满意.

模型应用　应用的方式与问题性质、建模目的及最终的结果有关,本课程一般不讨论这个问题.

数学建模的全过程

数学建模的过程分为表述、求解、解释、验证几个阶段,并且通过这些阶段完成从现实对象到数学模型,再从数学模型回到现实对象的循环,如图 9-11 所示.

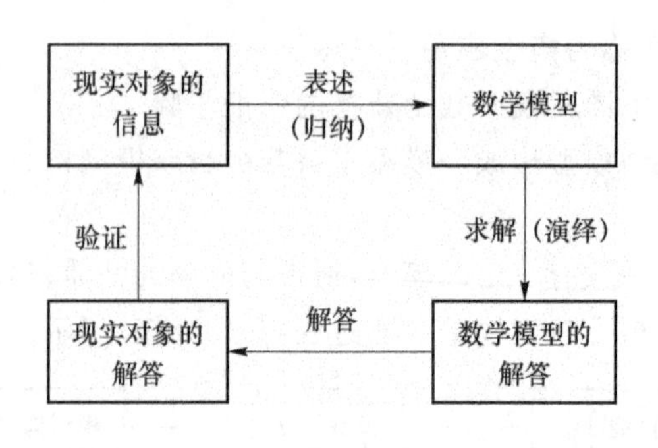

图 9-11

表述是将现实问题“翻译”成抽象的数学问题，属于归纳法. 数学模型的求解则属于演绎法. 归纳是依据个别现象推出一般规律；演绎是按照普遍原理考察特定对象，得出结论. 因为任何事物的本质都要通过现象来反映，必然要透过偶然来表露，所以正确的归纳不是主观、盲目的，而是有客观基础的，但也往往是不精细的、带感性的，不易直接检验其正确性. 演绎利用严格的逻辑推理，对解释现象、做出科学预见具有重大意义，但是它要以归纳的结论作为公理化形式的前提，只能在这个前提下保证其正确性. 因此，归纳和演绎是辩证统一的过程：归纳是演绎的基础，演绎是归纳的指导.

解释是把数学模型的解答“翻译”回到现实对象，给出分析、预报、决策或者控制的结果. 最后，作为这个过程的重要的一环，这些结果需要用实际的信息加以验证.

图 9-11 揭示了现实对象和数学模型的关系. 一方面，数学模型是将现象加以归纳、抽象的产物，它源于现实，又高于现实. 另一方面，只有当数学建模的结果经受住现实对象的检验时，才可以用来指导实际，完成实践—理论—实践这一循环.

9.4.5 数学模型的特点与建模能力的培养

通过前面的学习，我们看到用建模方法解决实际问题，首先是用数学语言表述问题，即构造模型，其次才是用数学工具求解构成的模型. 用数学语言表述问题，包括模型假设、模型构造等，除了需要广博的知识和足够的经验外，特别需要丰富的**想象力**和敏锐的**洞察力**.

想象力指人们在原来知识的基础上，将新感知的形象与记忆中的形象相互比较、重新组合、加工处理，创造出新的形象的能力，是一种形象思维活动. **洞察力**指人们在充分占有资源的基础上，经过初步分析能迅速抓住主要矛盾，舍弃次要因素，简化问题的层次，对可以用哪些方法解决面临的问题，以及不同方法的优劣做出判断.

直觉和**灵感**在数学建模中往往也起着不可忽视的作用. **直觉**是人们对新事物本质的极敏锐的领悟、理解或推断，**灵感**指在人们有意识或下意识思考过程中迸发出来的猜测、思路或判断. 二者都具有突发性，且思维者本人往往说不清它的来路和道理. 当因各种限制利用已有知识难以对研究对象做出有效的推理和判断时，凭借相似、类比、猜测、外推等思维方式及不完整、不连续、不严密的，带启发性的直觉和灵感，去“战略性”地认识对象，是人类创造性思维的特点之一，也是人脑比按程序逻辑工作的计算机、机器人的高明之处. 直觉和灵感不是凭空产生的，它要求人们具有丰富的背景知识，对问题进行反复思考和艰难探索，对各种思维方法运用娴熟. 相互讨论和思想交锋，特别是不同专业的成员之间的探讨，是激发直觉和灵感的重要因素.

掌握建模，培养想象力和洞察力，需要作好这样两条：第一，学习、分析、评价、改造别人作过的模型. 首先弄懂它，分析为什么这么作，然后找出它的优缺点，并尝试改进的方法；第二，要亲自动手，踏实地做几个实际题目.

9.5　初等数学方法建模

9.5.1　公平的席位分配

某学校有 3 个系共 200 名学生,其中甲系 100 名,乙系 60 名,丙系 40 名.若学生代表会议设 20 个席位,公平而又简单的席位分配方法是按学生人数的比例分配,显然甲、乙、丙三系分别应占有 10,6,4 个席位.

现在丙系有 6 名学生转入甲、乙两系,各系人数如表 9-6 第 2 列所示.仍按比例(表中第 3 列)分配席位时出现了小数(表中第 4 列),在将取得整数的 10 席分配完毕后,三系同意剩下的 1 席参照所谓惯例分给比例中小数最大的丙系,于是三系仍分别占有 10,6,4 席(表中第 5 列).

因为有 20 个席位的代表会议在表决提案时可能出现 10∶10 的局面,会议决定下一届增加 1 席.他们按照上述方法重新分配席位,计算结果见表 6,7 列.显然这个结果对丙系太不公平,因为总席位增加 1 席,而丙系却由 4 席减为 3 席.

请提出新的分配方法.

表 9-6

系别	学生人数	学生人数的比例(%)	20 个席位的分配		21 个席位的分配	
			比例分配	参照惯例	比例分配	参照惯例
甲	103	51.5	10.3	10	10.815	11
乙	63	31.5	6.3	6	6.615	7
丙	34	17.0	3.4	4	3.570	3
总和	200	100.0	20.0	20	21.000	21

分析: 从表中可见,分配的席位从 20→21,丙系名额从 4→3,显然是不合理的.为了给出席位分配方案,我们先讨论甲、乙两方的席位分配方案.

设两方的人数为 p_1,p_2,占有席位为 n_1,n_2; 如 $p_1/n_1>p_2/n_2$ 这样不公平程度可用 $p_1/n_1-p_2/n_2$ 来衡量;但这是一个绝对指标,有其不合理性,如 $p_1=120,p_2=100,n_1=n_2=10$ 及 $p_1=1\,020$, $p_2=1\,000$, $n_1=n_2=10$ 两种情况指标值是一样的.

所以我们引入相对指标 $r_a(n_1,n_2)=(p_1/n_1-p_2/n_2)/(p_2/n_2)$为对甲系的不公平度.

如 $p_1/n_1<p_2/n_2$,可定义对乙系的不公平度 $r_b(n_1,n_2)=(p_2/n_2-p_1/n_1)/(p_1/n_1)$.

当总席位增加一个时,要么分给甲系要么分给乙系,不失一般性可设 $p_1/n_1>p_2/n_2$,即对甲系不公平.当再分配一个席位时可能有以下 3 种可能.

(1) $p_1/(n_1+1)>p_2/n_2$,说明给甲系增加一个席位但仍然对甲系不公平,自然分给甲系.

(2) $p_1/(n_1+1)<p_2/n_2$, 说明给甲系增加一个席位对乙系不公平,计算 $r_b(n_1+1,n_2)$.

(3) $p_1/n_1<p_2/(n_2+1)$,说明给乙系增加一个席位对甲系不公平,计算 $r_a(n_1,n_2+1)$.

这样如果 $r_b(n_1+1,n_2)<r_a(n_1,n_2+1)$,则给甲系,否则给乙系.

而上式又等价于

$$\frac{p_2^2}{n_2(n_2+1)}<\frac{p_1^2}{n_1(n_1+1)},$$

这样我们定义

$$Q_i=\frac{p_i^2}{n_i(n_i+1)},$$

增加的一席分配给 Q 值较大的一方. 这种席位分配的方法称为 Q 值法.

9.5.2 双层玻璃的功效

你是否注意到北方城镇的一些建筑物的窗户是双层的,即窗户上装两层的玻璃且中间留有一定空隙,如图 9-12(a)所示,两层厚度为 d 的玻璃夹着一层厚度为 l 的空气. 据说这样做是为了保暖,即减少室内向室外的热量流失. 我们要建立一个模型来描述热量通过窗户的传导(即流失)过程,并将双层玻璃窗与用同样多材料做成的单层玻璃窗(如图 9-12(b),玻璃厚度为 $2d$)的热量传导进行对比,对双层玻璃窗能够减少多少热量损失给出定量分析结果.

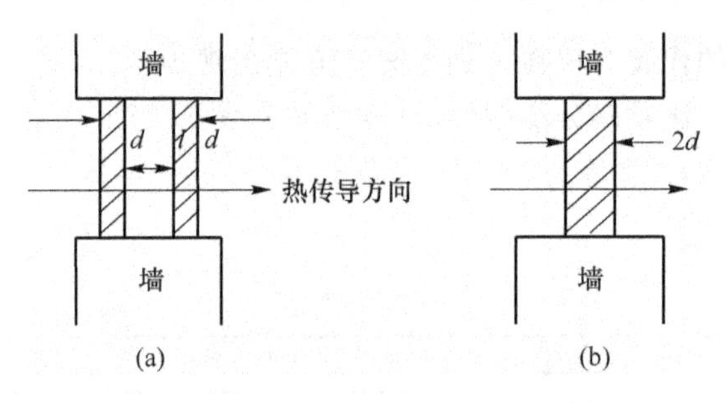

图 9-12

模型假设

(1) 热量的传播过程只有传导,没有对流.

(2) 室内温度 T_1 和室外温度 T_2 保持不变,即沿热传导方向,单位时间通过单位面积的热量是常数.

(3) 玻璃材料均匀,热传导系数是常数.

模型构成

热传导过程遵循以下的物理定律.

厚度为 d 的均匀介质,两侧的温度差为 ΔT,则单位时间由温度高的一侧向温度低的一侧通过单位面积的热量 Q 与 ΔT 成正比,与 d 成反比,即

$$Q=k\frac{\Delta T}{d}, \qquad ①$$

k 为热传导系数.

记双层窗内层玻璃的外侧温度为 T_a,外层玻璃的内侧温度为 T_b,玻璃的热传导系数为 k_1,空气的热传导系数为 k_2,由式①可得,单位时间单位面积的热量传导(热量流失)为

$$Q_1=k_1\frac{T_1-T_a}{d}=k_2\frac{T_a-T_b}{l}=k_1\frac{T_b-T_2}{d}. \qquad ②$$

由式②可得

$$Q_1=k_1\frac{T_1-T_2}{d(s+2)},s=h\frac{k_1}{k_2},h=\frac{l}{d}. \qquad ③$$

对于厚度为 $2d$ 的单层玻璃，容易写出其热量传导为

$$Q_2=k_1\frac{T_1-T_2}{2d}, \tag{4}$$

两者之比为

$$\frac{Q_1}{Q_2}=\frac{2}{s+2}, \tag{5}$$

显然 $Q_1<Q_2$.

由物理学的相关知识，有

$$\frac{k_1}{k_2}=16\sim 32.$$

保守估计，取 $k_1/k_2=16$，又 $h=l/d$，可以看出 Q_1/Q_2 只与 h 有关，是 h 的减函数.

[练习实验题]

学校共 1 000 名学生，235 人住在 A 宿舍，333 人住在 B 宿舍，432 人住在 C 宿舍. 学生们要组织一个 10 人的委员会，试用下列方法分配各宿舍的委员数.

(1) 按比例分配取整数的名额后，剩下的名额按惯例分给小数部分较大的.

(2) Q 值方法：

m 方席位分配方案：设第 i 方人数为 p_i，已经占有 n_i 个席位，$i=1,2,\cdots,m$. 当总席位增加 1 席时，计算

$$Q_i=\frac{p_i^2}{n_i(n_i+1)}, i=1,2,\cdots,m,$$

把这一席分给 Q 值大的一方.

(3) d'Hondt 方法：

将 A,B,C 各宿舍的人数用正整数 $n=1,2,3,\cdots$ 相除，其商数如表 9-7 所示.

表 9-7

	1	2	3	4	5	…
A	<u>235</u>	<u>117.5</u>	78.3	58.75	…	
B	<u>333</u>	<u>166.5</u>	<u>111</u>	83.25	…	
C	<u>432</u>	<u>216</u>	<u>144</u>	<u>108</u>	<u>86.4</u>	

将所得商数从大到小取前 10 个(10 为席位数)，在数字下标以横线，表中 A,B,C 行有横线的数分别为 2,3,5，这就是 3 个宿舍分配的席位(试解释其道理).

(4) 试提出其他的方法.

9.5.3　简单的优化模型

优化问题是在工程技术、经济管理和科学研究等领域中最常遇到的一类问题. 设计师要求在满足强度要求等条件下合理选择材料的尺寸；公司经理要根据生产成本和市场需求确定产品价格和生产计划，使利润达到最大；调度人员要在满足物质需求和装载条件下安排从各供应点到各需求点的运量和路线，使运输总费用达到最低.

本节讨论的是用数学建模的方法来处理优化问题，即建立和求解所谓的优化模型. 值得注意的是建模时要作适当的简化，可能使得结果不一定完全可行或不能达到实际上的最优，但是它基于客观规律和数据，又不需要多大的费用. 如果在建模的基础上再辅之以适当的检验，就

可以期望得到实际问题的一个比较圆满的回答.

我们介绍较为简单的优化模型,归结为微积分中的极值问题,因而可以直接使用微积分中的方法加以求解.当你决定用数学建模的方法来处理一个优化问题时,首先要确定优化的目标,其次确定寻求的决策以及决策受到哪些条件的限制.在处理过程中,要对实际问题作若干合理的假设.最后用微积分的方法进行求解.在求出最后决策后,要对结果作一些定性和定量的分析和必要的检验.

存储模型

问题的提出

工厂定期订购原料存入仓库供生产之用;车间一次加工零件供装配线生产之用;商店成批订购各种商品,放进货柜以备零售;诸多问题都涉及一个存储量为多大的问题:存储量过大,会增加存储费用;存储量过小,会增加订货次数,从而增加不必要的订购费用.

在需求稳定的情况下,我们讨论**不容许缺货的存储模型**.

不容许缺货的存储模型

例 配件厂为装配线生产若干种部件,轮换生产不同的部件时因更换设备要支付一定的生产准备费用(与产量无关),同一部件的产量大于需求时需支付存储费用.已知某一部件的日需求量为100件,生产准备费为5 000元,存储费为每日每件一元.如果生产能力远大于需求,并且不允许出现缺货,试安排生产计划,即多少天生产一次(生产周期)、每次产量多少可使总费用最少?

问题分析

(1) 若每天生产一次,无存储费,生产准备金为5 000元,故每天的总费用为5 000元.

(2) 若10天生产一次,每次生产1 000件,准备金为5 000元,存储费为$900+800+\cdots+100=4\,500$元.平均每天950元.

(3) 若50天生产一次,每次生产5 000件,准备金为5 000元,存储费为$4\,900+4\,800+\cdots+100=122\,500$元,平均每天2 500元.

以上分析表明,生产周期过短,尽管没有存储费,但准备费用高,从而造成生产成本的提高;生产周期过长,会造成大量的存储费用,也提高了生产成本.由此可以看到,选择一个合适的生产周期,会降低产品的成本,从而赢得竞争上的优势.

模型假设

为处理上的方便,假设模型是连续型的,即周期T,产量Q均为连续变量.

(1) 每天的需求量为常数r;

(2) 每次生产的准备费用为c_1,每天每件的存储费用为c_2;

(3) 生产能力无限大,即当存储量为零时,Q件产品可以立即生产出来.(不允许缺货)

模型建立

设存储量为$q(t)$,$q(0)=Q$, $q(t)$以r递减,直到$q(T)=0$,则有

$$Q=rT \quad ①$$

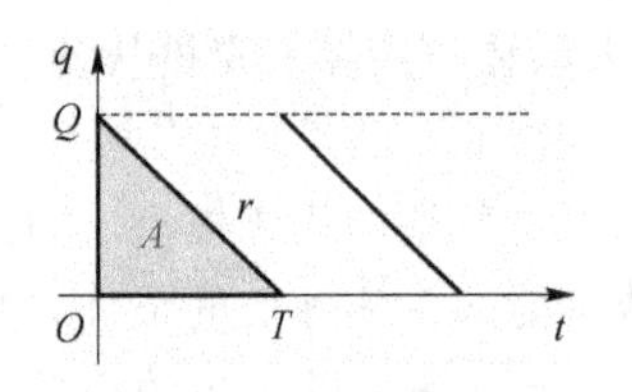

在一个微小时间Δt中,存储费为

$$c_2 \cdot q(t) \cdot \Delta t,$$

因而在一个周期中,总存储费用为

$$c_2\int_0^T q(t)\,\mathrm{d}t = \frac{c_2}{2}QT.$$

而准备费用为 c_1，故总费用为

$$\overline{C}=c_1+\frac{c_2}{2}QT=c_1+c_2\frac{r}{2}\cdot T^2. \quad ②$$

所以，每天的平均费用为

$$C(T)=\overline{C}/T=c_1/T+c_2rT/2. \quad ③$$

式③为优化模型的目标函数.

模型求解

原问题转变为使式③取极小值的问题. 利用求极值的方法，对式③求导，并令其为零，

$$C'(T)=-\frac{c_1}{T^2}+\frac{c_2r}{2}=0.$$

解得

$$T=\sqrt{\frac{2c_1}{c_2r}}, \quad ④$$

而

$$Q=r\sqrt{\frac{2c_1}{c_2r}}=\sqrt{\frac{2c_1r}{c_2}}, \quad ⑤$$

将式④代入到式③，得最小的平均费用为

$$C=\sqrt{2c_1c_2r}. \quad ⑥$$

式④，式⑤被称为**经济订货批量公式(EOQ 公式)**.

结果解释

由式④，式⑤可以看到，当 c_1(准备费用)提高时，生产周期和产量都变大；当 c_1 存储费用增加时，生产周期和产量都变小；当需求量 r 增加时，生产周期变小而产量变大. 这些结果都是符合常识的.

以 $c_1=5\,000$，$c_2=1$，$r=100$ 代入式④，式⑤得 $T=10$ 天，$C=1\,000$ 元.

注：这里计算得出的费用(1 000 元)与原题(950 元)有一定的误差，你能解释么？

敏感性分析：讨论参数 c_1，c_2，r 有微小变化时，对生产周期 T 的影响.

用相对改变量来衡量结果对参数的敏感程度. T 对 c_1 的敏感程度记为 $S(T,c_1)$，定义式为

$$S(T,c_1)=\frac{\Delta T/T}{\Delta c_1/c_1}\approx\frac{\mathrm{d}T\cdot c_1}{\mathrm{d}c_1\cdot T}. \quad ⑦$$

再由

$$T=\left(\frac{2c_1}{c_2r}\right)^{1/2},$$

得

$$\frac{\mathrm{d}T}{\mathrm{d}c_1}=\left(\left(\frac{2c_1}{c_2r}\right)^{1/2}\right)'=\frac{1}{\sqrt{2c_1c_2r}},$$

而

$$\frac{c_1}{T}=\frac{c_1}{\sqrt{2c_1/c_2r}}=\frac{\sqrt{c_1c_2r}}{\sqrt{2}},$$

代入式⑦得

$$S(T,c_1)\approx\frac{\mathrm{d}T}{\mathrm{d}c_1}\cdot\frac{c_1}{T}=\frac{1}{2}.$$

同理可得

$$S(T,c_2)\approx-\frac{1}{2},\qquad S(T,r)\approx-\frac{1}{2}.$$

即 c_1 每增加 1%，T 增加 0.5%；c_2 每增加 1%，T 减少 0.5%.

注：此模型也适用于商店的进货问题.

附录1　初等数学基本公式

一、乘法与因式分解公式

1. $(x+a)(x+b)=x^2+(a+b)x+ab$；

2. $(a+b)(a-b)=a^2-b^2$；

3. $(a\pm b)^2=a^2\pm 2ab+b^2$；

4. $(a\pm b)^3=a^3\pm 3a^2b+3ab^2\pm b^3$；

5. $a^2-b^2=(a+b)(a-b)$；

6. $a^3+b^3=(a+b)(a^2-ab+b^2)$；

7. $a^3-b^3=(a-b)(a^2+ab+b^2)$.

二、一元二次方程

$ax^2+bx+c=0(a\neq 0)$.

根的判别式：$\Delta=b^2-4ac$，当 $\Delta\geqslant 0$，方程有实根，求根公式为 $x_{1,2}=\dfrac{-b\pm\sqrt{b^2-4ac}}{2a}$；

当 $\Delta<0$，方程有一对共轭复根，求根公式为 $x_{1,2}=\dfrac{-b\pm i\sqrt{4ac-b^2}}{2a}$.

三、指数公式（设 a,b 是正实数，m,n 是任意实数）

1. $a^m\cdot a^n=a^{m+n}$；

2. $\dfrac{a^m}{a^n}=a^{m-n}$；

3. $(ab)^{mn}=a^{mn}\cdot b^{mn}$；

4. $\left(\dfrac{a}{b}\right)^n=\dfrac{a^n}{b^n}$；

5. $(ab)^m=a^mb^m$；

6. $a^{\frac{m}{n}}=\sqrt[n]{a^m}$；

7. $a^{-m}=\dfrac{1}{a^m}$；

8. $a^0=1$；

9. $a^{mn}=(a^m)^n=(a^n)^m$.

四、对数公式（$a>0,a\neq 1,b>0,b\neq 1,M>0,N>0$）

1. 恒等式　$a^{\log_a N}=N$.

2. 运算法则

(1) $\log_a(MN)=\log_a M+\log_a N$；

(2) $\log_a\dfrac{M}{N}=\log_a M-\log_a N$；

(3) $\log_a M^p=p\log_a M$.

3. 换底公式　$\log_a M=\dfrac{\log_b M}{\log_b a}$.

五、绝对值和不等式

1. $|a|=\begin{cases}a, & a\geqslant 0\\ -a, & a<0\end{cases}$；

2. $|ab|=|a||b|$；

3. $\left|\dfrac{a}{b}\right|=\dfrac{|a|}{|b|}$；

4. $|x|<a\Leftrightarrow -a<x<a$；

5. $|x|>a \Leftrightarrow x<-a$ 或 $x>a$；

6. $|x+y| \leqslant |x|+|y|$；

7. $|a|=\sqrt{a^2}$.

六、三角公式

1. 平方关系

(1) $\sin^2 x+\cos^2 x=1$；

(2) $1+\tan^2 x=\sec^2 x$；

(3) $1+\cot^2 x=\csc^2 x$.

2. 倒数关系

(1) $\csc x=\dfrac{1}{\sin x}$；

(2) $\sec x=\dfrac{1}{\cos x}$；

(3) $\cot x=\dfrac{1}{\tan x}$.

3. 商的关系

(1) $\tan x=\dfrac{\sin x}{\cos x}$；

(2) $\cot x=\dfrac{\cos x}{\sin x}$.

4. 倍角公式

(1) $\sin 2x=2\sin x\cos x$；

(2) $\tan 2x=\dfrac{2\tan x}{1-\tan^2 x}$；

(3) $\cos 2x=\cos^2 x-\sin^2 x=1-2\sin^2 x=2\cos^2 x-1$.

5. 降幂公式

(1) $\sin^2 x=\dfrac{1-\cos 2x}{2}$；

(2) $\cos^2 x=\dfrac{1+\cos 2x}{2}$.

6. 加法与减法公式

(1) $\sin(x\pm y)=\sin x\cos y\pm\cos x\sin y$；

(2) $\tan(x\pm y)=\dfrac{\tan x\pm\tan y}{1\mp\tan x\tan y}$；

(3) $\cos(x\pm y)=\cos x\cos y\mp\sin x\sin y$.

7. 和差化积公式

(1) $\sin x+\sin y=2\sin\dfrac{x+y}{2}\cos\dfrac{x-y}{2}$；

(2) $\sin x-\sin y=2\cos\dfrac{x+y}{2}\sin\dfrac{x-y}{2}$；

(3) $\cos x+\cos y=2\cos\dfrac{x+y}{2}\sin\dfrac{x-y}{2}$；

(4) $\cos x-\cos y=-2\sin\dfrac{x+y}{2}\sin\dfrac{x-y}{2}$.

8. 积化和差公式

(1) $\sin x\sin y=-\dfrac{1}{2}[\cos(x+y)-\cos(x-y)]$；

(2) $\sin x\cos y=\dfrac{1}{2}[\sin(x+y)+\sin(x-y)]$；

(3) $\cos x\cos y=\dfrac{1}{2}[\cos(x+y)+\cos(x-y)]$.

9. 特殊角的三角函数值

x	0	$\frac{\pi}{6}$	$\frac{\pi}{4}$	$\frac{\pi}{3}$	$\frac{\pi}{2}$	π	$\frac{3\pi}{2}$	2π
$\sin x$	0	$\frac{1}{2}$	$\frac{\sqrt{2}}{2}$	$\frac{\sqrt{3}}{2}$	1	0	-1	0
$\cos x$	1	$\frac{\sqrt{3}}{2}$	$\frac{\sqrt{2}}{2}$	$\frac{1}{2}$	0	-1	0	1
$\tan x$	0	$\frac{\sqrt{3}}{3}$	1	$\sqrt{3}$	∞	0	∞	0
$\cot x$	∞	$\sqrt{3}$	1	$\frac{\sqrt{3}}{3}$	0	∞	0	∞

10. 诱导公式

(1) $\sin\left(\frac{\pi}{2}-x\right)=\cos x$；　(2) $\cos\left(\frac{\pi}{2}-x\right)=\sin x$；

(3) $\tan\left(\frac{\pi}{2}-x\right)=\cot x$；　(4) $\cot\left(\frac{\pi}{2}-x\right)=\tan x$；

(5) $\sin\left(\frac{\pi}{2}+x\right)=\cos x$；　(6) $\cos\left(\frac{\pi}{2}+x\right)=-\sin x$；

(7) $\tan\left(\frac{\pi}{2}+x\right)=-\cot x$；　(8) $\cot\left(\frac{\pi}{2}+x\right)=-\tan x$；

(9) $\sin(\pi-x)=\sin x$；　(10) $\cos(\pi-x)=-\cos x$；

(11) $\tan(\pi-x)=-\tan x$；　(12) $\cot(\pi-x)=-\cot x$；

(13) $\sin(\pi+x)=-\sin x$；　(14) $\cos(\pi+x)=-\cos x$；

(15) $\tan(\pi+x)=\tan x$；　(16) $\cot(\pi+x)=\cot x$；

(17) $\sin(2\pi+x)=\sin x$；　(18) $\cos(2\pi+x)=\cos x$；

(19) $\tan(2\pi+x)=\tan x$；　(20) $\cot(2\pi+x)=\cot x$；

(21) $\sin(-x)=-\sin x$；　(22) $\cos(-x)=\cos x$；

(23) $\tan(-x)=-\tan x$；　(24) $\cot(-x)=-\cot x$.

七、数列的前 n 项和公式

1. 首项为 a_1，末项为 a_n，公差为 d 的等差数列的前 n 项和公式

$$S_n=\frac{n(a_1+a_n)}{2}=na_1+\frac{n(n-1)}{2}d.$$

2. 首项为 a_1，公差为 q 的等比数列的前 n 项和公式

$$S_n=\frac{a_1(1-q^n)}{1-q}\qquad(|q|\neq 1).$$

3. $1+2+3+\cdots+n=\frac{n(n+1)}{2}$.

4. $1^2+2^2+\cdots+n^2=\frac{n(n+1)(2n+1)}{6}$.

八、排列数和组合数公式、二项式定理

1. 排列数公式

(1) $A_n^m=n(n-1)(n-2)\cdots(n-m+1)$；　(2) $n!=A_n^n=n(n-1)(n-2)\cdots\cdot 3\cdot 2\cdot 1$；

(3) $0!=1$.

2. 组合数公式

(1) $C_n^m=\frac{A_n^m}{A_m^m}$；　　(2) $C_n^m=C_n^{n-m}$；

(3) $C_n^0=1$.

3. 二项式定理

$$(a+b)^n=C_n^0a^n+C_n^1a^{n-1}b+C_n^2a^{n-2}b^2+\cdots+C_n^{n-1}ab^{n-1}+C_n^nb^n.$$

附录 2　常见分布的数值表

附表 1　标准正态分布表

$$\Phi(x) = P\{X \leqslant x\} = \int_{-\infty}^{x} \frac{1}{\sqrt{2\pi}} e^{-\frac{t^2}{2}} dt,$$

$(-\infty < x < +\infty)$

$$\Phi(-x) = 1 - \Phi(x)$$

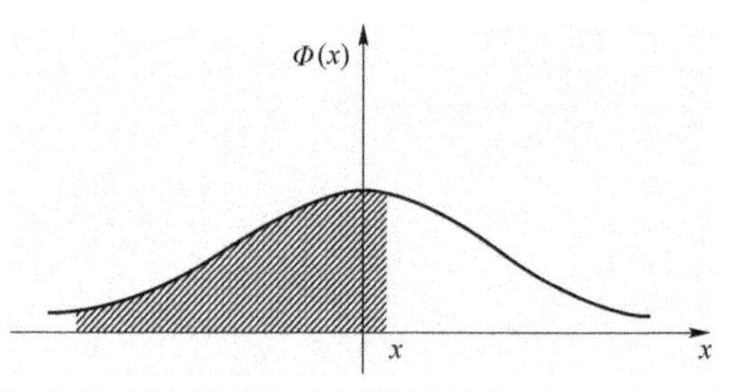

x	0	0.01	0.02	0.03	0.04	0.05	0.06	0.07	0.08	0.09
0	0.500 0	0.504 0	0.508 0	0.512 0	0.516 0	0.519 9	0.523 9	0.527 9	0.531 9	0.535 9
0.1	0.539 8	0.543 8	0.547 8	0.551 7	0.555 7	0.559 6	0.563 6	0.567 5	0.571 4	0.575 3
0.2	0.579 3	0.583 2	0.587 1	0.591 0	0.594 8	0.598 7	0.602 6	0.606 4	0.610 3	0.614 1
0.3	0.617 9	0.621 7	0.625 5	0.629 3	0.633 1	0.636 8	0.640 4	0.644 3	0.648 0	0.651 7
0.4	0.655 4	0.659 1	0.662 8	0.666 4	0.670 0	0.673 6	0.677 2	0.680 8	0.684 4	0.687 9
0.5	0.691 5	0.695 0	0.698 5	0.701 9	0.705 4	0.708 8	0.712 3	0.715 7	0.719 0	0.722 4
0.6	0.725 7	0.729 1	0.732 4	0.735 7	0.738 9	0.742 2	0.745 4	0.748 6	0.751 7	0.754 9
0.7	0.758 0	0.761 1	0.764 2	0.767 3	0.770 3	0.773 4	0.776 4	0.779 4	0.782 3	0.785 2
0.8	0.788 1	0.791 0	0.793 9	0.796 7	0.799 5	0.802 3	0.805 1	0.807 8	0.810 6	0.813 3
0.9	0.815 9	0.818 6	0.821 2	0.823 8	0.826 4	0.828 9	0.835 5	0.834 0	0.836 5	0.838 9
1	0.841 3	0.843 8	0.846 1	0.848 5	0.850 8	0.853 1	0.855 4	0.857 7	0.859 9	0.862 1
1.1	0.864 3	0.866 5	0.868 6	0.870 8	0.872 9	0.874 9	0.877 0	0.879 0	0.881 0	0.883 0
1.2	0.884 9	0.886 9	0.888 8	0.890 7	0.892 5	0.894 4	0.896 2	0.898 0	0.899 7	0.901 5
1.3	0.903 2	0.904 9	0.906 6	0.908 2	0.909 9	0.911 5	0.913 1	0.914 7	0.916 2	0.917 7
1.4	0.919 2	0.920 7	0.922 2	0.923 6	0.925 1	0.926 5	0.927 9	0.929 2	0.930 6	0.931 9
1.5	0.933 2	0.934 5	0.935 7	0.937 0	0.938 2	0.939 4	0.940 6	0.941 8	0.943 0	0.944 1
1.6	0.945 2	0.946 3	0.947 4	0.948 4	0.949 5	0.950 5	0.951 5	0.952 5	0.953 5	0.953 5
1.7	0.955 4	0.956 4	0.957 3	0.958 2	0.959 1	0.959 9	0.960 8	0.961 6	0.962 5	0.963 3
1.8	0.964 1	0.964 8	0.965 6	0.966 4	0.967 2	0.967 8	0.968 6	0.969 3	0.970 0	0.970 6
1.9	0.971 3	0.971 9	0.972 6	0.973 2	0.973 8	0.974 4	0.975 0	0.975 6	0.976 2	0.976 7
2	0.977 2	0.977 8	0.978 3	0.978 8	0.979 3	0.979 8	0.980 3	0.980 8	0.981 2	0.981 7
2.1	0.982 1	0.982 6	0.983 0	0.983 4	0.983 8	0.984 2	0.984 6	0.985 0	0.985 4	0.985 7
2.2	0.986 1	0.986 4	0.986 8	0.987 1	0.987 4	0.987 8	0.988 1	0.988 4	0.988 7	0.989 0
2.3	0.989 3	0.989 6	0.989 8	0.990 1	0.990 4	0.990 6	0.990 9	0.991 1	0.991 3	0.991 6

续表

x	0	0.01	0.02	0.03	0.04	0.05	0.06	0.07	0.08	0.09
2.4	0.991 8	0.992 0	0.992 2	0.992 5	0.992 7	0.992 9	0.993 1	0.993 2	0.993 4	0.993 6
2.5	0.993 8	0.994 0	0.994 1	0.994 3	0.994 5	0.994 6	0.994 8	0.994 9	0.995 1	0.995 2
2.6	0.995 3	0.995 5	0.995 6	0.995 7	0.995 9	0.996 0	0.996 1	0.996 2	0.996 3	0.996 4
2.7	0.996 5	0.996 6	0.996 7	0.996 8	0.996 9	0.997 0	0.997 1	0.997 2	0.997 3	0.997 4
2.8	0.997 4	0.997 5	0.997 6	0.997 7	0.997 7	0.997 8	0.997 9	0.997 9	0.998 0	0.998 1
2.9	0.998 1	0.998 2	0.998 2	0.998 3	0.998 4	0.998 4	0.998 5	0.998 5	0.998 6	0.998 6
3	0.998 7	0.999 0	0.999 3	0.999 5	0.999 7	0.999 8	0.999 8	0.999 9	0.999 9	1.000 0

附表 2　泊松分布数值表

$$P(X=m)=\frac{\lambda^m}{m!}e^{-\lambda}$$

m \ λ	0.1	0.2	0.3	0.4	0.5	0.6	0.7	0.8
0	0.904 837	0.818 731	0.740 818	0.670 320	0.606 531	0.548 812	0.496 585	0.449 329
1	0.090 484	0.163 746	0.222 245	0.268 128	0.303 265	0.329 287	0.347 610	0.359 463
2	0.004 524	0.016 375	0.033 337	0.053 626	0.075 816	0.098 786	0.121 663	0.143 785
3	0.000 151	0.001 092	0.003 334	0.007 150	0.012 636	0.019 757	0.028 388	0.038 343
4	0.000 004	0.000 055	0.000 250	0.000 715	0.001 580	0.002 964	0.004 968	0.007 669
5		0.000 002	0.000 015	0.000 057	0.000 158	0.000 356	0.000 696	0.001 227
6			0.000 001	0.000 004	0.000 013	0.000 036	0.000 081	0.000 164
7					0.000 001	0.000 003	0.000 008	0.000 019
8							0.000 001	0.000 002
9								

m \ λ	0.9	1.0	1.5	2.0	2.5	3.0	3.5	4.0
0	0.406 570	0.367 879	0.223 130	0.135 335	0.082 085	0.049 787	0.030 197	0.018 316
1	0.365 913	0.367 879	0.334 695	0.270 671	0.205 212	0.149 361	0.105 691	0.073 263
2	0.164 661	0.183 940	0.251 021	0.270 671	0.256 516	0.224 042	0.184 959	0.146 525
3	0.049 398	0.061 313	0.125 511	0.180 447	0.213 763	0.224 042	0.215 785	0.195 367
4	0.011 115	0.015 328	0.047 067	0.090 224	0.133 602	0.168 031	0.188 812	0.195 367
5	0.002 001	0.003 066	0.014 120	0.036 089	0.066 801	0.100 819	0.132 169	0.156 293
6	0.000 300	0.000 511	0.003 530	0.012 030	0.027 834	0.050 409	0.077 098	0.104 196
7	0.000 039	0.000 073	0.000 756	0.003 437	0.009 941	0.021 604	0.038 549	0.059 540
8	0.000 004	0.000 009	0.000 142	0.000 859	0.003 106	0.008 102	0.016 865	0.029 770
9		0.000 001	0.000 024	0.000 191	0.000 863	0.002 701	0.006 559	0.013 231
10			0.000 004	0.000 038	0.000 216	0.000 810	0.002 296	0.005 292
11				0.000 007	0.000 049	0.000 221	0.000 730	0.001 925
12				0.000 001	0.000 010	0.000 055	0.000 213	0.000 642
13					0.000 002	0.000 013	0.000 057	0.000 197
14						0.000 003	0.000 014	0.000 056
15						0.000 001	0.000 003	0.000 015
16							0.000 001	0.000 004
17								0.000 001

m \ λ	4.5	5.0	5.5	6.0	6.5	7.0	7.5	8.0
0	0.011 109	0.006 738	0.004 087	0.002 479	0.001 503	0.000 912	0.000 553	0.000 335
1	0.049 990	0.033 690	0.022 477	0.014 873	0.009 772	0.006 383	0.004 148	0.002 684
2	0.112 479	0.084 224	0.061 812	0.044 618	0.031 760	0.022 341	0.015 555	0.010 735
3	0.168 718	0.140 374	0.113 323	0.089 235	0.068 814	0.052 129	0.038 889	0.028 626
4	0.189 808	0.175 467	0.155 819	0.133 853	0.111 822	0.091 226	0.072 916	0.057 252
5	0.170 827	0.175 467	0.171 401	0.160 623	0.145 369	0.127 717	0.109 375	0.091 604
6	0.128 120	0.146 223	0.157 117	0.160 623	0.157 483	0.149 003	0.136 718	0.122 138
7	0.082 363	0.104 445	0.123 449	0.137 677	0.146 234	0.149 003	0.146 484	0.139 587
8	0.046 329	0.065 278	0.084 871	0.103 258	0.118 815	0.130 377	0.137 329	0.139 587
9	0.023 165	0.036 266	0.051 866	0.068 838	0.085 811	0.101 405	0.114 440	0.124 077
10	0.010 424	0.018 133	0.028 526	0.041 303	0.055 777	0.070 983	0.085 830	0.099 262
11	0.004 264	0.008 242	0.014 263	0.022 529	0.032 959	0.045 171	0.058 521	0.072 190
12	0.001 599	0.003 434	0.006 537	0.011 264	0.017 853	0.026 350	0.036 575	0.048 127
13	0.000 554	0.001 321	0.002 766	0.005 199	0.008 926	0.014 188	0.021 101	0.029 616
14	0.000 178	0.000 472	0.001 087	0.002 228	0.004 144	0.007 094	0.011 304	0.016 924
15	0.000 053	0.000 157	0.000 398	0.000 891	0.001 796	0.003 311	0.005 652	0.009 026
16	0.000 015	0.000 049	0.000 137	0.000 334	0.000 730	0.001 448	0.002 649	0.004 513
17	0.000 004	0.000 014	0.000 044	0.000 118	0.000 279	0.000 596	0.001 169	0.002 124
18	0.000 001	0.000 004	0.000 014	0.000 039	0.000 101	0.000 232	0.000 487	0.000 944
19		0.000 001	0.000 004	0.000 012	0.000 034	0.000 085	0.000 192	0.000 397
20			0.000 001	0.000 004	0.000 011	0.000 030	0.000 072	0.000 159
21				0.000 001	0.000 003	0.000 010	0.000 026	0.000 061
22					0.000 001	0.000 003	0.000 009	0.000 022
23						0.000 001	0.000 003	0.000 008
24							0.000 001	0.000 003
25								0.000 001

m \ λ	8.5	9.0	9.5	10	12	15	18	20
0	0.000 203	0.000 123	0.000 075	0.000 045	0.000 006	0.000 000	0.000 000	0.000 000
1	0.001 729	0.001 111	0.000 711	0.000 454	0.000 074	0.000 005	0.000 000	0.000 000
2	0.007 350	0.004 998	0.003 378	0.002 270	0.000 442	0.000 034	0.000 002	0.000 000
3	0.020 826	0.014 994	0.010 696	0.007 567	0.001 770	0.000 172	0.000 015	0.000 003
4	0.044 255	0.033 737	0.025 403	0.018 917	0.005 309	0.000 645	0.000 067	0.000 014
5	0.075 233	0.060 727	0.048 266	0.037 833	0.012 741	0.001 936	0.000 240	0.000 055
6	0.106 581	0.091 090	0.076 421	0.063 055	0.025 481	0.004 839	0.000 719	0.000 183
7	0.129 419	0.117 116	0.103 714	0.090 079	0.043 682	0.010 370	0.001 850	0.000 523
8	0.137 508	0.131 756	0.123 160	0.112 599	0.065 523	0.019 444	0.004 163	0.001 309
9	0.129 869	0.131 756	0.130 003	0.125 110	0.087 364	0.032 407	0.008 325	0.002 908
10	0.110 388	0.118 580	0.123 502	0.125 110	0.104 837	0.048 611	0.014 985	0.005 816
11	0.085 300	0.097 020	0.106 661	0.113 736	0.114 368	0.066 287	0.024 521	0.010 575
12	0.060 421	0.072 765	0.084 440	0.094 780	0.114 368	0.082 859	0.036 782	0.017 625
13	0.039 506	0.050 376	0.061 706	0.072 908	0.105 570	0.095 607	0.050 929	0.027 116
14	0.023 986	0.032 384	0.041 872	0.052 077	0.090 489	0.102 436	0.065 480	0.038 737
15	0.013 592	0.019 431	0.026 519	0.034 718	0.072 391	0.102 436	0.078 576	0.051 649
16	0.007 221	0.010 930	0.015 746	0.021 699	0.054 293	0.096 034	0.088 397	0.064 561
17	0.003 610	0.005 786	0.008 799	0.012 764	0.038 325	0.084 736	0.093 597	0.075 954
18	0.001 705	0.002 893	0.004 644	0.007 091	0.025 550	0.070 613	0.093 597	0.084 394
19	0.000 763	0.001 370	0.002 322	0.003 732	0.016 137	0.055 747	0.088 671	0.088 835
20	0.000 324	0.000 617	0.001 103	0.001 866	0.009 682	0.041 810	0.079 804	0.088 835
21	0.000 131	0.000 264	0.000 499	0.000 889	0.005 533	0.029 865	0.068 403	0.084 605
22	0.000 051	0.000 108	0.000 215	0.000 404	0.003 018	0.020 362	0.055 966	0.076 914
23	0.000 019	0.000 042	0.000 089	0.000 176	0.001 574	0.013 280	0.043 800	0.066 881
24	0.000 007	0.000 016	0.000 035	0.000 073	0.000 787	0.008 300	0.032 850	0.055 735
25	0.000 002	0.000 006	0.000 013	0.000 029	0.000 378	0.004 980	0.023 652	0.044 588
26	0.000 001	0.000 002	0.000 005	0.000 011	0.000 174	0.002 873	0.016 374	0.034 298
27		0.000 001	0.000 002	0.000 004	0.000 078	0.001 596	0.010 916	0.025 406
28			0.000 001	0.000 001	0.000 033	0.000 855	0.007 018	0.018 147
29				0.000 001	0.000 014	0.000 442	0.004 356	0.012 515
30					0.000 005	0.000 221	0.002 613	0.008 344
31					0.000 002	0.000 107	0.001 517	0.005 383
32					0.000 001	0.000 050	0.000 854	0.003 364
33						0.00 0023	0.000 466	0.002 039
34						0.000 010	0.000 246	0.001 199
35						0.000 004	0.000 127	0.000 685
36						0.000 002	0.000 063	0.000 381
37						0.000 001	0.000 031	0.000 206
38							0.000 015	0.000 108
39							0.000 007	0.000 056

附录 3　Mathematica 常用命令检索表

1. 基本运算

a+b+c	加
a-b	减
a b c 或 a*b*c	乘
a/b	除
-a	负号
a^b	次方

2. 常用数学函数

Sin[x],Cos[x],Tan[x],Cot[x],Sec[x],Csc[x]	三角函数
Sinh[x],Cosh[x],Tanh[x],	双曲函数
ArcSin[x],ArcCos[x],ArcTan[x]	
ArcCot[x],ArcSec[x],ArcCsc[x]	反三角函数
ArcSinh[x],ArcCosh[x],ArcTanh[x],	反双曲函数
Sqrt[x]	根号
Exp[x]	指数
Log[x]	自然对数
Log[a,x]	以 a 为底的对数
Abs[x]	绝对值
Round[x]	最接近 x 的整数
Floor[x]	小于或等于 x 的最大整数
Ceiling[x]	大于或等于 x 的最小整数
Mod[a,b]	a/b 所得的余数
n!	阶乘
Max[a,b,c,...],Min[a,b,c,…]	$a,b,c,\cdots$的极大/极小值

3. 解方程式的根

Solve[lhs==rhs,x] 解方程式 lhs==rhs,求 x

Nsolve[lhs==rhs,x] 解方程式 lhs==rhs 的数值解

Solve[{lhs1==rhs1,lhs2==rhs2,…},{x,y,…}] 解联立方程式,求 $x,y,\cdots$

NSolve[{lhs1==rhs1,lhs2==rhs2,…},{x,y,…}] 解联立方程式的数值解

FindRoot[lhs==rhs,{x,x0}] 由初始点 x0 求 lhs==rhs 的根

4. 极限

Limit[expr,x->c] 当 x 趋近 c 时,求 expr 的极限

Limit[expr,x->c,Direction->1]

Limit[expr,x->c,Direction->-1]

5. 导数与微分

D[f,x] 函数 f 对 x 作微分

D[f,x1,x2,…] 函数 f 对 $x_1,x_2,\cdots$作微分

D[f,{x,n}] 函数 f 对 x 微分 n 次

D[f,x,NonConstants->{y,z,…}] 函数 f 对 x 作微分，将 $y,z,\cdots$视为 x 的函数

Dt[f] 全微分 df

Dt[f,x] 全微分

Dt[f,x1,x2,…] 全微分

Dt[f,x,Constants->{c1,c2,…}] 全微分，视 $c_1,c_2,\cdots$为常数

6. 积分

Integrate[f,x]　不定积分

Integrate[f,{x,xmin,xmax}]　定积分

7. 二维绘图指令

(1) 二维绘图指令

Plot[f,{x,xmin,xmax}]画出 f 在 $x_{\min}$ 到 $x_{\max}$之间的图形

Plot[{f1,f2,…},{x,xmin,xmax}]同时画出数个函数图形

Plot[f,{x,xmin,xmax},option->value]指定特殊的绘图选项，画出函数 f 的图形

(2) 选项	预设值	说明
AspectRatio	1	图形高和宽之比例，高/宽
Axes	True	是否把坐标轴画出
AxesLabel	Automatic	为坐标轴贴上标记
AxesOrigin	Automatic	坐标轴的相交的点
DefaultFont	$DefaultFont	图形里文字的预设字型
Frame	False	是否将图形加上外框
FrameLabel	False	从 x 轴下方依顺时针方向加上图形外框的标记
FrameTicks	Automatic	为外框加上刻度；None 则不加刻度
GridLines	None	设 Automatic 则用于在主要刻度上加上网格线
PlotLabel	None	整张图的图名
PlotRange	Automatic	指定 y 方向画图的范围
Ticks	Automatic	坐标轴的刻度，设 None 则没有刻度记号出现

※"Automatic、None、True、False"为 Mathmatica 常用的选项设定，其代表意义分别为"使用内部设定、不包含此项、作此项目、不作此项目".

(3) 绘图颜色的指定

Plot[{f1,f2,…},{x,xmin,xmax},

PlotStyle->{RGBColor[r1,g1,b1],RGBColor[r2,g2,b2],…}]

(4) 彩色绘图

Plot[{f1,f2,…},{x,xmin,xmax},

PlotStyle->{GrayLevel,GrayLevel[j],…}]灰阶绘图

(5) 图形处理指令

Show[plot] 重画一个图

Show[plot1,plot2,…] 将数张图合并成一张

Show[plot,option－＞opt] 加入选项

(6) 图形的排列

Show[GraphicsArray[{plot1,plot2,…}]] 将图形横向排列

Show[GraphicsArray[plot1,plot2,…]] 将图形垂直排列

Show[GraphicsArray[{{plot1,plot2,…},…}]] 将图形呈二维矩阵式排列

(7) 二维参数图

ParametricPlot[{f1,f2},{t,tmin,tmax}]参数绘图

ParametricPlot[{{f1,f2},{g1,g2},…},{t,tmin,tmax}]同时绘数个参数图

ParametricPlot[{f1,f2},{t,tmin,tmax},AspectRatio－＞Automatic]保持曲线的真正形状,即 x,y 坐标比为 1∶1

附录4 习题答案

第 1 章

习题 1.1

1. (1) $\{x|x\geqslant 3$ 或 $x\leqslant -3\}$;(2) $\{x|x\neq 4$ 且 $x\neq -1\}$;(3) $\{x|x>-1\}$.

2. (1) 定义域相同,对应法则不相同,故两个函数不相同;

(2) 定义域不相同,故两个函数不相同;

(3) 定义域相同,对应法则相同,故两个函数相同.

3. (1) $f(2)=2$, $f(-2)=\frac{-1}{128}$, $f(x^2)=\frac{x^2}{16}\cdot 4^{x^2}$, $f\left(\frac{1}{x}\right)=\frac{1}{16x}\cdot 4^{\frac{1}{x}}$;

(2) $f(0)=1$, $f(1)=5$, $f(-1)=-1$, $f(-x)=x^2-3x+1$, $f\left(\frac{1}{x}\right)=\frac{1}{x^2}+\frac{3}{x}+1$.

4. $f(x)=\frac{x-2}{x-1}$.

5. $y=\begin{cases}1, & x>0\\ -1, & x<0\end{cases}$,定义域为$(-\infty,0)\cup(0,+\infty)$,$f(1)=1$,$f(-1)=-1$.

6. (1) 非奇非偶;(2) 奇函数;(3) 偶函数;(4) 奇函数.

7. (1) $(-\infty,1)\cup(1,+\infty)$; (2) $(0,4]$.

8. (1) $y=\ln(e^{\tan x}+1)$;(2) $y=\sqrt{\sin^2 x-1}$.

9. $f(f(x))=e^{e^x}$, $f(g(x))=e^{\ln x}=x$, $g(f(x))=\ln e^x=x$.

10. (1) $y=\cos u$, $u=\frac{1}{x^2}$;(2) $y=3^u$, $u=x^{-1/2}$;

(3) $y=\ln u$, $u=\sin v$, $v=x^3$;(4) $y=u^2$, $u=\arctan v$, $v=2^x$.

11. (1) $y=e^u$, $u=\sin x-\cos x$;(2) $y=\ln u$, $u=1-x^2$;(3) $y=u^3$, $u=\arctan v$, $v=\frac{1+x^2}{1-x^2}$;(4) $y=\cos u$, $u=e^v$, $v=x^2-2x+2$.

12. $V=x(a-2x)^2\quad\left(0<x<\frac{a}{2}\right)$.

13. $S=2\pi r^2+\frac{2V}{r}\quad(r>0)$.

14. $m=\begin{cases}ks, & 0<x\leqslant a\\ ka+\frac{4}{5}k(s-a), & a<s\end{cases}$.

习题 1.2

1. (1) $\frac{1}{3},\frac{2}{5},\frac{3}{7},\frac{4}{9},\cdots,\frac{n}{2n+1},\cdots$　收敛于$\frac{1}{2}$；

(2) $\frac{1}{3},\frac{1}{3^2},\frac{1}{3^3},\frac{1}{3^4},\cdots,\frac{1}{3^n},\cdots$　收敛于 0；

(3) $1,-\frac{1}{2},\frac{1}{3},-\frac{1}{4},\cdots,(-1)^{n+1}\cdot\frac{1}{n},\cdots$　收敛于 0；

(4) $-3,3,-3,\cdots,(-1)^n\cdot 3,\cdots$　发散.

2. $\lim\limits_{x\to-\infty}f(x)=\pi$, $\lim\limits_{x\to+\infty}f(x)=0$, $\lim\limits_{x\to\infty}f(x)$不存在.

3. (1) 不存在；　(2) $\frac{1}{2}$.

4. (1) 6；(2) -5；(3) ∞；(4) $\frac{2}{3}$；(5) $\frac{2}{3}$；(6) $\frac{1}{4}$；(7) $\frac{3}{2}$；(8) 0；(9) $\left(\frac{2}{3}\right)^{20}$；(10) ∞；(11) 0；(12) 0.

5. (1) 5；(2) $\frac{a}{b}$；(3) $\frac{2}{3}$；(4) 1；(5) 2；(6) 2；(7) e^2；(8) e^{-1}；(9) e^{-1}；(10) e^{-1}；(11) e；(12) e^2.

6. (1) $x\to2$；(2) $x\to0$；(3) $x\to-\infty$；(4) $x\to2$ 或 $x\to3$.

7. (1) $x\to2^-$时，为负无穷大；当 $x\to-\infty$时，为正无穷大；(2) $x\to-\infty$.

8. (1) 低阶；(2) 同阶；(3) 高阶；(4) 等价.

习题 1.3

1. (1) 不连续；(2) 连续.

2. (1) $k=1$；(2) $k=e^2$.

3. (1) $x=0$；(2) $x=0$.

4. (1) $(-2,+\infty)$, $\ln 2$；(2) $(-\infty,+\infty)$, $\sqrt{2}$.

5. 略.

综合练习一

一、1. $\Delta x^2+2x\Delta x-3\Delta x$；　2. $f(u)=\sqrt{u}, u=x^2-1$；　3. $\ln\sin x, \sin\ln x$；

4. $\to1$；　5. $(1+2)\cup(2,+\infty)$；　6. $x=0$.

二、1. B；　2. B；　3. C；　4. C；　5. D；　6. D；　7. B；　8. A.

三、1. $\frac{7}{4}$；　2. ∞；　3. $\frac{1}{2\sqrt{x}}$；　4. $-\frac{1}{2}$；　5. $\frac{5}{3}$；

6. 1；　7. e^{-6}；　8. ∞；　9. 0；　10. -2.

四、1. 1；　2. $x=0$ 且为第二类间断点；　3. 略；　4. 略.

提高题一

一、1. $\left(\frac{1}{2k+1},\frac{1}{2k}\right),k\notin\{0\}\cup(1,+\infty)$； 2. $\frac{1}{2}$； 3. -1； 4. 0； 5. e^{-1}；

6. $x=1$ 与 $x=-1$； 7. x^2-2； 8. $a=2,b=-8$； 9. e^{-2}； 10. $\frac{2}{3}$.

二、1. A； 2. B； 3. D； 4. D； 5. B.

三、1. $\frac{1}{2}$；2. 1； 3. $\frac{1}{2}$； 4. $\frac{1}{2}$；$-\frac{8}{5}$. 5. 略.

四、1. $-\ln 2$； 2. 1.

第 2 章

习题 2.1

1. (1) $10-g-\frac{1}{2}g\Delta t$；(2) $10-g$；(3) $10-gt_0-\frac{1}{2}g\Delta t$；(4) $10-gt_0$.

2. (1) 若 $f'(t)>0$，则 $f(t)$是增函数，所以，随着时间的推移，甘薯温度不断升高.

(2) $f'(20)$的单位是℃/min，$f'(20)=2$ 表示在第 20 min 时刻，甘薯温度升高的瞬时速率为 2 ℃/min.

3. (1) $2f'(x_0)$；(2) $-\frac{1}{2}f'(x_0)$.

4. 0.

5. $3x^2$.

6. (1) $x+y-2=0$； (2) $y=2x-1$.

7. 不可导，$f'_-(1)\neq f'_+(1)$.

习题 2.2

1. (1) $20x^3-6x+1$；(2) $(a+b)x^{a+b-1}$；(3) $\frac{1}{2\sqrt{x}}+\frac{1}{x^2}$；(4) $-\frac{1}{2\sqrt{x^3}}-\frac{3}{2}\sqrt{x}$；

(5) $\frac{1-x}{2\sqrt{x^3}}$；(6) $x-\frac{4}{x^3}$；(7) $2x\ln x+x$；(8) $-\frac{2}{(x-1)^2}$；

(9) $-\sin x+2x\sin x+x^2\cos x$；(10) $3^x e^x(\ln 3+1)$；

(11) $\frac{\sec x(x\tan x-1)}{x^2}+\frac{\tan x-x\sec^2 x}{\tan^2 x}$；(12) $\frac{\cot x}{2\sqrt{x}}-\sqrt{x}\csc^2 x$；

(13) $(\ln 10)10^x\sin x+10^x\cos x-\frac{1}{x\ln 10}$；(14) $5x^4+5^x\ln 5$；

(15) $4\cos x-\frac{1}{x}+\frac{1}{\sqrt{x}}$；(16) $-\frac{1+2x}{(1+x+x^2)^2}$；

(17) $2xe^x+x^2e^x+\dfrac{(\sin x+x\cos x)(1+\tan x)-x\sin x\sec^2 x}{(1+\tan x)^2}$;

(18) $\cot x-x\csc^2 x+2\csc x\cot x$.

2. (1) 3e; (2) $\dfrac{1-\ln 2}{2}$.

习题 2.3

1. (1) $f'(x)=\dfrac{2}{x\ln(\ln 3x)\ln 3x}$; $f'(\mathrm{e})=\dfrac{2}{\mathrm{e}\ln 3\mathrm{e}\ln(\ln 3\mathrm{e})}$.

(2) $f'(x)=-\dfrac{1}{x^2}\mathrm{e}^{\tan\frac{1}{x}}\left(\sec^2\dfrac{1}{x}\sin\dfrac{1}{x}+\cos\dfrac{1}{x}\right)$; $f'\left(\dfrac{1}{\pi}\right)=\pi^2$.

2. (1) $15(3x+1)^4$; (2) $\dfrac{1}{x\ln x}$;

(3) $3x^2\cos(x^3)$; (4) $\dfrac{1}{x^2}\csc^2\left(\dfrac{1}{x}\right)$;

(5) $\sin 2x$; (6) $-\dfrac{1}{2\sqrt{1-x^2}}$;

(7) $-2x\mathrm{e}^{-x^2}$; (8) $4x\sec x^2\tan x^2$;

(9) $\dfrac{1}{\sqrt{2x}}\cot\dfrac{1}{x}+\sqrt{2x}\dfrac{1}{x^2}\csc^2\left(\dfrac{1}{x}\right)$;

(10) $\dfrac{\sqrt{x^2-a^2}-\dfrac{x}{\sqrt{x^2-a^2}}}{x^2-a^2}$.

3. (1) $2f'(2x+1)$;

(2) $\mathrm{e}^x\cdot f'(\mathrm{e}^x)\mathrm{e}^{f(x)}+f(\mathrm{e}^x)\mathrm{e}^{f(x)}\cdot f'(x)$.

习题 2.4

1. (1) $y'=\dfrac{2}{2-\cos y}$; (2) $y'=\dfrac{-y}{x+\mathrm{e}^y}$.

2. (1) $4-\dfrac{1}{x^2}$; (2) $-2\mathrm{e}^{-x}\cos x$; (3) $\left(\dfrac{1}{4x}-\dfrac{1}{4}x^{-\frac{3}{2}}\right)\mathrm{e}^{\sqrt{x}}$.

3. $\dfrac{1}{\mathrm{e}^y-1}$; (2) $\dfrac{1}{3+3x^2}$; (3) $\dfrac{y\sec^2 xy}{1-x\sec^2 xy}$.

4. (1) $\cos x^{\sin x}(\cos x\ln\cos x-\sin x\tan x)$;

(2) $\dfrac{\sqrt{x+2}(3-x)^4}{(x+1)^5}\left[\dfrac{1}{2(x+2)}+\dfrac{4}{x-3}-\dfrac{5}{x+1}\right]$.

5. (1) $\dfrac{x^3}{2-x}\cdot\sqrt[3]{\dfrac{2-x}{(2+x)^2}}\left[\dfrac{3}{x}+\dfrac{2}{3}\left(\dfrac{1}{2-x}-\dfrac{1}{2+x}\right)\right]$; (2) $\sqrt[3]{\dfrac{1}{9}}\cdot\dfrac{31}{9}=\dfrac{31}{27}\cdot\sqrt[3]{3}$.

6. $y=-\dfrac{3}{4}\sqrt{3}x+2\sqrt{3}$.

习题 2.5

1. (1) $\mathrm{d}y=(20x^3+1)\mathrm{d}x$; (2) $\mathrm{d}y=(x+2)\mathrm{e}^x\mathrm{d}x$;

(3) $dy=(-\sin x+2x\sin x+x^2\cos x)dx$;

(4) $dy=-\dfrac{2}{(x-1)^2}dx$;(5) $dy=\dfrac{1}{x\ln x}dx$;(6) $dy=3^x e^x(\ln 3+1)dx$;

(7) $dy=\dfrac{\sec^2\sqrt{x}}{2\sqrt{x}}dx$;(8) $dy=-\tan x dx$;

(9) $dy=(-\csc x\cot x+\sin(2^x)+(\ln 2)x2^x\cos(2^x))dx$;

(10) $dy=\dfrac{(\sin x+x\cos x)(1+\tan x)-x\sin x\sec^2 x}{(1+\tan x)^2}dx$.

2. (1) $\dfrac{3}{2}x^2+C$;(2) $4\sqrt{x}+C$;(3) $-\dfrac{1}{x}+C$;(4) e^x+C;(5) $\cos x+C$; (6) $\tan x+C$.

3. $dy=\dfrac{y}{x-y^2 e^{\frac{x}{y}}}dx$.

4. (1) 1; (2) 0.874 7.

5. $\Delta V=30.3\ m^3$, $dV=30\ m^3$.

习题 2.6

1. 证明略. $\xi_1=-\sqrt{\dfrac{1}{3}}$, $\xi_2=\sqrt{\dfrac{1}{3}}$.

2. 证明略. $\xi=0$.

3. 在$(0,+\infty)$上单调增加.

4. (1) 单调增区间$(-\infty,-1)$,$(3,+\infty)$,单调减区间$(-1,3)$,极大值 $f(-1)=15$,极小值 $f(3)=-49$;

(2) 单调增区间$\left(\dfrac{1}{2},+\infty\right)$,单调减区间$\left(0,\dfrac{1}{2}\right)$,极小值 $f\left(\dfrac{1}{2}\right)=\dfrac{1}{2}+\ln 2$;

(3) 单调增区间$(-\infty,-2)$,$(2,+\infty)$,单调减区间$(-2,0)$,$(0,2)$,极大值 $f(-2)=-8$,极小值 $f(2)=8$;

(4) 单调增区间$\left(-\infty,\dfrac{1}{5}\right)$,$(1,+\infty)$,单调减区间$\left(\dfrac{1}{5},1\right)$,极大值 $f\left(\dfrac{1}{5}\right)=\dfrac{4^2\cdot 6^3}{5^5}$,极小值 $f(1)=0$.

5. (1) 凸区间$\left(-\infty,\dfrac{5}{3}\right)$,凹区间$\left(\dfrac{5}{3},+\infty\right)$,拐点$\left(\dfrac{5}{3},-\dfrac{250}{27}\right)$;

(2) 凸区间$(-\infty,-1)$,$(1,+\infty)$,凹区间$(-1,1)$,拐点$(-1,\ln 2)$和$(1,\ln 2)$;

(3) 凸区间$(-\infty,1)$,凹区间$(1,+\infty)$,拐点$(1,-17)$;

(4) 凸区间$\left(-\infty,-\dfrac{\sqrt{3}}{3}\right)$,$\left(\dfrac{\sqrt{3}}{3},+\infty\right)$,凹区间$\left(-\dfrac{\sqrt{3}}{3},\dfrac{\sqrt{3}}{3}\right)$,拐点$\left(-\dfrac{\sqrt{3}}{3},\dfrac{1}{3}\right)$和$\left(\dfrac{\sqrt{3}}{3},\dfrac{1}{3}\right)$;

(5) 凸区间$(0,1)$,凹区间$(-\infty,0)$,$(1,+\infty)$,拐点$(0,1)$和$(1,0)$;

(6) 凹区间$(-\infty,+\infty)$,无拐点.

6. (1) 2; (2) 1; (3) 2; (4) $\dfrac{4}{e^x}$.

7. (1) 1; (2) 1.

8. 略.

综合练习二

一、1. $3x^2-2$；　2. $\left(-\infty,-\frac{\sqrt{3}}{3}\right),\left(-\frac{\sqrt{3}}{3},\frac{\sqrt{3}}{3}\right),\left(\frac{\sqrt{3}}{3},+\infty\right)$；　3. $f'(0)$；　4. 0；
5. (1,0)；　6. (0,0)；　7. $\frac{1}{(x-1)^2}$.

二、1. A；　2. B；　3. A；　4. B；　5. C.

三、1. $\frac{3}{2}\sqrt{x}-\frac{2}{x^3}-10x$；　2. $2x\ln\sqrt[3]{x}+\frac{x^2+1}{3x}$；

3. $\frac{2^x e^x(1+\ln 2)\tan x-2^x e^x\sec^2 x}{\tan^2 x}$；　4. $e^x\text{lb}\sqrt{x}+e^x\frac{1}{2x\ln 2}$；

5. $\frac{e^x+\ln x+1}{e^x+x\ln x}$；　6. $\frac{1}{x^2}e^{\frac{1}{x}}\csc^2 e^{\frac{1}{x}}$；　7. $-\frac{\cos(\cos\sqrt{x})\sin\sqrt{x}}{2\sqrt{x}}$；

8. $\frac{x\sec^2 x-\tan x}{x^2}$；　9. $-\frac{2^{x-1}[\sin(2^x)]\ln 2}{\sqrt{\cos(2^x)}}$；

10. $-\frac{4\sin 2x}{(1-\cos 2x)^2}$；　11. $\frac{3}{2}\sqrt{x}-\frac{\cot x}{2\sqrt{x}}+\sqrt{x}\csc^2 x$；

12. $\frac{1-2x^2}{2\sqrt{1-x^2}}+2x\cos(x^2)$.（微分略）.

四、1. $-\frac{1}{27}$,0,1,4.　2. $-\frac{3}{2},\frac{9}{2}$.

提高题二

一、1. $2f'(x_0)$；　2. $\sin 2x\cdot\sin(x^2)+2x\sin^2 x\cdot\cos(x^2)$；　3. $\frac{1}{3+3x^2}$；

4. $\frac{2\ln(1-x)}{x-1}dx$；　5. $\frac{f''(x)f(x)-[f'(x)]^2}{[f(x)]^2}$；

6. $\sqrt[5]{\frac{x-5}{\sqrt[5]{x^2+2}}}\left[\frac{1}{5(x-5)}-\frac{2x}{25(x^2+2)}\right]$；　7. $-\frac{1}{8}$；　8. 0；　9. $\frac{y}{x-y^2e^{\frac{x}{y}}}dx$；

10. 最大值 $f(-4)=\ln 4$，最小值 $f(-1)=-\frac{3}{2}$.

二、1. $2x+C$；　2. $-\frac{\cos\omega x}{\omega}+C$；　3. $\ln(1+x)+C$；4. $-\frac{e^{-2x}}{2}+C$；　5. $\frac{\tan 3x}{3}+C$.

三、1. $y'_x=3\frac{\sqrt[3]{(1+x^2)^2}}{1+\sqrt[3]{1+x^2}}\cdot\frac{2x}{3\cdot\sqrt[3]{(1+x^2)^2}}=\frac{2x}{1+\sqrt[3]{1+x^2}}$.

2. $dy=y'\cdot dx=[1+(\sin x)^x(\ln\sin x+x\cot x)]dx$.

3. $\frac{dy}{dx}=y'=\frac{3ay-3x^2}{3y^2-3ax}=\frac{ay-x^2}{y^2-ax}$.

4. 略.

5. 方程 $f'(x)=0$ 有且只有 3 个实根,分别位于区间(1,2),(2,3),(3,4)内.

四、1. $a=-\frac{2}{3}, b=-\frac{1}{6}$. $f(x)$在 $x_1=1$ 时取得极小值;在 $x_2=2$ 时取得极大值.

2. (1) $a=-5$;

(2) $f(2)=e^2$ 是 $f(x)$在 $x\in[\frac{3}{2},3]$的最小值;

$f(x)$在 $x\in[\frac{3}{2},3]$的最大值是 $f(3)=e^3$.

第 3 章

习题 3.1

1. 略.　　2. $F(x)=x^3-2x^2$.

3. (1) $-\frac{1}{x}+C$;　(2) $\frac{2}{7}x^{\frac{7}{2}}+C$;(3) $3e^x+C$;　(4) $\frac{1}{12}x^3+3x-\frac{9}{x}C$.

4. (1) $\frac{\sqrt[3]{2+\ln x}}{x}$;　(2) $e^{2x}\cos x^2+C$.

5. $y=-\cos x+2$.

6. $y=\sqrt{x}+1$.

7. $y=\ln|x|+1$.

习题 3.2

1. (1) $-\frac{1}{x}-\arctan x+C$;　　(2) $3x+\frac{1}{2}x^4-\frac{1}{2x^2}+C$;

(3) $4\sqrt{x}-\frac{1}{3}x^{\frac{3}{2}}+C$;　　(4) $-2x^{-\frac{1}{2}}-\frac{2}{3}x^{\frac{3}{2}}+C$.

2. (1) $x-\frac{1}{2x}+C$;　　(2) $\frac{3}{\ln 2-\ln 3}\cdot\left(\frac{2}{3}\right)^x-4x+C$;

(3) $\frac{x}{2}-\frac{\sin x}{2}+C$;　　(4) $-\cot x-x+C$;

(5) $\frac{1}{3}x^3+\frac{3}{2}x^2+9x+C$;　　(6) $\frac{1}{2}x^2-\sqrt{2}x+C$;

(7) e^x+x+C;　　(8) $e^x+\frac{1}{x}+C$;

(9) $\sin x-\cos x+C$;　　(10) $\frac{1}{2}\tan x+\frac{1}{2}x+C$.

3. $-\frac{1}{x\sqrt{1-x^2}}$.　　4. $y=\frac{7}{3}x^3$.　　5. (1) 27 m;　(2) $\sqrt[3]{360}$ s.

习题 3.3

1. (1) $\frac{1}{63}(3x+2)^{21}+C$;　(2) $-\frac{1}{32}(3-2x)^{16}+C$;

(3) $e^x+e^{-x}+C$;　(4) $\ln|e^x+2|+C$;

(5) $\sin e^x+C$;　(6) $-2\cos\sqrt{x}+C$;

(7) $-\sin\frac{1}{x}+C$;　(8) $-2\ln\left|\cos\frac{x}{2}\right|+C$;

(9) $\frac{1}{3}\ln^3 x+C$;　(10) $\frac{1}{2}\arctan^2 x+C$;

(11) $\frac{1}{3}\arcsin\frac{3}{2}x+C$;　(12) $\frac{1}{6}\arctan\frac{3}{2}x+C$.

2. (1) $-2\sqrt{2-x}+2\ln\left|1+\sqrt{2-x}\right|+C$;　(2) $2\sqrt{x-1}-2\arctan\sqrt{x-1}+C$;

(3) $\frac{3}{4}(x-1)^{\frac{4}{3}}+C$;　(4) $x+2\sqrt{x}+2\ln\left|\sqrt{x}-1\right|+C$;

(5) $\ln\left|\sqrt{x^2+4}+x\right|+C$;　(6) $\ln\left|x+\sqrt{x^2-9}\right|+C$.

习题 3.4

(1) $e^x(x-1)+C$;　(2) $-x\cos x+\sin x+C$;

(3) $x^2\sin x+2x\cos x-2\sin x+C$;　(4) $\frac{2}{3}x^{\frac{3}{2}}\ln x-\frac{4}{9}x^{\frac{3}{2}}+C$;

(5) $x\arctan x-\frac{1}{2}\ln|1+x^2|+C$;　(6) $x\ln(1+x^2)-2x+2\arctan x+C$;

(7) $x\arcsin x+\sqrt{1-x^2}+C$;　(8) $\frac{1}{3}x^3\ln x-\frac{1}{9}x^3+C$;

(9) $\frac{1}{2}x^2\arccos x+\frac{1}{4}\arcsin x-\frac{x\sqrt{1-x^2}}{4}+C$;　(10) $\frac{1}{2}e^x(\sin x+\cos x)+C$.

综合练习三

1. (1) $-\sin x$;　(2) 2^x+x^2+C;　(3) $\ln x$;　(4) $F(\ln 3x)+C$;

(5) $e^{-x}+C, -e^{-x}+C, x+C$.

2. (1) B;　(2) C;　(3) D;　(4) D;　(5) A.

3. (1) $-\sin\frac{1}{x}+C$;　(2) $-\frac{1}{3}\sqrt{2-3x^2}+C$;

(3) $\arctan e^x+C$;　(4) $-\ln|e^{-x}-1|+C$ 或 $\ln\left|1-e^{-x}\right|+C$;

(5) $\sin x-\frac{1}{3}\sin^3 x+C$;　(6) $-\frac{1}{10}\cos 5x+\frac{1}{2}\cos x+C$;

(7) $\frac{3}{2}\sqrt[3]{(1+x)^2}-3\sqrt[3]{1+x}+3\ln\left|\sqrt[3]{1+x}+1\right|+C$;

(8) $2\sqrt{x}-4\sqrt[4]{x}+4\ln(1+\sqrt[4]{x})+C$;

(9) $x\ln(1+x^2)-2x+2\arctan x+C$;　(10) $x\tan x+\ln|\cos x|-\frac{1}{2}x^2+C$.

4. (1) $2\sqrt{x}\sin\sqrt{x}+2\cos\sqrt{x}+C$； (2) $2\sqrt{x}e^{\sqrt{x}}-2e^{\sqrt{x}}+C$；

(3) $2\arctan\sqrt{x}+C$； (4) $x\arctan\sqrt{x}-\sqrt{x}+\arctan\sqrt{x}+C$；

(5) $-2e^{-\frac{x}{2}}+2\ln(1+e^{-\frac{x}{2}})+C$； (6) $-2\ln\left|e^{-\frac{x}{2}}+\sqrt{1+e^{-x}}\right|+C$.

5. $-\frac{1}{3}\sqrt{(1-x^2)^3}+C$. 6. $\ln x+1$.

7. $\cos x-\frac{2}{x}\sin x+C$. 8. $s=\frac{3}{2}t^2+2t+5$.

9. $y=\sqrt{x}+2$. 10. $y=-x^4+7$.

提高题三

一、1. 是，因为 $y_1'=y_2'$. 2. $-\frac{1}{2}\cos x^2$.

3. $e^x-\sin x$. 4. $-\frac{2x}{(1+x^2)^2}$.

5. $y=2-\cos x$. 6. $\arctan(e^x)+C$.

7. $\arccos\frac{1}{x}+C$（提示：令 $x=\sec t$）. 8. $e^{f(x)}+C$.

9. $\frac{1}{2}\arctan\sin^2 x+C$. 10. $y=\ln x+1$.

二、1. $x^3-x+\arctan x+C$. 2. $2\sqrt{e^x+1}+C$

3. $\frac{x}{2}[\cos(\ln x)+\sin(\ln x)]+C$. 4. $\sec^2 x-2\frac{\tan x}{x}+C$.

5. $\frac{1}{2(\ln 3-\ln 2)}\ln\left|\frac{3^x-2^x}{3^x+2^x}\right|+C$.

三、1. $\frac{1}{2}(\ln\tan x)^2+C$. 2. $f(x)=2\sqrt{1+x}-1$.

第 4 章

习题 4.1

1. 略.

2. (1) 正； (2) 负.

3. (1) $\int_1^2(\ln x)^2dx>\int_1^2(\ln x)^3dx$； (2) $\int_0^1\ln(1+x)dx>\int_0^1\frac{x}{1+x}dx$.

4. (1) 错； (2) 对.

5. (1) 0； (2) 1.

习题 4.2

1. (1) $\frac{b^{n+1}-a^{n+1}}{n+1}$；　(2) 5；　(3) $\frac{\pi}{4}$；　(4) $\frac{\pi}{6}$；　(5) $1-\frac{\pi}{4}$；　(6) $13\frac{1}{3}$.

2. (1) 2；　(2) 1；　(3) 1.

3. $e+\frac{4}{3}$.

4. (1) $\sqrt{x^2+2}$；　(2) $-\sin x^2$.

5. $-\cos(3x+1)$.　　6. 0.

习题 4.3

1. (1) $a^3-\frac{a}{2}+a$；　(2) $4-2\sqrt{2}$；　(3) $\frac{17}{4}$；　(4) $-\frac{20}{3}$.

2. (1) 0；　(2) 2；　(3) $\frac{1}{2}\left(1-\frac{1}{e}\right)$；　(4) 2；

(5) $\frac{3}{2}$；　(6) $\sin e-\sin 1$；　(7) $2-\sqrt[4]{8}$；　(8) 1.

3. (1) 1；　(2) $1-\frac{2}{e}$；　(3) $\frac{1}{4}(e^2+1)$；　(4) $\frac{1}{9}(2e^3-1)$；

(5) $\ln 2-\frac{1}{2}$；　(6) $\frac{1}{2}(1+e^{\frac{\pi}{2}})$.

4. (1) $\frac{1}{2}$；　(2) 1；　(3) $\frac{1}{2}\ln 2$　(提示:$\frac{1}{x(1+x^2)}=\frac{1}{x}-\frac{x}{1+x^2}$)；

(4) π　(提示:$\frac{1}{x^2+2x+2}=\frac{1}{(x+1)^2+1}$).

5. (1) 发散；　(2) 发散.

习题 4.4

1. (1) $20\frac{5}{6}$；　(2) 1；　(3) $\frac{1}{2}$；　(4) $\frac{32}{3}$.

2. (1) $\frac{3}{10}\pi$；　(2) $\frac{13}{16}\pi$；　(3) $\frac{4}{3}\pi a^2 b$；　(4) 2π.

3. $\frac{1}{3}$.　　4. $\frac{e}{2}-1$.　　5. $\frac{8}{3}\pi$.　　6. $\frac{1}{3}\pi R^2 h$.

7. $W=\frac{2}{3}a^3\times 10^4$ N.　　8. $P=7.35\times 10^3$ N.

9. 7 659.38 元.　　10. 293.43 元　(提示:需要把年利率折算成月利率).

综合练习四

1. (1) $3a^{3x}$；(2) $\sin x^2$；(3) $-xe^{-x}$；(4) $q-p$. (5) $2\arctan\sqrt{2}-\frac{\pi}{2}$.

2. (1) A； (2) B； (3) C； (4) D； (5) C .

3. (1) $\dfrac{3^{\sin x}}{\ln 3}+C$； (2) $\dfrac{1}{2}(\arctan x)^2+C$；

(3) $\dfrac{x^3}{3}-x+\arctan x+C$； (4) $2\arctan\sqrt{x}+C$；

(5) $\arctan(e^x)+C$； (6) $\ln|\ln x|+C$；

(7) $-\dfrac{1}{2}(\arccos x)^2+C$； (8) $\dfrac{1}{2}(\ln x+2)^2+C$；

(9) $-\dfrac{1}{2}e^{-x}(\sin x+\cos x)+C$； (10) $\dfrac{1}{3}\cos^3 x-\cos x+C$.

4. (1) $\dfrac{2}{3}-\dfrac{\pi}{4}+\arctan 3$； (2) -1； (3) $1-\dfrac{\pi}{4}$； (4) $2\sqrt{2}-2$；

(5) $\dfrac{8}{3}$； (6) 1； (7) $e^2-e^{\frac{3}{2}}$； (8) $2-\sqrt{2}$；

(9) $\arctan e-\dfrac{\pi}{4}$； (10) $\dfrac{1}{2}(e\sin 1+e\cos 1-1)$.

5. (1) $\dfrac{7}{3}$； (2) $\sqrt{2}-1$； (3) 2； (4) $2(e-1)$；

(5) $\dfrac{1}{4}(e^2+1)$；(6) $\dfrac{\pi}{4}-\dfrac{1}{2}\ln 2$； (7) $2-\dfrac{1}{e}$； (8) $2\ln 3$.

6. $\dfrac{1}{12}$.

7. (1) $\dfrac{4}{e}$； (2) π； (3) -1； (4) $\dfrac{\pi^2}{8}$.

8. (1) $\dfrac{32}{3}$； (2) 1； (3) 1； (4) $\dfrac{9\pi^2}{8}+1$.

9. $e+e^{-1}-2$. 10. $\dfrac{32\sqrt{2}}{3}$.

11. $\dfrac{32}{5}\pi$. 12. $12\pi, 12\pi$.

13. $\dfrac{1}{2}\pi^2$.

14. 租用合算.因全部租金的现值是 32 289 元,而购进相当于每年付出 7 433 元.

提高题四

一、1. $\dfrac{2}{3}$. 2. $\dfrac{2}{3}\pi^3$. 3. $\dfrac{2}{e}$. 4. $\dfrac{1}{2}$. 5. 1. 6. e^2-e. 7. $e^x\cdot\sin x$. 8. 0. 9. 2. 10. $\dfrac{1}{a}$.

二、1. -2. 2. $\dfrac{\pi}{2}$. 3. $\dfrac{\pi a^4}{16}$ (提示:令 $x=a\sin t$).

三、1. 提示:$x=\dfrac{1}{t}$； 2. 提示:变量替换.

四、1. $\tan\frac{1}{2}-\frac{1}{2}e^{-4}+\frac{1}{2}$.

(提示：设 $x-2=t$，则 $dx=dt$，函数可改写为 $f(t)=\begin{cases} te^{-t^2}, & t\geqslant 0 \\ \dfrac{1}{1+\cos t}, & -1<t<0 \end{cases}$)

2. $f(x)=3x-\frac{3}{2}\sqrt{1-x^2}$ 或 $f(x)=3x-3\sqrt{1-x^2}$.

(提示：令 $A=\int_0^1 f^2(x)dx$，则 $f(x)=3x-A\sqrt{1-x^2}$)

第 5 章

习题 5.1

1. (1) 一阶；(2) 一阶；(3) 二阶；(4) 二阶.

2. (1) 特解；

(2) $y=\sin x$(不是)，$y=ce^{2x}$(通解)，$y=e^x$(不是)，$y=e^{2x}$(特解)；

(3) 通解；

(4) $y=e^x$(特解)，$y=(c_1+c_2x)e^x$(通解)，$y=x^2e^x$(不是).

3. 验证(略)，特解是 $y=2x^3$.

习题 5.2

1. (1) $y=Ce^{\sqrt{1-x^2}}$；
(2) $e^x+e^{-y}=C$；
(3) $\ln|1-e^y|=-e^x+C$；
(4) $y=1+Cx$；
(5) $3x^4+4(y+1)^3=C$；
(6) $(x+1)(2-e^y)=C$；
(7) $y=C\cos x-2\cos^2 x$；
(8) $y=(1+x^2)(x+C)$；
(9) $y=(x+C)\sec x$；
(10) $y=\frac{x^2}{3}+\frac{3x}{2}+2+\frac{C}{x}$；
(11) $y=\frac{x\ln x+C}{\ln x}$；
(12) $y=\frac{C-\cos x}{x}$；
(13) $y^2=2x^2(\ln|x|+C)$；
(14) $y=xe^{Cx+1}$；
(15) $y+\sqrt{x^2+y^2}=Cx^2$；
(16) $\sqrt{\frac{y}{x}}=\ln|x|+C$.

2. (1) $(1+x^2)(1+y^2)=4$；
(2) $2(x^3-y^3)+3(x^2-y^2)+5=0$；
(3) $y^2=2x^2(\ln|x|+2)$；
(4) $e^{\frac{y}{x}}=\ln|x|+e$；
(5) $\left(\frac{y}{x}\right)^2=2(\ln|x|+1)$；
(6) $y=\frac{1}{x}(\pi-1-\cos x)$.

习题 5.3

1. 略.　2. 略.

3. $x=0.04+0.08\mathrm{e}^{-\frac{t}{10}}$, $t=10$, $x=0.07$.

4. 200.

5. (1) $y=200-180\mathrm{e}^{-kt}$; (2) $k=-\frac{1}{15}\ln\frac{2}{3}$.

6. $\frac{\mathrm{d}x}{\mathrm{d}t}=-\frac{2x}{100+t}$.

综合练习五

1. (1) 常微分;(2) 三阶;(3) $\frac{\mathrm{d}y}{\mathrm{d}x}=f\left(\frac{y}{x}\right)$;(4) $y=C\mathrm{e}^{-\int P(x)\mathrm{d}x}$;

(5) $y=C\mathrm{e}^{-\int P(x)\mathrm{d}x}+\mathrm{e}^{-\int P(x)\mathrm{d}x}\int Q(x)\mathrm{e}^{\int P(x)\mathrm{d}x}\mathrm{d}x$.

2. (1) A; (2) C; (3) D; (4) D; (5) B.

3. (1) $x=y(\ln|y|+C)$; (2) $y=\mathrm{e}^{x^2}(\sin x+C)$;

(3) $\ln|\sec y-\tan y|=-2\cos x+C$;

(4) $x=\frac{-\ln y+C}{y}$; (5) $(y+\sin x+1)(x+C)+1=0$.

4. (1) $x(1-\sqrt{\frac{y}{x}})=1$; (2) $y=c\mathrm{e}^{-\frac{3}{2}x}+\frac{5}{3}$; (3) $y=\cos x$ 或 $y=2-\cos x$.

5. $y=\mathrm{e}^{x}-\mathrm{e}^{\mathrm{e}^{-x}+x-\frac{1}{2}}$. 6. $y=\frac{4}{x}$.

7. $f(x)=\frac{1}{2}\mathrm{e}^{-2x}+x-\frac{1}{2}$. 8. $y(x)=2-2\mathrm{e}^{\frac{1}{2}x^2}$.

9. (1) $C(A-x)\mathrm{d}x$; (2) $\int_0^T C(A-x)\mathrm{d}x$;(3) 1 829.59 元.

提高题五

一、1. $\frac{1}{2}x^2+C$. 2. Cx. 3. $\ln x+C$. 4. $y^3=x^3+C$. 5. $C\mathrm{e}^{\frac{1}{2}x^2}$.

二、1. $\arctan y=x-\frac{x^2}{2}+C$. (提示:原方程变形为$\frac{\mathrm{d}y}{\mathrm{d}x}=(1-x)(1+y^2)$)

2. $y=\frac{x}{2}-\frac{1}{4}\sin(2x+4y)+C$.

(提示:令 $u=x+2y$,则$\frac{\mathrm{d}u}{\mathrm{d}x}=1+2\frac{\mathrm{d}y}{\mathrm{d}x}$,于是原方程变形为$\frac{1}{2}(\frac{\mathrm{d}u}{\mathrm{d}x}-1)=\frac{1}{2}\tan^2 u$)

3. $\mathrm{e}^{\sin\frac{y}{x}}=\frac{1}{xC}$. (提示:令 $u=\frac{y}{x}$,原方程变形为$\frac{\mathrm{d}y}{\mathrm{d}x}=\frac{\frac{y}{x}\cos\frac{y}{x}-1}{\cos\frac{y}{x}}$)

4．$y=\frac{1}{x}e^{-x}(\frac{1}{2}e^{2x}+C)$ 或 $y=\frac{1}{2x}(e^{x}+2Ce^{-x})$．

5．$x=Ce^{\sin y}-2(\sin y+1)$．（提示：原方程变形为$\frac{dx}{dy}=x\cos y+\sin 2y$）

三、1．$y=\left[5\sqrt{4+\cos x}-9\right]^{\frac{2}{5}}$．（提示：原方程变形为$\sqrt{y^3}dy=-\frac{\sin x}{\sqrt{4+\cos x}}dx$）

2．$y=\frac{1}{2}\left(\ln x+\frac{1}{\ln x}\right)$．

第 6 章

习题 6.1

1．略．

2．$\boldsymbol{A}=\boldsymbol{B}=\begin{pmatrix}2 & 4\\-1 & -4\end{pmatrix}$．

3．(1) $\begin{pmatrix}0&0&0\\0&0&0\\0&0&0\end{pmatrix}$；　(2) $\begin{pmatrix}1&0&0&0\\0&1&0&0\\0&0&1&0\\0&0&0&1\end{pmatrix}$；　(3) $\begin{pmatrix}2&3&4\\3&4&5\end{pmatrix}$．

4．
$$\begin{array}{c|ccc} & 石头 & 剪子 & 布\\ \hline 石头 & 0 & 1 & -1\\ 剪子 & -1 & 0 & 1\\ 布 & 1 & -1 & 0\end{array}$$

5．(1)
$$\begin{array}{c}\quad 高\quad 中\quad 低\\ \boldsymbol{A}=\begin{pmatrix}31&42&18\\22&25&18\end{pmatrix}\begin{array}{l}城里；\\城外\end{array}\end{array}$$
(2) $\boldsymbol{M}=\begin{pmatrix}28&29&20\\20&18&9\end{pmatrix}$．

习题 6.2

1．$\boldsymbol{A}=\begin{pmatrix}2&2\\-2&4\end{pmatrix}$，$\boldsymbol{B}=\begin{pmatrix}2&1\\-1&2\end{pmatrix}$．

2．(1) $\begin{pmatrix}2&\frac{5}{2}&5&9\\0&\frac{3}{2}&0&1\\1&0&\frac{7}{2}&4\end{pmatrix}$；　(2) $\begin{pmatrix}1&3\\-\sqrt{2}-2&0\end{pmatrix}$；　(3) $\begin{pmatrix}35\\6\\49\end{pmatrix}$；

(4) $\begin{pmatrix} a^3 & & \\ & b^3 & \\ & & c^3 \end{pmatrix}$； (5) $\begin{pmatrix} -6 & 29 \\ 5 & 32 \end{pmatrix}$；(6) $\begin{pmatrix} 7 & -2 & 0 \\ 3 & 4 & -1 \\ -8 & 0 & 5 \\ 1 & 1 & 2 \end{pmatrix}$.

3. $\boldsymbol{AB}=(10)$；$\boldsymbol{BA}=\begin{pmatrix} 3 & 6 & 9 \\ 2 & 4 & 6 \\ 1 & 2 & 3 \end{pmatrix}$.

4. (1) $\begin{pmatrix} 7 & 4 & 3 & 0 \\ -6 & 1 & -6 & 1 \\ -1 & -4 & -3 & -6 \end{pmatrix}$；(2) $\frac{1}{3}\begin{pmatrix} 10 & 10 & 6 & 6 \\ 0 & 4 & 0 & 4 \\ 2 & 2 & 6 & 6 \end{pmatrix}$.

5. (1) $\boldsymbol{A}=\begin{pmatrix} 31 & 42 & 18 \\ 22 & 25 & 18 \end{pmatrix}$；(2) $\boldsymbol{M}=\begin{pmatrix} 28 & 29 & 20 \\ 20 & 18 & 9 \end{pmatrix}$；

(3) $\boldsymbol{A}+\boldsymbol{M}=\begin{pmatrix} 59 & 71 & 38 \\ 42 & 43 & 27 \end{pmatrix}$；(4) 19；(5) 9%，15%.

6. (1) $\boldsymbol{PS}$ 有定义；

(2) $\boldsymbol{PS}=(37\,200 \quad 35\,050)$，两个店销售总利润分别为 37 200 万元和 35 050 万元.

习题 6.3

1. (1) $\begin{pmatrix} 2 & 3 \\ 0 & 0 \end{pmatrix}$；(2) $\begin{pmatrix} 1 & 1 & 2 \\ 0 & 1 & -3 \\ 0 & 0 & 7 \end{pmatrix}$；(3) $\begin{pmatrix} 2 & -4 & 1 & 3 \\ 0 & -1 & 3 & 2 \\ 0 & 0 & 0 & 0 \end{pmatrix}$.

2. (1) $\begin{pmatrix} 1 & 0 \\ 0 & 1 \end{pmatrix}$；(2) $\begin{pmatrix} 1 & 0 & 0 & -3 \\ 0 & 1 & 0 & 1 \\ 0 & 0 & 1 & 1 \end{pmatrix}$；(3) $\begin{pmatrix} 1 & 0 & 0 & 1 \\ 0 & 1 & 0 & -2 \\ 0 & 0 & 1 & \frac{5}{3} \\ 0 & 0 & 0 & 0 \end{pmatrix}$.

3. (1) 3； (2) 3； (3) 2.

4. $\begin{pmatrix} 1 & 0 & 0 & -1 \\ 0 & 1 & 0 & -2 \\ 0 & 0 & 1 & 2 \\ 0 & 0 & 0 & 0 \end{pmatrix}$；$r(\boldsymbol{A})=3$.

5. 当 $\lambda=3$ 时，$r(\boldsymbol{A})=2$；当 $\lambda\neq3$ 时，$r(\boldsymbol{A})=3$.

习题 6.4

1. (1) $\begin{pmatrix} 1 & -4 & -3 \\ 1 & -5 & -3 \\ -1 & 6 & 4 \end{pmatrix}$； (2) $\begin{pmatrix} \frac{2}{3} & \frac{2}{9} & -\frac{1}{9} \\ -\frac{1}{3} & -\frac{1}{6} & \frac{1}{6} \\ -\frac{1}{3} & \frac{1}{9} & \frac{1}{9} \end{pmatrix}$；

(3) $\begin{pmatrix} 22 & -6 & -26 & 17 \\ -17 & 5 & 20 & -13 \\ -1 & 0 & 2 & -1 \\ 4 & -1 & -5 & 3 \end{pmatrix}$;(4) $\frac{1}{4}\begin{pmatrix} 1 & 1 & 1 & 1 \\ 1 & 1 & -1 & -1 \\ 1 & -1 & 1 & -1 \\ 1 & -1 & -1 & 1 \end{pmatrix}$.

2. $(\boldsymbol{A}^{-1})^{\mathrm{T}}=(\boldsymbol{A}^{\mathrm{T}})^{-1}=\begin{pmatrix} 2 & -1 \\ -5 & 3 \end{pmatrix}$.

3. (1) $\begin{pmatrix} -17 & -28 \\ -4 & -6 \end{pmatrix}$;(2) $\begin{pmatrix} -5 & 4 & -2 \\ -4 & 5 & -2 \\ -9 & 7 & -4 \end{pmatrix}$;(3) $\begin{pmatrix} 2 & -1 & 0 \\ 1 & 3 & -4 \\ 1 & 0 & -2 \end{pmatrix}$.

综合练习六

1. (1) 1；　(2) 0；　(3) $\begin{pmatrix} -1 & -6 \\ 2 & -4 \end{pmatrix}$；　(4) $\begin{pmatrix} x+y & x \\ 0 & y \end{pmatrix}$；　(5) n；　(6) n 阶；
(7) $\lambda=0$.

2. (1) C；　(2) B；　(3) C；　(4) B；　(5) A；　(6) A；　(7) D；　(8) B.

3. (1) $\boldsymbol{AB}=\begin{pmatrix} -1 & -6 \\ 7 & 15 \end{pmatrix}$.　　(2) $\boldsymbol{A}^{\mathrm{T}}+\boldsymbol{B}=\begin{pmatrix} 4 & 8 \\ -2 & 4 \\ 3 & -3 \end{pmatrix}$.

4. $\begin{pmatrix} 1 & 1 & -1 & -1 \\ 0 & 1 & 1 & \frac{1}{2} \\ 0 & 0 & 5 & \frac{9}{2} \end{pmatrix}$.

5. $\begin{pmatrix} 1 & 0 & \frac{1}{2} & 1 \\ 0 & 1 & 1 & 1 \\ 0 & 0 & 0 & 0 \end{pmatrix}$.

6. (1)$r(\boldsymbol{A})=3$;(2)$r(\boldsymbol{A})=3$.

7. $(\boldsymbol{BA})^{\mathrm{T}}=\begin{pmatrix} 7 & -7 \\ -12 & -4 \\ -1 & 6 \end{pmatrix}$;$r((\boldsymbol{BA})^{\mathrm{T}})=2$.

8. $\begin{pmatrix} -3 & -5 & -3 \\ 2 & 3 & 3 \end{pmatrix}$.

9. $(\boldsymbol{E}-\boldsymbol{A})^{-1}=\begin{pmatrix} 0 & \frac{3}{2} & -\frac{1}{2} \\ -1 & \frac{3}{2} & -\frac{1}{2} \\ 0 & \frac{1}{2} & -\frac{1}{2} \end{pmatrix}$.

10. $(\boldsymbol{BA})^{-1}=\begin{pmatrix} \frac{1}{5} & \frac{1}{2} \\ \frac{2}{5} & \frac{1}{2} \end{pmatrix}$.

提高题六

一、1. $\begin{pmatrix}9 & 2\\1 & 11\end{pmatrix}$，$\begin{pmatrix}7 & 0\\3 & 5\end{pmatrix}$.　　2. $\begin{pmatrix}-6 & 14\\5 & 9\end{pmatrix}$，$\begin{pmatrix}-\frac{19}{8} & -\frac{3}{8}\\ \frac{1}{8} & \frac{1}{8}\end{pmatrix}$.

3. $\begin{pmatrix}8 & -6\\18 & 10\\3 & 10\end{pmatrix}$.　4. 3×2.　5. 2.　6. $\boldsymbol{AB}=\boldsymbol{BA}$.　7. $\begin{pmatrix}2 & 4\\1 & -2\\0 & 5\end{pmatrix}$.

8. $\begin{pmatrix}1 & 0 & 0\\-\frac{1}{2} & \frac{1}{2} & 0\\0 & 0 & 1\end{pmatrix}$.　9. 1.　10. $6^{k-1}\begin{pmatrix}1 & 1 & 1\\2 & 2 & 2\\3 & 3 & 3\end{pmatrix}$.

提示：$(\boldsymbol{A}^{\mathrm{T}}\boldsymbol{B})^k=(\boldsymbol{A}^{\mathrm{T}}\boldsymbol{B})\cdot(\boldsymbol{A}^{\mathrm{T}}\boldsymbol{B})\cdots(\boldsymbol{A}^{\mathrm{T}}\boldsymbol{B})=\boldsymbol{A}^{\mathrm{T}}(\boldsymbol{B}\boldsymbol{A}^{\mathrm{T}})(\boldsymbol{B}\boldsymbol{A}^{\mathrm{T}})\cdots(\boldsymbol{B}\boldsymbol{A}^{\mathrm{T}})\boldsymbol{B}=6^{k-1}\begin{pmatrix}1\\2\\3\end{pmatrix}(1\quad 1\quad 1)$.

二、1. A；2. D；3. C；4. C；

5. A(提示：$\boldsymbol{E}=(\boldsymbol{AB})(\boldsymbol{CA})=\boldsymbol{A}(\boldsymbol{BC})\boldsymbol{A}=\boldsymbol{A}^2$，$\boldsymbol{E}=(\boldsymbol{BC})(\boldsymbol{AB})=\boldsymbol{B}(\boldsymbol{CA})\boldsymbol{B}=\boldsymbol{B}^2$).

三、1. $\begin{pmatrix}0 & 0 & 0\\36 & -12 & 4\\5 & 1 & 1\end{pmatrix}$；2. $\boldsymbol{X}=\begin{pmatrix}5 & -2 & -2\\4 & -3 & -2\\-2 & 2 & 3\end{pmatrix}$；

3. $\boldsymbol{A}=\begin{pmatrix}3 & 2 & -2\\-1 & -5 & -6\end{pmatrix}$，$\boldsymbol{B}=\begin{pmatrix}\frac{1}{2} & 3 & 1\\ \frac{3}{2} & \frac{5}{2} & 1\end{pmatrix}$；　4. $\boldsymbol{X}=\begin{pmatrix}2 & 0 & -1\\-7 & -4 & 3\\-4 & -2 & 1\end{pmatrix}$.

四、当 $\lambda=5$，$\mu=-4$ 时，$r(\boldsymbol{A})$的最小值为 2；当 $\lambda\neq 5$，$\mu\neq -4$ 时，$r(\boldsymbol{A})$的最大值为 4.

第 7 章

习题 7.1

1.（1）阶梯矩阵 $\begin{pmatrix}1 & 1 & 1 & 1 & 1 & 7\\0 & -1 & -2 & -2 & -6 & -23\\0 & 0 & 0 & 0 & 0 & 0\\0 & 0 & 0 & 0 & 0 & 0\end{pmatrix}$；

简化阶梯矩阵 $\begin{pmatrix} 1 & 0 & -1 & -1 & -5 & -16 \\ 0 & 1 & 2 & 2 & 6 & 23 \\ 0 & 0 & 0 & 0 & 0 & 0 \\ 0 & 0 & 0 & 0 & 0 & 0 \end{pmatrix}$.

(2) 阶梯形矩阵 $\begin{pmatrix} 1 & -2 & 1 & 1 & 1 \\ 0 & 0 & 0 & 1 & 1 \\ 0 & 0 & 0 & 0 & 1 \end{pmatrix}$;

简化阶梯矩阵 $\begin{pmatrix} 1 & -2 & 1 & 0 & 0 \\ 0 & 0 & 0 & 1 & 0 \\ 0 & 0 & 0 & 0 & 1 \end{pmatrix}$.

2. (1) $r(\boldsymbol{A})=r(\overline{\boldsymbol{A}})=3$,方程组有解； (2) $r(\boldsymbol{A})=r(\overline{\boldsymbol{A}})=3$,方程组有解； (3) $r(\boldsymbol{A})=2$; $r(\overline{\boldsymbol{A}})=3$,方程组无解.

习题 7.2

1. (1) 无解；

(2) $\begin{cases} x_1=\frac{1}{7}c_1+\frac{1}{7}c_2+\frac{6}{7} \\ x_2=\frac{5}{7}c_1-\frac{9}{7}c_2-\frac{5}{7} \\ x_3=c_1 \\ x_4=c_2 \end{cases}$ (c_1 与 c_2 为任意常数)；

(3) $\begin{cases} x_1=-\frac{1}{2}c_1+\frac{1}{2}c_2+\frac{1}{2} \\ x_2=c_1 \\ x_3=c_2 \\ x_4=0 \end{cases}$ (c_1 与 c_2 为任意常数)；

(4) $\begin{cases} x_1=0 \\ x_2=1 \\ x_3=1 \end{cases}$.

2. (1) 当 $\lambda\neq1,-2$ 时,有唯一解；当 $\lambda=-2$ 时,无解；当 $\lambda=1$ 时,有无穷多解,全部解为 $\begin{cases} x_1=-c_1-c_2+1 \\ x_2=c_1 \\ x_3=c_2 \end{cases}$ (c_1 与 c_2 为任意常数).

(2) 当 $\lambda=1$ 时,解为 $\begin{cases} x_1=c+1 \\ x_2=c \\ x_3=c \end{cases}$ (c 为任意常数)；当 $\lambda=-2$ 时,解为 $\begin{cases} x_1=c+2 \\ x_2=c+2 \\ x_3=c \end{cases}$ (c 为任意常数)；当 $\lambda\neq1$ 且 $\lambda\neq-2$ 时,方程组无解；方程组不存在有唯一解的情况.

3. 当 $\lambda=1$ 时,方程组有无穷多解,其全部解为 $\begin{cases} x_1=c+3 \\ x_2=-2c+2 \\ x_3=c \end{cases}$ (c 为任意常数).

4. 当 $a=0,b=2$ 时,方程组有无穷多解,其全部解为

$$\begin{cases} x_1=-2+C_1+C_2+5C_3 \\ x_2=3-2C_1-2C_2-6C_3 \\ x_3=C_1 \\ x_4=C_2 \\ x_5=C_3 \end{cases}$$（C_1、C_2、C_3 为任意常数）.

习题 7.3

1. (1)全部解为$\begin{cases} x_1=-c_1-c_2 \\ x_2=c_1 \\ x_3=c_2 \\ x_4=0 \\ x_5=c_2 \end{cases}$（$c_1$ 和 c_2 为任意常数）；

(2) 只有零解；

(3) $\begin{cases} x_1=-\frac{5}{14}c_1+\frac{1}{2}c_2 \\ x_2=\frac{3}{14}c_1-\frac{1}{2}c_2 \\ x_3=c_1 \\ x_4=c_2 \end{cases}$（$c_1$ 和 c_2 为任意常数）；

(4) 只有零解.

2. $k=-1$ 或 $k=4$ 时有非零解，$k\neq-1$ 及 $k\neq4$ 时仅有零解.

3. $k=\frac{2}{3}$时有非零解.

4. 木工、电工及油漆工每人每天的日工资为：62 元，64 元，72 元.

综合练习七

1. (1) $r(\overline{\mathbf{A}})=r(\mathbf{A})=n$；$r(\overline{\mathbf{A}})\neq r(\mathbf{A})$；$r(\overline{\mathbf{A}})=r(\mathbf{A})<n$.　(2) $r(\mathbf{A})=n$；$r(\mathbf{A})<n$.
(3) 1.　(4) 2.　(5) 1.

2. (1) C；　(2) A；　(3) A；　(4) B；　(5) D；　(6) A；　(7) A；　(8) C.

3. (1) 全部解为$\begin{cases} x_1=-4+7c_1+10c_2 \\ x_2=3-3c_1-7c_2 \\ x_3=c_1 \\ x_4=c_2 \end{cases}$（$c_1$，$c_2$ 为任意常数）.

(2) 非零解为$\begin{cases} x_1=-3c_1-c_2 \\ x_2=7c_1-2c_2 \\ x_3=2c_1 \\ x_4=c_2 \end{cases}$（$c_1$，$c_2$ 为任意常数）.

(3) ①零解；　②$\begin{cases}x_1=0\\x_2=0\\x_3=0\\x_4=0\end{cases}$；　③$\begin{cases}x=-1-2c\\y=2+c\\z=c\end{cases}$　(c为任意常数)；④无解.

提高题七

一、1. 必有非零解.　2. 非零行的行数.　3. 只有零解.　4. $r(\mathbf{A})\neq r(\overline{\mathbf{A}})$.　5. -3.
6. 无解.　7. -1.　8. $r(\mathbf{A})<n$.　9. $r(\mathbf{A})=r(\overline{\mathbf{A}})=n$.　10. $r(\mathbf{A})=r(\overline{\mathbf{A}})<n$.

二、1. D;　2. A;　3. C;　4. D;　5. D.

三、1. (1) 当$a=-2,b\neq-3$时,$r(\mathbf{A})\neq r(\mathbf{B})$,非齐次线性方程组无解；

(2) 当$a\neq-2$时,$r(\mathbf{A})=r(\mathbf{B})=3$,非齐次线性方程组有唯一解；

(3) 当$a=-2,b=-3$时,$r(\mathbf{A})=r(\mathbf{B})<3$,非齐次线性方程组有无穷多解,全部解为
$\begin{cases}x_1=c-1\\x_2=-1\\x_3=c\end{cases}$　(c为任意常数).

2. $\lambda=1$.

3. 当$a=1,b=-1$时,有无穷多解$\begin{cases}x_1=-4c_2\\x_2=1+c_1+c_2\\x_3=c_1\\x_4=c_2\end{cases}$　(c_1,c_2为任意常数).

4. 当$\lambda\neq1,-2$时,有唯一解；当$\lambda=-2$时,无解；当$\lambda=1$时,有无穷多解
$\begin{cases}x_1=1-c_1-c_2\\x_2=c_1\\x_3=c_2\end{cases}$　(c_1,c_2为任意常数).

第8章

习题8.1

1. (1) {红红,白白,红白,白红}；　(2) {HH,TT,HT,TH}.

2. (1) $AB=\{4,7\}$；　(2) $A\overline{B}=\{2\}$；　(3) $\overline{BC}=\{2,3,4,5,6,8,9\}$；
(4) $A\cup B=\{1,2,4,7,8\}$；　(5) $\overline{A(B\cup C)}=\{1,2,3,5,6,8,9\}$.

3. (1) A与B, B与C互斥,A与C对立；
(2) $A+B=A,A+C=\Omega$;(3) $AB=B,AC=\varnothing$.

4. (1),(2),(4) 正确,(3) 不正确.

5. (1) $A\cup B\cup C$；　(2) $\overline{A}\,\overline{B}\,\overline{C}=\overline{A\cup B\cup C}$；　(3) $A\overline{B}\,\overline{C}\cup\overline{A}B\overline{C}\cup\overline{A}\,\overline{B}C$；

(4) $(A\overline{B}C \cup AB\overline{C} \cup \overline{A}BC) \cup (\overline{A}\,\overline{B}C \cup \overline{A}B\,\overline{C} \cup A\,\overline{B}\,\overline{C}) \cup (\overline{A}\,\overline{B}\,\overline{C}) = \overline{ABC} = \overline{A} \cup \overline{B} \cup \overline{C}$；

(5) $AB\overline{C} \cup A\overline{B}C \cup \overline{A}BC \cup ABC = AB \cup BC \cup CA$.

6. (1) $\overline{A}$;三件都是正品；

(2) $\overline{B}$:三件中至多有一件是废品；

(3) $\overline{C}$:三件中至少有一件是废品；

(4) 不可能事件.

习题 8.2

1. $\frac{1}{12}$.

2. (1) $\frac{893}{990}$；　(2) $\frac{1}{495}$；　(3) $\frac{19}{198}$；　(4) $\frac{988}{990}$；　(5) $\frac{97}{990}$.

3. 0.96.

4. 0.006 4.

5. (1) 0.007 125；　(2) 0.005 875.

6. (1) $\frac{1}{2}$；　(2) $\frac{2}{5}$；　(3) $\frac{5}{7}$.

7. 0.014 7.

8. 86.5%.

9. 0.984 3

10. (1) 0.56;(2) 0.14;(3) 0.38;(4) 0.94.

11. 0.250 88.

12. 0.360 15.

13. (1) 0.204 8;(2) 0.262 7.

14. 0.031 5.

习题 8.3

1.

X	0	1	2
P	$\frac{7}{15}$	$\frac{7}{15}$	$\frac{1}{15}$

2.

X	3	4	5
P	$\frac{1}{10}$	$\frac{3}{10}$	$\frac{3}{5}$

3.

X	0	1	2
P	$\frac{22}{35}$	$\frac{12}{35}$	$\frac{1}{35}$

4. (1) $a=0.2$；

(2)

x^2	4	1	0
P	0.4	0.2	0.4

，

$2x+1$	-3	-1	1	3	5
P	0.2	0	0.4	0.2	0.2

5. (1) 0.25；　(2) 0.

6. $\frac{2}{3}$.

7. (1) 0.394；　(2) 0.223 2.

8. (1) 0.013 9，　(2) 0.477 2.

9. (1) 0.748 6；　(2) 0.003 9；　(3) 0.408 24.

习题 8.4

1. (1) $a=\frac{1}{8}$；(2) $\frac{1}{2}$；(3) $-\frac{1}{4}$；(4) $\frac{39}{16}$.

2. (1) 0.7,0.4,0.5；　(2) 0.3,2.01.

3. 甲好.

4. $\frac{4}{3}$，$\frac{2}{9}$.

5. (1) 0;(2)1;(3) $\frac{1}{6}$;(4) $\frac{2}{3}$.

习题 8.5

1. 只有(2)不是，其余都是.

2. $\overline{x}=3.6, s^2=2.59, s=1.696$.

3. (1) $\overline{x}=99.93, s^2=1.27$；(2) $\overline{x}=67.4, s^2=31.64$.

4.

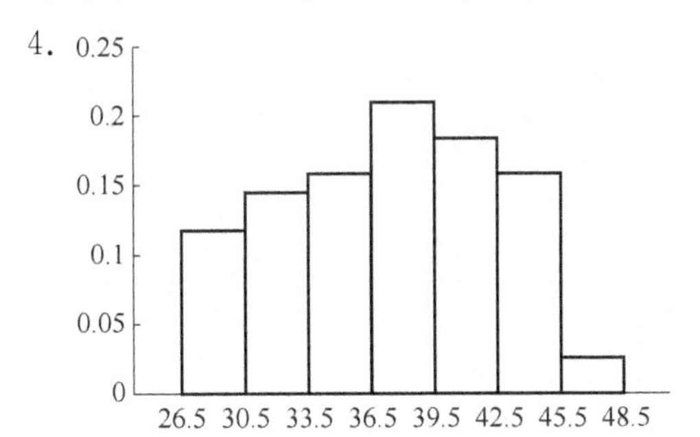

综合练习八

1. (1) $\overline{A}\cap\overline{B}$. (2) 0.58,0.1. (3) $1-p-q$. (4) $\frac{25}{216},\frac{3}{22}$. (5) $\frac{1}{9}$. (6) $\frac{1}{\pi}$.

(7) $f(x)=\begin{cases}\frac{1}{3}, & 1<x\leqslant 4\\ 0, & \text{其他}\end{cases}$，$\frac{5}{2}$. (8) $4,\frac{4}{3},-10,12$. (9) $x=1,\frac{1}{2\sqrt{2\pi}}$. (10) 3,4.

2. (1) D；(2) C；(3) A；(4) B；(5) B；(6) B；(7) A；(8) C；(9) D；(10) A.

3. (1) 0.264；0.145；0.341. (2) 0.56；0.24. (3) 0.16. (4) $\frac{6}{7}$；$\frac{5}{7}$.

(5) 0.2；0.409. (6) 6；0.5. (7) 0.991 842；0.135 944；0.045 5.

(8) 6；0.5；$\frac{7}{6}$；$\frac{29}{36}$. (9) $2,\frac{3}{2}$；12. (10) 2；9；8；36.

(11)

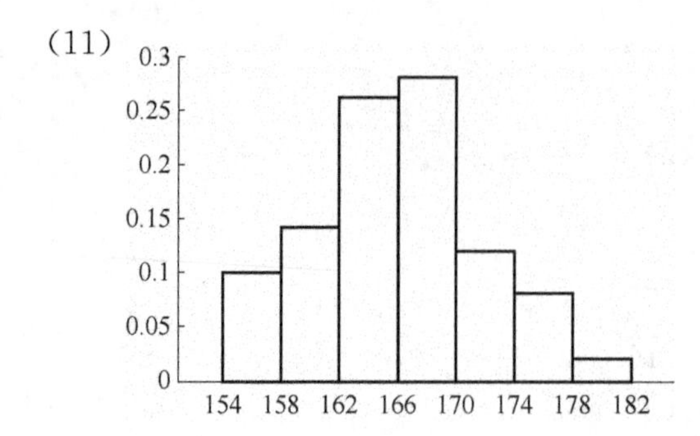

提高题八

一、1. $AB+\overline{A}B$.　2. $\frac{5}{6}$;0.　3. $\frac{2}{3}$;$\frac{1}{6}$.　4. $\frac{2}{3}$;$\frac{1}{2}$;$\frac{1}{3}$;$\frac{5}{9}$;$\frac{8}{9}$.　5. 0.475 2.

6. 0.195 4.　7. $\frac{1}{e}$.　8. 2;0.8.　9. $\frac{4}{3}$;$\frac{9}{4}$.　10. $\frac{1}{2}$;$\frac{1}{4}$;$\frac{3}{4}$.

二、1. A;　2. C;　3. C;　4. D;　5. C;　6. D;　7. D

三、1. 第一种工艺保证得到一级品率较高.　2. 0.056；0.055 6.　3. 0.021.

4. 0.27;0.15.　5. 0.490 097；0.054 8;0.580 84；0.248 6.　6. $\frac{1}{3}$;　$\frac{8}{3}$;　$\frac{25}{3}$.

7. 1;　4;　$\frac{7}{6}$;　$\frac{1}{6}$.

第 9 章

习题 9.2

1. (1) Plot[Cot[x],{x,−2Pi, 2Pi }];

(2) Plot[ArcTan[x],{x,−100,100},PlotRange−>{−3,3}];

(3) Plot[1+Log[x+2],{x,0,1000},AspectRatio−>1];

(4) Plot[Cos[x]+E^x,{x,−20Pi,5Pi},PlotRange−>{−2,30}];

(5) Plot[Sin[Tan[x]]−Tan[Sin[x]],{x,−2Pi,2Pi},Frame−>True];

(6) Plot[Sqrt[x]+x^(1/3)+x^(1/4),{x,0,100},PlotPoints−>5000];

(7) Plot[x^3+3x^2−12x+14,{x,−10,10},PlotRange−>{−500,1000}];

(8) Plot[1+36x/((1+3x)^2),{x,−10,10}, PlotStyle−>RGBColor[1,0.4,1]].

2. p1=Plot[Sin[x],{x,−2Pi,2Pi},PlotStyle−>RGBColor[1,0,0]];

p2=Plot[Sin[2x]/2+Sin[3x]/3,{x,−2Pi,2Pi},PlotStyle−>RGBColor[0,1,0]];

p3=Plot[Sin[x]+Sin[2x]/2+Sin[3x]/3,{x,−2Pi,2Pi},PlotStyle−>RGBColor[0,

0,1]];Show[p1,p2,p3].

3. Plot[x * (Sqrt[1－1/x]－1),{x,1,10000}].

4. (1)Limit[x * Sin[1/x]＋(1/x) * Sin[x],x－>0];

(2)Limit[(x^2)/E^x,x－>Infinity];

(3)Limit[(Tan[x]－Sin[x])/x^3,x－>0];

(4)Limit[x^x,x－>0,Direction－>－1];

(5)Limit[Log[Cos[x]]/Log[x],x－>0,Direction－>－1];

(6)Limit[(x^2) * Log[x],x－>0,Direction－>1].

5. (1)D[((Cot[x])^2)/2＋Log[Sin[x]],x];

(2)D[Log[Tan[x/2＋Pi/4]],x];

(3)D[x * Sin[x],{x,100}];

(4)D[x^2 * Cos[x],{x,10}];

(5)Integrate[Cos[x]/(a^2＋(Sin[x])^2),x];

(6)Integrate[E^－2x * Sin[x/2],x];

(7)Integrate[(1－Cos[x]) * (Sin[x])^2,{x,0,Pi/2}];

(8)Integrate[x * (2－x^2)^12,{x,0,1}].

6. A＝{{1,1,1},{1,1,－1},{1,－1,1}};

B＝{{1,2,3},{－1,－2,4},{0,5,1}};

3 * A.B－2 * A;

Transpose[A].B.

7. A＝{{1,－1,2,1,0},{2,－2,4,－2,0},{3,0,6,－1,1},{2,1,4,2,1}};

RowReduce[A].

8. (1)A＝{{1,2,－1},{3,－1,0},{2,－3,1}};

RowReduce[A];

Inverse[A].

(2)A＝{{2,2,－1},{1,－2,4},{5,8,2}};

RowReduce[A];

Inverse[A].

9. A＝{{4,2,3},{1,1,0},{－1,2,3}};

B＝Inverse[A].(A＋2 * IdentityMatrix[3]).

10. Solve[{x1＋2x2＋x3－x4＝＝2,x1＋x2＋2x3＋x4＝＝3,x1－x4＋x3＋5x4＝＝2},{x1,x2,x3}].

11. Solve[{2x1－4x2＋5x3＋3x4＝＝0,3x1－6x2＋4x3＋2x4＝＝0,4x1－8x4＋17x3＋11x4＝＝0}, {x1,x2,x3}].

12. Reduce[{x1＋x2＋x3＋x4＝＝0,x2＋2x3＋2x4＝＝1;－x2＋(a－3) * x3－2x4＝＝b,3x1＋2x2＋x3＋a * x4＝＝－1},{x1,x2,x3,x4}].

13. (1) DSolve[y'[x]-x*y[x]==3*x,y[x],x];

(2) DSolve[y'[x]-E^(x-y[x])+E^x==0,y[x],x];

(3) DSolve[{y'[x]==a*y[x],y[0]==5},y[x],x].

习题 9.3

1. (1) $X=9\ 104.6$;(2) $X=6\ 606.5$;(3) 略;(4) 略.

2. 1.934 24 m.

3. 24.967 2 m;20.832 1 m.

4. 2.

参考文献

[1] 同济大学应用数学系.高等数学:上册[M].6版.北京:高等教育出版社,2005.

[2] 张耘.应用数学基础.北京:北京邮电大学出版社,2012.

[3] 邢春峰.应用数学基础.北京:高等教育出版社,2008.

[4] 姜启源,谢金星,叶俊.数学模型.4版.北京:高等教育出版社,2011.

[5] 徐安农.Mathematica数学实验.2版.北京:电子工业出版社,2009.

参考文献

[illegible]